防锈剂
配方与制备手册

李东光　主编

FANGXIUJI
PEIFANG
YU
ZHIBEI SHOUCE

化学工业出版社
·北京·

内容简介

本手册精选近年来364种防锈剂配方，对相应配方的原料配比、制备方法、原料介绍、产品应用、产品特性等进行了详细的介绍，相关配方具有绿色、经济等特点。

本手册可供从事防锈剂研发、生产的相关人员参考，同时可供高等和大中专院校的师生使用。

图书在版编目（CIP）数据

防锈剂配方与制备手册 / 李东光主编. -- 北京 ：化学工业出版社， 2026. 3. -- ISBN 978-7-122-49900-4

Ⅰ. TQ047.9-62

中国国家版本馆CIP数据核字第2026DS7189号

责任编辑：张　艳
文字编辑：林　丹　陈　雨
责任校对：宋　玮
装帧设计：王晓宇

出版发行：化学工业出版社
（北京市东城区青年湖南街13号　邮政编码100011）
印　　装：北京捷迅佳彩印刷有限公司
787mm×1092mm　1/16　印张24¼　字数580千字
2026年4月北京第1版第1次印刷

购书咨询：010-64518888
售后服务：010-64518899
网　　址：http://www.cip.com.cn
凡购买本书，如有缺损质量问题，本社销售中心负责调换。

定　　价：198.00元

前言
PREFACE

防锈剂一般是指改变金属表面的环境或电极状态，使之不产生锈蚀作用的物质。

金属材料是现代社会中使用最广泛的工程材料，在人类的文明与发展方面起着十分重要的作用。但金属腐蚀给人类社会带来的直接损失是巨大的。我国的金属腐蚀情况也是很严重的，特别是我国对金属防护工作与发达工业国家相比还有一段距离，我国每年产钢数量以亿吨计，每年因腐蚀、锈蚀原因而不能使用的钢铁制品重量大约相当于金属年产量的 10%～20%。金属腐蚀在造成经济损失的同时也造成了资源和能源的浪费，由于腐蚀所报废的设备或构件有少部分是不能再生的，可以重新冶炼的部分在冶炼过程中也会耗费大量的能源。

金属的腐蚀从广义上讲是指金属受周围介质的电化学作用或化学作用而发生破坏的现象。按照介质不同，可以分为大气腐蚀、地下腐蚀、海水腐蚀及细菌腐蚀等。最常见的形式是大气腐蚀，细菌腐蚀则由于石油工业的发展也得到了人们的重视。防锈技术是防止金属制品暴露在加工、储存、运输过程中受环境影响而锈蚀的技术。对保证金属制品的精度和使用性能有着重大意义。

所谓锈是由于氧和水作用在金属表面生成氧化物和氢氧化物的混合物，铁锈是红色的，铜锈是绿色的，而铝和锌的锈称白锈。机械在运行和储存中很难不与空气中的氧、湿气或其它腐蚀性介质接触，这些物质在金属表面将发生电化学腐蚀而生锈，要防止锈蚀就得阻止以上物质与金属接触。长期以来，人们为了避免锈蚀，减少损失，采用了各种各样的方法，其中选用防锈剂保护金属制品，便是目前最常见的方法之一。

防锈剂按产品的特征分为气相防锈剂、水溶性（水基）防锈剂、溶剂型（薄膜水置换型）防锈剂、油性防锈油、蜡膜防锈剂、其它漆状防锈剂、凡士林类。

按化学结构分为羧酸和羧酸盐，酯，磺酸盐及其它含硫化合物，胺及其它含氮化合物，磷酸、磷酸酯及其它含磷化合物。

随着工业化的发展，防锈剂的重要性日益凸显，故市场要求不断提高。近年来市场上出现了一剂多功用的防锈剂，可以适应多种条件下金属制品的防护和使用需要。除了具有良好的防锈功能外，还具备其他的功能和作用，比如润滑、清洗、减振等。在满足使用条件的情况下，应尽量降低防锈剂的黏度。低黏度易涂敷，并且可以有效降低防锈剂厚度，能够达到节约降损的目的。环保法规的要求越来越严格以及人们保护环境意识的提高，对防锈剂的组成及使用也提出相应的要求，因而采用符合环保要求的防锈材料，开发具有可生物降解性的防锈剂品种逐渐成为防锈剂发展的主流。

为了满足市场的需求，我们编写了这本《防锈剂配方与制备手册》，书中收集了 364 种防锈剂制备实例，详细介绍了原料配比、制备方法、产品用途、产品特性，旨在为防锈技术的发展作出贡献。

需要请读者们注意的是，我们没有也不可能对每个配方进行逐一验证，所以读者在参考本书进行试验时，应根据自己的实际情况本着“先小试、后中试、再放大”的原则，小试产品合格后才能往下一步进行，以免造成不必要的损失。

本书的配方以质量份表示，在配方中有注明以体积份表示的情况下，需注意质量份与体积份的对应关系，例如质量份以克为单位时，对应的体积份单位为毫升，质量份以千克为单位时，对应的体积份单位为升，以此类推。

本书由李东光主编，参加编写的还有翟怀凤、李桂芝、吴宪民、吴慧芳、蒋永波、邢胜利、李嘉等，由于编者水平所限，疏漏在所难免，恳请读者在使用过程中如发现问题及时指正。

编者

2025 年 12 月

目录
CONTENTS

1 防锈剂

配方 1 10 号钢气相防锈剂

［原料配比］

原料	配比（质量份）	
	1#	2#
苯并三氮唑	12	12
碘化钾	20	19.5
钨酸钠	8	8
乌洛托品	16	16.5
尿素	25	25
十二烷基苯磺酸钠	25	25
水	600	600

制备方法　将所述物料混合，搅拌均匀，即可制成碳钢气相防锈剂。

产品应用　本品主要为制备防锈纸或防锈薄膜钢的气相防锈剂。

产品特性　本品配方简单、制备方便且无毒无害、绿色环保，对 10 号钢缓释效率达到 90.17%，具有优良的防锈性能。

配方 2 PC 构件钢模板用防锈剂

［原料配比］

原料	配比（质量份）		
	1#	2#	3#
水	53	54	55
防锈剂	13	12	14
缓蚀剂	8	9	7
成膜剂	26	25	24

制备方法　按组分比例称取各原料，首先将成膜剂加入水中并充分搅拌后静置，待其充分溶解后，再依次加入缓蚀剂和防锈剂，搅拌 2～3min 后静置得到成品。

原料介绍　所述防锈剂包括三乙醇胺 1～3 份、磷酸三钠 2～4 份、三聚磷酸钠 2～4 份和苯甲酸钠 4～6 份。

所述缓蚀剂包括氯化锌 1～2 份、癸二酸 4～6 份和钼酸钠 1～2 份。

所述成膜剂为聚乙二醇（PEG400）。

产品特性

（1）本品对于 PC（聚碳酸酯）构件钢模板具有较好的缓蚀、防锈作用，用本品处理后的 PC 构件钢模板，有效防锈时间可达 180 天以上。

（2）本品具有防锈效果好、无毒、无刺激性等优点。

配方 3　氨基酸型气相防锈剂

［原料配比］

原料		配比（质量份）								
		1#	2#	3#	4#	5#	6#	7#	8#	9#
非极性氨基酸	亮氨酸	15	35	35	—	—	20	—	—	—
	异亮氨酸	15	—	—	35	30	10	—	—	—
	甘氨酸	—	—	—	—	—	—	90	—	—
	丙氨酸	—	—	—	—	—	—	—	30	—
	苯丙氨酸	—	—	—	—	—	—	—	—	30
	色氨酸	—	—	5	—	10	5	—	—	—
	脯氨酸	—	—	—	—	—	—	—	—	30
	甲硫氨酸	15	—	—	35	30	10	—	—	—
	缬氨酸	—	—	—	—	—	—	—	10	—
极性氨基酸	苏氨酸	—	—	—	—	—	—	30	—	—
	酪氨酸	—	—	—	—	—	—	—	—	10
	丝氨酸	—	—	—	—	—	—	—	15	—
	天冬酰胺	—	—	—	—	—	—	—	5	15
	谷氨酰胺	—	—	—	—	—	—	—	5	15
	精氨酸	—	—	5	—	10	5	—	—	—
	赖氨酸	10	10	—	10	—	5	—	—	—
	组氨酸	10	10	—	10	—	5	—	—	—
	半胱氨酸	15	35	35	—	—	20	—	—	—
苯甲酸钠		20	10	20	10	20	15	20	20	15

制备方法　称取非极性氨基酸、极性氨基酸和苯甲酸钠混合均匀即可。

原料介绍　亮氨酸、异亮氨酸提供碳链疏水基团，色氨酸提供含氮芳香杂环，甲硫氨酸中含有硫元素，这些结构都可以与金属生成配位键，在金属表面形成保护膜，从而起到防锈的作用。赖氨酸、精氨酸能提供与羧基结合生成羧酸铵的氨基，组氨酸提供含氮芳香杂环，半胱氨酸中含有硫元素，这些结构都可以与金属生成配位键，在金属表面形成保护膜，从而起到防锈的作用。

产品特性　本品选用组成人体蛋白质的20种氨基酸进行筛选复配，对人体无毒、环境无害，并能起到高效防锈的作用。

配方 4　宝剑用环保防锈剂

［原料配比］

原料	配比（质量份）		
	1#	2#	3#
亚硫酸钠	0.5	0.6	0.65
磷酸钠	0.5	0.5	0.65
聚乙烯蜡	0.4	0.4	0.5
增稠剂	0.45	0.7	0.65
柠檬酸钠	0.85	1	0.9
表面活性剂	0.8	0.9	0.85
二乙醇胺钠	16	16.5	16
添加剂	2	2.5	1.5
去离子水	69	70	70.5

制备方法

（1）将亚硫酸钠、磷酸钠、增稠剂和柠檬酸钠溶于去离子水中，搅拌成澄清溶液。

（2）称取聚乙烯蜡、表面活性剂、二乙醇胺钠和添加剂，加入到上述澄清溶液中，室温下经高速剪切机剪切20～30min均质成乳化液，即得所述防锈剂。

原料介绍　表面活性剂对金属表面防锈起到一定的作用，其亲水基团吸附在宝剑的金属表面、亲油基团反方向排列形成薄薄的一层单分子膜，亲油基团对水分子有一定的排斥作用，进一步提高对金属的防锈能力。

所述表面活性剂为十二烷基苯磺酸钠、月桂醇硫酸钠、十六醇聚氧乙烯醚硫酸钠或十四醇聚氧乙烯醚。

增稠剂可提高防锈剂溶液的黏度，降低氧气在其中的溶解度，且可防止防锈剂的流失，延长防锈剂的有效防锈时间；且增稠剂含有羰基或醛基等活性基团，能与宝剑表面的金属原子或宝剑表面附近的金属离子络合，附着在宝剑表面形成一层络合物保护膜，阻止金属的溶解，起到保护的作用。所述增稠剂为琼脂、松香树脂、阿拉伯胶或羟乙基纤维素。

添加剂可与表面活性剂协同作用，添加剂与表面活性剂的亲油基团结合，形成一层油膜，对氧气溶解有一定的隔绝作用。所述添加剂为柠檬油、桂花油、玫瑰油、菜籽油或梨籽油。

亚硫酸钠有一定的还原性，可还原来自空气中的氧气，减缓氧气对宝剑的氧化腐蚀作用。磷酸钠可与宝剑表面溶解的铁离子作用而生成难溶的磷酸铁，沉积在宝剑表面，形成致密的保护层，阻止金属的进一步溶解，对宝剑表面起到一定的保护作用。

聚乙烯蜡作为防锈剂的组分，可提高防锈剂的润滑性和耐磨性，且其可在金属表面形成一层薄薄的蜡层，对水分和空气中的氧气有一定的隔绝作用，避免金属表面受到腐蚀作用。

二乙醇胺钠是本品的主体组分，分子中的氮原子和氧原子都有孤对电子，可与铁等有 d 空轨道的金属表面作用生成络合物膜，阻止水分子和氧与金属表面的接触。

产品应用　本品的使用方法为：对需要防锈的宝剑进行清水擦洗预处理后，棉布擦干，涂刷所述防锈剂，晾干后，保存。

产品特性

（1）本品原料来源简单易得，成本低，对人体无毒无害，对环境无污染，制备方法简单，适于工业化生产。

（2）本品在高温或低温下的稳定性良好，相对于单一试剂组分，利用各种试剂组分的协同作用，配制合理的组分和组分配比，更能提高防锈剂的防锈效果。

（3）本品中表面活性剂和添加剂有协同作用，添加剂与表面活性剂的亲油基团结合，形成一层油膜，对氧气溶解有一定的隔绝作用，阻止氧与金属表面接触，提高金属防锈能力。

配方 5　表面活性防锈剂

原料配比

原料			配比（质量份）							
			1#	2#	3#	4#	5#	6#	7#	8#
表面活性防锈剂	溶剂	甲苯	50	50	50	50	—	20	50	30
		溶剂油	—	—	—	—	10	—	—	—
		三氯乙烷	—	—	—	—	—	20	—	—
	聚氟硅氧烷	三氟丙基甲基环三硅氧烷	50	50	—	50	—	10	—	30
		全氟癸基三甲氧基硅烷	—	—	50	—	—	10	10	—
		全氟辛基三甲氧基硅烷	—	—	—	—	10	—	—	—
	极性调节剂	乙酸乙酯	2.5	2.5	2	—	1	2	2	—
		正硅酸乙酯	—	—	—	2	—	3	—	3
	聚氧乙烯醚	壬基酚聚氧乙烯醚	140	140	55	—	—	50	—	10
		辛基酚聚氧乙烯醚	—	—	—	150	55	50	60	—
	引发剂	硅醇钠	3	3	2.5	3	—	3	2	3
		偏硅酸钠	—	—	—	—	1	2	—	—
防锈组分	表面活性防锈剂		5	5	5	10	5	5	5	5
	石油磺酸钡		10	10	10	15	10	10	10	—
	石油磺酸钠		—	—	—	5	—	—	—	—
	二壬基萘磺酸钡		3	3	3	—	—	3	3	10
	十二烯基丁二酸		0.2	0.2	0.2	0.5	—	—	0.2	—
	环烷酸锌		—	—	—	—	2	0.2	—	—
	斯盘-80		0.5	0.5	0.5	1	0.5	—	0.5	1
	十七烯基咪唑啉的十二烯基丁二酸盐		—	—	—	—	0.5	—	—	—
	矿物油		—	—	—	—	—	10	—	—
	N-油酰肌氨酸十八胺盐		—	—	—	5	—	—	—	—

续表

原料			配比（质量份）							
			1#	2#	3#	4#	5#	6#	7#	8#
成膜组分		羊毛脂镁皂	3	3	3	—	3	3	—	3
		矿物油	20	20	—	—	—	20	—	20
		溶剂油	—	—	20	—	20	—	—	—
		氧化石油脂钡皂	—	—	—	3	—	—	—	—
		矿物油	—	—	—	20	—	—	—	—
		丙烯酸酯树脂	—	—	—	10	—	—	—	—
		斯盘-80	3	3	3	—	3	3		3
		2402 树脂	—	—	20	—	—	—	—	—
		醇酸树脂	—	—	—	—	2	—	—	—
		古马隆树脂	—	—	—	—	1	—	—	—
		C_5 石油树脂	—	—	—	—	—	5	—	—
		C_9 石油树脂	—	—	—	—	—	—	—	5
		萜烯树脂	—	—	—	—	—	—	—	5
防锈油	基础油	矿物油	85	—	—	80	—	70	95	40
		D70 基础油	—	80	—	—	—	—	—	—
		溶剂油	—	—	80	—	40	—	—	40
	防锈组分		—	10	5	15	30	20	5	10
	成膜组分		5	10	15	5	30	10	—	10

制备方法　按质量份计，往溶剂中加入聚氟硅氧烷，通入保护气体并加热至40～80℃后，再加极性调节剂，然后滴加烷基酚聚氧乙烯醚和引发剂进行接枝共聚反应，得到所述表面活性防锈剂。

产品应用　本品主要应用于防锈油的制作。

产品特性

（1）本品能够有效降低表面张力，提高防锈油在金属表面的延展性能与附着力，且在制备硬膜防锈油时能够提高膜的耐候性、耐水性，以提高防锈性能。

（2）表面活性防锈剂是亲油性氟硅聚合物。在防锈油中，其它防锈组分的防锈机理都是成膜防锈，而上述表面活性防锈剂由于含 F-Si 键，能够增加防锈油其它组分的成膜致密性，进而形成协同作用。

（3）本品具有互穿网络结构，其可使防锈油的膜层致密，以提高防锈性能。

配方 6　玻璃膜防锈剂

［原料配比］

原料		配比（质量份）		
		1#	2#	3#
基础油	植物油	33	50	43

续表

原料		配比（质量份）		
		1#	2#	3#
溶剂		25	47	38
多元醇		18	33	27
硬化剂	酚醛树脂	7	—	—
	氨基树脂	—	15	—
	双氰胺	—	—	13
表面活性剂	脂肪醇聚氧乙烯醚硫酸钠	11	—	17
	重烷基苯磺酸盐	—	23	—
脂肪酸异丙酯		7	13	12
助剂复合物		23	47	37

制备方法　将各组分原料混合均匀即可。

原料介绍　所述脂肪酸异丙酯按如下工艺进行制备：将脂肪酸和异丙醇混合均匀，于490～570r/min 转速搅拌 30～38min，然后加入 $Fe_2(SO_4)_3 \cdot 9H_2O$ 为催化剂混合均匀，升温至78～86℃，保温 25～34min，搅拌回流，冷却至室温，蒸馏后用 80～89℃蒸馏水洗涤至 pH 值为 6，真空脱水得到脂肪酸异丙酯。

所述助剂复合物为硅铝酸盐和聚氧乙烯聚氧丙烯醚嵌段共聚物在钛酸正丁酯的催化酯交换过程中制得。其具体制备方法为：向水中加入硅铝酸盐粉末和钛酸正丁酯，充分分散后送入球磨机中，球磨至细度小于 3μm，并利用微波处理器微波回流处理 10min，再加入聚氧乙烯聚氧丙烯醚嵌段共聚物，混合均匀后继续微波回流处理 2min，静置 20min 后再次微波回流处理 7min，所得混合液送入喷雾干燥机中，干燥所得颗粒经超微粉碎机制成微粉，即得助剂复合物。

产品应用　本品用于钢铁金属零部件、铸铁、铜、铝、镀锌板等金属材料中的长期防锈处理。

产品特性

（1）本品可在物体表面形成一层致密的玻璃膜，具有耐高温、耐摩擦、防擦伤及防腐锈等多种有益效果。

（2）本品防锈期达到 4～6 年；用于金属表面，可形成一种玻璃膜，附着力强，耐高温耐低温，在极端环境下所形成的玻璃膜不易开裂，抗腐蚀性能优异。

配方 7　不锈钢器具表面用的食品级防锈剂

[原料配比]

原料	配比（质量份）				
	1#	2#	3#	4#	5#
玉米醇溶蛋白	70	70	70	60	70
异抗坏血酸	1	1	1.5	1.5	2

续表

原料		配比（质量份）				
		1#	2#	3#	4#	5#
防冻剂	甘油	1	1	1.5	1.5	2
有机酸	柠檬酸	1	1	1.5	1.5	2
溶剂	75%乙醇	35	—	—	—	—
	80%乙醇	—	35	30	—	—
	85%乙醇	—	—	—	40	30

制备方法　按照配比称取玉米醇溶蛋白、异抗坏血酸、防冻剂、有机酸以及溶剂备用，先将玉米醇溶蛋白溶于溶剂中混合搅拌均匀，再依次加入其它组分，搅拌均匀至完全溶解，即可。

产品应用　本品可以采用直接浸泡、喷涂的方法对工件表面进行防锈处理。

产品特性　本品以玉米醇溶蛋白、异抗坏血酸作为主要的防锈成分，不仅防锈效果好，而且对环境无污染。将本品用于器具防锈，防锈效果好，可保持不锈钢器具不变色、无锈斑、安全无毒、环保。

配方 8　常温用可剥离薄膜防锈剂

原料配比

原料		配比（质量份）				
		1#	2#	3#	4#	5#
聚氯乙烯树脂	聚合度 n 在 800～1100 之间	3	8	4	5	6
增塑剂	邻苯二甲酸二丁酯	2.5	—	—	—	3.5
	邻苯二甲酸二异壬酯	—	4	—	—	—
	邻苯二甲酸二环己酯	—	—	2.8	—	—
	邻苯甲酸二丁酯	—	—	—	3.1	—
缓蚀剂	石油磺酸钡	0.5	—	0.2	—	0.4
	二壬基萘磺酸钡	—	0.1	—	—	—
	石油磺酸钠	—	—	—	0.3	—
抗氧化剂	叔丁基对甲酚	0.1	0.5	0.4	0.3	0.2
有机碱	苯丙三氮唑	0.1	0.2	0.2	0.3	0.4
混合溶剂	二甲苯	70	60	65	75	72
	丙酮	23.8	27.2	27.4	16	17.5

制备方法

（1）称取有机碱和缓蚀剂，加热熔化。

（2）边搅拌边加入增塑剂、二甲苯、丙酮和聚氯乙烯树脂，加完后，60～70℃的温度下反应 50～90min。

（3）反应结束后，冷却至35～45℃加入抗氧化剂再继续搅拌5～15min，之后冷却至常温出料，包装。

原料介绍　所述的聚氯乙烯树脂的结构用$\{CH_2CHCl\}_n$表示，其聚合度n的数值在800～1100之间。

聚氯乙烯粉聚合度n小于800时，成膜后形成的塑料薄膜强度太小，容易破裂。聚氯乙烯粉聚合度n大于1100后在溶剂中溶解能力变差，故选择聚氯乙烯粉的聚合度在800～1100，既能使溶剂型可剥离塑料薄膜防锈剂成膜后强度合适，又能使聚氯乙烯在二甲苯和丙酮混合溶剂中充分溶解。

产品应用　使用本品时可用喷枪（用空压机）喷在模具表面；也可进行灌装，100g可剥离薄膜防锈剂成品装入气雾罐中，放入一玻璃弹子（使用时作搅拌用），装上阀门，用压口机压实，从阀门口压入液化石油气（丙丁烷）气体150g作抛射剂，便得到可随身携带、自动喷射的常温下使用的可剥离薄膜防锈剂成品。

产品特性

（1）本品能够抑制金属制品的腐蚀，同时具有方便剥离薄膜的效果。

（2）本品采用二甲苯和丙酮形成的混合溶剂溶解聚氯乙烯粉，再用增塑剂促进聚氯乙烯成膜，溶剂型可剥离塑料薄膜在使用过程中会形成一层塑料薄膜贴于金属制品表面，一般可通过控制喷涂的时间和料的黏度，将膜的厚度控制在1～3mm之间，清除时只需撕开剥离塑料薄膜即可。

（3）本品中的有机碱苯并三氮唑、抗氧化剂叔丁基对甲酚，能够起到协同增效的效果，显著提高溶剂型可剥离塑料薄膜防锈剂的防锈性能，达到了清除方便、提高防锈性能的效果。

（4）本品能够在常温下喷涂到金属制品表面后不形成黏性大的油膜，而是形成贴附于金属表面的塑料薄膜，既不需要现场加热装置，也便于后面的清除，兼具热熔型防锈剂和溶剂型防锈剂的优点。

（5）本品采用溶剂溶解聚氯乙烯，再加入有机碱提高溶剂型可剥离塑料薄膜的碱性，抑制金属制品表面的吸氧腐蚀和析氢腐蚀，再加入抗氧化剂，进一步抑制金属制品表面的吸氧腐蚀。加入缓蚀剂抑制金属制品的腐蚀，通过增塑剂促进聚氯乙烯成膜，达到了防锈效果好、方便清除的效果。

配方9　超声波清洗量块用防锈剂

［原料配比］

原料	配比（质量份）			
	1#	2#	3#	4#
硅酸钠	300	300	300	300
三乙醇胺	2（体积份）	2（体积份）	4（体积份）	6（体积份）
硼酸	1	3	2	1
乙二胺四乙酸	1.6	0.4	1.6	1.2
钨酸钠	8	8	2	4

制备方法　分别称取硅酸钠、三乙醇胺、硼酸、乙二胺四乙酸和钨酸钠，按照比例混合，

制成清洗量块用防锈剂。

原料介绍

硅酸钠作为防锈剂主要成分，具有水溶性好、无毒环保的特点，适合制备水基防锈剂。可以在钢铁表面形成沉积膜，有效阻隔清洗过程中包裹在量块上的水分子。

三乙醇胺带有氮原子的孤对电子，可以通过化学吸附作用，吸附在金属材料的表面，而其结构中的非极性基团则远离金属表面，形成一层憎水膜，就会阻碍腐蚀性物质接近金属，其本身就是具有优良缓蚀效果的缓蚀剂，从而达到防锈的目的。

硼酸、乙二胺四乙酸可以调节防锈剂的酸碱性，提高硅酸钠、三乙醇胺的溶解性；同时有效防止量块表面附着白霜，表现效果良好。

钨酸钠对腐蚀反应的阳极过程和阴极过程同时起到抑制作用，一方面延迟了腐蚀金属的时间；另一方面减缓了金属腐蚀进一步发展的速度，从而达到保护金属，提高金属结构耐久性的目的。

产品特性　本品能有效防止水中溶解氧的侵蚀，同时在量块表面形成憎水保护膜，大大降低了水和氧气对量块的腐蚀。

配方 10　除锈防锈剂（1）

[原料配比]

原料	配比（质量份）		
	1#	2#	3#
PSHAD	38	32	40
硬脂酸	4	5	4
油酸	5	6	5
纳米氧化锌	5	6	5
偏磷酸铝	4	5	4
乙酸乙烯酯	2	2	2
焦磷酸钾	4	4	4
三乙醇胺	6	6	5
二乙醇胺	4	5	4
月桂酸酯	6	6	5
甲基丙烯酸乙酯	4	5	4
甲基丙烯酸丁酯	4	4	4
偶联剂二甲基硅氧烷	6	6	6
水	8	8	8

制备方法

（1）将 PSHAD、硬脂酸、油酸、纳米氧化锌、偏磷酸铝、焦磷酸钾、水混合均匀后置于超声条件下处理 5～10min 得到混合物 A；超声频率为 40～60kHz。纳米氧化锌、偏磷酸铝、焦磷酸钾在进行超声分散处理之前，先进行干燥、碾磨粉碎处理。干燥、粉碎处理具体为：将纳米氧化锌、偏磷酸铝、焦磷酸钾在真空干燥箱中干燥、称重后混合均匀，用粉碎机碾磨至粒度在200～400目之间。

（2）将三乙醇胺、二乙醇胺、月桂酸酯、甲基丙烯酸乙酯、甲基丙烯酸丁酯依次加入到乙酸乙烯酯中，并搅拌均匀得到混合物B；混合的温度为25～45℃。

（3）将混合物B缓慢加至混合物A中并搅拌均匀，得到混合物C；混合的温度为45～55℃。

（4）将偶联剂加入到混合物C中并搅拌均匀，得到除锈防锈剂。将混合物C分成两部分，其中一部分预先与偶联剂混合均匀，随后缓慢加入剩余部分混合物C直至完全混合均匀后得到除锈防锈剂。预先与偶联剂混合均匀的部分混合物C占混合物C总量的40%～60%。

原料介绍

所述的PSHAD为磷酸和磷酸锌铝的混合物，且磷酸与磷酸锌铝的质量比为1∶（0.5～2.5）。

PSHAD与纳米氧化锌、偏磷酸铝、焦磷酸钾等协同发挥除锈和防锈作用。

硬脂酸、油酸与三乙醇胺、二乙醇胺协同产生的致密钝化膜具有防锈效果。

乙酸乙烯酯、月桂酸酯、甲基丙烯酸乙酯、甲基丙烯酸丁酯等与偶联剂协同作用减小有机和无机成分相间阻力、促进混溶，有助于形成均匀致密的防锈钝化膜。

产品应用　本品主要是一种除锈防锈剂。应用于锈蚀金属表面的除锈防锈处理，尤其可直接应用于彩钢瓦表面的除锈防锈处理。除锈防锈剂的使用温度为50～70℃，处理时间为12～36h。

产品特性

（1）本品通过各组分之间协同作用，可以同时有效地去除金属表面锈蚀物，使锈蚀金属表面光亮平整，同时还能够在金属表面产生一层致密保护膜，阻止金属表面与外界的接触而达到防锈效果。

（2）本品可用于已部分锈蚀的金属表面的除锈和防锈，尤其可直接用于彩钢瓦表面的除锈、防锈处理，有效提高金属表面防锈效果。

（3）本品具有良好的金属表面除锈和防锈效果，且在室温、敞开条件下放置12个月仍未出现分相情况。

配方 11　除锈防锈剂（2）

［原料配比］

原料		配比（质量份）						
		1#	2#	3#	4#	5#	6#	7#
单宁		1	5	3	4	4	2	1
无机缓蚀剂	亚硫酸钠	0.1	0.5	0.3	0.2	0.3	0.3	0.1
	亚硝酸钠	0.1	0.5	0.3	0.3	0.2	0.2	0.14
有机缓蚀剂	苯甲酸钠	0.1	0.5	0.3	0.2	0.5	0.2	0.3
	石油磺酸钡	1	5	3	3	4.5	4	2
有机碱	三乙醇胺	0.1	0.5	0.3	0.4	0.4	0.3	0.2
乳化剂	斯盘-80	0.1	0.5	0.3	0.1	0.3	0.5	0.2
润湿剂	吐温-80	0.1	0.5	0.3	0.4	0.2	0.1	0.4

续表

原料		配比（质量份）						
		1#	2#	3#	4#	5#	6#	7#
有机溶剂	D100 溶剂油	10	15	12.5	12	14	13	11
	Isopar L 异构烷烃类溶剂油	5	10	7.5	6	9	8	7
	6#溶剂油	1	5	3	3	4	2	3
分散剂	丙二醇甲醚	5	10	7.5	7	9	6	7
推进剂	液化石油气	20	40	30	32	33	22	38
去离子水		加至 100	加至 100	加至 100	加至 100	加至 100	加至 100	加至 100

制备方法

（1）室温环境下在反应釜中加入部分的去离子水，在搅拌状态下依次加入单宁、亚硫酸钠、亚硝酸钠、苯甲酸钠和三乙醇胺，搅拌直至完全溶解后得到溶液 A。

（2）在搅拌的状态下向溶液 A 中依次加入 D100、Isopar L、石油磺酸钡、6#溶剂油、丙二醇甲醚、斯盘-80 和吐温-80，搅拌均匀后再慢慢加入余下的去离子水，得到溶液 B。

（3）将溶液 B 装入气雾剂罐中，随后插上阀门，封口，充入液化石油气调整气雾剂罐内的气压，再安装喷盖即得。充入液化石油气可实现气雾剂型除锈防锈剂的起泡效果，并且防止其在使用过程中发生倒流。

原料介绍　单宁能够结合铁锈中的三价铁离子，去除铁锈的腥味。

无机缓蚀剂和有机缓蚀剂具有防锈作用。

分散剂可以使去离子水、有机溶剂和推进剂互相混合均匀。

三乙醇胺，可改进油性污垢特别是非极性皮脂的去除效果，同时，通过提高碱性可提高去污性能，并且有极好的相容性。

乳化剂和润湿剂有效提高了除锈防锈剂的渗透性能，且与石油磺酸钡和苯甲酸钠具有除锈功能的有机缓蚀剂配合使用，实现对金属表面锈渍有效的清理，提高了清理的效果和质量。

丙二醇甲醚的分子结构中既有醚基又有羟基，因此丙二醇甲醚同时具有亲油性和亲水性两种相反性质，可使有机溶剂在去离子水中分散均匀。

产品应用　本品主要是一种除锈防锈剂。

使用方法如下：

（1）使用前将产品充分上下摇匀，可以向任意方位进行喷射使用。

（2）将喷射导管调至水平位置，距离金属件的清洗处 20～40cm，喷射覆盖金属件的表面，也可以进行局部喷射，静待 1～10min 后用抹布抹去锈渍即可。

产品特性

（1）本品采用水基和油基结合，使产品在去除铁锈的同时防锈，不会留下水渍或油渍。

（2）选用本品处理表面锈蚀的冷轧板，室温下将除锈防锈剂喷涂覆盖冷轧板表面，静置 10min，用抹布抹干净冷轧板表面，冷轧板表面无锈蚀物，且置于室内 3 个月后冷轧板表层仍无锈蚀现象。

（3）本品可在常温下使用，除锈速度快、附着力好，并且制作方法简单、安全可靠。

配方 12　除锈防锈剂（3）

［原料配比］

原料	配比（质量份）				
	1#	2#	3#	4#	5#
ATMP	5	22	30	17	25
水杨酸	10	6	4	9	5
乌洛托品	8	5	3	6	4
二氧化钛气凝胶	6	3	1	2	4
乙酸乙烯酯	3	2	1	3	2
亚硝酸钠	10	8	7	7	9
焦磷酸钠	6	4	2	5	3
硫脲	3	1	1	2	1
失水山梨糖醇月桂酸酯	14	7	10	7	12
聚醚改性聚二甲基硅氧烷	5	16	13	12	16
水	30	26	28	30	19

制备方法

（1）将二氧化钛气凝胶、亚硝酸钠、焦磷酸钠、硫脲混合均匀，置于微波条件下处理 3～8min，得到混合物 A；微波频率在 1.2～4.0GHz。二氧化钛气凝胶、亚硝酸钠、焦磷酸钠、硫脲在进行微波处理之前，先进行冷冻干燥处理。所述冷冻干燥的工艺为：将二氧化钛气凝胶、亚硝酸钠、焦磷酸钠、硫脲混合均匀后放入冻干室，冷冻干燥 12～22h，冷冻干燥时的真空度为 50～60Pa。

（2）在 40～45℃温度下，将 ATMP（氨基三亚甲基膦酸）、水杨酸、乌洛托品依次加入到乙酸乙烯酯中，搅拌均匀，得到混合物 B。

（3）将水加热至 50～55℃，将混合物 B 缓慢加入水中，然后将混合物 A 缓慢加入其中，搅拌均匀，得到混合溶液。

（4）将失水山梨糖醇月桂酸酯和聚醚改性聚二甲基硅氧烷加入到所得的混合溶液中，搅拌均匀，即得除锈防锈剂。

产品应用　本品是一种专用于家畜圈舍环境下所用围栏且具有较好防腐效果的除锈防锈剂。

产品特性　本品各组分协同增效，不仅能够有效和金属表面锈蚀物反应，去除金属表面的锈蚀物质，而且能够在金属表面形成一层致密的保护膜，减少金属与外界的接触，达到很好的防锈效果。

配方 13　除锈防锈剂（4）

［原料配比］

原料	配比（质量份）
磷酸	300

续表

原料	配比（质量份）
铜粉	2
铝粉	15
十二烷基苯磺酸钠	2
石油磺酸钡	3

制备方法

（1）将磷酸先稀释至30%，然后让其与包裹有铝粉和铜粉的防氧化胶囊混合并搅拌，使之充分反应，至铝粉及铜粉全部溶解，冷却至室温，得到备用液。

（2）将十二烷基苯磺酸钠、石油磺酸钡充分混合，得到混合物备用。

（3）将步骤（2）中的混合物加入步骤（1）中的备用液中，充分搅拌后过滤掉固体杂质和防氧化胶囊的外壳，得到防锈剂。

原料介绍

采用防氧化胶囊来包裹铝粉和铜粉原料，防止铝粉和铜粉在未投入使用前被空气中的氧气氧化，有效提高原料成分的纯净度，保证了防锈剂的质量，防氧化胶囊利用磷酸对连接填充物的溶解作用使两个防氧化包覆壳打开，让内部的铝粉和铜粉释放到磷酸中直接参加反应，整个过程中避免了铝粉和铜粉与空气接触，而且两个防氧化包覆壳之间通过弹性的串联绳连接，使得两个防氧化包覆壳在搅拌下能相互拉扯纠缠，有效提高原料混合搅拌效果，促进反应的进行。

防氧化胶囊包括两个防氧化包覆壳，两个防氧化包覆壳之间连接有连接件。两个防氧化包覆壳的内部填充满粉末混合物后用连接件连接起来，从而防止铝粉和铜粉被空气中的氧气氧化，确保制备的正常进行，且两个防氧化包覆壳远离连接件的一端均固定连接有半球体气囊，半球体气囊的内部填充氮气，通过加压的方式向半球体气囊的内部充入氮气，在氮气喷出的时候，喷出的气体不仅可以驱动液体以增加混合搅拌效果，而且喷气时的反作用力使得防氧化包覆壳的移动幅度增大，进一步提高混合搅拌的效果。

产品应用 本品主要是一种除锈防锈剂。

产品特性 本品在金属制品表面通过涂刷或浸泡处理后，可以去除锈迹，且能在金属制品表面形成钝化防护膜，防止金属再次生锈。

配方 14 除油除锈防锈剂

［原料配比］

原料	配比（质量份）						
	1#	2#	3#	4#	5#	6#	7#
HEDP	27	28	28	28	30	23	25
酒石酸	1	1.5	1.5	2	3	2	1
焦磷酸钠	1	1	1	1	1	—	—
乳酸锌	5	8	8	—	—	5	6
柠檬酸钠	8	8	8	—	—	—	5

续表

原料	配比（质量份）						
	1#	2#	3#	4#	5#	6#	7#
草酸	8	8	8	—	—	—	5
表面活性剂	3	3	5	3	5	5	5
缓蚀剂	5	5	10	5	8	8	8
渗透剂	3	3	5	3	5	5	5
水	25	25	30	25	30	30	30

制备方法

（1）在反应釜中加入水，升温至40～60℃。

（2）取HEDP（羟基亚乙基二膦酸）放入容器中，缓慢加入酒石酸，混合均匀；然后慢慢加入焦磷酸钠，搅拌均匀；然后缓慢加入乳酸锌，搅拌均匀；再缓慢加入柠檬酸钠，搅拌均匀；缓慢加入草酸，搅拌均匀，形成均匀固体混合物。

（3）将步骤（2）的固体混合物缓慢加入步骤（1）的温水中，1000～3000r/min，搅拌均匀20～30min。

（4）将缓蚀剂在40～80℃下溶解，混合均匀。

（5）将步骤（4）的溶液倒入步骤（3）的溶液中，加入渗透剂、表面活性剂，1000～3000r/min，搅拌均匀20～30min，即得到液体除油除锈防锈剂。

原料介绍

所述缓蚀剂为水性羊毛脂、水性凡士林、咪唑啉或硅酸钠。

所述渗透剂为仲烷基磺酸钠、耐碱渗透剂AEP98或耐碱渗透剂OEP-70。

所述表面活性剂为辛基酚聚氧乙烯醚、椰油酰胺丙基甜菜碱、十二烷基硫酸钠、椰子油脂肪酸二乙醇酰胺、蔗糖酯或椰子油酸中的一种或两种组合。

产品应用　本品主要是一种除油除锈防锈剂，用于除去金属表面的油渍和铁锈。

产品特性

（1）本品融合除油除锈防锈功能于一体，超声5～10min，可以将重防腐重油工件完全除油除锈干净，而且覆盖一层超薄防锈油，耐中性盐雾可以达到80h以上。

（2）本品对基材本身无损害。

（3）本品不含强酸，原料环保。

（4）本品溶液性质稳定，使用周期长，附着力强。

配方15　除油清洁型改性防锈剂

原料配比

原料	配比（质量份）				
	1#	2#	3#	4#	5#
磺酸钙	6	4	8	5	7
改性除油剂	9	12	6	11	7
改性填料	6	4	8	5	7

续表

原料		配比（质量份）				
		1#	2#	3#	4#	5#
改性防锈剂		10	15	5	12	8
胺溶季铵铜		6	4	8	5	7
六偏磷酸钠		2	3	1	2.5	1.5
纳米二氧化硅		4	2	6	3	5
磺酸钠		6	9	3	8	4
十二烯基丁二酸		6	4	8	5	7
环烷酸锌		6	8	4	7	5
石油脂		6	4	8	5	7
苯并三氮唑		3.5	5	2	4	3
烯基磺酸钠		3.5	1	6	2	5
三聚磷酸钠		4.5	6	3	5	4
偏硅酸钠		2.5	1	4	2	3
亚硝酸钠		3.5	5	2	4	3
磷酸氢二胺		4.5	3	6	4	5
三乙醇胺		2.5	4	1	3	2
脂肪酸		4.5	3	6	4	5
三羟甲基丙烷		5	8	2	7	3
二烷基二硫代氨基甲酸钠		6.5	4	9	5	8
聚异丁烯丁二酰亚胺		3.5	5	2	4	3
苯甲酸甲酯		3.5	1	6	2	5
聚四氟乙烯		6	9	3	8	4
丁烯		3	1	5	2	4
壬基酚聚氧乙烯醚		3.5	5	2	4	3
脂肪醇聚氧乙烯醚		6	3	9	4	8
脂肪酸甲酯乙氧基化物磺酸钙		5	8	2	7	3
十二烷基苯磺酸		4.5	3	6	4	5
乙氧基化脂肪醇聚氧乙烯醚硫酸钠		6	8	4	7	5
改性除油剂	碱木质素	4～6	4	6	4.5	5.5
	水	1～3	3	1	2.5	1.5
	甲醛	3～6	3	6	4	5
	脲	2～5	2	5	3	4
	60%的氢氧化钠溶液	4～8	4	—	—	—
	40%的氢氧化钠溶液	—	—	8	—	—
	55%的氢氧化钠溶液	—	—	—	5	—
	45%的氢氧化钠溶液	—	—	—	—	7
	二硫化碳	1～4	1	4	2	3
	氯酸钠	2～5	5	2	4	3

续表

原料		配比（质量份）				
		1#	2#	3#	4#	5#
改性填料	四氧化三铁	1～3	1	3	1.5	2.5
	硅烷偶联剂 KH-570	2～5	5	2	4	3
	油酸	3～6	3	6	4	5
改性防锈剂	乳化剂 DNS-86	20～40	20	40	25	35
	磷酸酯 PAM-100	3～6	6	3	5	4
	去离子水	4～8	4	8	5	7
	丙烯酸丁酯	3～9	9	3	8	4
	苯乙烯	2～5	2	5	3	4
	丙烯酸	1～6	6	1	5	2
	环氧树脂	3～5	3	5	3.5	4.5
	碳酸氢钠	2～6	2	6	3	5
	过硫酸铵	1～4	4	1	5	2
	苯并三氮唑	3～5	5	3	4.5	3.5
	六亚甲基四胺	4～8	4	6	5	7
	乙二醇	4～6	6	4	2.5	4.5
	三乙醇胺	2～5	2	5	3	4

制备方法　将各组分原料混合均匀即可。

原料介绍

所述的改性除油剂按如下工艺进行制备：将碱木质素和水混合均匀，搅拌 2～3h，然后调节 pH 值至 10.0～11.0，升温至 80～90℃，保温 1～2h，接着加入甲醛混合均匀，反应 10～20min，加入脲混合均匀，继续反应 2～3h，降温至 10～30℃，继续反应 1～3h，加入质量分数为 40%～60%的氢氧化钠溶液、二硫化碳和氯酸钠混合均匀，升温至 40～60℃，保温 1～3h，降低至室温得到改性除油剂。

所述的改性填料按如下工艺进行制备：将四氧化三铁和硅烷偶联剂 KH-570 混合均匀，于 1500～2500r/min 转速搅拌 20～40min，然后升温至 80～90℃，保温 1～3h，加入油酸混合均匀，于 250～350r/min 转速搅拌 20～40min，放入 50～70℃干燥箱中干燥 20～40min，研磨后冷却至室温得到改性填料。

所述的改性防锈剂按如下工艺进行制备：将乳化剂 DNS-86、磷酸酯 PAM-100 和去离子水混合均匀，于 450～650r/min 转速搅拌 20～40min，然后加入丙烯酸丁酯、苯乙烯、丙烯酸和环氧树脂混合均匀，磁力搅拌 15～25min，得到物料 A，然后向物料 A 中加入碳酸氢钠和过硫酸铵混合均匀，升温至 60～70℃，保温 1～3h，然后降温至 40～50℃，加入苯并三氮唑、六亚甲基四胺、乙二醇和三乙醇胺混合均匀，于 1500～2500r/min 转速搅拌 20～40min，升温至 70～80℃，保温 1～3h，冷却至室温得到改性防锈剂。

产品应用　本品主要是一种除油清洁型改性防锈剂。

产品特性　本品具有优异的除油、防锈和清洁性能，附着性能强，不易脱落。

配方 16 船舶管道用防锈剂

［原料配比］

原料		配比（质量份）						
		1#	2#	3#	4#	5#	6#	7#
机油		90	80	100	95	85	90	90
十二烯基丁二酸		4	3	5	4	4	4	4
石油磺酸钡		27	24	30	25	28	27	27
三乙醇胺		11	8	14	9	13	11	11
棕榈酸		16	23	30	24	28	16	16
稳定剂	二肉豆蔻醇酒石酸酯	12	9	15	11	12	—	12
分散剂	琥珀酸二(2-乙基己酯)磺酸钠	24	15	32	20	24	—	—
水		325	300	350	320	325	325	325
消泡剂	硬脂酸乙二醇酯	19	13	25	16	19	19	19
缓冲溶液	碳酸钠/碳酸氢钠	29	24	33	26	29	29	29

制备方法

（1）初步溶解：将十二烯基丁二酸与石油磺酸钡同时添加至机油中，然后搅拌 1.5～2h。

（2）初步乳化：将三乙醇胺加入步骤（1）初步溶解后的体系中，接着将体系加热至 50～80℃，并且保温 1～2h，在保温的过程中持续搅拌。

（3）再次乳化：在步骤（2）保温结束之后，立即向体系中缓慢添加棕榈酸，边添加边搅拌，控制在 0.5～1h 内添加结束，再持续搅拌 0.5h。

（4）助剂添加：先将稳定剂添加至步骤（3）再次乳化后的体系中，接着将体系加热至 40～50℃，边加热边搅拌，搅拌持续 30～40min，之后立即将分散剂添加至体系中，持续搅拌至体系降至室温。

（5）末次乳化：将水添加至步骤（4）处理后的体系中，持续搅拌 2～3h，至体系均匀；然后将消泡剂加入，并且搅拌 20min。

（6）调节 pH 值：将缓冲溶液添加至步骤（5）末次乳化后的体系中，使得体系中的 pH 值保持在 10.5～11.5。

（7）接着将之前配好的乳化油用水稀释成乳化液，然后将其 pH 值调节至 10.5～11.5 的范围内，从而制备出本品防锈剂。

原料介绍

所述缓冲溶液采用碳酸钠与碳酸氢钠的混合液，控制其 pH 值在 10.5～11.5。

十二烯基丁二酸与石油磺酸钡共同组成缓蚀剂；十二烯基丁二酸在机油中溶解度很大，且分子的同一端含有两个羧基，能够强烈地吸附在金属表面上。十二烯基丁二酸中含有碳碳双键，石油磺酸钡中的磺酸根属于吸电子基团。十二烯基丁二酸中羧基属于吸电子基团，而其中的碳碳双键在两个羧基的作用下，碳碳双键上的电子发生偏移，此时石油磺酸钡中的磺酸根的吸电子能力强于羧基的吸电子能力，磺酸根不仅对石油磺酸钡上的电子有作用力，且对十二烯基丁二酸中的电子也有作用力。这两种物质在分子间作用力下结合得更加牢固，十二烯基丁二酸能够附带着石油磺酸钡附着在金属表面，形成有效的防锈层。

三乙醇胺的氮原子上存在孤对电子，具有弱碱性。三乙醇胺能够增加十二烯基丁二酸与石油磺酸钡形成的防锈层的厚度，提高成膜的致密程度，从而使得金属表面生锈的可能性降低。另一方面，三乙醇胺本身也是一种水溶性的防锈剂，并且与后续的棕榈酸可形成一种阴离子的表面活性剂，具有良好的乳化能力，降低了体系中的表面张力。同时，可与水形成乳化液，使得本品能够更好附着在金属表面。

分散剂能够使得机油、棕榈酸以及水三者之间分散得更加均匀，降低了液液之间的界面张力。同时，有助于颗粒粉碎并阻止颗粒凝聚，保持分散体系的稳定。另一方面，琥珀酸二(2-乙基己酯)磺酸钠中也含有磺酸根，根据相似相溶原理，从而使得琥珀酸二(2-乙基己酯)磺酸钠与石油磺酸钡相结合，促进了石油磺酸钡与十二烯基丁二酸的结合能力。

二肉豆蔻醇酒石酸酯是一种酯类物质；当本品涂覆在金属表面上之后，二肉豆蔻醇酒石酸酯处在最外层，对防锈剂与外界形成一个隔离的作用，经过后续处理，使得二肉豆蔻醇酒石酸酯在防锈剂的表面形成一层致密的膜结构，从而使得防锈剂能够在金属的表面附着得更加长久、更加稳定。另一方面，二肉豆蔻醇酒石酸酯先与金属表面接触，当金属表面不够平整的时候，二肉豆蔻醇酒石酸酯能够对金属凹陷的地方进行填充，并且起到一种找平的作用，使得金属与防锈剂贴合得更加紧密。

棕榈酸是一种常见的乳化剂，与三乙醇胺形成一种阴离子表面活性剂，从而降低了体系的表面张力。先添加三乙醇胺，使得十二烯基丁二酸与石油磺酸钡形成的防锈层的厚度得到增加，提高成膜的致密程度，从而使得金属表面生锈的可能性降低。接着再将棕榈酸缓慢加入，一方面是对剩余的液态体系起到乳化作用，另一方面与剩余的三乙醇胺形成阴离子表面活性剂，降低体系的表面张力。

产品应用　本品主要是一种船舶管道用防锈剂。

产品特性　本品具有较好的防锈效果。

配方 17　船舶用防水去湿改性防锈剂

原料配比

原料	配比（质量份）				
	1#	2#	3#	4#	5#
磺酸钙	6	4	8	5	7
胺溶季铵铜	6	8	4	7	5
六偏磷酸钠	2	1	3	1.5	2.5
戊二醛	4.5	6	3	5	4
碳纳米管	2.5	1	4	2	3
硼氢化钠	3.5	5	2	4	3
聚乙烯醇	6	3	9	4	8
磺酸钠	6	9	3	8	4
磷酸锌	4	3	5	3.5	4.5
锌粉	4	6	2	5	3
硬脂酸锌	2.5	1	4	2	3

续表

原料		配比（质量份）				
		1#	2#	3#	4#	5#
硬脂酸镁		4	5	3	4.5	3.5
硅烷偶联剂 KH-570		7	5	9	6	8
水性聚氨酯		2.5	4	1	3	2
偶氮二异丁腈		4	2	6	3	5
苯并三氮唑		3.5	5	2	4	3
磷酸氢二胺		4.5	3	6	4	5
三乙醇胺		2.5	4	1	3	2
脂肪酸		4.5	3	6	4	5
三羟甲基丙烷		5	8	2	7	3
二烷基二硫代氨基甲酸钠		6.5	4	9	5	8
聚异丁烯丁二酰亚胺		3.5	5	2	4	3
苯甲酸甲酯		3.5	1	6	2	5
聚四氟乙烯		6	9	3	8	4
十八烷基三甲基氯化铵		4.5	3	6	4	5
壬基酚聚氧乙烯醚		3.5	5	2	4	3
脂肪醇聚氧乙烯醚		6	3	9	4	8
十二烷基苯磺酸		4.5	6	3	5	4
1,2-苯并异噻唑啉-3-酮		4	2	6	3	5
3-碘-2-丙炔丁基氨基甲酸酯		4	6	2	5	3
改性防水剂		6	3	9	4	8
改性疏水剂		6	8	4	7	5
改性助剂		4.5	3	3	4	5
改性防水剂	三聚氯氰	4	3	5	3.5	4.5
	无水碳酸钾	2	3	1	2.5	1.5
	棕榈仲胺	3	2	4	2.5	3.5
	四氢呋喃	3.5	2	5	3	4
	二氧六环	4.5	6	3	5	4
	1,6-己二胺	3.5	4	3	3.8	3.2
改性疏水剂	超支化聚酯	10	5	15	8	12
	硬脂酸	4.5	6	3	5	4
	对甲苯磺酸	3.5	2	5	3	4
	甲苯二异氰酸酯	2.5	4	1	3	2
	端羟基硅油	4.5	3	6	4	5
	三羟甲基丙烷	5	8	2	7	3
	四氢呋喃	6	4	8	5	7
	N-甲基二乙醇胺	6	9	3	8	4

续表

原料		配比（质量份）				
		1#	2#	3#	4#	5#
改性助剂	石蜡	15	10	20	12	12
	疏水纳米二氧化硅溶液	4	2	6	3	3
	甲苯	3	5	1	4	4
	棕榈蜡	4.5	3	6	4	4
	皂角提取液	5	8	2	7	7
	矿物油	2.5	1	4	2	2
	甲基硅油	3.5	5	2	4	4
	椰子油酸烷醇酰胺	2.5	1	4	2	2
	椰油脂肪酰二乙醇胺	4.5	6	3	5	5
	三乙醇胺	3.5	2	2	3	3
	月桂醇醚磷酸酯	2.5	4	4	3	3
	油酸	4	2	2	3	3
	乙二醇	3	4	4	3.5	3.5
	十二烷基甜菜碱	4.5	3	3	4	4

制备方法　将胺溶季铵铜、六偏磷酸钠、戊二醛、聚乙烯醇、水性聚氨酯、偶氮二异丁腈、苯并三氮唑、磷酸氢二胺、三乙醇胺、脂肪酸、三羟甲基丙烷、二烷基二硫代氨基甲酸钠、聚异丁烯丁二酰亚胺、苯甲酸甲酯、聚四氟乙烯、十八烷基三甲基氯化铵、壬基酚聚氧乙烯醚、脂肪醇聚氧乙烯醚和十二烷基苯磺酸混合均匀，升温至80～90℃，保温1～3h，接着于650～850r/min转速搅拌20～40min，然后加入碳纳米管、硼氢化钠、磺酸钠、磺酸钙、磷酸锌、锌粉、硬脂酸锌、硬脂酸镁和硅烷偶联剂KH-570混合均匀，继续升温至120～130℃保温20～40min，然后加入1,2-苯并异噻唑啉-3-酮、3-碘-2-丙炔丁基氨基甲酸酯、改性防水剂、改性疏水剂和改性助剂混合均匀，于450～550r/min转速搅拌1～3h，冷却至室温得到船舶用防水去湿改性防锈剂。

原料介绍

所述的改性防水剂按如下工艺进行制备：将三聚氯氰、无水碳酸钾和棕榈仲胺混合均匀，氮气保护下，冰水浴中静置0.5～1.5h，然后加入四氢呋喃和二氧六环混合均匀，于冰水浴中回流1～3h，减压，水洗至中性，柱色谱分离，干燥后冷却至室温，接着加入1,6-己二胺混合均匀，冰水浴中回流1～3h，减压蒸馏，柱色谱分离，干燥，冷却至室温得到改性防水剂。

所述的改性疏水剂按如下工艺进行制备：将超支化聚酯、硬脂酸和对甲苯磺酸混合均匀，于650～850r/min转速搅拌20～40min，氮气保护下，升温至130～150℃，保温2～5h，抽真空得到物料A；将甲苯二异氰酸酯、端羟基硅油和三羟甲基丙烷混合均匀，升温至85～95℃，保温2～5h，然后加入四氢呋喃和物料A混合均匀，降温至45～55℃，保温10～20min，加入*N*-甲基二乙醇胺混合均匀，于450～550r/min转速搅拌1～2h，冷却至室温，然后加入冰醋酸中和，加水乳化后旋转蒸发，即得改性疏水剂。

所述的改性助剂按如下工艺进行制备：将石蜡于水浴中加热至80～90℃使其熔化，然后加入疏水纳米二氧化硅溶液和甲苯混合均匀，于9000～12000r/min分散20～40min，冷却至室温，然后加入棕榈蜡、皂角提取液、矿物油、甲基硅油、椰子油酸烷醇酰胺、椰油脂肪酰二乙醇胺、三乙醇胺、月桂醇醚磷酸酯、油酸、乙二醇和十二烷基甜菜碱混合均匀，升温至70～80℃，保温1～3h，于650～850r/min转速搅拌2～4h，冷却至室温得到改性助剂。

产品应用　本品主要是一种船舶用防水去湿改性防锈剂。

产品特性　本品用于船舶上器械的防锈，具有优异的防水去湿性能和防锈性能。

配方18　船用防锈剂

[原料配比]

原料	配比（质量份）
氯化钠	50
氯化钾	12
氯化镁	40
氧化锌	6
苯甲酸钠	12
十二烷基磺酸钠	10
硅酸钠	4～6
苯甲酸钠	4
邻苯二甲酸二丁酯	8
二苯胺	9
甘油	60

制备方法　将上述组分充分搅拌均匀，静置后即可使用。

产品应用　本品主要是一种船用防锈剂。

产品特性　本品喷洒在金属表面后，在湿度较大的地方，也能保持板材较长时间不锈，并且干燥效果好。

配方19　导轨用低VOC防锈剂

[原料配比]

原料		配比（质量份）					
		1#	2#	3#	4#	5#	6#
基础油		70	95	86	86	86	86
磺酸盐防锈剂		15	2.3	8	8	8	8
助剂		10	2.5	5	5	5	5
缓蚀剂	Irgamet 39	2.5	0.1	0.3	0.3	0.3	0.3
抗氧化剂	2,6-二叔丁基-4-甲基苯酚	2.5	0.1	0.7	0.7	0.7	0.7
基础油	10号变压器油	1	—	—	—	—	—

续表

原料		配比（质量份）					
		1#	2#	3#	4#	5#	6#
基础油	25 号变压器油	—	1	—	—	—	—
	40 号变压器油	—	—	1	86	1	1
	白油	0.8	1.5	1	—	1	1
磺酸盐防锈剂	石油磺酸钙	3	5	4	4	8	4
	二壬基萘磺酸钙	1	1	1	1	—	1
助剂	烯基丁二酸酯	6	10	7	7	7	1
	三羟甲基丙烷油酸酯	1	1	1	1	1	1

制备方法　基础油中加入磺酸盐防锈剂升温至 80～100℃，恒温搅拌 1～2h 后，降温至 40～50℃加入剩余物料，恒温搅拌 30～50min，即得。

原料介绍

通过矿物油与变压器油复配，尤其是在变压器油中添加白油后，得到的产品稳定性好，低温和长期储存不会发生组分凝固及混合不均现象。

石油磺酸钙作为防锈剂，有相当好的抗盐水浸渍能力和油溶性，只加入石油磺酸钙，其防锈能力仍然不太理想，而再加入二壬基萘磺酸钙以及助剂后，防锈性能明显提升，二壬基萘磺酸钙以及羧酸类丰富了具有极性基团和较长的烃基，非极性烃基使防锈剂具有油溶性，可以均匀分散在基础油中，极性基团使防锈剂可以吸附在金属表面，防止金属表面与水或酸性介质接触，保护金属部件不生锈。

所述的缓蚀剂选自苯并三氮唑及其衍生物，所述缓蚀剂购自巴斯夫，型号为 Irgamet 39。

所述抗氧化剂选自酚类抗氧化剂、胺类抗氧化剂中的至少一种。

产品应用　本品主要是一种导轨用低 VOC 防锈剂。

产品特性　本品可以与市售溶剂稀释型防锈剂取得同等的防锈效果，同时降低挥发性有机化合物（VOC）的排放，保护环境和人体健康。

配方 20　低碱值、大分子量烷基苯磺酸钙防锈剂

原料配比

原料	配比（质量份）			
	1#	2#	3#	4#
溶剂①	300	300	300	300
基础油	140	140	140	140
醇 A	50	50	50	50
氧化钙	8.5	10	10	10
水①	10	10	10	10
C_{22}～C_{24}烷基苯磺酸	150	150	150	—
C_{20}～C_{22}烷基苯磺酸	—	—	—	150

续表

原料	配比（质量份）			
	1#	2#	3#	4#
醇 B	50	50	50	50
水②	15	15	15	15
溶剂②	80	80	80	80

制备方法

（1）在保护气条件下，将溶剂①、基础油、醇 A、氧化钙和水①投入反应釜中，升温至 50～60℃，搅拌均匀。

（2）将烷基苯磺酸匀速滴加至反应容器内，使烷基苯磺酸依次与氧化钙反应，滴加时间为 60～120min；滴加完毕后，升温至 70～75℃进行一次中和反应，反应 2h 后，用 pH 计测量反应液 pH 值，使 pH 值控制在 8～9 之间。

（3）一次中和反应结束后，闪蒸脱出醇 A 和水，降温至 50～60℃。

（4）向反应容器内加入醇 B、水②和溶剂②，升温至 90～95℃进行二次中和反应，反应 2h 后，用 pH 计测量反应液 pH 值，使 pH 值控制在 7.5～8.5 之间。

（5）二次中和反应结束后，闪蒸脱出醇 B 和水，物料冷却到室温，沉降分离，上层为烷基苯磺酸钙有机相，下层为氧化钙固体、杂质；上层有机相经离心，减蒸脱溶剂，得到烷基苯磺酸钙产品；脱溶剂后下层固体，经溶剂抽提后，得到烷基苯磺酸钙产品。

原料介绍

所述溶剂包括苯、甲苯、二甲苯、200#汽油中的一种或多种。

所述基础油包括 150N、150SN、500N、500SN 中的一种或多种。

所述醇 A 包括甲醇、乙醇、丙醇中的一种或多种。

所述醇 B 包括正丁醇、异丙醇、辛醇、乙二醇中的一种或多种。

产品应用　本品主要是一种低碱值、大分子量烷基苯磺酸钙防锈剂。

产品特性

（1）本品分子量较大，保证了其在润滑油中的防锈性；产品的超低碱值，使其不易和体系内的酸性物质相互作用，使产品的普适性较好。

（2）本品反应时的连续化操作和连续性反应，提高了生产效率。

（3）本品反应的固体废弃物较少，对环境污染小。

配方 21　低黏度防腐金属防锈剂

原料配比

原料	配比（质量份）				
	1#	2#	3#	4#	5#
葡萄糖酸钠	10	5	15	8	12
富马酸二甲酯	3.5	5	2	4	3
二月桂酸二丁基锡	4.5	3	6	4	5
六偏磷酸钠	5	6	4	5.5	4.5

续表

原料		配比（质量份）				
		1#	2#	3#	4#	5#
十二烷基磺酸钠		2	1	3	1.5	2.5
水溶性硅油		4.5	6	3	5	4
三乙醇胺		3.5	2	5	3	4
钼酸钠		2.5	4	1	3	2
有机膦酸		4	3	5	3.5	4.5
苯甲酸钠		3.5	5	2	4	3
羧酸胺		2.5	1	4	2	3
硼酸胺		4.5	6	3	5	4
二甘醇胺		4.5	4	5	4.2	4.8
顺丁烯二酸酐		3	4	2	3.5	2.5
间苯二甲酸酐		2.5	1	4	2	3
醋酸锌		3.5	5	2	4	3
对苯二甲酸		4	3	5	3.5	4.5
衣康酸		2.5	4	1	3	2
环戊酸钴		4	3	5	3.5	4.5
钨酸钠		4	6	2	5	3
无水碳酸钠		2.5	1	4	2	3
壬基酚聚氧乙烯醚		3.5	5	2	4	3
脂肪醇聚氧乙烯醚		6	3	9	4	8
脂肪酸甲酯乙氧基化物磺酸钙		5	8	2	7	3
十二烷基苯磺酸		4.5	3	6	4	5
改性润滑剂		6	8	4	7	5
改性防腐助剂		4	3	5	3.5	4.5
改性固化剂		6	8	4	7	5
附着力增强剂		6	4	8	5	7
水		20	25	15	22	18
改性防腐助剂	石墨粉末	6	3	9	4	8
	纳米硫化锌	3.5	5	2	4	3
	纳米氟化镧	4.5	3	6	4	5
	硝酸钠	2.5	4	1	3	2
	二甲基甲胺	3.5	5	2	4	3
	苯肼	4.5	3	6	4	5
	异氟尔酮二异氰酸酯	4.5	5	4	4.8	4.2
	2,2-二羟甲基丙酸	4.5	3	6	4	5
改性润滑剂	二烷基二硫代磷酸	4.5	3	6	4	5
	吡啶	3.5	5	2	4	3
	无水乙醇	2.5	1	4	2	3
	硼砂	4.5	6	3	5	4

续表

原料		配比（质量份）				
		1#	2#	3#	4#	5#
改性固化剂	六亚甲基二异氰酸酯	3.5	2	5	3	4
	三羟甲基丙烷	2	3	1	2.5	1.5
	聚乙二醇	4.5	3	6	4	5
	羟乙基磺酸钠	4	6	2	5	3
附着力增强剂	石蜡	6.5	4	9	5	8
	棕榈蜡	4	5	3	4.5	3.5
	皂角提取液	3.5	2	5	3	4
	矿物油	4.5	6	3	5	4
	甲基硅油	2.5	1	4	2	3
	椰子油酸烷醇酰胺	4	5	3	4.5	3.5
	椰油脂肪酰二乙醇胺	5	2	8	3	7
	三乙醇胺	6	9	3	8	4
	月桂醇醚磷酸酯	2.5	1	4	2	3
	油酸	3.5	5	2	4	3
	乙二醇	6	3	9	4	8
	十二烷基甜菜碱	5	8	2	7	3

制备方法　将各组分原料混合均匀即可。

原料介绍

所述的改性防腐助剂按如下工艺进行制备：于冰水浴中加入石墨粉末、纳米硫化锌、纳米氟化镧和硝酸钠混合均匀，搅拌 20～40min，然后移入 30～40℃恒温水浴中，继续搅拌 2～4h，静置后过滤，洗涤后加入去离子水于 4500～5500r/min 转速搅拌 10～20min，洗涤离心至上清液 pH 至中性，取出下层胶体然后置于 30～40℃真空干燥 70～80h，冷却至室温，然后加入二甲基甲胺混合均匀，超声 1～3h 后置于 50～70℃水浴锅中，加入苯肼搅拌均匀，然后加入异氟尔酮二异氰酸酯混合均匀，升温至 70～80℃，保温 3～5h，接着加入 2,2-二羟甲基丙酸混合均匀，过滤后用二氯甲烷清洗，并将滤饼置于 35～45℃干燥 20～30h，冷却至室温，得到改性防腐助剂。

所述的改性润滑剂按如下工艺进行制备：将二烷基二硫代磷酸、吡啶和乙醇混合均匀，然后升温至 55～65℃，保温 30～50min，接着以无水乙醇为溶剂进行重结晶，然后加入硼砂混合均匀，升温至 60～70℃，陈化 25～35min，趁热过滤，洗涤，于 55～65℃真空干燥 40～50h，冷却至室温，得到改性润滑剂。

所述的改性固化剂按如下工艺进行制备：将六亚甲基二异氰酸酯和三羟甲基丙烷混合均匀，升温至 35～45℃，保温 0.5～1.5h，然后升温至 75～85℃，保温 2～4h，然后加入聚乙二醇混合均匀，于 70～80℃保温 1～3h，接着降温至 35～45℃，保温 20～40min，加入羟乙基磺酸钠混合均匀，于 70～80℃保温 3～5h，冷却至室温，得到改性固化剂。

所述的附着力增强剂按如下工艺进行制备：将石蜡加热至 95～105℃，保温 0.5～1.5h，然后加入棕榈蜡、皂角提取液、矿物油、甲基硅油、椰子油酸烷醇酰胺、椰油脂肪酰二乙醇胺、三乙醇胺、月桂醇醚磷酸酯、油酸、乙二醇和十二烷基甜菜碱混合均匀，控制温度为 75～

85℃，搅拌 1～3h，得物料 A；将水和硅酸铝混合均匀，加热至 75～85℃，保温 1.5～3.5h，搅拌 1.5～3.5h，得到物料 B；将物料 A 和物料 B 混合均匀，搅拌 15～25min，使其乳化均匀，冷却至室温，即得附着力增强剂。

产品应用　本品主要是一种低黏度防腐金属防锈剂。

产品特性　本品黏度低，防腐防锈性能强。

配方 22　地铁轨道防锈剂

［原料配比］

原料			配比（质量份）			
			1#	2#	3#	4#
A 组分	酯类油	邻苯二甲酸二异丁酯	50	—	—	22.5
		邻苯二甲酸二异辛酯	—	90	—	22.5
		邻苯二甲酸丁酯	—	—	60	—
	石墨烯粉	粒径为 700～1000nm	30	50	40	50
	聚酰亚胺	分子量为 3 万～5 万	30	50	40	48
B 组分	酯类油	邻苯二甲酸二异丁酯	20	—	—	21.5
		邻苯二甲酸二异辛酯	—	50	—	21.5
		邻苯二甲酸丁酯	—	—	30	—
	防锈剂		1	10	7	4
	胺类抗氧化剂	萘胺	5	30	—	7
		二苯胺	15	—	25	15
	防锈剂	重烷基苯磺酸钡	0.5	3	2	1
		石油磺酸钡	—	3	2	1
		环烷酸锌	0.4	2	—	1
		山梨糖醇单油酸酯	0.1	2	3	1

制备方法

（1）A 组分制备：将石墨烯粉加入到加热后的酯类油中，搅拌均匀，再将聚酰亚胺加入其中，搅拌均匀后冷却即可。将酯类油加热到 60～80℃。

（2）B 组分制备：将防锈剂加入到加热后的酯类油中，搅拌均匀，再加入胺类抗氧化剂，搅拌均匀后冷却即可。将酯类油加热到 60～80℃。

产品应用　本品主要是一种地铁轨道防锈剂。

使用时，首先将 A 组分涂覆在地铁轨道表面，再将本品的 B 组分涂覆在已经涂有 A 组分的地铁轨道表面，再将 A 组分涂覆在已经先后涂覆有 A 组分及 B 组分的地铁轨道表面，形成 A-B-A 层状。

产品特性　本品在使用时形成 A-B-A 层状，其中，A 组分中的基础油为酯类油，而酯类分子中所含的氧元素和氢元素使其具有正电极和负电极，由于电极作用，酯类油更易吸附在地铁轨道表面，且由于电极作用，最外层也具有吸附在地铁轨道表面的趋势，使得本品形成的保护层不易脱落；本品选择聚酰亚胺作为成膜剂，其使用温度范围广，耐低、高温；另外，本品 A 组分中还包括石墨烯粉，而石墨烯具有良好的导热性能，在地铁运行中，可有效传导摩擦热。

配方 23 电池壳防锈剂

［原料配比］

原料	配比（质量份）		
	1#	2#	3#
植酸	2.1	3.5	3
柠檬酸钠	0.5	1	0.8
亚硫酸钠	0.2	0.3	0.25
乌洛托品	0.05	0.2	0.1
十二烷基苯磺酸钠	0.2	0.5	0.3
硫酸锌	0.5	1	0.7
水	加至 100	加至 100	加至 100

制备方法 将各组分原料混合均匀即可。

产品应用 本品主要是一种电池壳防锈剂。

产品特性 本品以植酸为主成膜组分，具有环保性好的特点，且辅以柠檬酸钠、亚硫酸钠、乌洛托品、十二烷基苯磺酸钠、硫酸锌多种组分，相互之间能够产生协同作用，进而大大提高成膜效率，其成膜速度提高 20%。

配方 24 电机转子用防锈剂

［原料配比］

原料	配比（质量份）		
	1#	2#	3#
硬脂酸钙	20	55	85
癸二酸	30	58	80
钼酸钠	25	35	55
1-羟基苯并三氮唑	25	44	60
磺酸钠	40	50	75
硫酸钡	20	45	75
四硼酸钾	55	80	90
氢氧化钙	25	33	40
醋酸钠	10	30	50
竹炭纤维	15	10	65

制备方法　将上述物料全部加入搅拌桶内，加热到 100℃，搅拌均匀，然后冷却，即可制成产品。

产品应用　本品主要是一种电机转子用防锈剂。

产品特性　本品防锈时间较长，使用后能够防止材料表面再次形成锈斑；便于废弃防锈剂的处理排放，符合环保要求，对设备无污染，无腐蚀，有效降低生产成本，使用安全可靠。

配方 25　电解除锈防锈剂

原料配比

原料		配比（质量份）
硼硫酸酯		100
除锈添加剂	钼酸铵	0.5～1
	酒石酸	2～3
	酒石酸钾钠	1～2
	柠檬酸	3～5
硼硫酸酯	壬基酚聚氧乙烯醚 NP-10	70～95
	硼酸	3～6
	辅助剂丙二醇	3～8
	S_2O_3 或 SO_3	2～6
	辅助剂季戊四醇	3～7

制备方法　将各组分原料混合均匀即可。

原料介绍

所述硼硫酸酯的制备步骤如下：

（1）将壬基酚或壬基酚聚氧乙烯醚投入反应釜，加热到 120～140℃，然后缓慢加入硼酸，加完后反应 80～100min。

（2）反应完毕后降温至 60～90℃，加入辅助剂，自然降温到常温。

（3）在真空下缓慢加入 S_2O_3 或 SO_3，边加入边搅拌，加完后升温至 60～90℃，反应 90～120min。

（4）反应完毕后降温到 50℃以下，加入辅助剂，反应 100～160min。

产品应用　本品主要是一种电解除锈防锈剂。

除锈方法为：将待除锈基材放入电解槽中，加入所述电解除锈剂和水，通电进行除锈，电压为 3～20V。

产品特性

（1）本品不仅有快速、彻底的除锈、清理作用，并且可以在除锈后的基材表面覆盖一层牢固、致密的保护膜，防止再次生锈。

（2）本品对于轻度锈、重度锈及氧化皮都有快速彻底的清除效果，视基材生锈的情况，将本品加水配制成 2%～30%的电解除锈液，倒入电解槽中。将待除锈基材（可以是多件、大件，根据要处理的基材形状和数量来选择电解槽）放入电解槽中，通电 3～20V 进行除锈，一般 2～20min 即可完成除锈和清洁。经过本品处理后的基材表面无锈迹、锈斑残留，被腐蚀部位恢复平整。

（3）本品无毒无害，无酸雾和腐蚀性，工人可以手动进行操作。

（4）本品具有一定的防锈功能，恶劣条件下可以保证 20～40 天内不返锈。对于工作条件严苛的环境，如果除锈后不能马上做防锈工作，采用本品可以争取宝贵的时间。

配方 26　多功能防锈剂（1）

［原料配比］

原料		配比（质量份）		
		1#	2#	3#
缓蚀剂	二丁基二硫代氨基甲酸锌	8	9	10
聚乙烯蜡		3	4	5
水		100	100	100
表面活性剂	烷基二甲基磺乙基甜菜碱	1.2	1.75	2.4
	十八烷基二羟乙基氧化胺	4.8	5.25	6.4
抗磨防锈剂	丁基异辛基磷酸十二胺盐	1.2	1.8	2.5
	石油磺酸钡	1.8	2.2	2.5
季戊四醇酯（酸值为 15～20mg/g，以 KOH 计）		2	3	4
十二烯基琥珀酸淀粉酯		1	2	3
2-硝基亚氨基咪唑烷		1	2	3
磺酸钠		1	2	3
氨基三亚甲基膦酸四钠		1	2	8

制备方法　将各组分原料混合均匀即可。

原料介绍

烷基二甲基磺乙基甜菜碱和十八烷基二羟乙基氧化胺协同作为表面活性剂。

丁基异辛基磷酸十二胺盐和石油磺酸钡协同作用，使得金属表面承受很高的负荷时，在金属表面形成膜，起保护金属表面的作用，并与金属表面起化学反应生成化学反应膜，起润滑作用，防止金属表面擦伤。

季戊四醇酯提高防锈保护膜在金属表面的附着力。

二丁基二硫代氨基甲酸锌起缓蚀作用，并可提高防锈剂的渗透性能，改善除锈效果。

十二烯基琥珀酸淀粉酯提高保护膜层的致密程度，改善保护膜防潮和隔绝空气的能力。

2-硝基亚氨基咪唑烷改善防锈剂的抗菌性能，延长其保存时间。

磺酸钠作为防锈剂的稳定剂，保证乳液 pH 值在 8～10 之间。

氨基三亚甲基膦酸四钠作为抗氧化剂，保证防锈剂长时间存放的稳定性能，不变质。

聚乙烯蜡在防锈剂中的主要作用为耐磨、防锈和良好的润滑性。

产品应用　本品主要是一种多功能防锈剂。

产品特性　本品通过对防锈剂配方进行优化，具有优异的防锈、除锈效果。

配方 27　多功能防锈剂（2）

［原料配比］

原料	配比（质量份）			
	1#	2#	3#	4#
烷基磺酸钠	15	20	25	30
碳酸环己胺	2	3	4	5
四硼酸钠	6	5	4	3
水性环氧树脂	22	25	27	20
二氧化钛颗粒	5	7	10	15
乙醇	30	35	40	50
聚乙烯醇	35	40	40	50
无碱玻璃纤维	6	8	5	10
油酸丁二酸	2	2	4	2
聚二甲基硅氧烷	3	3	5	5
聚丙烯酰胺	12	20	20	10
纳米银颗粒	3	6	3	8
硒化钼颗粒	2	4	5	2
Cu_9S_5 颗粒	1	2	1	0.5
茶多酚抗氧化剂	3	5	5	3
去离子水	110	120	130	140

制备方法　将各组分原料混合均匀即可。

二氧化钛颗粒可以提高保护膜的抗紫外特性以及自洁特性，使得保护膜不易老化以及不易产生污垢。

无碱玻璃纤维可以提高保护膜的机械强度。

纳米银颗粒、硒化钼颗粒和 Cu_9S_5 颗粒，三者的协同作用使得利用该防锈剂在金属表面形成的保护膜具有优异的抗菌性能、导热性能以及防静电性能。

产品应用　本品主要是一种多功能防锈剂。适用于各种金属的防锈。

产品特性

（1）本品具有优异的防锈性能，在金属工件的表面形成一层稳定的保护膜，可以长期防止金属生锈。

（2）本品以去离子水为主体溶剂的同时含有乙醇，使得该防锈剂中含有多种成膜性优异的树脂，在降低生产成本的同时具有优异的综合性能。

配方 28 防锈剂（1）

［原料配比］

原料		配比（质量份）
主缓蚀剂	植酸	30～50
主缓蚀剂	单宁酸	30～50
	六亚甲基四胺	10～20
	三乙醇胺	10～20
辅助缓蚀剂	尿素	50～80
	乌洛托品	20～50
去离子水		加至 100

制备方法

（1）取植酸、单宁酸、六亚甲基四胺及三乙醇胺混合均匀后加入到适量去离子水中，得到主缓蚀剂液。

（2）取尿素与乌洛托品依次加入到 40～50℃的适量去离子水中，搅拌均匀至完全溶解，得到辅助缓蚀剂液。

（3）取步骤（1）的主缓蚀剂液与步骤（2）的辅助缓蚀剂液混合均匀，再加入剩余的去离子水，即制备得到防锈剂。

原料介绍

植酸：又被称为肌醇六磷酸酯，是从粮食作物中提取的有机磷酸化合物，含有能同金属配合的 24 个氧原子，是一种很强的金属多齿螯合剂，当与金属络合时，易形成含多个螯合环的致密单分子有机保护膜，该单分子有机保护膜在广泛的 pH 值范围皆具有极强的稳定性，能有效地阻止 O_2 等进入金属表面，从而抑制金属的腐蚀，处理后的金属表面由于形成的单分子有机膜层同羟基和磷酸基等活性团发生化学作用，具有更强的黏结能力，此外，植酸在钢材表面的自组装及缓释性能，也可以提高耐腐蚀性能。

单宁酸：一方面作为铁锈转化剂，能与锈层中的主要成分氧化铁发生化学反应，形成稳定的网状结构的配位化合物，从而使铁锈有效地转化为有保护性的膜层，另一方面，单宁酸在涂覆时作为溶液中的钝化成膜成分，具有较好的钝化效果。

六亚甲基四胺：其吸附在钢铁的表面，使得钢铁的阳极溶解过程和阴极析氢过程均不能进行，吸附改变了腐蚀电化学过程的阴极反应或者阳极反应的活化能，从而阻滞阴极过程或阳极过程的进行，甚至同时阻滞了阴、阳极反应。

三乙醇胺：作为添加剂，能在金属表面形成非常薄的覆盖层，隔绝了金属与 O_2 接触，有效地防止金属发生大气腐蚀。

产品应用　本品主要用于酸轧中间库冷硬钢卷的防锈。

防锈处理过程为，将酸轧中间库的冷硬钢卷浸渍于由所述主缓蚀剂、辅助缓蚀剂和去离子水组成的溶液中，处理 3～10min，然后取出置于模拟的酸轧机工作环境中，计算钢卷表面出现锈蚀的时间。

经所述防锈剂溶液处理后的冷硬钢卷表面出现锈蚀的时间＞10min。

产品特性　本品对冷硬钢卷具备较好的缓蚀效果，能够延缓中间库存放的冷硬钢卷出现锈蚀的时间，在炼钢工艺阶段具备实际的应用效果。

配方 29　防锈剂（2）

［原料配比］

原料	配比（质量份）		
	1#	2#	3#
磷酸三钠	15	55	95
钼酸钠	25	50	65
柠檬酸钠	25	45	60
水性丙烯酸乳	32	50	85
脂肪酸酰胺	34	50	75
硅烷偶联剂	35	66	95
聚异丁烯	25	55	85
聚氯乙烯树脂	20	35	45
谷氨酸	15	45	75
增电剂	10	46	85

制备方法　将上述物料全部加入搅拌桶内，加热到 100℃，搅拌均匀，然后冷却，即可制成产品。

产品应用　本品主要是一种防锈剂。

产品特性　本品防锈时间较长，使用后能够防止材料表面再次形成锈斑；便于废弃防锈剂的处理排放，符合环保要求，对设备无污染，无腐蚀，有效降低生产成本，使用安全可靠。

配方 30　防锈剂（3）

［原料配比］

原料		配比（质量份）									
		1#	2#	3#	4#	5#	6#	7#	8#	9#	10#
溶剂	正庚烷	91.6	—	—	60.4	89	86.2	94.5	93.5	—	—
	甲苯	—	134.2	112	—	—	—	—	—	176	94.5
去离子水		4.2	4.5	4.1	4.5	4.2	4.1	4.5	4.1	4.1	4.5
第一酸性化合物	二壬基萘磺酸	78.2	46	69	46	55.2	82.8	46	65	46.2	78
第二酸性化合物	正癸酸	3.5	—	—	—	—	3.5	—	3.5	—	—
	软脂酸	—	10.2	—	—	—	—	—	—	—	—
	月桂酸	—	—	4	—	—	—	—	—	—	—

续表

原料		配比（质量份）									
		1#	2#	3#	4#	5#	6#	7#	8#	9#	10#
第二酸性化合物	正辛酸	—	—	—	14.4	—	—	—	—	—	—
	豆蔻酸	—	—	—	—	13.7	—	—	—	—	—
	油酸	—	—	—	—	—	—	22.6	5.6	—	—
	硬脂酸	—	—	—	—	—	—	—	—	—	5.7
	PIBSA①	10	78	39	—	20	—	26	10	130	10
含有钙离子的碱性化合物	氢氧化钙	7.4	—	7.4	—	7.4	7.4	—	7.5	7.4	10.1
	碳酸钙	—	10	—	10	—	—	10.1	—	—	—
基础油	150SN 基础油	91.6	—	—	—	88.9	—	—	94	—	—
	轻质白油 Wl-100		134.2	—	—	—	—	—	—	176	—
	75SN 基础油	—	—	112	—	—	—	—	—	—	94
	Yubase4 基础油	—	—	—	60.4	—	—	95	—	—	—
	恒力 10 号基础油	—	—	—	—	—	86	—	—	—	—

① 聚异丁烯丁二酸酐。

制备方法

（1）将第一酸性化合物和第二酸性化合物混合得到酸性混合物；混合过程中，加入有机溶剂和去离子水，有助于溶解含有钙离子的碱性化合物。

（2）将该酸性混合物与含有钙离子的碱性化合物进行中和反应，得到该防锈剂：

控制所述中和反应的温度为 65～75℃，需控制含有钙离子的碱性化合物的加入速度，以形成的泡沫不致溢出回流管为宜。

（3）待中和反应达到终点，在回流状态下反应 1.5～3h 左右即可。

（4）中和反应结束后，在反应产物中加入基础油，得到液态防锈剂，同时，为了避免溶剂对防锈剂闪点等性能的影响，将反应体系缓慢升温至 145～155℃以去除溶剂，待无溶剂流出后，减压至 1～3kPa 继续蒸馏，待溶液不沸腾且无溶剂流出后，停止蒸馏得到防锈剂。

原料介绍

所述基础油包括工业白油、矿物油、加氢油中的一种或多种，且所述基础油 40℃运动黏度为 2～46mm^2/s。

产品应用　本品主要用于钢卷、轴承等需要叠放的工件的封存防锈。

产品特性

（1）本品不含钡离子，对环境友好，而且具有出色的防锈性、水置换性、耐盐雾性和抗叠斑能力，是一种环保型多功能防锈剂，可用于钢铁在高湿、高热、高盐环境下的防锈，尤其适用于钢卷、轴承等需要叠放的工件的封存防锈。

（2）本品的制备方法，具有工艺简单、反应条件温和、副反应少、产率高的优点。

配方 31　防锈剂（4）

原料配比

原料	配比（质量份）
三氯乙醛	10

续表

原料	配比（质量份）
四氯化碳	12
氯化钙	8
氯化镁	19
硫酸钠	8
硫酸镁	6
硫酸铜	20
氯化钠	12
氯化钾	25
十二烷基磺酸钠	8
硅酸钠	6
苯甲酸钠	4
邻苯二甲酸二丁酯	8
甘油	20

制备方法　将上述组分充分搅拌均匀，静置后即可使用。

产品应用　本品主要是一种防锈剂。

产品特性　本品喷洒在金属表面后，在湿度较大的地方，也能保持板材较长时间不锈，并且干燥效果好。

配方 32　防锈剂（5）

原料配比

原料	配比（质量份）				
	1#	2#	3#	4#	5#
硫化猪油	30	35	40	45	50
氢化桐籽油	20	25	25	25	30
油溶性硅蜡	5	6	7.5	9	10
二壬基萘磺酸钡	2	3	3.5	4	5
十二烯基丁二酸	2	3	3	3.5	4
苯乙酸月桂醇酯	4	5	6	7	8
蓖麻油聚氧乙烯醚	3	4	4.5	5	6
丙二醇脂肪酸酯	3	4	4.5	5	6
聚丙烯酰胺	5	6	7	9	10
古尔胶	2	3	3.5	4	5
氧化石油脂钡皂	1	1.5	1.5	1.5	2
二丁基羟基甲苯	1	1.5	2	2.5	3
3-(3,5-二叔丁基-4-羟基苯基)丙烯酸异辛酯	1	1.5	2	2.5	3
二烷基二苯胺	0.5	0.6	0.8	0.9	1
改性大豆磷脂	1	1.5	2	2.5	3
分子蒸馏单甘酯	2	3	3.5	4	5
水	15	20	20	20	25

制备方法

（1）将硫化猪油、氢化桐籽油、油溶性硅蜡、二壬基萘磺酸钡、十二烯基丁二酸、3-（3,5-二叔丁基-4-羟基苯基）丙烯酸异辛酯和氧化石油脂钡皂混合，在超声条件下转速 200～250r/min 下搅拌 10～20min。

（2）将聚丙烯酰胺、古尔胶和水混合，加热至 60～70℃，搅拌 10～20min。

（3）将上述混合液混合，再加入剩余组分，冷却至室温，振荡混合即得。

产品应用　本品主要是一种防锈剂。

产品特性　本品具有非常好的耐盐雾效果以及耐湿热效果，冷轧板和镀锌板在经过盐雾试验、叠片试验和湿热试验后，其经过 SH/T0533 防锈油脂防锈试验试片锈蚀评定方法评级后都达到 1 级，防锈效果非常好，试样基本完好无损。

配方 33　防锈剂（6）

原料配比

原料	配比（质量份）			
	1#	2#	3#	4#
高分子聚合树脂	20	25	30	25
长链羧酸	5	10	15	10
有机醇胺	10	15	20	15
缓蚀剂	2	5	8	5
活性剂	1	3	5	1
催干剂	1	2	5	2
去离子水	加至 100	加至 100	加至 100	加至 100

制备方法

（1）依次将长链羧酸、有机醇胺加入去离子水中加热至 45～55℃，保持 45～55℃并持续搅拌 20～60min。

（2）缓慢加入活性剂、高分子聚合树脂搅拌溶解。

（3）再加入缓蚀剂、催干剂搅拌均匀即得防锈剂。

原料介绍

高分子树脂可以大大提高防锈剂防锈性能，一般防锈剂中加入高分子树脂通常有两种状况：一种是防锈剂稳定性较差，极易产生分层现象；另一种是防锈性能较差，无法达到提高防锈性能之目的。而本品各组分中通过长链羧酸与有机醇胺的反应产物与活性剂的协同作用使高分子树脂能在防锈剂体系中稳定分散存在，保持溶液的稳定性，得到清澈透明的液体反应体系。并且，组分中的缓蚀剂在防锈膜层形成之前，迅速吸附在金属表面，防止金属闪锈；具体的，当金属浸入本品防锈剂中时，缓蚀剂较强的极性基团与金属表面静电吸附形成临时保护，防止金属闪锈。此外，组分中的催干剂能够使金属表面从防锈剂中取出后快速脱水干燥，加速防锈层的形成。从而本品各组分的配合充分保障了所制备的防锈剂的优异防锈性能。所述高分子聚合树脂采用乙基丙烯酸树脂、甲基丙烯酸树脂、苯丙烯酸树脂、环氧树脂、酚醛树脂中的任一种或多种的组合。

所述长链羧酸采用壬酸、辛酸、癸酸、顺丁烯二酸、十二碳一元羧酸、十二碳二元羧酸、异构脂肪酸中的任一种或多种的组合。

所述有机醇胺采用二乙醇胺、一乙醇胺、三乙醇胺、异构醇胺中的任一种或多种的组合。

所述的缓蚀剂采用磷酸盐、咪唑啉、钼酸盐、硅酸盐、苯并三氮唑、乌洛托品、硫脲中的任一种或多种的组合。

所述活性剂采用十二烷基苯磺酸盐、脂肪醇聚氧乙烯醚、环氧乙烷环氧丙烷共聚物、脂肪酸甲酯聚氧乙烯醚中的任一种或多种的组合。

所述催干剂采用二月桂酸酯、二月桂酸二丁基锡、*N*,*N*-二甲基醇胺中的任一种或多种的组合。

产品应用　本品主要是一种防锈剂。

产品特性

（1）本品通过高分子树脂的加入，在金属表面形成内层钝化防锈膜层，而长链二元羧酸与有机醇胺形成防锈链镶嵌在防锈膜层外层形成进一步的防护，最终形成致密的防锈膜层结构，可以达到长效的防锈效果，防锈周期可达到一年以上，可替代油性防锈剂。

（2）本品不含磷、亚硝酸盐、铬等有害物质，是一种安全环保且长效防锈的水溶性防锈剂；并且各原料简单易得，成本较低。同时防锈膜干性不黏稠、易于清洗。

（3）本品制备方法简单，适于大规模生产制备。

（4）本品的防锈周期达到一年以上，可替代油性防锈剂。

配方 34　防锈剂（7）

原料配比

原料		配比（质量份）					
		1#	2#	3#	4#	5#	6#
缓蚀剂	石油磺酸钠	20	—	—	—	—	—
	十二烯基丁二酸	—	17	—	—	7	—
	中碱值石油磺酸钙	—	—	18	—	—	—
	高碱值石油磺酸钙	—	—	—	25	15	30
	巯基苯并噻唑	—	—	5	—	—	—
	膦酸	—	4	—	—	—	—
成膜剂	凡士林	10	—	—	—	—	—
	白凡士林	—	—	—	—	—	5
	羊毛脂镁皂	—	—	5	—	—	5
	乙烯基乙二醇丁基醚	—	—	—	—	3	—
	甲基纤维素	—	2	—	—	—	—
	甲基丙烯酸酯	—	3	—	—	—	—
	聚乙烯吡咯烷酮	—	—	—	1.5	—	—
	甲基硅树脂	—	—	—	3.5	5	—

续表

原料			配比（质量份）					
			1#	2#	3#	4#	5#	6#
溶剂	脂肪烃	正己烷	—	—	—	35	74	—
		正庚烷	100	—	—	—	—	—
	醇	正丁醇	—	30	—	—	—	—
	溶剂油	D80 溶剂油	—	47	—	—	—	—
		120#溶剂油	—	—	75	—	—	—
		125#溶剂油	—	—	—	—	—	78
		6#溶剂油	—	—	—	45	—	—
表面经改性处理后的增效剂	增效剂	纳米重晶石粉末	8	—	—	—	—	—
		纳米方解石粉末	—	4	—	—	—	—
		纳米滑石粉末	—	—	6	—	—	—
		纳米石英粉末	—	—	—	6	—	—
		纳米云母粉末	—	—	—	—	—	6
		石墨烯粉末	—	—	—	—	5	—
	改性剂	3-氨丙基三甲氧基硅烷	4	—	—	—	—	2
		N-*β*-氨乙基-*γ*-氨丙基甲基二甲氧基硅烷	—	1	1.5	1.5	1	—
	溶剂	乙醇	800	180	240	300	220	250
分散剂	三乙醇胺		6	—	—	4	—	—
	吐温-80		—	4	—	—	—	4
	斯盘-80		—	—	4	—	—	—
	吐温-60		—	—	—	—	6	—
表面经改性处理后的增效剂			8	4	6	6	5	6

制备方法

（1）将增效剂、改性剂、溶剂加入到反应釜中于 20～80℃下反应 1～8h，待反应产物冷却后，减压过滤产物并于室温下干燥 10～30h，随后碾磨筛分，获得表面经改性处理后的增效剂。

（2）将缓蚀剂与溶剂混合均匀，并以 200～2000r/min 的速度搅拌 1～60min，获得均一稳定的分散液。

（3）将成膜剂、分散剂和表面经改性处理后的增效剂均匀分散于所述分散液中 1～30min，获得所述防锈剂。

原料介绍

改性剂，对增效剂进行表面改性处理，使得其表面接枝了$-OH$、$-NH_2$等活性官能团，这些改性材料的加入增强了防锈剂与基材的结合力，增加了防锈时间，从而增强了防锈效果。

分散剂不仅具有分散的作用，同时兼具降低防锈剂表面张力的作用，使防锈剂更有效地渗透到金属基材的微孔内，与基材更好结合，从而大幅提高金属基材抗腐蚀的能力，使防锈时间大幅延长。

成膜剂的加入使得防锈剂在金属基材表面涂覆后形成致密的薄膜，可有效阻隔水分、空气等的进入，从而提升防锈组分的作用时间。

所述增效剂为纳米微粒，纳米微粒的粒径为1～200nm。

产品应用 本品主要为用于各种铁基、铝基和铜基材料表面的一种防锈剂。

基材表面防护方法包括：将前述防锈剂施加于基材表面，形成防护涂层。至少以刷涂、喷涂和浸渍中的任一种方式将所述防锈剂附着于基材表面，常温干燥后形成防锈剂涂层，即防护涂层。

所述防护涂层的防腐时间为300～1000h。

产品特性 本品不仅施工刷涂方便、作用速度快、性质稳定，基本适用于各种铁基、铝基和铜基材料表面，并且刷涂或者浸渍后的基材具备优异的防腐性、耐久性、高附着力，还可反复刷涂或浸渍；其制备方法不仅工艺成熟、生产成本低廉，而且生产过程绿色无毒害，适于大规模推广应用。

配方35 防锈剂（8）

原料配比

原料		配比（质量份）		
		1#	2#	3#
植物油	大豆油	50	20	—
	椰子油	—	20	—
	棕榈油	—	—	60
消泡剂	二氧化硅纳米颗粒	1.3	2	0.5
纯碱		4	1	6
磷酸三钠		2	3	1
钼酸钠		7	5	9
柠檬酸钠		19	30	15
聚二甲基硅氧烷		0.4	0.2	0.5

制备方法

（1）将植物油、磷酸三钠、钼酸钠、柠檬酸钠加入反应釜，常温下搅拌30～35min，使之充分溶解。

（2）加入二氧化硅纳米颗粒，温度升到165～195℃，反应釜内部加压到2～3.2MPa，搅拌30～45s。

（3）打开反应釜，加入纯碱调节pH值到9～11，加入消泡剂搅拌3～10min，降温至55～60℃时，将搅拌液倒入产品容器中，冷却后为成品。

原料介绍

所述二氧化硅纳米颗粒尺寸为30～40nm。

产品应用 本品主要是一种防锈剂。

产品特性 本品绿色环保，无腐蚀，快速安全，在金属表面留下防锈油膜，可用于碳钢、不锈钢、紫铜、铁等材质的防锈，不会对材质有任何点蚀、氧化反应，本品选料科学，制备时采用短时瞬间加温加压的方法，将二氧化硅纳米颗粒分散在液体内，二氧化硅内储存部分液体，涂在金属表面具备了缓放效果，储存的液体会缓慢流到油膜上，延长了防锈时间，而且在涂抹过程中，二氧化硅纳米颗粒会对零件表面杂质灰尘进行摩擦去除，保证表面清洗，提高防锈效果，而且使用安全，对人体无害。

配方 36 防锈剂（9）

［原料配比］

原料		配比（质量份）
醇胺混合物		45
壬二酸		55
催化剂 18-冠醚-6		0.2
醇胺混合物	二异丙醇胺	5
	二乙醇胺	1

制备方法　将醇胺混合物、壬二酸和催化剂混合，加热反应，得到防锈剂；所述加热反应的温度为 110～125℃；加热反应的时间为 4～5h。加热反应过程中还包括排出反应生成的水，至不再有水分馏出时停止加热。所述加热反应过程，通过真空泵排出反应生成的水。

原料介绍

所述催化剂选自 18-冠醚-6 或/和 15-冠醚-5。

产品应用　本品主要是一种防锈剂。

产品特性

（1）本品不含有毒组分，但完全可达到亚硝酸盐水基防锈剂产品对黑色金属的防锈水平，具有优越的防锈性，可以解决现有防锈剂无法兼备环保性和防锈性的问题。

（2）本品制备方法简单、操作容易，生产成本也较低，更利于工业化。

（3）本品不含有毒组分，健康环保。

（4）本品具有很好的防锈性，在实际应用中适用于对防锈要求高的场景，减少防锈剂的用量，节约生产成本。

配方 37 防锈剂（10）

［原料配比］

原料		配比（质量份）		
		1#	2#	3#
辛酸、三乙醇胺、硼酸		100	100	100
辛酸、三乙醇胺、硼酸	辛酸	5	2	1
	三乙醇胺	2	1	1
	硼酸	1	1	1
钛酸四正丁酯		1	0.5	0.2

制备方法

（1）将辛酸投入反应器中，升温搅拌。

（2）当温度升至第一预设温度时，加入三乙醇胺和酯化反应催化剂钛酸四正丁酯，并开启冷凝回流装置；所述第一预设温度为70～80℃。

（3）当温度升至第二预设温度时，加入硼酸，继续升温；所述第二预设温度为100～110℃。

（4）当温度升至第三预设温度时，关闭冷凝回流装置，继续升温至第四预设温度时，停止加热并保温；所述第三预设温度为132～136℃，所述第四预设温度为138～140℃。

（5）保温结束后冷却降温。

原料介绍

硼酸的加入可以提高防锈油膜的坚韧性，使金属表面形成的油膜不易破裂，从而增加所述防锈剂的防锈效果。

钛酸四正丁酯作为酯化反应催化剂的特点是性能温和且添加量少，可以避免因剧烈反应或催化剂的添加量过多而影响酯化反应生成物的性能。

产品应用　本品主要是一种防锈剂。

本品可单独作为防锈剂对金属件进行防锈或除锈处理，也可以添加到润滑油中使用，使润滑油同时具备润滑、清洗防锈的功效。

产品特性

（1）本品防锈有效期长且具有一定的抗磨减摩能力，防锈抗蚀的综合性能优异，同时还具有良好的清洗性、水解安定性和生物降解性。

（2）由于本品原料中均不含有苯环结构，故而制备的防锈剂具有一定的生物降解性，当防锈剂被废弃后可以被微生物降解，是一种绿色环保产品。

（3）本品防锈抗蚀性能较好，而且由于可与水互溶，所述防锈剂的生产过程中产生的废液处理起来较为方便。同时，在对金属件进行防锈处理后，金属件上残留的防锈剂可以直接用水冲洗掉，从而具有良好的清洗性。

配方 38　防锈剂（11）

原料配比

原料		配比（质量份）			
		1#	2#	3#	4#
溶剂	丙三醇	40	45	50	55
基础油	煤油	18	16	18	19
羊毛酸多元醇酯		10	6	10	10
羟乙基油酰咪唑啉		6	8	8	8
油酰肌氨酸		15	12	18	18
二壬基萘磺酸钙		10	10	12	15
脂肪酸异丙酯		8	8	8	7
助剂复合物		18	20	20	22

制备方法

（1）制备助剂复合物。

（2）制备脂肪酸异丙酯。

（3）将羊毛酸多元醇酯、羟乙基油酰咪唑啉、油酰肌氨酸、二壬基萘磺酸钙、脂肪酸异丙酯和助剂复合物混合均匀，制得预混合物。

（4）最后将混合均匀的预混合物加入基础油和溶剂中，升温至65～68℃，混合均匀，冷却，制得防锈剂。

原料介绍

所述脂肪酸异丙酯按如下工艺进行制备：将脂肪酸和异丙醇混合均匀，于420～550r/min转速搅拌28～35min，然后加入$Fe_2(SO_4)_3\cdot 9H_2O$为催化剂混合均匀，升温至70～78℃，保温30～35min，搅拌回流，冷却至室温，蒸馏后用70～90℃蒸馏水洗涤至pH值至7，真空脱水得到脂肪酸异丙酯。

所述助剂复合物为硅铝酸盐和聚氧乙烯聚氧丙烯醚嵌段共聚物在钛酸正丁酯的催化酯交换过程中制得，其具体制备方法为：向水中加入硅铝酸盐粉末和钛酸正丁酯，充分分散后送入球磨机中，球磨至细度小于5μm，并利用微波处理器微波回流处理5min，再加入聚氧乙烯聚氧丙烯醚嵌段共聚物，混合均匀后继续微波回流处理2min，静置10min后再次微波回流处理5min，所得混合液送入喷雾干燥机中，干燥所得颗粒经超微粉碎机制成微粉，即得助剂复合物。

所述溶剂为丙三醇，基础油为煤油。

特殊的制备方法制得的脂肪酸异丙酯，成为防锈剂成分的一种，可以有效增加防锈剂和金属表面的黏着性，并且提高了防锈剂对温度的适应性，使得本品在−10℃到50℃之间防锈效果良好。

助剂复合物可以有效提高耐腐蚀性和抗开裂性。

丙三醇和煤油进行混合作为基础油和溶剂，可以更大限度延长防锈剂的防锈期限。

产品应用　本品主要是一种超长防锈期的防锈剂。

产品特性

（1）本品用于金属制品表面防锈效果最好，并且防锈期长。

（2）本品环保，组分不含有对人体和环境有害的物质，所以在使用过程中不会造成对工作人员的伤害以及对环境的污染。

配方 39　防锈剂组合物（1）

原料配比

原料		配比（质量份）							
		1#	2#	3#	4#	5#	6#	7#	8#
基础油	基础油 HVI H2	20	—	—	—	40	—	20	—
	基础油 HVI 150	—	25	—	—	—	25	—	25
	基础油 MVI 150	—	—	30	—	—	—	—	—
	基础油 T9	—	—	—	35	—	—	—	—
烯烃基丁二酸	十二烯基丁二酸	35	40	40	25	20	30	30	45
烯烃基丁二酸半酯	十二烯基丁二酸乙二醇半酯	25	—	—	—	—	—	—	—
	十二烯基丁二酸丙二醇半酯	—	20	—	—	—	—	—	—

续表

原料		配比（质量份）							
		1#	2#	3#	4#	5#	6#	7#	8#
烯烃基丁二酸半酯	十二烯基丁二酸丁二醇半酯	—	—	15	—	—	—	—	—
	十二烯基丁二酸癸二醇半酯	—	—	—	20	—	—	—	—
	十二烯基丁二酸戊二醇半酯	—	—	—	—	25	—	—	—
	十二烯基丁二酸己二醇半酯	—	—	—	—	—	30	—	—
	十二烯基丁二酸庚二醇半酯	—	—	—	—	—	—	15	—
	十二烯基丁二酸辛二醇半酯	—	—	—	—	—	—	—	15
双子咪唑啉	十三烯基双子咪唑啉	20	—	—	—	—	—	—	—
	月桂酸双子咪唑啉	—	15	—	—	—	—	—	—
	十七烯基双子咪唑啉	—	—	15	—	—	—	—	—
	癸烯基双子咪唑啉	—	—	—	20	—	—	—	—
	顺-13-二十一烯基双子咪唑啉	—	—	—	—	15	—	—	—
	十九烷基双子咪唑啉	—	—	—	—	—	15	—	—
	十七碳二烯基双子咪唑啉	—	—	—	—	—	—	35	—
	十三碳二烯基双子咪唑啉	—	—	—	—	—	—	—	15

制备方法　将各组分原料混合，在60℃充分搅拌1～6h，调制得防锈剂组合物。

原料介绍

所述烯烃基丁二酸半酯的制备方法包括：将原料烯烃基丁二酸与二元醇在酸性催化剂存在下进行反应，反应温度为140～200℃，反应时间为5～10h，得到烯烃基丁二酸半酯。

所述二元醇为C_2～C_{10}的直链或支链二元醇。

所述酸性催化剂为浓硫酸、氢氟酸、磷酸、三氯化铝、固体超强酸中的一种或多种。

所述烯烃基丁二酸与二元醇的摩尔比为1∶（1.0～1.6）。

所述酸性催化剂的质量占所述烯烃基丁二酸和二元醇总质量的0.05%～0.5%。

产品应用　本品主要是一种防锈剂组合物。

产品特性　本品中加入的双子咪唑啉化合物为含有长链烃的有机化合物，双子咪唑啉化合物与烯烃基丁二酸、烯烃基丁二酸半酯协同作用，提供了一种油溶性良好、防锈性能优异、酸值低的防锈剂组合物，适用于调配汽轮机油、无灰液压油等工业润滑油及各种类型的防锈油脂。

配方 40　防锈剂组合物（2）

[原料配比]

原料		配比（质量份）							
		1#	2#	3#	4#	5#	6#	7#	8#
基础油	基础油 HVI H2	15	—	—	20	20	15	—	—
	基础油 HVI 150	—	20	—	—	—	—	20	20
	基础油 MVI 150	—	—	25	—	—	—	—	—

续表

原料		配比（质量份）							
		1#	2#	3#	4#	5#	6#	7#	8#
有机羧酸类防锈剂	十二烯基丁二酸	70	—	—	—	—	—	—	—
	蓖麻油酸	—	60	—	—	—	—	—	60
	植物油酸	—	—	50	—	—	—	55	—
	癸二酸	—	—	—	55	—	—	—	—
	羊毛脂脂肪酸	—	—	—	—	50	—	—	—
	十二烯基丁二酸	—	—	—	—	—	60	—	—
双子咪唑啉化合物	七烯基双子咪唑啉	15	—	—	—	—	—	—	—
	月桂酸双子咪唑啉	—	20	—	—	—	—	—	—
	十三烯基双子咪唑啉	—	—	25	—	—	—	—	—
	癸烯基双子咪唑啉	—	—	—	25	—	—	—	—
	十三碳二烯基双子咪唑啉	—	—	—	—	30	—	—	—
	十七碳二烯基双子咪唑啉	—	—	—	—	—	25	—	—
	顺-13-二十一烯基双子咪唑啉	—	—	—	—	—	—	25	—
	十九烷基双子咪唑啉	—	—	—	—	—	—	—	20

制备方法　将各组分加入反应器中，搅拌 1～6h 至体系均匀即可。

原料介绍

所述的双子咪唑啉化合物通过三乙烯四胺与有机酸反应制备，制备方法为：

（1）在三乙烯四胺中加入催化剂并升温至 100～120℃。

（2）将脂肪酸在 20～60min 内滴加到体系中，升温至 150～190℃继续反应 2～6h。

（3）待反应体系中无副产物生成后，升温至 220～300℃继续反应 2～6h，反应完成后减压蒸馏除去副产物即得双子咪唑啉缓蚀剂。

所述的用于制备双子咪唑啉化合物的有机酸为 C_{11}～C_{22} 的直链或支链有机酸，选自十一碳烯酸、月桂酸、十二碳烯酸、肉豆蔻酸、十四碳烯酸、十四碳二烯酸、软脂酸、油酸、亚油酸、硬脂酸、二十烷酸、芥酸中的一种或几种。

所述的用于制备双子咪唑啉化合物的催化剂为活性氧化铝、固体酸、尿素和锌粒中的一种或多种。

所述的用于制备双子咪唑啉化合物的催化剂的用量，以单位质量的总反应物计，催化剂的质量占反应物总量的 0.05%～0.5%。

所述的用于制备双子咪唑啉化合物的有机酸的用量，以每摩尔三乙烯四胺计，三乙烯四胺与有机酸的摩尔比为 1∶（1.5～3）。

所述的基础油既是一种黏度调节剂，也是一种载体，使各功能添加剂均匀溶解或分散。

有机羧酸类防锈剂的分子有一个长长的疏水性碳氢链的“尾部”和一个与金属表面有强亲和力的“头部”。这些细长的分子彼此平行依靠着排列在一起，并与金属表面垂直，形成一个能对抗水和氧的膜，从而起到对锈蚀因素的屏蔽作用。

双子咪唑啉化合物具有两个亲水基和两个疏水基及一个间隔基团，环上的 C═N 双键和 N 原子上的孤对电子会在金属表面发生共价吸附作用，使缓蚀剂分子牢固吸附在金属表面，从而形成一层保护膜，其特点是使用浓度低，效果好。同时，与油基咪唑啉缓蚀剂相比，双子咪唑啉的乳化倾向更弱，这是由于双子咪唑啉较大的刚性结构降低了分子在油水界面的紧密排列，从而降低了乳化性。

产品应用 本品主要是一种防锈剂组合物，用于调配各种类型的工业润滑油和防锈油脂。可以在汽轮机油、无灰液压油等工业润滑油品以及防锈油脂中应用。

产品特性 本品是一种油溶性良好、防锈性能优异、酸值低、抗乳化性能良好的防锈剂组合物，适用于调配各种汽轮机油、无灰液压油等工业润滑油品。同时，本品也可用于调配各种类型的防锈油脂。

配方 41 防锈剂组合物（3）

[原料配比]

原料		配比（质量份）				
		1#	2#	3#	4#	5#
尿素		60.06	60.06	72.07	60.06	60.06
硼酸		61.83	92.7	86.56	80.38	74.20
F42 果葡糖浆		180.16	180.16	—	180.16	—
F60 果葡糖浆		—	—	180.16	—	—
F55 果葡糖浆		—	—	—	—	180.16
癸二酸		202. 25	242.7	222.48	202. 25	242.7
催化剂	过硼酸钠	0.4	—	—	0.7	0.5
	过硼酸钾	—	1	0.6	—	—

制备方法

（1）将尿素、硼酸分别加入反应器中，在 170～180℃温度下搅拌反应 1～1.5h，得反应产物 A。

（2）将果葡糖浆、癸二酸分别加入到反应器内，加入催化剂；在氮气保护的情况下，于 180～220℃的反应温度反应 3～5h；减压排除水分；加入步骤（1）中的反应产物 A，继续搅拌 0.5～1h；过滤不溶物；即为防锈剂组合物。

原料介绍

果葡糖浆可以和癸二酸进行酯化反应生成可生物降解的多元醇酯，含有多个空位羟基，可以快速吸附金属表面的水分，防止电离腐蚀；可以和硼酸反应生成硼酸酯，硼酸酯具有良好的防锈性能。癸二酸可以和果葡糖浆反应生成可生物降解的多元醇酯，防锈性能佳；和尿素反应可以生成酰胺类防锈化合物，有良好的防锈性。尿素可以和癸二酸反应生成酰胺类含氮防锈化合物；和硼酸反应可以生成硼氮防锈化合物。硼酸可以和果葡糖浆反应生成硼酸酯，具有优良的防锈性；可以和尿素反应可以生成硼氮防锈化合物。选择过硼酸盐的好处是具有很高的催化活性，还可和果葡糖浆/癸二酸形成硼酯类防锈组合物，反应后催化剂无需进行分离，可以节省因去除催化剂所需的水、电、化学试剂等，节能环保效益显著。

产品应用 本品主要是一种防锈剂组合物。

产品特性 在本品的配方中，基于原料各自的结构特点，可发生分子间弱键作用力，相溶后，提高和激发彼此的防锈性、润滑性、溶解性和极压抗磨性等性质。

配方 42 防止叠加面生锈的环保、低残留清洗防锈剂

[原料配比]

原料		配比（质量份）									
		1#	2#	3#	4#	5#	6#	7#	8#	9#	10#
螯合剂		1	2	0.5	5	2	0.1	2	2	4	2
碱性保持剂		7	8	7	10	7	3	3	3	8	3
脂肪醇聚氧乙烯醚		3	4	2	15	3	4	3	6	12	10
脂肪醇烷氧基化物	C_{12}～C_{14}脂肪醇烷氧基化物	4	—	—	5	—	—	—	—	—	—
	C_{10}～C_{12}脂肪醇烷氧基化物	—	3	4	—	2	—	—	—	—	—
	C_{13}～C_{15}脂肪醇烷氧基化物	—	—	—	—	—	2	2	4	3	2
两性表面活性剂	月桂基氧化铵	3	2	2	6	3	2	2	2	4	2
防锈剂		8	8	8	10	8	2	8	8	6	8
醇醚溶剂	丙二醇丁醚	5	5	—	4	—	2	5	—	—	—
	二丙二醇丁醚	—	—	5	6	5	—	—	5	4	5
增溶剂	烷基氨基双丙酸酯 AMA LF40	3	—	—	8	3	1	3	3	3	3
	烷基氨基双丙酸酯 AMA LF 70	—	4	5	—	—	—	—	—	—	—
消泡剂	乳化硅油	0.2	0.2	0.2	—	0.2	—	—	—	—	—
	改性二甲基硅烷	—	—	—	0.2	—	—	—	—	—	—
	聚醚	—	—	—	—	—	0.1	0.2	0.2	0.2	0.2
水		加至100	加至100	加至100	加至100	加至100	加至100	加至100	加至100	加至100	加至100
螯合剂	葡萄糖酸钠	0.2	—	—	—	—	0.1	—	—	—	—
	柠檬酸	0.3	2	0.5	—	1	—	—	—	—	—
	聚天冬氨酸	0.5	—	—	—	—	—	2	—	—	—
	乙二胺四乙酸	—	—	—	5	1	—	—	2	4	2
碱性保持剂	异丙醇胺	3	—	—	—	—	3	—	—	—	—
	三乙醇胺	2	5	1	—	7	—	—	—	—	—
	单乙醇胺	2	3	4	10	—	—	—	—	—	—
	2-氨基-2-甲基-1-丙醇	—	1	—	—	—	—	—	3	8	3
	二甘醇胺	—	—	2	—	—	—	3	—	—	—
脂肪醇聚氧乙烯醚	C_9～C_{11}脂肪醇聚氧乙烯醚（环氧乙烷数 9）	1	—	—	—	—	—	—	—	—	—
	格尔伯特 C_{10} 醇聚氧乙烯醚（环氧乙烷数 9）	2	—	—	5	—	—	—	—	—	—

续表

原料		配比（质量份）									
		1#	2#	3#	4#	5#	6#	7#	8#	9#	10#
脂肪醇聚氧乙烯醚	C_{10}～C_{12}脂肪醇聚氧乙烯醚（环氧乙烷数5）	—	4	—	—	—	—	—	—	—	—
	格尔伯特C_{10}醇聚氧乙烯醚（环氧乙烷数7）	—	—	2	—	—	2	—	—	—	9
	C_9～C_{11}脂肪醇聚氧乙烯醚（环氧乙烷数6）	—	—	—	10	—	—	—	—	—	—
	C_9～C_{11}脂肪醇聚氧乙烯醚（环氧乙烷数7）	—	—	—	—	1	—	—	—	—	—
	C_{10}～C_{12}脂肪醇聚氧乙烯醚（环氧乙烷数8）	—	—	—	—	1	—	—	—	—	—
	C_{10}～C_{12}脂肪醇聚氧乙烯醚（环氧乙烷数6）	—	—	—	—	—	2	2	—	—	—
	格尔伯特C_{10}醇聚氧乙烯醚（环氧乙烷数5）	—	—	—	—	1	—	1	2	—	6
	C_9～C_{11}脂肪醇聚氧乙烯醚（环氧乙烷数8）	—	—	—	—	—	—	—	4	3	4
防锈剂	油烯基丙二胺	4	—	—	—	—	0.5	3	2	1	2
	癸二酸	1	2	1	1	—	—	—	—	—	—
	硼酸单乙醇胺酯	1	—	1	1	2	0.8	2	1	2	2
	硼酸三乙醇胺酯	—	—	—	2	—	—	—	—	—	—
	苯并三氮唑	2	2	2	3	1	0.2	1	3	2	2
	牛油烷基二亚丙三胺	—	2	—	—	—	—	—	—	—	—
	酰胺己酸三乙醇胺盐	—	2	—	—	4	—	—	—	—	—
	十二烷基二亚丙三胺	—	—	4	3	1	—	—	—	—	—
	癸二酸三乙醇胺盐	—	—	—	—	—	0.5	2	2	1	2

制备方法　在水中，先加入螯合剂、碱性保持剂、增溶剂、两性表面活性剂、醇醚溶剂混合均匀，再加入防锈剂、脂肪醇聚氧乙烯醚、脂肪醇烷氧基化物混合均匀，最后加入消泡剂混合均匀。

产品应用　本品主要是一种防止叠加面生锈的环保、低残留清洗防锈剂。

产品特性

（1）由于不含亚硝酸盐、磷酸盐、磷酸酯和铬酸盐等物质，故属于环保型清洗剂且废水容易处理。

（2）配方体系中几乎不含无机盐类和偏硅酸盐，因此烘干后残留低，不会产生白色残留物。

（3）整个体系为水溶性，相比油性防锈剂更易于清理。

（4）所用的脂肪醇聚氧乙烯醚与脂肪醇烷氧基化物搭配，使整个配方体系具有低泡效果，尤其是在适当加热的情况下。

（5）复配的防锈剂中，烷基二丙胺类化合物与其他三种防锈剂配合，可形成一层密集的单分子层吸附膜，附着在金属零部件表面，不但对大气腐蚀有效，而且对存在残液的叠放部位同样有效。

（6）本品在正常储存条件下稳定性良好。具有优越的清洗、低泡、单片防锈、叠片防锈、残留性能。

配方 43 非金属离子防锈剂

［原料配比］

原料	配比（质量份）		
	1#	2#	3#
高精炼溶剂油	95	93.9	91.5
无灰磺酸盐 AS	3.7	4	6
无灰缓蚀剂 EDS	1.0	1.5	2
乙二醇单丁醚	0.1	0.2	0.2
油溶性三氮唑	0.1	0.2	0.1
油溶性硅类消泡剂	0.1	0.2	0.2

制备方法　将高精炼溶剂油、无灰磺酸盐 AS、无灰缓蚀剂 EDS、乙二醇单丁醚、油溶性三氮唑、油溶性硅类消泡剂依次加入搅拌机，搅拌均匀，所述搅拌转速为 800r/min，搅拌温度为 45℃，搅拌时间为 30min。

产品应用　本品主要是一种非金属离子防锈剂。

产品特性　本品能提供良好的工序间防锈以及室内外的中短期防锈。此产品所含溶剂挥发后，在金属表面留下一层柔软的油性防锈膜，此膜极薄，在绝大多数的后处理程序不用清洗，尤其是下一道工序是高温处理（例如淬火）等工艺直接进行，而不会形成比较大的烟雾以及表面黑斑等残留。本产品无灰分残留，避免影响工件外观。

配方 44 复合磺酸钙防锈剂

［原料配比］

原料		配比（质量份）				
		1#	2#	3#	4#	5#
有机溶剂		300	300	300	300	300
基础油		140	140	140	140	140
醇		50	50	50	50	50
氧化钙①		10	10	10	10	10
水①		10	10	10	10	10
烷基苯磺酸	碳链长度为 C_{18}～C_{24} 烷基苯磺酸	75	—	—	—	—
	碳链长度为 C_{22}～C_{24} 烷基苯磺酸	—	75	75	100	100
水杨酸	碳链长度为 C_{22}～C_{24} 烷基水杨酸	50	50	25	25	35

续表

原料		配比（质量份）				
		1#	2#	3#	4#	5#
羧酸	油酸	10	10	—	—	—
	癸酸	—	—	—	10	—
	乙酸	—	—	—	2	2
	丙二酸	—	—	—	3	3
酸酐	十二烯基丁二酸	—	—	10	—	—
	十二烯基丁二酸酐	—	—	—	—	5
	马来酸酐	10	10	10	—	—
烷基酚	十二烷基酚	5	5	5	10	5
水②		5	5	5	5	5
氧化钙②		2	2	2	2	2

制备方法

（1）在保护气条件下，在反应釜中先加入有机溶剂、基础油、醇，搅拌混合均匀后，再向反应釜中加入氧化钙①和水①；并升温至 55～60℃；而后，采用匀速滴加的方式将烷基苯磺酸加入到反应釜中，进行一次中和反应；反应 2h 后，用 pH 计精确测量反应液 pH 值，使 pH 值控制在＞10；烷基苯磺酸匀速滴加的滴加时间为 60～90min，使得烷基苯磺酸在匀速滴加的过程中，依次和反应釜中的氧化钙反应。

（2）在反应釜中继续匀速滴加羧酸、酸酐、水杨酸和烷基酚中的一种或多种，加入水②和氧化钙②，并升温至 75～80℃，进行二次中和反应；反应 2h 后，使反应体系中的酸性物质反应完全；用 pH 计精确测量反应液 pH 值，使 pH 值控制在 8.5～9.5。在所述二次中和反应中，酸的滴加时间为 45～60min。

（3）中和反应结束后，闪蒸脱除醇和水，物料冷却到室温进行沉降分离，上层为有机相，下层为氧化钙固体、杂质；有机相经离心，减蒸脱溶剂，得到烷基苯磺酸钙产品。下层固体，经溶剂抽提后，得到一定量的烷基苯磺酸钙产品。

原料介绍

所述有机溶剂包括苯、甲苯、二甲苯、120#溶剂、200#溶剂、石油醚、正己烷和正庚烷中的一种或多种。

所述基础油包括 100N、100SN、150N、150SN、500N、500SN 和 150BS 中的一种或多种。

所述醇为 C_1～C_8 醇，包括甲醇、乙醇、丙醇、丁醇、乙二醇和辛醇中的一种或多种。

产品应用　本品主要是一种复合磺酸钙防锈剂。

产品特性

（1）本品具有较高的磺酸占比，保证了其在润滑油中的防锈性；产品经过复合，使其在润滑油中的配伍性较好，不易和体系内的其它组分相互作用，使产品的普适性较好；同时，本品不含有重金属，环境污染小，生产成本低，产品收率高。

（2）本品成本低、经济性好。胶体较为稳定，因此在不同复合剂、工况条件下防锈性能较为稳定。本品的优势在于污染小、成本低且适用性较好。

（3）本品生产和使用过程中对环境几乎无污染。

配方 45　复配气相防锈剂

[原料配比]

原料		配比（质量份）				
		1#	2#	3#	4#	5
非极性氨基酸	苯丙氨酸	30	—	—	—	—
	亮氨酸	—	25	—	—	—
	蛋氨酸	—	—	—	30	—
	色氨酸	—	—	30	—	—
	缬氨酸	—	—	—	—	30
苯并三氮唑		3	5	5	5	3
有机二元酸盐	丁二酸钠	10	10	—	—	—
	己二酸钠	—	—	30	—	—
	癸二酸铵	20	—	—	30	—
	癸二酸钠	—	20	—	—	30
苯甲酸盐	苯甲酸吗啉	—	—	35	—	20
	苯甲酸钠	37	—	—	35	
	苯甲酸铵	—	40	—	—	—
	特丁基苯甲酸钠	—	—	—	—	17

制备方法　将非极性氨基酸、有机二元酸盐、苯并三氮唑和苯甲酸盐按配比混合均匀，进行精细研磨烘干，即制得产品。

产品应用　本品主要是一种复配气相防锈剂。

产品特性　本品通过氨基酸分子的极性调控，选择非极性氨基酸，利用氨基酸化合物良好的防腐蚀性能，可同时和有机酸、苯并三氮唑发生静电作用，有效提高防锈剂配方组分之间的相互作用和整体防锈效果。

配方 46　复配水基钢材防锈剂

[原料配比]

原料	配比（质量份）
焦亚硫酸钠	0.001～0.01
植酸	1～10
三聚甘油	0.003～0.03
水	加至 100

制备方法

（1）向制备容器中添加水。

（2）向制备容器中添加三聚甘油、焦亚硫酸钠、植酸。混合均匀即可。

所述步骤（1）、步骤（2）均基于智能制备装置执行。

原料介绍

焦亚硫酸钠有很强的抗氧化性，能快速消除钢材孔隙间的氧气，有效阻止钢铁氧化过程中原电池反应中的阴极反应，从而达到防锈的目的，但是焦亚硫酸钠暴露在空气中很容易发生变质，而焦亚硫酸钠易溶于甘油中，三聚甘油本身作为一种防腐乳化剂，可以在金属外层形成油膜，从而避免空气中氧气与焦亚硫酸钠、钢材接触，保证钢材防锈的有效时长。

植酸分子结构中有 6 个磷酸基，只有一个在 *a* 位，其余 5 个均在 *e* 位，其中 4 个磷酸基处于同一平面上，因此植酸在与金属络合时，易在金属表面形成一种致密的单分子保护膜，能有效地阻止氧气等进入金属表面，从而减缓金属腐蚀，同时植酸中的磷酸根与铁离子、铬离子、锰离子生成难溶性的磷酸盐，相互掺杂形成复杂的复合型钝化膜，使之显示出极高的耐腐蚀性。

焦亚硫酸钠可以很好地解决钢材在生产、加工、使用过程中的点蚀、缝隙腐蚀，提升材料微小缺陷部位的防腐能力。

产品应用　本品主要是一种复配水基钢材防锈剂。

产品特性

（1）本品结构简单，可直接溶于水中，对材料直接使用。

（2）本品材料无毒害作用，对生产、生活场景无危害。

（3）本品具有多重高效防锈作用，在材料的外部表面形成油膜，避免与空气接触；在金属表面形成钝化膜，避免原电池阳极反应；在金属表面形成反应层，将氧气完全反应去除，避免原电池阴极反应，全面保护钢材。

（4）本品使用量少，成本低廉。

（5）本品成膜时间长，防锈有效周期长。

（6）本品可代替以机械油为主体的防锈油，还可省去传统的除油、磷化等工序，既节省了能源，又降低了操作成本，还避免了废液排放造成的环境污染，是防锈油和磷化液的替代产品。

配方 47　钢件防锈剂

［原料配比］

原料	配比（质量份）		
	1#	2#	3#
氢氧化钠	25	20	30
油性蜡	19	15	25
凡士林	14	10	18
三乙醇胺	7	5	9
聚乙二醇	45	40	55
偏磷酸钠	3	1	5

续表

原料	配比（质量份）		
	1#	2#	3#
十二烷基磺酸钠	16	12	20
氧化锌	10	8	15
甘油	16	12	20
钼酸铵	8	6	12
水	400	300	500

制备方法

（1）将上述原料混合，得A品。

（2）将A品进行捏合、熔融，得B品。

（3）将B品在温度180～185℃下进行混炼、塑化挤出，即得。

产品应用　本品主要是一种钢件防锈剂。

产品特性　本品中不含挥发性物质，其刺激性气味小，且不易变质，有效延长了防锈剂的保质期，降低了产品成本。本品涂覆于钢件表面后，有效隔绝了钢件表面与空气接触，达到了很好的防锈效果。

配方 48　钢筋混凝土用防锈剂

［原料配比］

<table>
<tr><th colspan="3" rowspan="2">原料</th><th colspan="5">配比（质量份）</th></tr>
<tr><th>1#</th><th>2#</th><th>3#</th><th>4#</th><th>5#</th></tr>
<tr><td colspan="3">四[4-(4′-羧基苯基)苯基]乙烯氟代烷基硫醚</td><td>10</td><td>12</td><td>13</td><td>14</td><td>15</td></tr>
<tr><td colspan="3">膦酸三酯类季铵盐</td><td>10</td><td>12</td><td>12</td><td>14</td><td>15</td></tr>
<tr><td colspan="3">1,3,5-三[3-(三甲氧基甲硅烷基)丙基]-1,3,5-三嗪-2,4,6-(1H,3H,5H)-三酮</td><td>5</td><td>6</td><td>8</td><td>8</td><td>10</td></tr>
<tr><td colspan="3">水</td><td>40</td><td>43</td><td>45</td><td>48</td><td>50</td></tr>
<tr><td rowspan="11">四[4-(4′-羧基苯基)苯基]乙烯氟代烷基硫醚</td><td colspan="2">四[4-(4′-羧基苯基)苯基]乙烯</td><td>26.2</td><td>26.2</td><td>26.2</td><td>26.2</td><td>26.2</td></tr>
<tr><td rowspan="3">高沸点溶剂</td><td>二甲基亚砜</td><td>50</td><td>—</td><td>—</td><td>—</td><td>100</td></tr>
<tr><td>N,N-二甲基甲酰胺</td><td>—</td><td>65</td><td>—</td><td>—</td><td>—</td></tr>
<tr><td>N-甲基吡咯烷酮</td><td>—</td><td>—</td><td>80</td><td>—</td><td>—</td></tr>
<tr><td colspan="2">高沸点溶剂</td><td>—</td><td>—</td><td>—</td><td>95</td><td>—</td></tr>
<tr><td colspan="2">4,4,5,5,5-五氟戊-1-硫醇</td><td>10</td><td>10</td><td>10</td><td>10</td><td>10</td></tr>
<tr><td rowspan="4">催化剂</td><td>正丙胺</td><td>5</td><td>—</td><td>—</td><td>—</td><td>—</td></tr>
<tr><td>二乙基胺</td><td>—</td><td>6.5</td><td>—</td><td>—</td><td>—</td></tr>
<tr><td>二甲基苯基膦</td><td>—</td><td>—</td><td>7</td><td>—</td><td>—</td></tr>
<tr><td>四丁基溴化铵</td><td>—</td><td>—</td><td>—</td><td>—</td><td>8</td></tr>
<tr><td colspan="2">催化剂</td><td>—</td><td>—</td><td>—</td><td>7.5</td><td>—</td></tr>
</table>

续表

原料			配比（质量份）				
			1#	2#	3#	4#	5#
四[4-(4′-羧基苯基）苯基]乙烯氟代烷基硫醚	高沸点溶剂	二甲基亚砜	—	—	—	2	—
		N-甲基吡咯烷酮	—	—	—	1	—
	催化剂	正丙胺	—	—	—	3	
		二乙基胺	—	—	—	2	
		二甲基苯基膦	—	—	—	1	—
膦酸三酯类季铵盐	中间产物	[[2-(6-氨基-9H-嘌呤-9-基)乙氧基]甲基]膦酸二乙酯	33	33	33	33	33
		异丙醇	80	—	—	—	120
		丙酮	—	95	—	—	—
		乙腈	—	—	105	—	—
		二氯甲烷	—	—	—	110	
		1,3,5-三缩水甘油-*S*-三嗪三酮	10	10	10	10	10
	中间产物		10	10	10	10	10
	二甲基亚砜		50	70	72	78	80
	二叔丁基氯甲基磷酸酯		40	45	52	58	60

制备方法　将四[4-(4′-羧基苯基)苯基]乙烯氟代烷基硫醚、膦酸三酯类季铵盐、1,3,5-三[3-(三甲氧基甲硅烷基)丙基]-1,3,5-三嗪-2,4,6-(1H,3H,5H)-三酮、水混合均匀，在60～80℃下搅拌反应3～5h，得到钢筋混凝土用防锈剂。

原料介绍

所述四[4-(4′-羧基苯基)苯基]乙烯氟代烷基硫醚的制备方法，包括如下步骤：将四[4-(4′-羧基苯基)苯基]乙烯溶于高沸点溶剂中形成溶液，再向溶液中加入4,4,5,5,5-五氟戊-1-硫醇和催化剂，在50～70℃下搅拌反应3～5h，然后旋蒸除去溶剂，得到四[4-(4′-羧基苯基)苯基]乙烯氟代烷基硫醚。

所述催化剂选自正丙胺、二乙基胺、二甲基苯基膦、四丁基溴化铵中的一种或几种。

所述高沸点溶剂选自二甲基亚砜、*N*,*N*-二甲基甲酰胺、*N*-甲基吡咯烷酮中的一种或几种。

所述膦酸三酯类季铵盐的制备方法，包括如下步骤：

（1）将[[2-(6-氨基-9H-嘌呤-9-基)乙氧基]甲基]膦酸二乙酯溶于有机溶剂中形成溶液，再向溶液中加入1,3,5-三缩水甘油-*S*-三嗪三酮，在70～80℃下搅拌反应8～10h，旋蒸除去溶剂，得到中间产物。

（2）将经过步骤（1）制备得到的中间产物溶于二甲基亚砜中形成溶液，再向溶液中加入二叔丁基氯甲基磷酸酯，在40～60℃下搅拌反应4～6h，旋蒸除去二甲基亚砜，并用乙醚洗4～6遍后旋蒸除去乙醚，得到膦酸三酯类季铵盐。

所述有机溶剂选自异丙醇、丙酮、乙腈、二氯甲烷中的一种或几种。

本品结构中含有较多的氮、氧结构，通过与铁等有空轨道的金属表面作用生成络合物膜，阻止氧气、水分子与金属表面接触，起到了防锈作用，引入磷、硫醚和苯环结构，使得阻锈效果更好，1,3,5-三[3-(三甲氧基甲硅烷基)丙基]-1,3,5-三嗪-2,4,6-(1H,3H,5H)-三酮吸附在钢筋表面，起着抑制钢筋腐蚀的作用；羧酸根和氯离子在钢筋表面竞争吸附，通过螯合作用在钢筋表面形成一层致密的吸附膜，对钢筋起到保护作用；四[4-(4′-羧基苯基)苯基]乙烯氟代烷基硫醚、膦酸三酯类季铵盐通过离子相互作用，结构更加稳定，有效地解决了防锈剂在混凝土中不能很好扩散且易随雨水洗脱、流失等问题。

产品应用　本品主要是一种钢筋混凝土用防锈剂。

产品特性

（1）该制备方法简单易行，原料易得，价格低廉，对设备和反应条件要求不高，适合工业化生产。

（2）本品克服了传统防锈剂存在的操作环境差、成本高、污染严重、毒性较大、易被雨水淋洗损失、使用不方便、阻锈效果不稳定的缺陷，具有优异的防锈能力，稳定性好，使用安全环保，且对钢筋混凝土本体性能无明显负面影响。

（3）本品组分简单，各成分协同作用，通过不同机理起到阻锈作用，有效避免了多组分防锈剂之间因黏结性问题导致的对混凝土凝结时间、早晚期强度不同程度的负面影响。

配方 49　钢铁防护栏用防锈剂

原料配比

原料	配比（质量份）		
	1#	2#	3#
月桂酰胺乙基硫酸钠	30	50	75
六甲基磷酰三胺	30	66	80
N-苯基-2-萘胺	10	35	55
环氧树脂	25	45	60
磺酸钠	40	50	70
辛酸亚锡	30	55	85
氯化石蜡	50	85	110
聚乙烯酸	25	35	40
环烷酸钴	10	30	50
硅溶胶	15	35	50

制备方法　将上述物料全部加入搅拌桶内，加热到 100℃，搅拌均匀，然后冷却，即可制成产品。

产品应用　本品主要是一种钢铁防护栏用防锈剂。

产品特性　本品防锈时间较长，使用后能够防止材料表面再次形成锈斑；废弃防锈剂易于处理排放，符合环保要求，对设备无污染，无腐蚀，有效降低生产成本，使用安全可靠。

配方 50　钢铁防锈剂（1）

原料配比

原料	配比（质量份）						
	1#	2#	3#	4#	5#	6#	7#
五羟基己酸钠	20	50	30	40	43	45	48

续表

原料		配比（质量份）						
		1#	2#	3#	4#	5#	6#	7#
表面活性剂	烷基醇酰胺	60	90	70	80	85	89	95
pH 值调节剂		1	10	5	7	7	7	9
二甲苯		20	30	25	25	25	25	26
三乙醇胺		1	5	2	2	2	2	3
丙烯酸酯乳液		5	15	10	10	10	10	13
水		500	1000	700	900	900	900	950

制备方法　将各组分原料混合均匀即可。

原料介绍

所述表面活性剂选自脂肪醇聚氧乙烯醚或烷基醇酰胺。脂肪醇聚氧乙烯醚是最重要的一类非离子表面活性剂。烷基醇酰胺在酸、碱中稳定，润湿力、乳化力大，在肥皂中可提高起泡力、洗净力、耐硬水性，可用作洗涤剂、湿润剂、乳化剂。这两种物质可以使体系均一性更好，能够均匀地分布于钢铁表面。

所述 pH 值调节剂为碳酸氢钠或碳酸钠。

所述丙烯酸酯乳液分子量为 2000～5000。

产品应用　本品主要是一种钢铁防锈剂。

产品特性

（1）本品分子中的醚键不易被酸、碱破坏，所以稳定性较高，水溶性较好，耐电解质，易于生物降解，泡沫小。

（2）本品配方合理，生产工艺简单，无需特殊设备，只需室温混合即可；本品的防锈时间很长。

配方 51　钢铁防锈剂（2）

原料配比

原料	配比（质量份）
高岭土	13
橘皮提取液	32
六甲基硅氧烷	18
山梨酸钾	18
葡萄糖酸钠	26
氟钛酸铵	16
硫酸钾	33
硅酸钠	23
异丙醇	44
氨基三亚甲基膦酸	21

制备方法 将上述物料加入到反应釜中，并加入占总物料质量 60%的水，在常温下搅拌 4h，即可制得成品。

产品应用 本品主要是一种钢铁防锈剂。

产品特性 本品具有可循环使用、无污染、无排放的特点，产生的残渣可以回收利用，降低了综合成本。

配方 52 钢制件水性环保防锈剂

［原料配比］

原料		配比（质量份）
缓蚀剂 A		3
缓蚀剂 A	4-戊烯酸	1
	2-氨基乙酸	1.8
	N,N-二甲基乙醇胺	0.6
缓蚀剂 B	肌醇六磷酸酯	1.5
络合剂	乙二胺四乙酸	1
	水解聚马来酸酐	1
成膜剂	聚乙烯醇缩丁醛	20
改性助剂	聚醚改性有机硅表面活性剂	1
	十二烷基苯磺酸钠	0.5
其他添加剂	聚天冬氨酸	1
溶剂		加至 100
溶剂	乙醇	5
	去离子水	1

制备方法 首先按质量比放入 4-戊烯酸、2-氨基乙酸、*N,N*-二甲基乙醇胺、适量去离子水，75℃下，加热回流 2h，降温，获得缓蚀剂 A 溶液；然后常温搅拌，将肌醇六磷酸酯溶于适量去离子水，获得肌醇六磷酸酯水溶液缓蚀剂 B；然后将成膜剂聚乙烯醇缩丁醛加入乙醇中，配制成膜剂溶液；接着向去离子水中加入络合剂、改性助剂、聚天冬氨酸，50℃下磁力搅拌 20min，降温获得均匀混合液；然后将上述缓蚀剂 A 和 B 同时加入混合液，最后加入成膜剂溶液，在密封反应器条件下，常温，磁力搅拌 1h，获得防锈剂。

原料介绍

所述的成膜剂为聚乙烯醇缩丁醛。

所述的其他添加剂为聚天冬氨酸。

使用复配的 4-戊烯酸，2-氨基乙酸与 *N,N*-二甲基乙醇胺，加热生成酰胺防锈剂原料，能够牢固地附着在金属表面，主要是羧酸醇胺和醇酰胺分子中的 N 和 O 原子都有孤对电子，可与铁等有 d 空轨道的金属表面作用生成吸附性保护膜，阻止腐蚀介质氧气和水等分子与金属表面直接接触，进而起到有效的缓蚀防护作用。

肌醇六磷酸酯，可直接从植物中提取出来，安全环保无污染，且可以减少缓蚀剂 A 的用量。该天然有机物分子众多的基团与金属离子发生配位反应，形成稳定螯合环覆盖在金属表面上。

络合剂使用乙二胺四乙酸和水解聚马来酸酐复配，乙二胺四乙酸具有良好的络合和分散作用，水解聚马来酸酐有吸附杂质的作用，即能起到阻垢剂的作用。络合剂能提高防锈剂各组分的络合作用。

成膜剂的地位与缓蚀剂一样，不可或缺，聚乙烯醇缩丁醛本身具有极高的防腐、防锈性能和耐寒性，对防锈剂的高温和低温稳定性至关重要，另外，聚乙烯醇缩丁醛对铝、钢、铁、锌具有很好的黏附作用，但聚乙烯醇缩丁醛树脂较柔顺，可以添加适当的增塑剂改性；十二烷基苯磺酸钠表面活性剂改善防锈剂的表面张力，但容易产生气泡，聚醚改性有机硅表面活性剂对于十二烷基苯磺酸钠气泡体系具有极高的消抑泡性，减少成膜时不均匀现象，聚天冬氨酸具有极高的环保阻垢性能，提高防锈剂的防腐性能。

产品应用　本品主要是一种钢制件水性环保防锈剂。

本品通过刷涂、喷涂或浸泡的方式将防锈剂覆盖于钢制件表面，浸泡时间低于 0.5h，大于 1min，然后放置于 20～30℃恒温箱内，控制湿度在 30%以下，最终在金属表面成膜。

在使用防锈剂前，预先对已生锈的钢制件进行表面预处理—除锈处理—洗涤—除氢处理—自然冷却处理，其中表面预处理为使用 240#～360#砂纸预先打磨除去部分锈，除锈处理为化学除锈，除锈剂含有无机混合酸 25%～40%，有机酸 5%～30%，两性离子表面活性剂 2%～4%，络合剂 7%～12%，缓蚀剂 2%～5%，渗透剂 2%～3%，附加盐 5%～10%，附加助剂 0.7%～1%。

产品特性　本品对环境友好，无污染；防锈效果好，且与除锈剂同时使用时，整个除锈防锈过程简单，时间短，效果更佳；成膜均匀，无刺破、漏洞或气泡；成膜后，膜本身具有防腐性能，且与基材的结合力较高；高温、低温稳定性好，整个除锈体系无分层、沉淀或变质。

配方 53　高附着力防锈剂

原料配比

原料	配比（质量份）			
	1#	2#	3#	4#
改性增效剂	0.001	0.001	0.02	0.02
天冬氨酸	1	1.5	2	2.5
吐温-80	0.005	0.006	0.007	0.008
凡士林	0.01	0.02	0.03	0.04
异丙醇	80	85	90	100

制备方法

（1）将天冬氨酸和异丙醇混合均匀，制得分散液。

（2）将凡士林、吐温-80 和改性增效剂加入分散液中，磁力搅拌 30min，制得高附着力防锈剂。

原料介绍

改性增效剂制备方法：按质量份计，将 80～100 份无水乙醇、1～2.5 份增效粒子和 0.01～0.08 份硅氧烷混合均匀，升温至 45～60℃，匀速搅拌并反应 4h，反应结束后过滤、洗涤，制得改性增效剂。

所述增效粒子通过如下步骤制成：

（1）将六水合硝酸锌和九水合硝酸铝加入去离子水中，匀速搅拌，制得溶液 A；将碳酸钠和氢氧化钠加入去离子水中，匀速搅拌，制得溶液 B；将溶液 A 和溶液 B 加入去离子水中，制得混合液，控制溶液 A 和溶液 B 的体积比为 1∶1；溶液 A 制备过程中控制六水合硝酸锌、九水合硝酸铝和去离子水的用量比为 0.01mol∶0.01mol∶100mL。溶液 B 制备过程中控制碳酸钠、氢氧化钠和去离子水的用量比为 0.02mol∶0.01mol∶100mL。

（2）将混合液磁力搅拌并升温至 60℃，保温并搅拌 24h，离心、洗涤，置于 65℃干燥箱中烘干，制得增效粒子。

产品应用　本品主要是一种高附着力防锈剂。

产品特性　本品以硅氧烷作为改性剂，对增效粒子进行表面改性，一方面使其在有机溶剂中分散更加均匀，另一方面其表面接枝了－OH、$-NH_2$ 等活性官能团，改性材料的加入增强了防锈剂与基材的结合力，增加了防锈时间，从而增强了防锈效果，凡士林作为成膜剂，吐温-80 作为分散剂，天冬氨酸作为缓蚀剂，能够在金属基材表面涂覆后形成致密的薄膜，可有效阻隔水分、空气等进入，从而提升防锈组分的作用时间。

配方 54　高碱值触变型磺酸钙防锈剂

原料配比

<table>
<tr><th colspan="3">原料</th><th>配比（质量份）</th></tr>
<tr><td>超高碱值合成磺酸钙</td><td colspan="2">碱值（以 KOH 计）为 513mg/g</td><td>40</td></tr>
<tr><td colspan="3">25#变压器油</td><td>30</td></tr>
<tr><td colspan="3">去离子水</td><td>5</td></tr>
<tr><td colspan="3">苯磺酸功能化石墨烯</td><td>2</td></tr>
<tr><td colspan="3">富里酸</td><td>2</td></tr>
<tr><td colspan="3">碳酸氢钠</td><td>5</td></tr>
<tr><td rowspan="8">苯磺酸功能化石墨烯</td><td rowspan="2">石墨烯水分散液</td><td>石墨烯粉末</td><td>1</td></tr>
<tr><td>去离子水</td><td>50</td></tr>
<tr><td rowspan="4">芳香重氮盐溶液</td><td>2-氨基苯磺酸</td><td>40</td></tr>
<tr><td>亚硝酸钠</td><td>20</td></tr>
<tr><td>去离子水</td><td>10</td></tr>
<tr><td>37.5%的浓盐酸</td><td>10</td></tr>
<tr><td colspan="2">芳香重氮盐溶液</td><td>30</td></tr>
<tr><td colspan="2">石墨烯水分散液</td><td>100</td></tr>
</table>

制备方法　将超高碱值合成磺酸钙和分散介质加入到反应釜中，常温搅拌分散 10～20min 后，加入去离子水继续搅拌 10～20min，加入富里酸继续搅拌 10～20min，将体系升温至 100℃，加入苯磺酸功能化石墨烯和碳酸氢钠，继续搅拌反应 2～3h，最后升温至 130℃抽真空脱水，搅拌 1～2h，得高碱值触变型磺酸钙防锈剂。

原料介绍

所述超高碱值合成磺酸钙，总碱值大于500mg/g。

所述分散介质是矿物油、合成油或碳氢溶剂油的一种或两种以上的组合。

所述苯磺酸功能化石墨烯的制备方法包括如下步骤：取石墨烯粉末分散在去离子水中，超声分散 1～2h，得石墨烯水分散液；取氨基苯磺酸和亚硝酸钠加入到去离子水中搅拌分散5～10min，然后在冰浴条件下加入浓盐酸，搅拌反应 30～50min，得芳香重氮盐溶液；将芳香重氮盐溶液和石墨烯水分散液加入到反应釜中，在氮气保护下搅拌反应 4～6h 后，将产物用去离子水离心洗涤后，冷冻干燥 24～48h，得苯磺酸功能化石墨烯。

所述氨基苯磺酸是 2-氨基苯磺酸和 4-氨基苯磺酸中的一种或两种混合物。

产品应用　本品主要是一种高碱值触变型磺酸钙防锈剂。

产品特性

（1）本品内含大量片层结晶物质，具有极强的耐盐雾介质腐蚀能力，可满足超长时间海运防锈要求。

（2）本品为改善石墨烯在磺酸钙溶液中分散性，将石墨烯进行苯磺酸功能化改性，改性后石墨烯既易分散在磺酸钙溶液中，同时苯磺酸基团又可以参与碳酸钙晶型的转化反应，使石墨烯在转化反应中实现片层重新排布，补充片层碳酸钙的边界缝隙，增强对腐蚀介质的阻隔，以此方法制备的高碱值触变型磺酸钙具有极强的耐盐雾介质腐蚀能力。

（3）本品适合多种油和溶剂作分散介质，所得产物碱值更高，产品稳定性更佳，有了石墨烯的引入，触变性更好，更有利于成膜，避免流挂。

配方 55　高耐磨性能的金属防锈剂

［原料配比］

原料	配比（质量份）				
	1#	2#	3#	4#	5#
甲基硅油	9	6	12	7	11
聚乙二醇	6	9	3	8	4
柠檬酸	6	4	8	5	7
改性填料	9	12	6	11	7
改性防锈剂	6	4	8	5	7
耐磨增韧改性助剂	10	15	5	12	8
聚丙烯酸	6	4	8	5	7
六偏磷酸钠	2	3	1	2.5	1.5
苯甲酸钠	4	2	6	3	5
十二烷基硫酸钠	6	9	3	8	4
三乙醇胺	6	4	8	5	7
硅胶	6	8	4	7	5
苯并三氮唑	3.5	2	5	3	4
烯基磺酸钠	3.5	6	1	5	2

续表

原料		配比（质量份）				
		1#	2#	3#	4#	5#
偏硅酸钠		2.5	1	4	2	3
亚硝酸钠		3.5	5	2	4	3
聚二甲基硅氧烷		5	2	8	3	7
二烷基二硫代氨基甲酸钠		6.5	9	4	8	5
脂肪醇聚氧乙烯醚		6	3	9	4	8
钼酸铵		5	8	2	7	3
十二烷基苯磺酸		4.5	3	6	4	5
三乙烯四胺		6	8	4	7	5
去离子水		15	10	20	12	18
改性填料	硬脂酸钙	4.5	1	8	2	7
	纳米硼酸锌	5	8	2	7	3
	白炭黑	3.5	1	6	2	5
	木质纤维粉	3.5	6	1	5	2
	空心玻璃微珠	4.5	2	7	3	6
	硅微粉	2	3	1	2.5	1.5
	氢氧化镁	6	3	9	4	8
	甲基丙烯酸酯	6.5	9	4	8	5
	硅烷偶联剂 KH-550	3.5	2	5	3	4
	硅油	5.5	8	3	7	4
改性防锈剂	纳米氮化铝	30	20	50	30	40
	氢氧化铝	5	2	8	3	7
	三羟甲基乙烷	6	9	3	8	4
	聚异丁烯	3	1	5	2	4
	壬基苯酚	4	6	2	5	3
	水杨酸甲酯	2	1	3	1.5	2.5
	磷酸三甲苯酯	4	6	2	5	3
	甲基丙烯酸酯	6	3	9	4	8
	硅酸钙	4	6	2	5	3
	润滑剂	3	2	4	2.5	3.5
	硅烷偶联剂 KH-560	6	8	4	7	5
耐磨增韧改性助剂	淀粉	6	4	8	5	7
	蒸馏水	10	15	5	12	8
	马来酸酐	4.5	1	8	2	7
	过硫酸铵	3.5	5	2	4	3
	苯乙烯	4.5	6	3	5	4
	氯化铝	6	8	4	7	5

续表

原料		配比（质量份）				
		1#	2#	3#	4#	5#
耐磨增韧改性助剂	氢氧化钠	3.5	2	5	3	4
	纳米二氧化硅	4.5	3	6	4	5
	膨润土	3	5	1	4	2
	黄麻纤维	6	4	8	5	7
	硅烷偶联剂 KH-560	6	3	9	4	8

制备方法　将各组分原料混合均匀即可。

原料介绍

改性填料运用到本品金属防锈剂的制备中，有效提高了本品金属防锈剂的耐磨性能。

改性防锈剂运用到本品金属防锈剂中，有效提高了本品金属防锈剂的防锈性能。

耐磨增韧改性助剂运用到本品中有效提高了本品金属防锈剂的耐磨性能和韧性，赋予了本品金属防锈剂优异的耐磨性能。

所述的改性填料按如下工艺进行制备：将硬脂酸钙和纳米硼酸锌混合均匀，在 50～60℃密封低速搅拌 10～25min，然后与白炭黑、木质纤维粉、空心玻璃微珠和硅微粉混合均匀，45～55℃密封低速搅拌 5～10min，再加入氢氧化镁、甲基丙烯酸酯、硅烷偶联剂 KH-550 和硅油混合均匀，升温至 135～140℃，低速搅拌 10～20min，出料，冷却至室温得到改性填料。

所述的改性防锈剂按如下工艺进行制备：将纳米氮化铝放入煅烧炉中在 750～850℃下煅烧 1～5h，冷却，放入 10%～12%盐酸溶液中浸泡 2～4h，过滤取出，用清水洗净烘干，粉碎成 150～350 目粉末，然后与氢氧化铝、三羟甲基乙烷、聚异丁烯、壬基苯酚、水杨酸甲酯、磷酸三甲苯酯、甲基丙烯酸酯、硅酸钙、润滑剂和硅烷偶联剂 KH-560 混合均匀，研磨，即得改性防锈剂。

所述的耐磨增韧改性助剂按如下工艺进行制备：在氮气保护下，将淀粉、蒸馏水和马来酸酐混合均匀，然后升温至 80～90℃，保温 10～30min，然后加入过硫酸铵混合均匀，搅拌 5～15min 后加入苯乙烯混合均匀，接着于 850～1250r/min 转速搅拌 50～70min，然后升温至 85～95℃，抽提 40～50h，于真空烘箱中，65～75℃烘至恒重，冷却至室温得到物料 A；将氯化铝、氢氧化钠和水混合，搅拌均匀，室温静置 10～20d 得到物料 B，向物料 B 中添加纳米二氧化硅、膨润土和黄麻纤维，室温静置 2～6d，然后加入硅烷偶联剂 KH-560 和物料 A 混合均匀，于 1500～2500r/min 转速搅拌 1～3h，升温至 100～120℃，干燥 2～5h，冷却至室温后粉碎制得耐磨增韧改性助剂。

产品应用　本品主要是一种高耐磨性能的金属防锈剂。

产品特性　本品金属防锈剂具有优异的耐磨性能，且防锈性能好。

配方 56　高耐污抗菌改性防锈剂

［原料配比］

原料	配比（质量份）				
	1#	2#	3#	4#	5#
磷酸	15	10	20	12	18

续表

原料		配比（质量份）				
		1#	2#	3#	4#	5#
聚乙二醇		6	8	4	7	5
环烷酸锌		6	4	8	5	7
胺溶季铵铜		6	8	4	7	5
六偏磷酸钠		2	1	3	1.5	2.5
纳米二氧化硅		4	6	2	5	3
磺酸钠		6	3	9	4	8
十二烯基丁二酸		6	8	4	7	5
石油脂		6	4	8	5	7
苯并三氮唑		3.5	5	2	4	3
烯基磺酸钠		3.5	1	6	2	5
三聚磷酸钠		4.5	6	3	5	4
偏硅酸钠		2.5	1	4	2	3
亚硝酸钠		3.5	5	2	4	3
磷酸氢二胺		4.5	3	6	4	5
三乙醇胺		2.5	4	1	3	2
抗氧化抑菌剂		6	4	8	5	7
耐污增强剂		3.5	5	2	4	3
抗菌增强剂		6	4	8	5	7
除油剂		6	8	4	7	5
去离子水		20	15	25	18	22
抗氧化抑菌剂	茶多酚	3.5	2	5	3	4
	乙酸酐	2	3	1	2.5	1.5
	乙酸乙酯	1	0.5	1.5	0.8	1.2
	吡啶	1.5	2	1	1.8	1.2
耐污增强剂	85%的浓硫酸	10	—	—	—	—
	90%的浓硫酸	—	5	—	—	—
	80%的浓硫酸	—	—	15	—	—
	88%的浓硫酸	—	—	—	8	—
	82%的浓硫酸	—	—	—	—	12
	纳米碳管	10	15	5	12	8
	乙醇水溶液	9	12	6	10	8
	纳米掺锑二氧化锡粉体	4.5	3	6	4	5
	辛基异噻唑啉酮	5	6	4	5.5	4.5
	纳米二氧化钛	3.5	2	5	3	4
	硬脂酸镁	6	9	3	8	4
	硅烷偶联剂 KH-570	6	4	8	5	7

续表

原料		配比（质量份）				
		1#	2#	3#	4#	5#
耐污增强剂	甲基丙烯酸甲酯	3.5	5	2	4	3
	偶氮二异丁腈	6	4	8	5	7
抗菌增强剂	尿素	10	5	15	8	12
	聚乙烯吡咯烷酮	6	8	4	7	5
	去离子水	15	10	20	12	18
	氯化钠	6	9	3	8	4
	乳化硅油	6.5	4	9	5	8
	木质素	4	3	5	3.5	4.5
	纳米氮化铝	3.5	5	2	4	3
	轻质活性钙	3	1	5	2	4
	硬脂酸锌	4.5	6	3	5	4
	钛液	3.5	2	5	3	4
	硫酸锆	4.5	6	3	5	4
	二硫代氨基甲酸钠	3.5	1	6	2	5
	磷酸氢二钠	6	8	4	7	5
除油剂	壬基酚聚氧乙烯醚	2	1	3	1.5	2.5
	脂肪醇聚氧乙烯醚	3.5	5	2	4	3
	脂肪酸甲酯乙氧基化物磺酸钙	4.5	3	6	4	5
	十二烷基苯磺酸	2.5	4	1	3	2

制备方法　将各组分原料混合均匀即可。

原料介绍

抗氧化抑菌剂运用到本品中能够有效提高本品改性防锈剂的抗氧化抑菌性能。

耐污增强剂有效提高了本品改性防锈剂的耐油性能。

抗菌增强剂有效提高了本品改性防锈剂的防锈性能和抗菌性能。

除油剂有效提高了本品改性防锈剂的除油性能。

所述的抗氧化抑菌剂按如下工艺进行制备：将茶多酚、乙酸酐、乙酸乙酯和吡啶混合均匀，升温至 50～60℃，保温 20～40min，接着于 35～45℃回流 10～20min，然后加水洗涤，静置分层，减压蒸馏，真空干燥，冷却至室温得到抗氧化抑菌剂。

所述的耐污增强剂按如下工艺进行制备：将质量分数为 80%～90%的浓硫酸分散于水中，搅拌均匀得酸性复合插层水溶液；将纳米碳管加入到酸性复合插层水溶液中，80～90℃高速搅拌 2～4h，趁热过滤，用蒸馏水洗涤至中性，抽滤，烘干，研磨，过 150～250 目筛得到物料 A；将物料 A 分散在乙醇水溶液中，在 45～55℃水浴中超声，机械搅拌分散 2～4h 得到物料 B，然后向物料 B 中添加纳米掺锑二氧化锡粉体、辛基异噻唑啉酮、纳米二氧化钛、硬脂酸镁、硅烷偶联剂 KH～570 和甲基丙烯酸甲酯，混合均匀，升温至 75～85℃，保温 5～7h，保温的过程中通氮气，并加入偶氮二异丁腈混合均匀，静置分层，抽滤，洗涤，750～850℃真空干燥至恒重，研磨，过 150～250 目筛，即得到耐污增强剂。

所述的抗菌增强剂按如下工艺进行制备：将尿素、聚乙烯吡咯烷酮和去离子水混合均匀，加入氯化钠和乳化硅油搅拌 10～30min，然后加入木质素、纳米氮化铝、轻质活性钙和硬脂酸锌得到物料 A；用分液漏斗向物料 A 中添加钛液和硫酸锆，水浴加热至 70～90℃，保温

10～20min，冷却至室温后加入二硫代氨基甲酸钠和磷酸氢二钠，混合均匀，升温至 65～85℃，保温 10～30min，过滤洗涤，干燥，煅烧后冷却至室温得到抗菌增强剂。

产品应用　本品主要是一种高耐污抗菌改性防锈剂。

产品特性

（1）本品具有优异的耐污抗菌性能，且防锈性能好。

（2）本品具有清洗除锈的同时除尘、除油的效果，无需进行除锈前除尘、除油的前处理工序，且能够对附着在工件上的锈渍进行有效的清洗，清洗后的工件的防锈性能得到有效提高。

配方 57　高能金属防锈剂

原料配比

原料	配比（质量份）		
	1#	2#	3#
质量分数为 65%的硝酸	18	15	20
醋酸	18	15	20
丙烯酸	13	10	16
聚乙二醇 600	12	10	15
石英砂	18	15	20
碳酸钠	12	10	15
苯甲酸钠	6	5	8
碳酸氢钠	13	10	15
十二烷基硫酸钠	5	5	6
硬脂酸	10	10	10
脂肪醇硫酸盐	11	10	12
水	180	150	200
脂肪醇聚氧乙烯醚	5	5	5
烷基酚聚氧乙烯醚	11	10	12

制备方法　将各组分原料混合均匀即可。

产品应用　本品主要是一种高能金属防锈剂。

产品特性　本品配方科学合理，防锈、脱脂、去污能力强，对有色金属无不良影响，而且不会产生泡沫，高压下也不会产生溢出现象；具有优异的接触防锈性能以及很好的气相防锈效果，除锈效率高。

配方 58　高效除锈防锈剂

原料配比

原料	配比（质量份）					
	1#	2#	3#	4#	5#	6#
植酸	10	20	—	—	—	—

续表

原料	配比（质量份）					
	1#	2#	3#	4#	5#	6#
有机磺酸	—	—	5	15	30	5
柠檬酸	30	20	40	25	10	40
EDTA-2Na	0.5	1	0.1	0.8	2	0.1
柠檬酸钠	0.5	—	0.1	1	1	0.1
植酸钠	0.1	0.5	1	0.05	—	—
非离子表面活性剂 Berrol-226SA	1	2	0.5	1.2	4	0.5
脂肪醇聚氧乙烯醚	2	1	3	4	0.5	3
JS 防锈剂	0.5	0.5	0.1	1.5	1.2	0.1
聚乙烯醇	0.1	0.2	0.05	0.15	0.5	0.05
去离子水	55.3	55.4	45	65	50	45

制备方法　取含羧基的有机酸、柠檬酸、EDTA-2Na、柠檬酸钠、植酸钠、非离子表面活性剂、脂肪醇聚氧乙烯醚及 JS 防锈剂加入到水中，搅拌均匀，然后缓慢加入聚乙烯醇，再次搅拌均匀，得到高效除锈防锈剂。

原料介绍

羧基中的 p-π 产生共轭效应，使羟基氧原子上的电子云密度降低，从而增强氢氧键的极性，易于解离出质子 H^+，该质子 H^+酸性不强，与铁的氧化物进行电化学反应，没有足够的活化能与铁单质反应，不会对铁制品产生腐蚀。

植酸不仅本身含有六个比较活泼的 H^+，同时六个带负电的磷酸根基团对金属离子具有极强的螯合作用，且在金属和合金表面上的植酸盐涂层具有抗蚀性和金属与聚合物涂层间的优良黏合性。

柠檬酸和植酸搭配使用，为植酸提供稳定的缓冲体系，其本身的抗蚀性也比较优良。

采用 EDTA-2Na、柠檬酸钠、植酸钠等有机酸盐作为螯合剂，对铁盐和亚铁盐进行螯合或者络合，及时把金属离子从反应区分离开，降低反应区金属离子的浓度，有利于促进锈垢与 H^+的继续作用，帮助彻底除锈。

采用低泡的非离子表面活性剂作为去污剂，采用脂肪醇聚氧乙烯醚作为渗透剂，不仅可以对金属表面的油污进行乳化去除，方便 H^+与锈蚀点进行反应，还可以降低溶液的表面张力，使得溶液能够更快速、更容易地进入到一些细小的缝隙当中，除锈范围变得更大，除锈效果更明显。

采用 JS 型高效防锈剂以及聚乙烯醇复合使用。在除锈剂以及螯合剂对金属表面金属氧化物进行溶解和螯合后，JS 防锈剂会在金属表面附着，减少外界空气和其他物质与金属表面的直接接触，从而降低金属的再锈蚀程度，而且形成的致密物质与金属结合力较强，保护性持久。聚乙烯醇的使用，起到第二层保护作用，在最外围形成一层薄而透明的膜，这层膜完全隔绝空气与金属表面的接触，隔绝防锈效果更彻底。

所述含羧基的有机酸为有机羧酸、有机磺酸、有机亚磺酸或有机亚硫羧酸。

产品应用　本品主要是一种高效除锈防锈剂。

产品特性　本品具有较好的除锈、防锈性能，其作用于钢铁表面，使钢铁寿命延长，节省了大量钢材；并且采用低碳环保的原材料，还可以减少对环境的污染。

配方 59 高效防锈剂

原料配比

原料			配比（质量份）		
			1#	2#	3#
胺类添加剂	混合物	松香酸	5	9	7
		顺丁烯二酸酐	1	3	2
		冰醋酸	3	5	4
		对甲基苯磺酸	0.25	0.63	0.42
	干燥物	混合物	2	4	3
		冰醋酸	3	6	4
	冷却物	干燥物	6	9	7
		二乙醇胺	2	4	3
		氢氧化钾	0.2	0.5	0.4
	冷却物		5	7	6
	六亚甲基四胺		1	3	2
成膜固化添加剂	搅拌混合物	钠水玻璃	2	4	3
		锂水玻璃	3	5	4
		六铝酸盐	1	2.4	1.65
	搅拌混合物		8	12	10
	丁四醇		2	5	3
	氢化麦芽糖		1	3	2
	丙烯酸-2-丙烯酰胺-2-甲基丙磺酸共聚物		2.4	4.8	3.5
	聚丙烯酰胺		1.2	2.4	1.7
硅烷偶联剂	混合基体	γ-氨丙基三乙氧基硅烷	2	4	3
		γ-缩水甘油氧基丙基三甲氧基硅烷	0.7	0.9	0.8
	混合液	冰醋酸	0.3	0.7	0.5
		无水乙醇	6	10	8
		去离子水	40	50	45
	混合基体		3	6	4
	混合液		10	13	11
成膜固化添加剂			20	30	25
胺类添加剂			40	50	45
硅烷偶联剂			4	7	6
有机酸助剂			0.1	0.4	0.3
磷酸二氢锌			0.01	0.03	0.02
硅酸锂			3	6	5
水			300	400	350

制备方法　将各组分原料混合均匀即可。

原料介绍

所述胺类添加剂的制备方法，包括如下步骤：

（1）取松香酸按质量比（5～9）：（1～3）：（3～5）加入顺丁烯二酸酐、冰醋酸，通入氮气保护，再加入松香酸质量5%～7%的对甲基苯磺酸，升温至130～140℃搅拌混合，得混合物，于100～110℃条件下取混合物按质量比（2～4）：（3～6）加入冰醋酸，搅拌混合30～40min，冷却至室温，抽滤，抽取滤渣干燥，得干燥物。

（2）取干燥物按质量比（6～9）：（2～4）：（0.2～0.5）加入二乙醇胺、氢氧化钾，通入氮气保护，于150～160℃搅拌混合，冷却至室温，得冷却物，取冷却物按质量比（5～7）：（1～3）加入六亚甲基四胺混合，得胺类添加剂。

所述成膜固化添加剂的制备方法，包括如下步骤：取钠水玻璃按质量比（2～4）：（3～5）加入锂水玻璃，再加入钠水玻璃质量50%～60%的六铝酸盐，升温至65～75℃搅拌混合，得搅拌混合物，取搅拌混合物按质量比（8～12）：（2～5）：（1～3）加入丁四醇、氢化麦芽糖，于55～65℃搅拌混合，再加入搅拌混合物质量30%～40%的丙烯酸-2-丙烯酰胺-2-甲基丙磺酸共聚物和搅拌混合物质量15%～20%的聚丙烯酰胺，于75～85℃搅拌混合，冷却至室温，即得成膜固化添加剂。

所述硅烷偶联剂是取γ-氨丙基三乙氧基硅烷按质量比（2～4）：（0.7～0.9）加入γ-缩水甘油氧基丙基三甲氧基硅烷混合，得混合基体，取冰醋酸按质量比（0.3～0.7）：（6～10）：（40～50）加入无水乙醇、去离子水混合，得混合液，取混合基体按质量比（3～6）：（10～13）加入混合液，超声分散，得硅烷偶联剂。

所述有机酸助剂是酒石酸、抗坏血酸、油酸、硬脂酸中的任意一种或几种混合。

产品应用　本品主要是一种高效防锈剂。

产品特性

（1）本品中加入硅酸锂，具有较好的成膜性和成膜后的稳定性，以松香酸与顺丁烯二酸酐在加热条件下发生加成反应，再加入二乙醇胺合成醇酰胺类物质，与六亚甲基四胺进行复配，在体系中的有机酸作用下，会与其生成醇胺盐，其带阳离子，在静电引力的作用下，不断趋近于金属表面，发生物理吸附作用，而后N原子上孤对电子和金属中的空d轨道配对成键，即配位键，从而产生很强的化学吸附，可提升防锈膜物理化学性能，阻滞了阴、阳极腐蚀过程，达到防止金属锈蚀的目的。

（2）本品通过钠水玻璃有良好的黏结能力，其在硬化时析出的硅酸凝胶有堵塞毛细孔隙而防止水渗透的作用，通过对金属表面防锈表面层孔隙的填充，提高了外界物质对金属的锈蚀，加入锂水玻璃呈多分子团状分散的均匀溶液会发生聚合，进一步蒸发失水，在体系中有机酸作用下反应生成二氧化硅凝胶，所以锂水玻璃硬化后具有很好的抗吸湿性，加入丁四醇、氢化麦芽糖，具有很强的吸水性，能够加快固化过程中的脱水性能，提高硬化速率，加入六铝酸盐，形成铝硅氧负离子团，使得该添加物黏度增加、表面张力增大，再通过加入丙烯酸-2-丙烯酰胺-2-甲基丙磺酸共聚物和聚丙烯酰胺，通过静电引力吸附在胶粒表面，形成致密的网络结构，提高防锈膜的抗吸湿性能。

（3）加入γ-氨丙基三乙氧基硅烷、γ-缩水甘油氧基丙基三甲氧基硅烷，硅烷分子中的乙氧基、甲氧基水解生成醇类，其可以与金属基体表面氧化物发生反应，生成Si—O—金属，而且醇类物质中的Si—OH可相互发生交联缩合生成低聚硅氧烷，低聚物与金属基体表面的羟基形成氢键，固化过程中脱水，在金属表面形成共价键，从而形成硅烷膜层，粘接强度较好，提高了结合力，从而使防锈层的附着性能得到提高，取得了长期防锈的效果。

配方 60 高性能金属防锈剂（1）

原料配比

原料			配比（质量份）		
			1#	2#	3#
缓蚀吸附活性剂	胺添加剂	三乙烯四胺	3	5	7
		多乙烯多胺	1	2	3
	减压蒸馏物	胺添加剂	5	7	9
		二甲苯	20	25	30
		酸性剂	5	14	27
	干燥物	减压蒸馏物	2	3	5
		无水乙醇	10	12	15
	搅拌混合物	干燥物	3	5	6
		二甲氨基乙醛缩二甲醇	1	2	3
		N,*N*-二甲基乙酰胺	0.6	0.75	1.8
		1-(3-二甲氨基丙基)-3-乙基碳二亚胺盐酸盐	0.09	0.01	0.3
		1-羟基苯并三氮唑	0.03	0.025	0.36
	搅拌混合物		2	4	5
	乙腈		20	25	30
抗磨润滑活性剂	减压蒸馏物	三氯化磷	3	4	5
		二氯甲烷	5	7	10
		乙二醇	1.8	2.6	3.5
	旋转蒸发剩余物	减压蒸馏物	1	3	4
		二甲苯	10	12	15
	抽滤液	旋转蒸发剩余物	2	3	5
		四氢呋喃	20	25	30
		甲基丙烯酸-β-羟乙酯	1	2	3
		三乙胺	0.6	0.75	2.4
	抽滤液		100	125	150
	对苯二酚		3	4	5
分散活性剂	酸酐添加剂	顺丁烯二酸酐	3	4	5
		甲基纳迪克酸酐	1	2	3
	旋转蒸发剩余物 A	酸酐添加剂	1	2	5
		无水甲醇	3	5	8
		二乙醇胺	0.3	0.6	1.2
	冷却物	旋转蒸发剩余物 A	20	23	25

续表

原料			配比（质量份）		
			1#	2#	3#
分散活性剂	冷却物	三羟甲基丙烷	1	2	3
		对甲苯磺酸	0.06	0.08	0.15
	混合液	冷却物	2	4	5
		二氯甲烷	5	7	10
	混合液		1	2	3
	乙醚		5	7	10
防锈助剂	油酸酰胺		3	4	5
	云母粉		3	5	8
	乙二胺四乙酸		1	2	3
	葡萄糖酸钠		2	3	5
	普鲁兰多糖		3	6	8
	甘油		10	15	20
减压蒸馏物 A	混合液 A	抗磨润滑活性剂	1	2	3
		乙腈	5	8	10
	混合液 B	三甲胺	2	3	5
		无水乙醇	10	12	15
	混合液 A		2	5	7
	混合液 B		5	7	10
减压蒸馏物 B	旋转蒸发剩余物 B	分散活性剂	3	5	7
		吡啶	10	15	20
		氯化对苯二甲酰	0.3	0.6	1.05
	旋转蒸发剩余物 B		2	3	5
	氯仿		10	15	20
缓蚀吸附活性剂			5	10	15
减压蒸馏物 A			3	5	8
减压蒸馏物 B			3	5	8
防锈助剂			10	15	20

制备方法

（1）取抗磨润滑活性剂加入乙腈，搅拌混合 20～30min，得混合液 A。取三甲胺加入无水乙醇，搅拌混合 20～30min，得混合液 B。取混合液 A 加入混合液 B，搅拌混合 18～24h，减压蒸馏，得减压蒸馏物 A。

（2）取分散活性剂加入吡啶，通入氮气保护，于 0～4℃搅拌混合 10～20min，加入氯化对苯二甲酰，于 20～25℃搅拌混合 18～24h，旋转蒸发，收集旋转蒸发剩余物 B，取旋转蒸发剩余物 B 加入氯仿，静置 20～40min，取下层液减压蒸馏，得减压蒸馏物 B。

（3）按质量份计，取缓蚀吸附活性剂、减压蒸馏物 A、减压蒸馏物 B、防锈助剂混合，即得高性能金属防锈剂。

原料介绍

所述缓蚀吸附活性剂的制备方法为：

（1）取胺添加剂按质量比（5～9）：（20～30）加入二甲苯，通入氮气保护，再加入胺添加剂质量 1～3 倍的酸性剂，于 80～85℃搅拌混合 20～30min，再升温至 150～160℃搅拌混合 2～5h，静置 20～30min，取下层液于 200～210℃保温 4～7h，冷却至室温，抽滤，取滤饼减压蒸馏，得减压蒸馏物，取减压蒸馏物按质量比（2～5）：（10～15）加入无水乙醇，静置 30～50min，取沉淀干燥，得干燥物。

（2）取干燥物按质量比（3～6）：（1～3）加入二甲氨基乙醛缩二甲醇，加入干燥物质量 20%～30%的 *N,N*-二甲基乙酰胺，升温至 60～70℃搅拌混合 20～30min，再加入干燥物质量 3%～5%的 1-(3-二甲氨基丙基)-3-乙基碳二亚胺盐酸盐和干燥物质量 2%～6%的 1-羟基苯并三氮唑，于 60～70℃保温 2～4h，得搅拌混合物，取搅拌混合物按质量比（2～5）：（20～30）加入乙腈搅拌混合 20～30min，通入二氧化碳反应，保持 10～20min，取沉淀减压蒸馏，干燥，即得缓蚀吸附活性剂。

所述的胺添加剂为：取三乙烯四胺按质量比（3～7）：（1～3）加入多乙烯多胺混合，即得。

所述的酸性剂为：取棕榈酸、油酸、豆蔻酸、亚油酸、硬脂酸、亚麻酸中任意一种或任意几种按任意质量比混合，即得。

所述抗磨润滑活性剂的制备方法为：

（1）取三氯化磷按质量比（3～5）：（5～10）加入二氯甲烷，通入氮气保护，于 5～10℃滴加三氯化磷质量 60%～70%的乙二醇，于 10～15℃保温 1～3h，减压蒸馏，取减压蒸馏物 A 按质量比（1～4）：（10～15）加入二甲苯，通入干燥氧气反应，于 15～20℃保温 24～36h，旋转蒸发，收集旋转蒸发剩余物。

（2）取旋转蒸发剩余物按质量比（2～5）：（20～30）加入四氢呋喃，加入四氢呋喃质量 5%～10%的甲基丙烯酸-*β*-羟乙酯和四氢呋喃质量 3%～8%的三乙胺，通入氮气保护，于 −20～−10℃搅拌混合 3～5h，抽滤，抽取滤液按质量比（100～150）：（3～5）加入对苯二酚，搅拌混合 20～30min，减压蒸馏，即得抗磨润滑活性剂。

所述分散活性剂的制备方法为：取酸酐添加剂按质量比（1～3）：（3～8）加入无水甲醇搅拌混合 20～30min，滴加无水甲醇质量 10%～15%的二乙醇胺，于−5～0℃搅拌混合 3～6h，旋转蒸发，收集旋转蒸发剩余物 A，取旋转蒸发剩余物 A 按质量比（20～25）：（1～3）加入三羟甲基丙烷，通入氮气保护，升温至 110～120℃，加入三羟甲基丙烷质量 3%～5%的对甲苯磺酸，保温 5～9h，冷却至室温，得冷却物，取冷却物按质量比（2～5）：（5～10）加入二氯甲烷搅拌混合 20～30min，得混合液，取混合液按质量比（1～3）：（5～10）加入乙醚，静置 30～50min，取沉淀减压蒸馏，即得分散活性剂。

所述酸酐添加剂为：取顺丁烯二酸酐按质量比（3～5）：（1～3）加入甲基纳迪克酸酐混合，即得。

所述防锈助剂为：按质量份计，取油酸酰胺、云母粉、乙二胺四乙酸、葡萄糖酸钠、普鲁兰多糖、甘油混合，即得。

产品应用　本品主要是一种高性能金属防锈剂。

产品特性

（1）本品制备的缓蚀吸附剂是以棕榈酸、油酸、豆蔻酸等为酸性剂原料，加入胺添加剂进行脱水成环合成咪唑啉类衍生物，其结构中引入亲水的咪唑啉基团和长碳链的疏水亲油基团，形成两性活性物，其憎水支链部分增加了防锈剂的油溶性，另一方面在防锈缓蚀过程中还起到疏水作用，分子中的憎水碳链形成有效的疏水层，对金属表面起到外围屏蔽作用，并改变氢离子的氧化还原电位，最后与二甲氨基乙醛缩二甲醇进行缩合，形成带有脒基的活性剂，形成的重碳酸盐通过静电引力主要吸附在金属表面，增大生锈腐蚀电极的电荷迁移电阻，起到防锈缓蚀作用。

（2）本品制备的抗磨润滑活性剂是以三氯化磷、乙二醇等原料进行反应得到原料，通入氧气进行氧化再与甲基丙烯酸-β-羟乙酯形成酯化合物，最后与三甲胺等进行反应得到聚合物，其形成的聚合物具有分子刷结构，与金属表面带正电形成带相反电荷的运动离子，这些离子产生的抑制分子刷之间相互贯穿的电势较大，所以带电分子刷之间的相互贯穿就能得到抑制，这就大大减少了能量耗散，从而降低了系统的摩擦阻力，对金属表面起到自润滑的作用，而使得防锈剂的活性成分进行分散，减少对金属表面的磨损腐蚀。

（3）本品制备的分散活性剂是以酸酐添加剂、二乙醇胺进行酯化反应，再以三羟甲基丙烷为核分子，最后经氯化对苯二甲酰进行酰化反应形成具有超支化结构的聚合物，利用内亲油外亲水的支化头基结构，而使得一些防锈后形成的杂质利用亲油基进行包裹，再经支化结构进行分散，减少在防锈表面的吸附，从而提高残留物的相容分散性能。

（4）本品在制备的过程中加入苯甲酸钠进行防腐抗菌，加入云母粉等增加氧化吸附的氧化还原电位，增加防锈膜的高效吸附，加入乙二胺四乙酸进行络合，防止防锈膜脱落，而形成长效保护，加入葡萄糖酸钠、普鲁兰多糖辅助防腐蚀，甘油增加溶解性和润滑效果，使得防锈剂能充分分散，整体防锈剂各组分发挥各自的功效，达到长时间的防锈防腐蚀性能。

配方 61　高性能金属防锈剂（2）

［原料配比］

原料	配比（质量份）		
	1#	2#	3#
亚硫酸钠	8	10	9
十二烷基苯磺酸钠	6	8	7
石油磺酸钠	3	5	4
石油磺酸钡	3	5	4
环烷基基础油	2	4	3
葡萄糖酸钠	3	5	4
合成硼酸酯	8	10	9
硫代脂肪酸酯	2	4	3
吗啉	4	6	5
柠檬酸	1	3	2
六亚甲基四胺	2	4	3
水	200	300	250
氨基磺酸	1	3	2
环氧丙烯酸树脂	10	12	11

制备方法　将各组分原料混合均匀即可。

产品应用　本品主要是一种高性能金属防锈剂。

产品特性 本品配方科学合理，防锈、脱脂、去污能力强，对有色金属无不良影响，而且不会产生泡沫，高压下也不会产生溢出现象；具有优异的接触防锈性能以及很好的气相防锈效果。

配方 62 高性能纳米防锈剂

[原料配比]

原料	配比（质量份）			
	1#	2#	3#	4#
油酸	30	20	40	25
硅酸钠	22	15	30	20
三乙醇胺	15	10	20	12
改性纳米二氧化钛	15	10	20	13
改性纳米碳酸钙	12	8	16	12
改性纳米纤维素	7	5	5-10	6
壳聚糖	9	6	12	8
聚乙二醇	7	5	10	6
聚乙烯醇	6	4	8	5
聚 2-丙烯酰胺-2-甲基丙磺酸	10	7	12	9
二烷基二硫代磷酸锌	9	6	13	8
十二碳醇酯	11	8	15	10
苯甲酸钠	10	6	14	8
硬脂酸	9	7	12	9
钛酸酯交联剂	7	5	9	6
氨基磺酸	8	6	10	7
平平加 A-20	5	3	6	4

制备方法

（1）将油酸、硅酸钠、三乙醇胺、改性纳米二氧化钛、改性纳米碳酸钙、改性纳米纤维素放入混料机中混合均匀，得混合物 A。

（2）将壳聚糖、聚乙二醇、聚乙烯醇、聚 2-丙烯酰胺-2-甲基丙磺酸、二烷基二硫代磷酸锌、十二碳醇酯混合加入混合物 A 中，在 30～50℃的温度下高速搅拌 1～2h，得混合物 B。

（3）向混合物 B 中加入苯甲酸钠、硬脂酸、钛酸酯交联剂、氨基磺酸、平平加 A-20，在 75～90℃的温度下继续高速搅拌反应 30～50min，冷却后即得纳米防锈剂。所述高速搅拌转速为 2000～4000r/min。

原料介绍

所述改性纳米二氧化钛的制备方法为：首先将纳米二氧化钛粉体分散在稀酸溶液中，高速搅拌 20～30min 后再超声分散 10～20min，所述纳米二氧化钛与稀酸溶液的比例为 1g∶4mL，所述稀酸溶液的 pH 值为 5.0；向纳米二氧化钛溶液中加入十二烷基三甲氧基硅烷，所述十二烷基三甲氧基硅烷的添加质量为纳米二氧化钛溶液质量的 1/6，在恒温水浴锅中于 85℃的温度下搅拌反应 4h 后，通过超滤水洗收集得到沉淀物，将沉淀物在烘箱中烘干粉碎后得到改性纳米二氧化钛。

所述改性纳米碳酸钙的制备方法为：将纳米碳酸钙分散在乙醇溶液中，高速搅拌 20～30min 后再超声分散 10～20min，所述纳米碳酸钙与乙醇的比例为 1g∶8mL；向纳米碳酸钙溶液中加入松香酸，所述松香酸的添加质量为纳米碳酸钙溶液质量的 1/12，在恒温水浴锅中于 50℃的温度下搅拌反应 18h 后，通过超滤乙醇洗涤收集得到沉淀物，将沉淀物在烘箱中烘干粉碎后得到改性纳米碳酸钙。

所述改性纳米纤维素的制备方法为：将纳米纤维素分散在稀酸溶液中，高速搅拌 20～30min，所述改性纳米纤维素与稀酸的比例为 1g∶8mL，所述稀酸溶液的 pH 值为 6.0～6.5；向纳米纤维素溶液中加入马来酸酐，所述马来酸酐的添加质量为纳米碳酸钙溶液质量的 1/20，在恒温水浴锅中于 40℃的温度下搅拌反应 30h 后，通过超滤水洗收集得到沉淀物，将沉淀物在烘箱中烘干粉碎后得到改性纳米纤维素。

产品应用　本品是一种高性能纳米防锈剂。

产品特性　本品防锈时间较长，可达 15 个月以上，并且对铸铁、铝铜等金属具有很好的适应性，具有较好的高温、低温稳定性，本品对环境以及操作人员身体均无毒无害，是一种安全环保的金属防锈剂。

配方 63　工业机械用防锈剂

原料配比

原料		配比（质量份）							
		1#	2#	3#	4#	5#	6#	7#	8#
油酸三乙醇胺		2.5	1	3	1.5	3	3	2.5	3
无机添加剂		4	3	3.5	3.8	3.5	3.2	3	3
四硼酸钠		2	2.5	2	1.5	3	1.5	1	2.5
水性纳米膨润土		0.8	1.5	2	1	0.5	1.8	2	1.5
环氧酸锌		1.5	3	2.5	2	2	1	1	1.5
脂肪醇聚氧乙烯醚		3.5	4	4	3	3	2.5	2	2.5
双烯基丁二酰亚胺		4	1	2	3	3.5	2	2.5	4
月桂酰肌氨酸钠		1.5	4	3.5	3	2.5	2	1.5	3.5
正丁醇		8	7	7	6	9	9	6	8
水		70	75	80	80	65	60	70	75
无机添加剂	硅酸钠	1	1.5	1	2	2	1.5	1	1
	钨酸钠	1	1	1	1	1	1	1	1

制备方法

（1）按质量份称取原料，将油酸三乙醇胺、脂肪醇聚氧乙烯醚、月桂酰肌氨酸钠加热搅拌 15～20min，得混合液一；加热温度为 75℃，搅拌速度为 60～70r/min。

（2）将混合液一与水性纳米膨润土、环氧酸锌、正丁醇共混，然后超声处理 8～10min，得混合液二；超声处理具体为温度 35℃，频率 22～24kHz。

（3）将无机添加剂、四硼酸钠、双烯基丁二酰亚胺、水共混，加热搅拌 20～30min，得基液；加热温度为 60℃，搅拌速度为 80～100r/min。

（4）将步骤（2）中的混合液二加入基液中，常温搅拌 15～20min 即可。

原料介绍

油酸三乙醇胺、脂肪醇聚氧乙烯醚、月桂酰肌氨酸钠具有清洗、防锈、缓蚀、乳化等功能，作为防锈主体，加以水性纳米膨润土复合超声改性，一方面提高了防锈的综合性能，另一方面提高了防锈剂的均匀度和黏附效果，大大提高了防锈剂防护涂层的防护均匀性，避免了涂层不均匀、起皱、易破裂、易出现空斑等问题，延长了防锈年限。

产品应用　本品主要是一种工业机械用防锈剂。

产品特性　本品在酸、碱、盐雾等条件下均具有优异的防锈性能，且安全环保、成分均匀，能有效保证金属表面的平整性和光滑性，有效寿命达两年以上。

配方 64　管道除垢防锈剂

原料配比

原料		配比（质量份）				
		1#	2#	3#	4#	5#
预膜剂	氯化锌	2	6	3	5	4
脱氧剂	异抗坏血酸	3	9	4	7	6
水垢复合抑制剂		2	5	3	4	3.5
pH 调节剂	氢氧化钠	2	9	4	8	6
抗菌剂	肉桂醛	1	3	1.5	2.5	2
水		70	100	75	85	80
水垢复合抑制剂	磺化聚苯胺	1	1	1	1	1
	磺化酚醛树脂	1	3	1.2	1.2	1.2
	马来酸酐系水垢抑制剂	10	20	12	15	15

制备方法　将所述预膜剂、脱氧剂、水垢复合抑制剂、pH 调节剂、抗菌剂加入到水中，加热升温到 60～70℃中，维持 4～5h，之后停止加热，得到所述的管道除垢防锈剂。

原料介绍

所述的水垢抑制剂的聚合成分，可将其分为天然聚合物水垢抑制剂和合成聚合物水垢抑制剂两大类，而合成聚合物水垢抑制剂又可进一步分成羧酸类聚合物水垢抑制剂、磺酸类聚合物水垢抑制剂、含磷聚合物水垢抑制剂和环境友好型水垢抑制剂 4 种。

所述水垢复合抑制剂包括马来酸酐系水垢抑制剂。

所述马来酸酐系水垢抑制剂的制备原料包括含氟丙烯酸酯、马来酸酐。

所述含氟丙烯酸酯为全氟烷基乙基丙烯酸酯。

所述全氟烷基乙基丙烯酸酯的分子式为 $CH_2{=}CHC(O)CH_2CH_2(CF_2)_nF$，$n$=4,6,8。

所述马来酸酐系水垢抑制剂通过如下方法制备得到：

（1）按一定配比向四口烧瓶中加入马来酸酐和蒸馏水，在搅拌条件下，向氮气保护的四口烧瓶中同时滴加过硫酸钾和含氟丙烯酸酯，使其进行聚合反应。

（2）将反应温度控制在 80℃，滴加时间约 1.0h，滴加完毕后继续保温反应 1.5h，停止加热、搅拌、冷却，即得到所述马来酸酐系水垢抑制剂。

所述马来酸酐和含氟丙烯酸酯的摩尔比为1∶0.6；所述过硫酸钾与马来酸酐的摩尔比为0.5∶1。

所述水垢复合抑制剂还包括磺化酚醛树脂、磺化聚苯胺。

所述磺化聚苯胺通过如下方法制备得到：

（1）称取一定量的聚苯胺，加入事先冷却好的发烟硫酸剧烈搅拌，并采用冰水浴保持温度在0～5℃范围内，持续反应10h，待到溶液颜色从深紫色转变成深蓝色后，停止反应。

（2）将反应液从烧瓶中倒入盛有冰水混合物的烧杯中，加入甲醇，使其沉淀，待到沉淀完全，再加入丙酮，抽滤，滤饼用甲醇和丙酮洗涤，直至滤液澄清，用氢氧化钠调节pH为碱性。

（3）经真空干燥箱80℃的温度干燥48h，即得到磺化聚苯胺。

所述发烟硫酸的加入量为50mL/g聚苯胺，即每克聚苯胺加入50mL发烟硫酸。

所述磺化聚苯胺、磺化酚醛树脂、马来酸酐系水垢抑制剂的质量比为1∶（1～1.3）∶（10～20）。

所述脱氧剂选自偶氮二酰胺、亚硫酸钠、异抗坏血酸中的一种或多种。

所述的pH调节剂选自氢氧化钠、氢氧化钾、氨水中的一种或多种。

所述抗菌剂选自氧化锌、氧化铜、磷酸二氢铵、碳酸锂等无机抗菌剂，肉桂醛、酰基苯胺类、咪唑类、噻唑类、异噻唑酮衍生物、季铵盐类、双胍类、酚类等有机抗菌剂。

产品特性　本品具有优异的缓蚀阻垢性能和良好的环保性。所述配方各组分以一定比例复配时具有明显的协同增效作用，缓蚀率和阻垢率均得到很大提高，对高温、pH适应性能提高，同时所述组分能在金属表面形成强力保护膜，还能起清洗金属表面的作用，使水中杂质无法在金属表面积累。此外，配方中各组分均不含磷且无毒副作用。

配方65　硅烷防锈剂

原料配比

原料		配比（质量份）		
		1#	2#	3#
成膜剂	硅烷偶联剂Z-6030	9	—	—
	硅烷偶联剂KH-560	—	6	—
	硅烷偶联剂A-1100	—	—	7
络合剂		1.1	1.2	0.8
多元醇		6	7	—
去离子水		83.9	85.8	—
络合剂	柠檬酸钠	0.9	1.2	—
	EDTA-4Na	0.2	—	0.8
多元醇	环己醇	6	5	6.5
	2-丙醇	—	1	0.5
	2-丁醇	—	1	0.5

制备方法

（1）首先将1/3上述质量比的去离子水倒入反应桶内，然后，再将络合剂加入到反应桶内搅拌至完全溶解，其搅拌速度控制为50r/min。

（2）将上述质量比的成膜剂加入到反应桶内进行均匀搅拌，其搅拌速度控制为50r/min，搅拌时间为30min。

（3）将上述质量比的多元醇加入到反应桶内进行均匀搅拌，其搅拌速度为50r/min，搅拌时间为10min。

（4）将余下 2/3 上述质量比的去离子水加入到反应桶内进行均匀搅拌，其搅拌速度为50r/min，搅拌 8min 后便制成硅烷防锈剂。

原料介绍

所述成膜剂为硅烷偶联剂 Z-6030、硅烷偶联剂 KH-560 和硅烷偶联剂 A-1100 中的一种。

所述络合剂为柠檬酸钠和 EDTA-4Na 中的一种或两种的混合物。

所述多元醇为环己醇、2-丙醇、2-丁醇和 2-己醇中的一种或两种及以上的混合物。

硅烷防锈剂制成工作液的方法为：首先在盛放容器内加入清水，其次，将硅烷防锈剂加入到盛放容器内，然后，往盛放容器内加入清水，搅拌均匀后即制成硅烷防锈剂工作液。

所述硅烷防锈剂工作液在制作过程中，首次往盛放容器内加入清水的质量与已加入盛放容器内的硅烷防锈剂的质量比为 97∶3，再次加入盛放容器内的清水的质量与已经加入盛放容器内的硅烷防锈剂的质量比为 99∶1。

该硅烷防锈剂工作液对工件的处理方法有浸泡式和喷淋式两种。

所述浸泡式的使用方法为：首先将待处理工件完全浸没于硅烷防锈剂工作液中，其浸泡温度为 25～30℃，其浸泡时间一般为 5min，当工件完成浸泡后，工件不需要进行漂洗，工件能根据客户的生产要求直接取出进行下一步的加工操作。

所述喷淋式的使用方法为：首先将待处理工件挂在自动喷淋线体上，其喷淋的温度为25～30℃，喷淋的时间一般为5min，当工件完成喷淋后，工件能根据客户的生产要求取出进行下一步的加工操作。

产品特性

（1）本品能在金属表面生成一层保护膜，以延长各种金属工件表面的防锈时间，其还使金属工件在后续的涂装工艺中能够有效地提高金属表面与涂层之间的附着力，且经硅烷化后的金属工件不需要再对其进行水洗，能有效地节约水资源，其成分也不含有任何会对环境造成污染的物质，使用十分环保，对人体健康无影响和对环境排放无污染，解决了传统的磷化工艺在磷化处理的过程中会产生含有锌、镍和锰等有害重金属元素的问题。

（2）本品具有优异的涂层附着力，且处理时间短，防锈性能好，稳定性强，特别适合对钢铁件、镀锌板和铝材等金属材料使用，其工作液的 pH 值为 7～8，可使用不锈钢和 PVC 等材质作为盛放容器，选择范围广，使用方便、安全和环保。

配方 66 含改性噻二唑的金属防锈剂

原料配比

原料		配比（质量份）				
		1#	2#	3#	4#	5#
苯丙乳液	固含量为40%	45	30	43	—	—
	固含量为45%	—	—	—	35	—
	固含量为43%	—	—	—	—	42

续表

<table>
<tr><th colspan="2" rowspan="2">原料</th><th colspan="5">配比（质量份）</th></tr>
<tr><th>1#</th><th>2#</th><th>3#</th><th>4#</th><th>5#</th></tr>
<tr><td colspan="2">聚乙二醇二甲基丙烯酸酯</td><td>10</td><td>20</td><td>16</td><td>14</td><td>18</td></tr>
<tr><td colspan="2">聚苯胺</td><td>3.8</td><td>2</td><td>3.2</td><td>2.8</td><td>3.5</td></tr>
<tr><td colspan="2">聚马来酸酐</td><td>3</td><td>8</td><td>5</td><td>7</td><td>7</td></tr>
<tr><td rowspan="3">氨基酸</td><td>甘氨酸、亮氨酸的混合物</td><td>1.2</td><td>0.1</td><td>1</td><td>—</td><td>—</td></tr>
<tr><td>半胱氨酸</td><td>—</td><td>—</td><td>—</td><td>0.6</td><td>—</td></tr>
<tr><td>半胱氨酸、甘氨酸、丙氨酸、亮氨酸的混合物</td><td>—</td><td>—</td><td>—</td><td>—</td><td>1</td></tr>
<tr><td colspan="2">苯并三氮唑</td><td>0.6</td><td>1.2</td><td>0.7</td><td>1.1</td><td>0.9</td></tr>
<tr><td>苯并咪唑</td><td>胺甲基化改性的苯并咪唑</td><td>1.3</td><td>0.2</td><td>1</td><td>0.5</td><td>0.9</td></tr>
<tr><td colspan="2">改性噻二唑</td><td>2</td><td>5.3</td><td>2.8</td><td>5</td><td>4.7</td></tr>
<tr><td colspan="2">蓖麻油酸</td><td>3.7</td><td>2</td><td>3.5</td><td>2.8</td><td>2.9</td></tr>
<tr><td colspan="2">妥尔油酸二乙醇酰胺</td><td>1</td><td>2.3</td><td>1.4</td><td>2.1</td><td>1.8</td></tr>
<tr><td colspan="2">钼酸钠</td><td>1.2</td><td>0.3</td><td>1</td><td>0.5</td><td>0.9</td></tr>
<tr><td colspan="2">锆酸锌</td><td>1</td><td>2</td><td>1.2</td><td>1.8</td><td>1.5</td></tr>
<tr><td colspan="2">丙炔醇</td><td>5</td><td>2</td><td>4.7</td><td>3.2</td><td>3.2</td></tr>
<tr><td colspan="2">硝酸铈</td><td>0.5</td><td>1.3</td><td>0.7</td><td>1.2</td><td>1</td></tr>
<tr><td colspan="2">氧化石墨烯</td><td>0.8</td><td>0.1</td><td>0.7</td><td>0.3</td><td>0.6</td></tr>
<tr><td colspan="2">三乙醇胺</td><td>0.2</td><td>1</td><td>0.5</td><td>0.8</td><td>0.7</td></tr>
<tr><td colspan="2">硅烷偶联剂 KH-550</td><td>1</td><td>0.3</td><td>0.7</td><td>0.4</td><td>0.8</td></tr>
<tr><td colspan="2">氢氧化钾</td><td>0.1</td><td>0.5</td><td>0.2</td><td>0.42</td><td>0.32</td></tr>
<tr><td rowspan="3">天然缓蚀剂</td><td>橄榄叶提取物</td><td>3.8</td><td>2</td><td>3.5</td><td>—</td><td>—</td></tr>
<tr><td>薰衣草提取物、西瓜皮提取物的混合物</td><td>—</td><td>—</td><td>—</td><td>2.8</td><td>—</td></tr>
<tr><td>橄榄叶提取物、薰衣草提取物、西瓜皮提取物的混合物</td><td>—</td><td>—</td><td>—</td><td>—</td><td>2.9</td></tr>
<tr><td colspan="2">乙醇</td><td>20</td><td>35</td><td>28</td><td>32</td><td>28</td></tr>
<tr><td colspan="2">水</td><td>250</td><td>150</td><td>210</td><td>170</td><td>200</td></tr>
</table>

制备方法　将各组分原料混合均匀即可。

原料介绍

以苯丙乳液作为主要成膜剂，同时加入了聚苯胺，其中，聚苯胺亚胺上的 N 能与各种金属离子相互作用，从而诱导聚苯胺形成富电子的苯基团，与聚乙二醇二甲基丙烯酸酯、聚马来酸酐、氨基酸配合后具有协同增效作用，提高了在基材表面的覆盖度，且成膜质量高，与金属表面之间的附着力强，大大提高了防锈剂的防锈效果和稳定性，延长了防锈剂的防锈时间。

硝酸铈加入体系中，其中的铈原子能与金属表面的阴离子层发生静电吸附作用，填充了金属表面保护层的空隙；改性噻二唑、硝酸铈与钼酸钠、锆酸锌、丙炔醇和天然缓蚀剂配合后，发挥多方面的协同作用，显著提高了防锈剂的防锈性能，延长了防锈剂的防锈时间，将其防锈时间延长至 6 个月以上。

氧化石墨烯加入体系中，能与体系中的乙醇形成氧化石墨烯酯，在氢氧化钾的作用下，能与体系中的三乙醇胺发生作用，得到表面带负电荷的物质，能与金属锈蚀过程中产生的正电荷快速吸附，在金属表面形成致密的保护膜，防止了氧、水分子等与金属表面的接触，防止了金属锈蚀现象的发生。

所述改性噻二唑按照以下工艺进行制备：将十八烷基酸与二氯亚砜混合，搅拌均匀后回流反应 100～200min，减压蒸馏后加入天冬氨酸的碱性溶液，调节 pH 值为 8～9，室温搅拌反应 120～200min，冷却后调节 pH 为酸性，分液、洗涤得到物料 A；将 2-巯基-5-甲基-1,3,4-噻二唑与硫酸水溶液混合，在 35～40℃下加入物料 A，在 45～55℃下反应 100～200min，冷却后加入水，过滤，将滤饼用氢氧化钠水溶液溶解后调节 pH 值为 2～3，过滤、洗涤、干燥后重结晶得到物料 B；将物料 B 加入二甲苯中，在 60～70℃下加入三乙醇胺，在 100～105℃下搅拌反应 2～4h，反应结束后冷却、旋蒸、干燥得到所述改性噻二唑。

在改性噻二唑的制备过程中，十八烷基酸、二氯亚砜、天冬氨酸的摩尔比为 1∶1.5∶0.8。2-巯基-5-甲基-1,3,4-噻二唑、物料 A 的摩尔比为 1∶1.5。物料 B、三乙醇胺的摩尔比为 1∶1.05。

产品特性　本品防锈效果好，性能稳定，防锈时间长。

配方 67　合成型防锈剂浓缩液

原料配比

原料		配比（质量份）			
		1#	2#	3#	4#
聚丙二醇（分子量 2000）		1	1	0.5	0.5
加氢处理的重质环烷基油		5	5	5	5
磷酸三甲酚酯		2	2	2	2
抗氧化剂	*N*-苯基-*α*-萘胺	0.1	0.1	0.1	0.1
环氧丙烷与十七烯基丁二酸酐的反应产物（Amadis Chemical 公司提供的羟基烷基羧酸酯）		8	8	10	10
长链烯基咪唑啉盐	1-氨乙基-2-(十七烯基)咪唑啉	0.2	0.2	—	—
	1-氨乙基-2-(十七烯基)咪唑啉+二烯基丁二酸盐	—	—	0.2	0.2
油酰肌氨酸和/或其胺盐	油酰肌氨酸	4	2	4	—
	油酰肌氨酸十八胺	—	—	—	4
新戊基多元醇酯（C_4～C_{10}混合酸季戊四醇酯）		加至 100	加至 100	加至 100	加至 100

制备方法　将聚丙二醇、加氢处理的重质环烷基油、磷酸三甲酚酯、抗氧化剂、环氧丙烷与长链烯基丁二酸酐的反应产物、长链烯基咪唑啉盐、油酰肌氨酸和/或其胺盐与新戊基多元醇酯混合，加热溶解后，得到合成型防锈剂浓缩液。所述加热溶解的温度为 60～80℃。

原料介绍

所述聚丙二醇的分子量为 400～2000。

所述经加氢处理的重质环烷基油为通过在催化剂存在下用氢气处理石油馏分而获得的复杂烃组合物；所述催化剂选自以镍、钼、钯为活性组分的氧化铝或分子筛。

所述加氢处理的重质环烷基油为 Alfa Chemistry 公司的重质加氢环烷基油。

所述环氧丙烷与长链烯基丁二酸酐的反应产物为 Amadis Chemical 公司的羟基烷基羧酸酯。

所述环氧丙烷与长链烯基丁二酸酐的反应产物按照以下方法制备：将戊二酸锌与长链烯基丁二酸酐加入反应器中，抽真空，而后加入环氧丙烷与甲苯的混合物，60～100℃下磁力搅拌反应 5～40h，冷却至室温后取出釜内黏稠的化合物，将此化合物用氯仿溶解，水洗数次，再用正己烷沉降，反复 2～3 次，得到产物；其中，所述长链烯基丁二酸酐与环氧丙烷的质量比优选为 1∶（1～5）；所述戊二酸锌的质量为长链烯基丁二酸酐质量的 1%～5%。

所述长链烯基丁二酸酐中烯基的碳原子数为 12～17。

产品应用　本品主要是一种合成型防锈剂浓缩液，用于涡轮发动机和/或直升机传动系统的封存防锈。

产品特性　本品选用低酸值高效无灰型防锈剂组合物，辅以其他辅剂调配形成防锈剂浓缩液，该浓缩液的添加量可根据发动机封存条件的苛刻程度进行调整；并且，防锈剂组合物之间存在较好的协同作用，能够较大程度上发挥防锈效力，能够在潮湿、高温等严苛条件下对航空发动机的轴承、齿轮箱等部位提供有效的防护。

配方 68　黑色金属水性防锈剂

原料配比

原料	配比（质量份）				
	1#	2#	3#	4#	5#
乙醇胺	7	8	9	11	12
十二碳三元酸	1	1.1	1.3	1.4	1.5
硼酸	0.5	0.6	0.9	1.4	1.5
沉降剂	2	2.2	2.5	2.8	3
抗硬水剂	0.3	0.4	0.5	0.6	0.7
缓蚀剂	1	1.2	1.5	1.8	2
消泡剂	0.5	0.6	0.7	0.9	1
磷酸三钠	1	1.1	1.3	1.4	1.5
三聚磷酸钠	1	1.5	2	2.5	3
氢氧化钠	2	2.5	3	3.5	4
钼酸钠	0.3	0.4	0.6	0.8	0.9
苯并三氮唑	2	3	3.5	4	5
络合剂	0.5	0.7	1	1.3	1.5
氧化锌	2	2.2	2.5	2.8	3
苯甲酸钠	1	1.5	2	2.5	3
邻苯二甲酸二丁酯	0.2	0.4	0.6	0.8	1

制备方法

（1）按照配比称取乙醇胺和十二碳三元酸，将乙醇胺分成相同的两份，将其中一份乙醇胺和十二碳三元酸放入反应釜中，在 70～90℃的温度下持续搅拌 5～8h，使其完全反应至透明，得到混合液 A，将混合液 A 静置降至室温。

（2）按照配比称取硼酸，将（1）中另一份乙醇胺加入硼酸中，在 80～100℃的温度下持续搅拌 4～6h，使其完全反应至外观透明，得到混合液 B，将混合液 B 静置降至室温。

（3）将混合液 A 和混合液 B 混合在一起，在 50～70℃的温度下搅拌 1～2h，得到混合液 C。

（4）按照配比称取沉降剂、抗硬水剂、缓蚀剂、消泡剂、磷酸三钠、三聚磷酸钠、氢氧化钠、钼酸钠、苯并三氮唑、络合剂、氧化锌、苯甲酸钠、邻苯二甲酸二丁酯，将上述原料依次添加至混合液 C 中，在 60～80℃的温度下搅拌 30～40min，即可得到防锈剂。

产品应用　本品主要是一种黑色金属水性防锈剂。

产品特性　本品不仅具有较好的防锈功能，还具有一定的清洗效果。

配方 69　滑轨防锈剂

［原料配比］

原料	配比（质量份）
苯甲酸钠	15
亚硝酸钠	10
碳酸氢钠	8
邻苯二甲酸二丁酯	2
三氯乙醛	10
四氯化碳	12
氯化钙	8
氯化镁	19
氯化钠	12
氯化钾	25
十二烷基磺酸钠	8
硅酸钠	6
苯甲酸钠	4

制备方法　将上述组分充分搅拌均匀，静置后即可使用。

产品应用　本品主要是一种滑轨防锈剂。

产品特性　本品喷于金属表面后，在湿度较大的地方，也能保持板材较长时间不锈，并且干燥效果好。

配方 70　环保多效防锈剂

［原料配比］

原料	配比（质量份）		
	1#	2#	3#
防锈添加剂	10	20	30

续表

原料	配比（质量份）		
	1#	2#	3#
抗氧化剂	0.1	0.15	0.1～0.2
脱水剂	5	6.5	5～8
耐盐雾添加剂	5	7.5	5～10
成膜剂	5	7.5	5～10
基础油	41.8	58.6	41.8～74.9

制备方法

（1）将基础油加入反应釜中，开动搅拌机，升温至 110～120℃，搅拌 30min。

（2）30min 后，加入防锈添加剂 10%～30%，脱水恒温搅拌 1h。

（3）脱水恒温搅拌 1h 后，加入脱水剂 5%～8%、耐盐雾添加剂 5%～10%和成膜剂 5%～10%，继续恒温搅拌 1h 后降温。

（4）当温度降到 40～50℃时，加入抗氧化剂 0.1%～0.2%保温搅拌 30h。

（5）当温度降到 30℃左右时可以出料了，整个制备过程结束。

原料介绍

所述防锈添加剂为石油磺酸钠、石油磺酸钙、十七烯基咪唑啉、十二烯基丁二酸、苯并三氮唑中一种或几种的组合物。

所述抗氧化剂为对苯二酚、2,6 二叔丁基对甲酚、氨基萘胺、烷基苯胺中的一种或其混合物。

所述脱水剂为十醇、十二醇、十四醇、十六/十八醇、油酸、十二酸、十四酸、十八酸中的一种或两种以上的混合物。

所述耐盐雾添加剂为多羟基酯化物。

所述成膜剂为医用羊毛脂、医用蜡膏、医用凡士林中的一种或两种以上的混合物。

所述基础油为脱芳烃加氢溶剂油、150SN、500SN、15 号白油、10 号白油中的一种或两种以上的组合物。

产品特性

（1）本品具有长期防锈效果，同时还有优良的耐盐雾性能、清洗性能和优异的脱水性，是一款多用途无钡防锈剂，既满足了环保要求，也解决了现有防锈剂功效少且不够环保的问题。

（2）基础油采用化妆级加氢溶剂，低味至无味，对人体及海洋生物无害，且易生物降解。

配方 71　环保防锈剂

原料配比

原料	配比（质量份）					
	1#	2#	3#	4#	5#	6#
石油磺酸钠	3	5	4	4	4	4
十二烯基丁二酸钠	5	10	6	8	6	6
N,N-二乙基乙醇胺	6	10	7	8	7	7

续表

原料		配比（质量份）					
		1#	2#	3#	4#	5#	6#
苯并三氮唑		0.1	0.5	0.2	0.1	0.2	0.2
异构十三醇聚氧乙烯醚		5	10	8	8	8	8
烷基醇单烷基醚	乙二醇单甲醚	2	5	3	—	3	3
	聚乙二醇单甲醚	—	—	—	1.5	—	—
	三甘醇单丁醚	—	—	—	1.5	—	—
	山梨糖醇单油酸酯	2	5	3	3	3	3
1-烷基-3-甲基咪唑卤素盐	1-癸基-3-甲基咪唑氯盐	8	3	5	5	—	—
	1-十二烷基-3-甲基咪唑溴盐	—	—	—	—	5	
	1-十八烷基-3-甲基咪唑碘盐	—	—	—	—	—	5
环烷基础油		加至 100	加至 100	加至 100	加至 100	加至 100	加至 100

制备方法

（1）将环烷基础油加入到反应釜中，启动搅拌器。

（2）向反应釜中依次加入配方量的石油磺酸钠、*N,N*-二乙基乙醇胺、烷基醇单烷基醚、异构十三醇聚氧乙烯醚、山梨糖醇单油酸酯、1-烷基-3-甲基咪唑卤素盐、十二烯基丁二酸钠和苯并三氮唑；加入的原料搅拌溶解后再加入下一种原料，当全部原料加入完毕后再继续搅拌 2h；

（3）取样分析合格后放料包装。

产品特性　本品通过 *N,N*-二乙基乙醇胺、异构十三醇聚氧乙烯醚、烷基醇单烷基醚等与1-烷基-3-甲基咪唑卤素盐进行配合，这样能够避免使用水，在低温、高温或高湿条件下（尤其是−10℃以下，60℃以上）能够克服因为水破乳而造成乳化不稳定的缺陷，有利于提高防锈剂的稳定性而且防锈效果更佳。

配方 72　环保高效纳米防锈剂

[原料配比]

原料	配比（质量份）			
	1#	2#	3#	4#
水性环氧树脂	13.5	14	15	16
氨基甲氧基硅烷偶联剂	1.0	1.0	1.2	1.2
附着力促进剂	3	3	2.5	2.5
分散剂	2	2	2.5	2.5
十二烷基硫酸钠	1	1	1	1
水	加至 100	加至 100	加至 100	加至 100

制备方法　各成分称量，共混、搅拌、溶解均匀即可。

原料介绍

所述的水性环氧树脂为市售商品环氧树脂 cydw-100。

所述的附着力促进剂优选伊士曼的 CP-343-1。

所述的分散剂为沃克尔 VOK－SOLSPERSE 24000。

产品应用　本品主要是一种环保高效纳米防锈剂。使用方法如下：

工作液配制：使用时须将环保高效纳米防锈剂原液加自来水进行稀释，加水稀释比率一般为 1∶（3～5）。稀释前应先搅拌均匀，稀释后必须搅拌均匀再投入生产。

防锈过程：利用螺纹钢的锻造余热，让螺纹钢保持匀速通过上述纳米防锈工作液，纳米防锈工作液加温至 95～98℃。螺纹钢通过后，冷却自干，即得纳米防锈膜（膜层厚度为 200～400nm），可使螺纹钢 6 个月内不锈蚀。

产品特性　本品以水性环氧树脂为主成膜剂，氨基甲氧基硅烷偶联剂为辅助成膜剂，附带交联作用，使膜层更致密，附着力促进剂提供树脂、硅烷与螺纹钢极佳的结合力，使防锈膜与混凝土兼容性好，握裹力好，分散剂为防止树脂、硅烷聚合在一起影响防锈膜的均匀性和功能性，十二烷基硫酸钠为增稠剂和增亮剂。耐腐蚀性好，防锈性能好。

配方 73　环保快干型水性防锈剂

[原料配比]

原料		配比（质量份）	
		1#	2#
成膜剂	聚乙烯醇	3	2
	松香	3	2.5
	水性羊毛脂	2	1.5
	水性聚氨酯	2	2
	去离子水	90	92
增稠剂	明胶	3	2
	瓜尔胶	2	2
	去离子水	95	96
渗透剂	油酸	8	6
	油酸钠	10	7.5
	耐碱渗透剂 AEP98	7	7
	快速渗透剂 T	5	5
去离子水①		170	174.5
辅缓蚀剂	二邻甲苯硫脲	5	4
	苯甲酸钠	5	5
	EDTA-2Na	5	5
	柠檬酸钠	10	8
	植酸	5	4
	三乙醇胺	15	14
主缓蚀剂	石油磺酸钠	30	30
	三乙醇胺硼酸酯	20	20

续表

原料		配比（质量份）	
		1#	2#
溶剂	乙醇	210	210
	丙酮	25	20
	乙醚	15	10
	去离子水	180	180
去离子水②		72	87
消泡剂	Byfuel L85 消泡剂	3	3

制备方法

（1）配制成膜剂水溶液：将成膜剂与水混合，配制成膜剂水溶液。

（2）配制增稠剂水溶液：将增稠剂与水混合，配制增稠剂水溶液。

（3）第一步反应：将渗透剂与去离子水①混合后，加入辅缓蚀剂，再加入所述成膜剂水溶液。

（4）第二步反应：第一步反应后，加入主缓蚀剂，之后加入所述增稠剂水溶液以及溶剂和水②混合。

（5）均质：第二步反应后，进行均质并加入消泡剂。

产品应用　本品主要是一种环保快干型水性防锈剂。

产品特性

（1）本品在金属表面分布后，挥发很快，常温下约 20min 即可晾干，远快于市场上水性防锈剂的干燥时间（约 3～8h）；干燥后呈无色透明薄膜状，故适用于各种颜色的金属；由于挥发较快，故在金属表面分布均匀，无流挂现象，不易在金属存放或运输过程中因还未干燥完全就受到刮蹭等造成有效成分分布不均匀的状况。

（2）本品分散性好、稳定性久、流动性佳，故能更好地渗入到金属表面的深层微孔缺陷中，并赶走微孔和细纹中的空气、水分等腐蚀源。

（3）本品防锈时间长，建议使用最低浓度即 5%的稀释液的耐中性盐雾可达 36h，远高于市场上纯水性防锈剂的防锈时间，实际应用中可防锈 18 个月以上。

（4）本品外观通透，长期保存无沉淀析出。所用原料均绿色安全，无毒无害，制备过程操作简单，溶液性质稳定。

配方 74　环保水基防锈剂

［原料配比］

原料		配比（质量份）		
		1#	2#	3#
乙醇胺	单乙醇胺	12.5	13	—
	二乙醇胺	—	—	20
螯合剂	羟乙基乙二胺三乙酸	—	4.5	—
	二乙烯三胺五乙酸钠	—	—	5
	乙二胺四乙酸四钠	2.5	—	—

续表

原料		配比（质量份）		
		1#	2#	3#
有机羧酸	硬脂酸	1	—	—
	月桂酸	—	6	6
	蓖麻油酸	—	2	—
	棕榈油酸	—	—	1
	癸二酸	5	—	—
消泡剂	聚硅氧烷消泡剂型号为 AF-M7626	0.2	0.5	—
	聚醚改性聚硅氧烷消泡剂型号为 XWC-8733G	—	—	0.5
去离子水		78.8	74	67.5

制备方法　将乙醇胺和螯合剂加入水中，搅拌至完全溶解后，再加入有机羧酸，搅拌至完全溶解后，再加入消泡剂，搅拌至完全分散后得到所述环保水基防锈剂。

原料介绍

防锈剂中，乙醇胺和有机羧酸能反应生成具有缓蚀作用的有机羧酸醇胺盐覆盖在金属表面，阻止金属直接与空气中的氧气等易引起腐蚀的物质接触，从而延缓腐蚀的发生，而螯合剂能够在防锈剂的使用过程中，与用于稀释防锈剂的水中的钙、镁离子发生螯合反应，防止生成降低缓蚀效果的羧酸钙、羧酸镁等物质，进一步提升防锈效果。

所述有机羧酸包括碳原子数为 8～22 的一元和/或多元有机羧酸。

所述一元有机羧酸包括椰子油酸、棕榈油酸、蓖麻油酸、月桂酸和硬脂酸中的一种或多种；所述多元有机羧酸包括癸二酸或聚羧酸。

所述有机羧酸优选包括癸二酸和硬脂酸的混合物、月桂酸和蓖麻油酸的混合物或棕榈油酸和月桂酸的混合物。

所述乙醇胺包括单乙醇胺、二乙醇胺和三乙醇胺中的一种或多种。

所述螯合剂包括乙二胺四乙酸及其盐、次氮基三乙酸及其盐、柠檬酸及其盐、二乙烯三胺五乙酸及其盐、羟乙基乙二胺三乙酸及其盐、谷氨酸二乙酸及其盐、丙二胺四乙酸及其盐、乙醇二葡萄糖酸及其盐和葡庚糖酸及其盐中的一种或多种。

所述消泡剂包括聚硅氧烷消泡剂和/或聚醚改性聚硅氧烷消泡剂。所述聚硅氧烷消泡剂的型号为 AF-M7626 或 XWC-8733G。

所述水的电导率≤20μS/cm。所述水为去离子水。

产品应用　本品主要是一种环保水基防锈剂。

使用方法：将环保水基防锈剂用水稀释后对黑色金属管道进行防锈处理。所述防锈处理的方式为管路循环或浸泡。当所述防锈处理后所需防锈时间为 3～7 天时，稀释的倍数为 16.5～25 倍，防锈处理的时间为 3～6h；当所述防锈处理后所需防锈时间为 3～6 个月时，稀释的倍数为 6.5～10 倍，防锈处理的时间为 3～10h。

产品特性

（1）本品在对金属管道进行防锈处理后，还可以重复使用，节约成本，经防锈处理后的管道在重新投入使用前，无需再次进行清洗。

（2）本品还提供了上述方案所述环保水基防锈剂的制备方法。本品提供的制备方法步骤简单，容易操作，容易进行工业化生产。

（3）本品具有良好的防锈效果，且可以满足较广时间范围的防锈需求。

配方 75 环保水性防锈剂

原料配比

原料	配比（质量份）		
	1#	2#	3#
松香聚合物	7	6	8
杂环防锈剂	5	2	5
MEA	12	8	12
EDTA 二钠	0.3	0.3	0.5
聚乙二醇 400	0.2	0.2	0.3
三乙醇胺硼酸酯	20	15	25
纯水	55.5	68.5	49.2

制备方法 将松香聚合物置于搅拌釜内，加入杂环防锈剂进行搅拌，再加入 MEA，搅拌持续进行，再加入 EDTA 二钠、聚乙二醇 400、三乙醇胺硼酸酯，最后加入纯水，持续搅拌 60～90min，混合均匀后过滤，得到环保水性防锈剂。

原料介绍

EDTA 二钠为优良的络合剂，能将硬水软化，对防锈剂内各组分的混合有积极效果。

聚乙二醇 400 作为优良的助剂加入防锈剂内保证了防锈剂防锈性能的优良。

先将松香聚合物与杂环防锈剂混合搅拌，使得紧贴钢铁产品的杂环防锈剂具有较好的清洗性能，使用松香酸单乙醇胺制成防锈剂，清洗性能好，防锈能力要好于常规的水性防锈剂，其在钢铁表面吸附性和铺展性都非常高，性能接近于油性产品，同时制备防锈剂的原料易得且价格便宜。

MEA 具有腐蚀性，能对钢铁产品已经产生铁锈的部分进行除锈，之后防锈剂在钢铁产品表面形成致密的保护膜进行防锈。

杂环防锈剂和三乙醇胺硼酸酯，防锈剂在钢铁产品表面产生两层致密的保护膜，增加了防锈能力，同时由于杂环的吸附能力较强，杂环防锈剂形成的保护膜最为贴近钢铁产品。

所述松香聚合物为松香酸单乙醇胺，所述杂环防锈剂为苯并三氮唑和山梨糖醇的混合物。

所述松香酸单乙醇胺的制备方法为：将粉碎的松香 50kg 加入反应釜，加热至 95～100℃使其熔化，随后加入催化剂 2kg（氢氧化锌 1.8kg 和单宁酸 0.2kg 的混合液），再缓缓加入单乙醇胺 55 kg，之后反应釜快速升温到 155～160℃，恒温反应 3h，检测胺值稳定后，过滤反应杂质，得到松香酸单乙醇胺备用。

产品特性 本品不含苯、甲苯、二甲苯、甲醛等有机溶剂及重金属，不燃不爆，不污染环境，属环保型产品；产品附着力好，防锈膜快干、透明度高，涂层不影响切割、焊接和二次涂装，施工性能好，可满足 6 个月内的防护需求。

配方 76 环保型常温喷淋用水性防锈剂

[原料配比]

原料	配比（质量份）		
	1#	2#	3#
1-羟基苯并三氮唑	36	40	38
异丁基三乙氧基硅烷	35	40	36
肌醇六磷酸酯	10	5	10
聚乙二醇	10	5	5
三乙胺	5	6	7
醋酸钠	3	3.5	3.4
草酸	1	0.5	0.6

制备方法

（1）称取 1-羟基苯并三氮唑、异丁基三乙氧基硅烷、肌醇六磷酸酯、聚乙二醇、三乙胺，将其放入水浴中搅拌 10～15min。

（2）再将醋酸钠、草酸加入，搅拌 30～40min，直至混合物完全透明后，通过过滤网进行过滤即可。

产品应用 本品主要是一种环保型常温喷淋用水性防锈剂。

产品特性

（1）本品具有良好的防锈效果，且作用时间长，在金属表面无任何残留物质。

（2）本品免除了清洗过程，且用途广泛、环保，同时便于在常温下喷淋。

配方 77 环保型齿轮用防锈剂

[原料配比]

原料	配比（质量份）		
	1#	2#	3#
钛白粉	15	32	55
三聚硅酸钠	20	45	66
丙烯酸树脂	5	25	40
葡萄糖酸钠	10	33	60
磺酸钠	24	55	70
铝矾土	15	60	80
磷酸三钠	10	40	65
1,2-二乙氧基硅酯基乙烷	20	35	45
胶态二氧化硅	10	33	75
硼酸	10	30	70

制备方法　将上述物料全部加入搅拌桶内，加热到 100℃，搅拌均匀，然后冷却，即可制成产品。

产品应用　本品主要是一种环保型齿轮用防锈剂。

产品特性　本品防锈时间较长，使用后能够防止材料表面再次形成锈斑；废弃防锈剂方便处理排放，符合环保要求，对设备无污染，无腐蚀，有效降低生产成本，使用安全可靠。

配方 78　环保型电机转子用防锈剂

原料配比

原料	配比（质量份）		
	1#	2#	3#
硬脂酸钙	25	60	95
辛基酚聚氧乙烯醚	20	50	80
磺胺胍	15	40	65
1-羟基苯并三氮唑	25	45	70
磺酸钠	30	55	75
硫酸钡	20	55	85
丁二酸酯磺酸钠	35	70	90
氢氧化钙	25	35	40
尿素	20	35	50
竹炭纤维	25	45	65

制备方法　将上述物料全部加入搅拌桶内，加热到 100℃，搅拌均匀，然后冷却，即可制成产品。

产品应用　本品主要是一种环保型电机转子用防锈剂。

产品特性　本品防锈时间较长，使用后能够防止材料表面再次形成锈斑；废弃防锈剂方便处理排放，符合环保要求，对设备无污染，无腐蚀，有效降低生产成本，使用安全可靠。

配方 79　环保型多金属水基防锈剂

原料配比

原料	配比（质量份）		
	1#	2#	3#
水溶性树脂	5	5	5
钝化剂	3	5	4
硅烷偶联剂	4	5	6
表面活性剂	2	2	2
硅溶胶	3	3	3

续表

原料	配比（质量份）		
	1#	2#	3#
植物缓蚀剂	2	5	10
复配金属缓蚀剂	0.1	0.3	0.2
pH 调节剂	适量	适量	适量
去离子水	加至 100	加至 100	加至 100

制备方法

（1）按配比称取所述水溶性树脂、硅烷偶联剂、钝化剂、硅溶胶、pH 调节剂、表面活性剂、植物缓蚀剂、复配金属缓蚀剂和去离子水，向反应釜内加入部分去离子水，再加入硅溶胶分散后，依次加入水溶性树脂、钝化剂和表面活性剂，搅拌至溶液清澈。

（2）向步骤（1）的溶液中加入硅烷偶联剂，搅拌至溶液清澈。

（3）向步骤（2）的溶液中加入 pH 调节剂和剩余去离子水，调节 pH 后混匀。调节 pH 值的范围是 10～11。

原料介绍

钒酸盐具有与铬酸盐相似的自修复功能，当转化膜受到机械损伤后具有自修复功能。

苦丁茶提取物的主要成分为醛、酮、酯，分子中含有N和O原子在内的官能团（例如C═O、N—H/O—H、C—O、C—N、C═C）和苯环，这些官能团可以作为缓蚀剂分子吸附的活性中心，与金属表面空的 3d 轨道相互作用，通过物理或化学吸附等作用在金属表面吸附成膜，抑制金属的腐蚀，该缓蚀剂为植物提取物，完全无毒，能完全生物降解，为环境友好型产品。

甲基苯并三氮唑（TTA）是苯并三氮唑（BTA）的衍生物，在分子结构上，TTA 比 BTA 多一个非极性的甲基，所以其形成的单分子层膜的疏水性更好。两者复配后共同作用对铜等有色金属的保护作用比单一使用 BTA 更好。

所述水溶性树脂为 MD 系列特种水性树脂。所述 MD 系列特种水性树脂为市售商品的 MD 系列特种水性树脂。

所述硅烷偶联剂为 KH-151、KH-792、KH-550 和 KH-560 中的一种或两种的混合物。

所述钝化剂为钼酸铵和/或钒酸钠。

所述的硅溶胶为纳米级的二氧化硅颗粒在水中或溶剂中的分散液。

所述表面活性剂为十二烷基硫酸钠和 OP-10 中的一种或两种的混合物。

所述的植物缓蚀剂为醇提苦丁茶提取物。

所述的复配金属缓蚀剂为硅酸钠、聚环氧琥珀酸、苯并三氮唑、甲基苯并三氮唑和锌盐按质量比为（50～70）∶（30～50）∶1∶1∶（5～15）的混合物。

所述锌盐为磷酸氢二锌或硫酸锌。

产品应用　本品主要是一种环保型多金属水基防锈剂。

产品特性

（1）本品以水溶性树脂为支架，有机硅烷和硅溶胶为成膜剂，辅以特殊复配的金属缓蚀剂和从植物中提取的缓蚀剂，绿色，环保，经济实用。

（2）本品在金属表面生成极薄的防护膜，防止大气中有害物对金属的侵蚀，实现对黑色金属、铝合金、铜等多种金属的防护，亦可用于金属涂装前的防护，能提高涂料的附着力，增强金属表面的耐腐蚀性。

（3）本品在金属表面的附着性好，由高、中、低温多种缓蚀剂有机组合，协同增效，能耐高温。

（4）经本品处理的镀锌板，中性盐雾试验72h腐蚀率小于5%。

配方 80 环保型钢铁防护栏用防锈剂

［原料配比］

原料	配比（质量份）		
	1#	2#	3#
油酸丁酯	10	42	75
六甲基磷酰三胺	10	40	80
N-苯基-2-萘胺	10	42	75
胶体二氧化硅	25	52	80
磺酸钠	20	45	70
辛酸亚锡	20	53	85
聚丙烯酰胺	50	72	90
聚乙烯酸	25	45	70
HEC 溶液	20	35	50
硼砂	15	33	60

制备方法　将上述物料全部加入搅拌桶内，加热到100℃，搅拌均匀，然后冷却，即可制成产品。

产品应用　本品主要是一种环保型钢铁防护栏用防锈剂。

产品特性　本品防锈时间较长，使用后能够防止材料表面再次形成锈斑；废弃防锈剂方便处理排放，符合环保要求，对设备无污染，无腐蚀，有效降低生产成本，使用安全可靠。

配方 81 环保型高效水基金属防锈剂

［原料配比］

原料		配比（质量份）					
		1#	2#	3#	4#	5#	6#
成膜剂	聚乙二醇、马来酸、丙烯酸共聚物和聚乙烯醇的混合物	5	15	5	15	8	10
防锈剂		10	25	25	10	15	18
钝化剂		15	35	15	35	30	25
有色金属缓蚀剂		3	5	5	3	4	4
去离子水		加至100	加至100	加至100	加至100	加至100	加至100

制备方法　将成膜剂与加热的去离子水混合，搅拌至成膜剂完全溶解透明，然后加入防锈剂反应至混合液呈透明状态，最后加入钝化剂和有色金属缓蚀剂至溶解透明；将去离子水加热至60～80℃。

原料介绍

所述成膜剂为聚乙二醇、马来酸、丙烯酸共聚物和聚乙烯醇的混合物。

所述防锈剂为12-丁醛基蓖麻油酸、植酸、二元羧酸、*N*-油酰基肌氨酸和异构脂肪酸的混合物。

所述钝化剂为钼酸钠、钨酸钠、二甘醇胺的混合物。

所述有色金属缓蚀剂为甲基苯并三氮唑钠盐和硅氧酮铝缓蚀剂NEUF817的混合物。

产品应用　本品主要是一种环保型高效水基金属防锈剂。主要用于金属制品中远期防锈和涂装前工序间防锈，各种金属都可以用这种防锈剂在不同阶段进行处理。

产品特性　本品利用水溶性多支链羧基和羟基化合物协同作用，通过物理和化学作用吸附在金属表面形成致密保护膜，阻止金属氧化锈蚀。本品所成防锈膜，具有优良的隔离水分和氧气作用，可有效阻止金属锈蚀。本品使用安全，无废液排放，使用成本低廉。水基防锈剂可代替以机械油为主体的防锈油，既节省了能源，又降低了操作成本，还避免了因废液排放造成的环境污染。

配方 82　环保型角铁用防锈剂

原料配比

原料	配比（质量份）		
	1#	2#	3#
烷基两性醋酸钠	10	55	75
六甲基磷酰三胺	10	55	80
丙烯酸树脂	15	33	55
环氧树脂	15	45	60
三氯异氰尿酸	20	50	70
铝矾土	30	60	95
薄荷脑	30	80	110
膨润土	15	30	40
醋酸钠	10	30	70
膨胀珍珠岩	15	30	70

制备方法　将上述物料全部加入搅拌桶内，加热到100℃，搅拌均匀，然后冷却，即可制成产品。

产品特性　本品防锈时间较长，使用后能够防止材料表面再次形成锈斑；废弃防锈剂方便处理排放，符合环保要求，对设备无污染，无腐蚀，有效降低生产成本，使用安全可靠。

配方 83　环保型金属表面防锈剂（1）

原料配比

<table>
<tr><th colspan="3" rowspan="2">原料</th><th colspan="4">配比（质量份）</th></tr>
<tr><th>1#</th><th>2#</th><th>3#</th><th>4#</th></tr>
<tr><td rowspan="2">环保型金属表面防锈剂</td><td colspan="2">草酸</td><td>4.8</td><td>6.5</td><td>4</td><td>4</td></tr>
<tr><td>多元醇磷酸酯</td><td>氨基三亚甲基膦酸</td><td>3.5</td><td>5</td><td>3</td><td>3</td></tr>
</table>

续表

原料			配比（质量份）			
			1#	2#	3#	4#
环保型金属表面防锈剂	水性聚丙烯乳液	水性聚丙烯乳液（固含量34%，黏度800Pa·s）	0.6	—	—	—
		水性聚丙烯乳液（固含量32%，黏度1000Pa·s）	—	0.75	—	—
		水性聚丙烯乳液（固含量38%，黏度600Pa·s）	—	—	0.5	—
	双氧水	8%的双氧水	1.2	—	—	—
		7%的双氧水	—	1.4	—	—
		12%的双氧水	—	—	1.1	1.1
	纳米二氧化硅		1.5	0.5	0.2	0.2
	金属助剂	硝酸镍	—	2.4	1.8	1.8
	锡源	硝酸锡	—	5	2.0	—
		醋酸锡	—	—	—	2.0
稀释防锈剂	环保型金属表面防锈剂		1	1	1	1
	稀释剂	水	30	28	20	20
	柠檬酸盐	柠檬酸钠	—	4.0	1	1

制备方法　将各组分混合均匀即可。

原料介绍

金属助剂有助于增加保护膜厚度，增加防锈效果。

锡离子在成膜过程中起着使成膜均匀、颜色均一的作用。

双氧水能够有效减少反应过程中产生的沉渣。

稀释剂的作用是更好地将所述环保型金属表面防锈剂施加到待处理的铁基金属表面。稀释液主要作用是稀释时促进各组分均匀溶解在水中。

草酸与金属基体接触后容易形成草酸亚铁沉淀渣，而加入双氧水后，被草酸从金属基体上溶解出来的亚铁离子氧化为铁离子，减少草酸亚铁沉淀渣的形成。

水性聚丙烯乳液能够在所述多元醇磷酸酯自组装吸附在金属基体表面形成的保护膜上再次形成保护膜，增加保护膜厚度，形成双膜层保护结构，不仅强化了保护膜的防锈能力，而且避免了所述自组装保护膜与金属基体结合力不足的问题。

纳米二氧化硅能够有效增加水性聚丙烯乳液形成的保护膜的致密性和机械强度，进而提高保护膜的防锈能力。

产品应用　本品主要是一种环保型金属表面防锈剂。使用方法如下：

（1）将所述环保型金属表面防锈剂或者其稀释液施加到金属工件的表面。施加的方式包括：将所述金属工件置于处理剂或者其稀释液中，或者将所述稀释处理液涂覆或喷淋到金属工件表面。

（2）将步骤（1）得到的金属工件置于保护气氛中，并在加热条件下保温，完成后降至室温，即可。保护气氛包括氮气、氩气中的任意一种。加热温度为90～115℃，时间为20～35min。

产品特性

（1）本品采用草酸进行除锈，其不会产生酸雾，而且除锈时反应更为温和，有助于降低对金属基体的过度腐蚀。同时，本品用水稀释后，其中的多元醇磷酸酯会自组装吸附在金属基体表面形成保护膜，这种成膜方式摒弃了传统磷化膜的过饱和沉积成膜方式，避免了作业过程中大量排放废液、沉渣的问题。

（2）本品具有防锈效果好、无需后续的表调工序、成本更低的技术优势。

配方 84　环保型金属表面防锈剂（2）

［原料配比］

原料	配比（质量份）
明胶	25
钛酸酯偶联剂	35
环烷酸	50
明矾	46
铝银	54
滑石粉	76
硅酸钠	55

制备方法　将上述物料全部加入搅拌桶内，加热到 100℃，搅拌均匀，然后冷却，即可制成产品。

产品特性　本品使用寿命长、不燃烧、不会产生污染物、附着力强。

配方 85　环保型金属防锈剂

［原料配比］

原料	配比（质量份）		
	1#	2#	3#
硫酸锌	5	7	6
酰胺类气相防锈剂	3	5	4
丙酸钠	4	6	5
络合剂	2	4	3
表面活性剂	1	3	2
高岭土	3	5	4
脂肪醇聚氧乙烯醚	7	9	8
二乙醇胺	6	8	7
改性硅树脂	5	7	6
N-油酰肌氨酸十八胺盐	4	6	5
十八胺	1	3	2

续表

原料	配比（质量份）		
	1#	2#	3#
烷基磺酸钠	4	6	5
去离子水	100	300	200
苯甲酸单乙醇胺	5	7	6
高分子成膜剂	8	10	9

制备方法　将各组分原料混合均匀即可。

产品特性　本品配方科学合理，防锈、脱脂、去污能力强，对有色金属无不良影响，而且不会产生泡沫，高压下也不会产生溢出现象；具有优异的接触防锈性能以及很好的气相防锈效果。

配方 86　环保型汽车变速箱用防锈剂

原料配比

原料	配比（质量份）		
	1#	2#	3#
硅油	25	70	93
竹醋粉	20	55	86
全氟聚醚	16	45	70
油橄榄果油	34	60	89
磺酸钠	24	55	85
乙二醇丁醚	10	45	85
聚氯乙烯树脂	20	45	75
膨胀珍珠岩	10	44	75
苯并三氮唑	16	50	80

制备方法　将上述物料全部加入搅拌桶内，加热到 100℃，搅拌均匀，然后冷却，即可制成产品。

产品特性　本品防锈时间较长，使用后能够防止材料表面再次形成锈斑；废弃防锈剂方便处理排放，符合环保要求，对设备无污染，无腐蚀，有效降低生产成本，使用安全可靠。

配方 87　环保型汽车轮毂用防锈剂

原料配比

原料	配比（质量份）		
	1#	2#	3#
硬脂酸钙	20	66	95
草酸	10	40	60

续表

原料	配比（质量份）		
	1#	2#	3#
植物甾醇	25	44	55
1-羟基苯并三氮唑	15	44	70
盐酸洗必泰	20	40	70
硫酸钡	20	45	75
氯化石蜡	35	70	110
氢氧化钙	15	25	40
醋酸钠	10	45	80
海藻酸钠	15	35	60

制备方法　将上述物料全部加入搅拌桶内，加热到 100℃，搅拌均匀，然后冷却，即可制成产品。

产品特性　本品防锈时间较长，使用后能够防止材料表面再次形成锈斑；废弃防锈剂方便处理排放，符合环保要求，对设备无污染，无腐蚀，有效降低生产成本，使用安全可靠。

配方 88　环保型石油钻杆用防锈剂

原料配比

原料	配比（质量份）		
	1#	2#	3#
苯甲酸钠	15	50	85
癸二酸	18	45	80
柠檬酸钠	15	40	55
四氯化碳	25	45	70
磺酸钠	40	65	75
聚氧乙烯失水山梨糖醇脂肪酸酯	30	55	75
四硼酸钾	35	66	90
邻苯二甲酸二丁酯	25	50	90
桂石粉	20	50	75
氧化月桂基二甲基铵	15	45	85

制备方法　将上述物料全部加入搅拌桶内，加热到 100℃，搅拌均匀，然后冷却，即可制成产品。

产品特性　本品防锈时间较长，使用后能够防止材料表面再次形成锈斑；废弃防锈剂方便处理排放，符合环保要求，对设备无污染，无腐蚀，有效降低生产成本，使用安全可靠。

配方 89 环保型水基防锈剂（1）

［原料配比］

原料		配比（质量份）						
		1#	2#	3#	4#	5#	6#	7#
成膜液	固含量为35%的硅丙乳液	15	15	15	15	15	15	15
	聚丙烯酸钠	10	10	10	10	10	—	10
	聚乙二醇	10	10	10	10	10	10	10
	水	120	120	120	120	120	120	120
生物大分子溶胀液	脱乙酰度为95%的壳聚糖	15	15	15	15	—	15	15
	酪素	10	10	10	10	—	10	10
	水	150	150	150	150	—	150	150
预处理聚烯丙胺	聚烯丙胺	30	30	30	30	30	30	—
	C_8醇	80	80	80	80	80	80	—
	1-甲基-2-吡咯烷酮	80	80	80	80	80	80	—
成膜液		100	100	100	100	100	100	100
生物大分子溶胀液		30	30	30	30	—	30	30
乳化剂	OP-10	30	30	30	30	30	30	30
有机硅		60	60	60	—	60	60	60
增稠剂	羧甲基纤维素	10	10	10	10	10	10	10
磷脂	大豆卵磷脂	10	—	10	10	10	10	10
质量分数为20%双氧水		10	10	—	10	10	10	10
预处理聚烯丙胺		100	100	100	100	100	100	—
交联剂	戊二醛	5	5	5	5	5	5	5
有机硅	二苯基二氯硅烷	1	1	1	—	1	1	1
	无水乙醚	15	15	15	—	15	15	15

制备方法

（1）依次取固含量为30%～35%的硅丙乳液、聚丙烯酸钠、聚乙二醇、水，于温度为85～90℃，转速为600～800r/min条件下，恒温搅拌混合2～4h，得成膜液。

（2）取脱乙酰度为90%～95%的壳聚糖、酪素、水，用玻璃棒搅拌混合10～15min后，于温度为45～55℃条件下，保温静置溶胀4～8h，得生物大分子溶胀液。

（3）取聚烯丙胺、C_8醇、1-甲基-2-吡咯烷酮，用搅拌器以300～500r/min转速搅拌混合20～30min，得聚烯丙胺混合液，随后以30～40mL/min速率向所得聚烯丙胺混合液中通入二氧化碳气体，持续通入10～15min，得预处理聚烯丙胺。

（4）依次取成膜液、生物大分子溶胀液、乳化剂、有机硅、增稠剂、磷脂、质量分数为15%～20%双氧水、预处理聚烯丙胺、交联剂，先将成膜液、生物大分子溶胀液、增稠剂和双氧水于转速为400～600r/min条件下，搅拌混合45～60min，得混合液A。

（5）再将乳化剂、有机硅、磷脂、交联剂和预处理聚烯丙胺于转速为300～500r/min条件下，搅拌混合45～60min，得混合液B。

（6）将所得混合液A和混合液B倒入混料机中，于转速为1600～2000r/min条件下，高速搅拌混合3～5h，出料，即得环保型水基防锈剂。

原料介绍

所述生物大分子溶胀液制备方法：按质量份计，依次取10～15份壳聚糖，8～10份酪素，100～150份水，搅拌混合10～15min后，静置溶胀4～8h，得生物大分子溶胀液。

所述预处理聚烯丙胺预处理过程为：按质量份计，依次取20～30份聚烯丙胺，60～80份C_8醇，60～80份1-甲基-2-吡咯烷酮，搅拌混合后，以30～40mL/min速率通入二氧化碳气体，持续通入10～15min，即得预处理聚烯丙胺。

产品应用　本品主要是一种环保型水基防锈剂。

产品特性

（1）本品技术方案通过在体系中添加双氧水，双氧水可与金属基材发生氧化还原反应，在金属基材表面形成钝化膜，另外再配合磷脂的加入，一方面，磷脂中带有负电荷的基团可与钝化膜表面正价的金属离子发生静电吸附，从而在钝化膜表面形成磷脂疏水层，使防锈性能得到有效提高，另一方面，磷脂分子带有亲水和亲油两种基团，吸附于钝化膜表面的磷脂分子的亲油基指向油相，而亲水基指向水相，形成油水界面膜，从而有效阻隔空气中氧气对金属基材的进一步氧化侵蚀，提高产品的防锈效果。

（2）本品技术方案通过在成膜剂中添加少量聚丙烯酸钠，一方面，聚丙烯酸钠的加入具有良好的增稠效果，使产品在金属基材表面良好成膜，另一方面，在涂膜水分挥发后，聚丙烯酸钠逐渐析出，填充于水分挥发后的孔道中，避免腐蚀介质与金属基材接触，从而使产品防锈性能有效提高。

（3）本品技术方案中预处理聚烯丙胺的加入，可在金属基材表面形成具有良好力学性能的聚烯丙胺凝胶薄膜，且添加的生物大分子中活性基团可在交联剂作用下发生交联，与聚烯丙胺凝胶网络穿插，在薄膜体系中形成三维交联网络，使产品中有效成分牢固覆盖吸附于金属基材表面，再者，聚烯丙胺经预处理后，吸附固定了部分二氧化碳，在后续使用过程中，储存的二氧化碳缓慢释放，在金属基材与薄膜之间形成惰性的二氧化碳气体隔膜层，有效阻隔各类腐蚀介质对金属基材的侵蚀，进一步提高产品的防锈性能。

配方90　环保型水基防锈剂（2）

原料配比

原料	配比（质量份）			
	1#	2#	3#	4#
苹果酸	20	15	35	20
乙二胺	20	35	15	20
十二烷基苯磺酸钠	10	7	10	10
苯并三氮唑	5	6	3	5
改性蓖麻油	8	4	8	8
代森铵	2	3.5	1.5	2
聚醚型消泡剂	1	0.5	1	1
去离子水	70	80	50	70

制备方法

（1）将有机酸和十二烷基苯磺酸钠进行混合、搅拌；所述搅拌时间为 1～2h；搅拌速率为 30～50r/min。

（2）将有机胺加入到步骤（1）得到的混合物中进行搅拌；所述搅拌时间为 5～25min；搅拌速率为 10～20r/min。

（3）将缓蚀剂、渗透剂、杀菌剂、消泡剂加入到步骤（2）得到的混合物中，用去离子水进行超声分散，然后进行加热、搅拌，然后冷却至室温，得到环保型水基防锈剂。超声分散的时间为 2～5h；超声分散的温度为 50～70℃。加热和搅拌满足以下①～⑤中的至少一项：

① 所述加热时间为 20～30min；

② 所述加热速率为 5～10℃/min；

③ 所述搅拌温度为 150～370℃；

④ 所述搅拌时间为 5～8h；

⑤ 所述搅拌速率为 50～80r/min。

产品特性

（1）本品采用的原料都为有机原料，使用后的废液采用常规水处理方法即可处理，不会污染环境，利于大规模地推广使用。

（2）将有机酸跟十二烷基苯磺酸钠先进行混合，然后再混合有机胺，可以提高防锈剂的防锈效果。

配方 91 环保型水基防锈剂（3）

原料配比

原料		配比（质量份）		
		1#	2#	3#
复合酸	十一碳二元酸	1	2	1.5
	癸二酸	2	1	1.5
	硼酸	2	3	2.5
	辛癸酸	3	2	2.5
成膜剂	聚乙二醇	5	7	6
	甘油	10	5	8
三乙醇胺		9	11	10
一乙醇胺		5	3	4
酰胺		5	7	6
去离子水		加至 100	加至 100	加至 100

制备方法 将各组分原料混合均匀即可。

原料介绍

酸性体系中十一碳二元酸具有优异的防锈性能，与癸二酸、硼酸、辛癸酸复配使用，可以在金属表面形成一层钝化膜，起到防腐防锈的作用。

聚乙二醇、甘油具有润湿和成膜的作用，对金属的防锈可以起到很好的辅助稳定性和提高防锈时间的功效。

产品特性　利用复合酸和成膜剂的有效搭配，提高防锈性能和长期稳定性，具有有效提高产品防腐合格率，降低企业生产成本的优良特性。从而达到有效防锈的目的。本产品可以达到 6 个月的防锈时间，满足企业生产中对零部件防腐的要求。

配方 92　环保型水基防锈剂（4）

［原料配比］

原料			配比（质量份）					
			1#	2#	3#	4#	5#	6#
长链二元酸-氨基酸	十二碳二元酸-组氨酸		90	120	45	—	20	200
	十二碳二元酸-苯丙氨酸		—	—	—	90	—	—
丝氨酸			90	60	135	90	200	10
苯甲酸钠			10	10	10	10	5	50
尿素			10	10	10	10	50	5
去离子水			800	800	800	800	725	735
十二碳二元酸-组氨酸	固体	十二碳二元酸	230	230	230	230	230	230
		二氯亚砜	469	469	469	469	469	469
	固体		26.7	26.7	26.7	26.7	26.7	26.7
	组氨酸		31	31	31	—	31	31
	苯丙氨酸		—	—	—	31	—	—
	0.2mol/L NaOH 溶液		1000（体积份）	1000（体积份）	1000（体积份）	1000（体积份）	1000（体积份）	1000（体积份）

制备方法

（1）将长链二元酸与二氯亚砜于 50～120℃下回流反应 2～12h，旋蒸干燥后的固体与氨基酸以 NaOH 溶液溶解，反应得到长链二元酸-氨基酸。

（2）将丝氨酸和水混合升温至 30～60℃，加入长链二元酸-氨基酸，搅拌至澄清透明后加入苯甲酸钠及尿素，再次搅拌至澄清透明，得到所述环保型水基防锈剂。

原料介绍

所述的长链二元酸-氨基酸与丝氨酸的质量比为（1～3）：（1～3）。

所述长链二元酸-氨基酸是通过在长链二元酸两端的羧基上连接氨基酸得到，其中的氨基酸选自脯氨酸、苯丙氨酸、蛋氨酸、色氨酸、谷氨酰胺、半胱氨酸、酪氨酸、赖氨酸、精氨酸和组氨酸中的至少一种。所述长链二元酸选自十一碳二元酸、十二碳二元酸、十三碳二元酸和十四碳二元酸中的至少一种。即所述长链二元酸-氨基酸为十二碳二元酸-组氨酸和/或十一碳二元酸-组氨酸。

防锈方法，将所述环保型水基防锈剂以水稀释为 0.5%～3%溶液，用于防锈，尤其是金属防锈。所述金属尤其是钢铁和铜。

产品特性

（1）本品通过氨基酸对长链二元酸的改性，增强了其防锈效果，使用量小。长链二元酸-氨基酸与丝氨酸形成配合，尤其能起到增效作用，进一步提高了防锈剂的缓蚀能力，而与其他氨基酸配合没有呈现出与丝氨酸相似的增效作用。

（2）苯甲酸钠及尿素对黑色金属有较好的防锈性能，与本品中的长链二元酸-氨基酸混合使用能够产生增效作用，提高其缓蚀性能。

（3）防锈剂组分中不含有重金属、亚硝酸盐等有毒有害物质，且氨基酸无毒，生物相容性好，具有较强可降解能力，是一种绿色环保型防锈剂；同时该防锈剂可以由不同硬度的自来水根据实际需要稀释使用，非常适合大规模的应用。

配方 93　环保型水基防锈剂（5）

原料配比

原料		配比（质量份）						
		1#	2#	3#	4#	5#	6#	7#
非离子表面活性剂	脂肪酸甲酯乙氧基化物	2	—	—	1	20	2	1
	壬基酚聚氧乙烯醚	—	0.5	—	—	—	—	—
	辛基酚聚氧乙烯醚	—	0.5	—	—	—	—	—
	环氧乙烷加成物	—	—	0.5	—	—	—	1
	失水山梨糖醇脂肪酸酯聚氧乙烯醚	—	—	0.5	—	—	—	—
	烷基醇酰胺衍生物	—	—	0.5	—	—	—	—
	C_{12}～C_{18}脂肪醇聚氧乙烯醚	—	—	—	1	—	—	—
水溶性有机醇胺	三乙醇胺	8	—	5	12	8	—	—
	一乙醇胺	15	—	5	—	—	8	8
	异丙醇胺	—	10	7	13	15	15	15
多元羧酸	十二碳二元酸	8	—	—	—	8	—	8
	十一碳一元酸	—	—	—	7	—	—	—
	癸二酸	4	—	—	—	—	8	4
	异构脂肪酸	3	—	—	—	3	—	—
	聚氧乙烯二甘油酸	—	5	—	8	4	—	—
	新癸酸	—	—	5	—	—	4	3
	异壬酸	—	—	5	—	—	3	
成膜剂	多聚羧酸	—	0.5	3	—	—	—	—
	水性聚氨酯	5	—	—	—	5	5	5
	脂肪酸酰胺	—	0.5	—	—	—	—	—
缓蚀剂	硅酸盐	2	—	2	—	2	2	—
	钼酸盐	—	1	—	3	—	—	—
	苯并三氮唑	1	—	—	4	1	1	1
	二甲基硅烷	—	—	—	3	—	—	—
消泡剂	高碳醇脂肪酸酯复合物	—	0.05	—	0.3	—	—	—
	甲基硅烷	—	—	3	—	—	—	—

续表

原料		配比（质量份）						
		1#	2#	3#	4#	5#	6#	7#
消泡剂	脂肪酸酰胺	—	—	—	5	—	—	—
	聚二甲基硅氧烷	0.2	—	—	—	0.2	0.2	0.2
	乳化硅油	—	—	—	0.2	—	—	—
	聚氧乙烯聚氧丙烯季戊四醇醚	—	0.05	—	—	—	—	—
	聚氧丙烯聚氧乙烯甘油醚	—	—	0.3	—	—	—	—
增溶剂	有机长链羧酸	—	0.5	2	5	—	—	—
	烯基琥珀酸酐	1	—	—	—	1	1	1
	十二烷基苯磺酸盐	—	0.5	1	—	—	—	—
去离子水		50.8	80.9	60.2	37.5	50.8	50.8	52.8

制备方法

（1）将称量好的水溶性有机醇胺、多元羧酸加入溶解槽中，然后向溶解槽中加入 10 份去离子水，将溶解槽内的温度加热到 80～90℃，采用 60～80r/min 的搅拌速度进行搅拌，使各组分完全溶解。

（2）然后将剩余的去离子水加入到溶解槽中，再将称量好的非离子表面活性剂、成膜剂、缓蚀剂、消泡剂和增溶剂加入到溶解槽中，不断搅拌使各个组分完全溶解。

原料介绍

通过水溶性有机醇胺和多元羧酸交联形成此环保型水基防锈剂的主体，配合成膜剂的使用从而获得良好的防锈性能。

产品特性

（1）本产品中不含有亚硝酸盐、磷和硼等有害物质，是一种环保型水基防锈剂。

（2）水溶性有机醇胺和多元羧酸交联形成防锈剂的主体，配合成膜剂的使用，获得良好的防锈性能。

（3）通过增溶剂和非离子表面活性剂配合使用，从而增强了此环保型水基防锈剂的稳定性能，获得一种稳定性强且分布均匀的黄色透明液体。

配方 94　环保型水基防锈剂（6）

［原料配比］

原料	配比（质量份）		
	1#	2#	3#
水	800	822	765
硼酸	80	70	90
氢氧化钠	5	4	7
三乙醇胺	40	35	45
乙醇胺	40	35	45

续表

原料		配比（质量份）		
		1#	2#	3#
钨酸钠		15	10	20
聚丙二醇	聚丙二醇 600	10	8	12
流平剂	有机硅流平剂	5	—	—
	丙烯酸流平剂	—	8	6
消泡剂	有机硅消泡剂	5	—	—
	聚醚消泡剂	—	8	10

制备方法　将水加入反应釜中，然后加入硼酸和氢氧化钠，升温至 90～95℃，保温搅拌 20～30min，再加入三乙醇胺和乙醇胺，保温搅拌 2～3h，待液体透明后，温度控制在 70～75℃加入钨酸钠、聚丙二醇和流平剂、消泡剂，继续搅拌 20～30min 即可得到成品。

原料介绍

防锈复配添加剂是硼酸与三乙醇胺和乙醇胺反应而成的水溶性油性剂，是具有亲水基团的长碳链物质，含有硼酸钠、三乙醇胺硼酸酯、乙醇胺硼酸酯等有效成分，易于在工件表面形成物理吸附膜，对于防锈性能有提升的作用。钨酸钠原料环保，与防锈复配添加剂起协同作用，有利于进一步提升防锈性。聚丙二醇为稳定剂，具有助溶分散的作用，用于保证溶剂的稳定性。采用流平剂可以有效降低表面张力，比采用表面活性剂更加环保。消泡剂抑泡效果好，消泡速度快，表面无小气泡残留。

产品特性　使用本品时用自来水配成 5%浓度的稀释液涂覆在工件表面即可。未涂覆防锈剂的 Q235 钢片的腐蚀速度是涂覆本品的 2.5 万～3 万倍。本品防锈能力强，稳定性好，无毒无害。

配方 95　环保型水性防锈剂（1）

[原料配比]

原料		配比（质量份）				
		1#	2#	3#	4#	5#
缓蚀剂	油酸三乙醇胺	30	—	50	—	—
	妥尔油酸三乙醇胺	—	50	—	—	65
	十四酸三乙醇胺	—	—	—	60	—
	苯并三氮唑	2	2	—	3	—
稀释剂	乙二醇丁醚	3	—	—	3	—
	二乙二醇丁醚	—	5	—	—	5
	异己二醇	—	—	3	—	—
pH 调节剂	三乙醇胺	5	—	—	—	—
	异丙醇胺	—	—	—	—	3
	氢氧化钠	—	2	—	—	—

续表

原料		配比（质量份）				
		1#	2#	3#	4#	5#
pH 调节剂	氢氧化钾	—	—	2	—	—
	碳酸钠	—	—	—	3	—
消泡剂	聚醚类消泡剂	0.5	—	—	1	—
	改性硅氧烷类消泡剂	—	0.2	0.2	—	0.3
水		加至 100	加至 100	加至 100	加至 100	加至 100

制备方法　将各组分原料混合均匀即可。

产品特性　本品不含亚硝酸盐、聚磷酸盐、硼等有害物质，绿色环保；使用浓度低，稀释至 2%～5%浓度即具有良好的防锈性能，耐湿热性能好；使用方便，可采用浸渍、涂刷和喷淋等工艺，水相挥发后在金属表面无黏性残留物。

配方 96　环保型水性防锈剂（2）

［原料配比］

原料	配比（质量份）				
	1#	2#	3#	4#	5#
癸二酸	40	14	32	5	22
三乙醇胺	15	19	10	23	6
尿素	5	36	14	29	21
苯甲酸钠	13	9	17	5	20
甘油	5	12	15	19	8
葡萄糖酸钠	13	3	11	7	15
新癸酸	5	3	9	7	6
碳酸钠	0.5	0.5	0.5	0.5	0.5
十一碳二元酸	16	11	8	4	20
乙醇	15	9	3	14	7
烷基酚聚氧乙烯醚	7	10	5	12	9
苯并三氮唑	3	4	5	3	5
羟乙基甲基纤维素	9	5	15	13	7
羟乙基羟甲基纤维素	4	9	12	11	6
水解马来酸酐	10	9	7	9	5

制备方法

（1）将搅拌设备预热到 45～55℃，将称取的癸二酸、三乙醇胺、尿素、苯甲酸钠、甘油、葡萄糖酸钠和新癸酸依次加入到搅拌设备中并处于搅拌状态。

（2）将称取的碳酸钠、十一碳二元酸和乙醇依次加入到搅拌设备中得到初级混合液，并继续搅拌 30～40min。

（3）将烷基酚聚氧乙烯醚和苯并三氮唑加入到所述初级混合液中并继续搅拌 40～60min，得到二级混合液。

（4）将所述二级混合液冷却到 20～25℃备用。

（5）将羟乙基甲基纤维素、羟乙基羟甲基纤维素和水解马来酸酐依次加入到处于搅拌状态的所述二级混合液中，并继续搅拌 40～60min，冷却即得防锈液。

产品应用　本品主要是一种环保型水性防锈剂。使用时，用水稀释 5～20 倍使用。

产品特性　本品通过对现有水基防锈剂进行改进，重新复配了防锈剂中的配方成分和比例，直接剔除了重金属成分和污染较大的成分，实现了对防锈剂的环保型改造，使用更加安全；同时，通过加入羟乙基甲基纤维素、羟乙基羟甲基纤维素和水解马来酸酐等成分，提高了防锈剂在金属表面的成膜性能和耐湿热性能，延长了使用寿命，提高了防锈效果。

配方 97　环保型酸洗除锈防锈剂

原料配比

原料		配比（质量份）							
		1#	2#	3#	4#	5#	6#	7#	8#
磷酸		19	21	23	25	27	29	31	33
磷酸二氢锌		8	7	6	5	4	3	2	1
氧化剂	硝酸铈	0.01	0.01	0.02	0.02	0.01	0.01	0.02	0.02
	硝酸锌	2	3	4	5	5	6	7	8
络合剂	柠檬酸	1	1	2	2	4	4	6	6
缓蚀剂	若丁	0.05	0.05	0.1	0.1	0.2	0.2	0.3	0.3
	苯并三氮唑	0.3	0.3	0.2	0.2	0.2	0.2	0.1	0.1
表面活性剂	OP-10（烷基酚聚乙烯醚）	0.1	0.1	0.2	0.2	0.1	0.1	0.15	0.15
	JFC（脂肪醇聚氧乙烯醚）	0.05	0.05	0.1	0.1	0.05	0.05	0.1	0.1
钝化剂	钼酸钠	0.15	0.15	0.5	0.5	1	1	3	3
水		加至 100	加至 100	加至 100	加至 100	加至 100	加至 100	加至 100	加至 100

制备方法　将缓蚀剂和表面活性剂分别放入适量的温水（50～60℃）中搅拌使其充分溶解（因为缓蚀剂和表面活性剂不易溶于冷水），再依次加入的剩余的水、络合剂、钝化剂、氧化剂、磷酸二氢锌、磷酸，充分混合均匀，即得到除锈防锈剂。

原料介绍

柠檬酸作为络合剂，提高了除锈和去氧化皮能力。选用钼酸钠为钝化剂，能促进成膜和金属钝化，适量钼酸钠的加入加速了除锈的速度，也增加了除锈后的耐腐蚀性。优选 JFC（脂肪醇聚氧乙烯醚）和 OP-10（烷基酚聚乙烯醚）复合构成的表面活性剂，可以使溶液更好地进入基体与锈层界面，加速除锈速度，同时可以使金属表面除锈更洁净。优选若丁和苯并三氮唑复合而成的缓蚀剂，在不降低除锈速度的前提下，缓蚀效果更好。

产品应用　本品主要是一种应用于镀锌前的钢铁制品表面预处理的环保型酸洗除锈防锈剂。

将待处理的试样浸入上述的除锈防锈剂中，常温下浸渍 15～25min，在 40～50℃下浸渍

10min，即可达到除锈防锈的效果。

产品特性

（1）本品可达到快速除锈防锈的效果，在常温下即可应用，通过对各组分适当的配比，充分发挥协同作用，能同步达到快速除锈防锈的目的，且处理后金属表面镀锌不会出现漏镀。

（2）除锈后的钢板，在空气中放置一段时间（60 天以上）仍可以在表面上镀上一层锌，且表面光滑无漏镀现象，达到美观、耐腐蚀的要求。

（3）本品不含有挥发性有毒物质，无铬、镍等重金属离子，对操作人员无伤害，符合对环境友好的要求。

（4）本品配方科学、合理，溶液制备简单，环保污染小，各组分协同作用达到了除锈防锈的效果，且能长时间保持除锈状态。

配方 98　环保型硬膜防锈剂

原料配比

原料		配比（质量份）			
		1#	2#	3#	4#
基础油	石蜡基基础油 150SN	100	100	100	100
防锈组分		1	20	15	15
成膜助剂		1	5	3	3
抗磨剂	纳米二氧化硅	—	—	—	1
防锈组分	石油磺酸钡	1	1	1	1
	硬脂酸乙酯	5	5	5	5
	硬脂酸	3	3	3	3
成膜助剂	液体热塑性丙烯酸树脂	100	100	100	100
	三聚氰胺甲醛树脂	20	20	20	20
	乙基纤维素	10	10	10	10
	无水乙醇	70	70	70	70

制备方法　将基础油、防锈组分混合均匀后，加入成膜助剂、抗磨剂，再次搅拌均匀后，得到环保型硬膜防锈剂。

原料介绍

所述成膜助剂的制备方法，至少包括以下步骤：将液体热塑性丙烯酸树脂、无水乙醇室温下混合均匀，然后再加入乙基纤维素，搅拌均匀后，加入三聚氰胺甲醛树脂，再次搅拌均匀，即可得到成膜助剂。

产品特性

（1）本产品在低温下依然具有较好的稳定性能，即表现为低温下存放，产品无相变，无分离现象。

（2）本产品干燥速度快，膜干时间短。

（3）本产品具有较好的可喷雾性能。

（4）本产品具有较好的耐湿热性能。

（5）产品无毒、无味，对使用者无不良影响，具有环保性。

配方 99 环保型中性除锈防锈剂

[原料配比]

原料		配比（质量份）			
		1#	2#	3#	4#
羟基亚乙基二膦酸	固含量为 30%	30	20	—	—
	固含量为 50%	—	—	22	—
	固含量为 40%	—	—	—	25
植酸胺溶液	质量分数为 40%	2	4	—	—
	质量分数为 30%	—	—	5	—
	质量分数为 50%	—	—	—	2
柠檬酸	固含量为 98%	5	5	—	—
	固含量为 99%	—	—	4	—
	固含量为 95%	—	—	—	3
三乙醇胺硼酸酯溶液	质量分数为 95%	8	10	—	—
	质量分数为 99%	—	—	5	—
	质量分数为 96%	—	—	—	7
羟基亚乙基二膦酸四钠溶液	质量分数为 40%	13	10	—	—
	质量分数为 30%	—	—	15	—
	质量分数为 50%	—	—	—	12
纯净水		42	51	49	51

制备方法

（1）启动反应釜，确认设备正常运转，备用。

（2）将羟基亚乙基二膦酸、植酸胺溶液、柠檬酸以及防锈剂三乙醇胺硼酸酯溶液加入后搅拌混合均匀；搅拌混合的时长为 20～40min，至混合溶液的颜色为淡黄色透明液体即可。

（3）然后缓慢加入（缓慢加入的意义在于控制 pH 值，因为本品是中性产品，pH 值过高或过低都不是中性，只有 pH 值正好是 7 的时候才是中性）羟基亚乙基二膦酸四钠溶液并不断检测混合溶液的 pH 值至中性（中性产品环保安全，不伤漆面材质、皮肤等）为止，搅拌均匀即可。搅拌混匀的时长为 3～5min，确认制得的产品为淡黄色透明即可。

原料介绍

分散除锈机理：本品可以使固态的大颗粒氧化铁分子被小分子撞击成为比较小的氧化铁颗粒（主要是羟基亚乙基二膦酸和柠檬酸起到此作用），从而使氧化铁大颗粒分子溶解在该产品溶液中，与此同时在该产品中添加了大量的分散剂（主要是羟基亚乙基二膦酸四钠溶液起到此作用），分散剂利用静电或者空间位阻作用阻止小颗粒氧化铁物质团聚在一起，以保证体系的稳定性。分散机理受温度影响较大，在高温下分子无规则运动更剧烈，撞击力也更强。因此，提高温度是提高除锈速度的主要手段。

络合除锈机理：该产品中添加了大量的络合剂（羟基亚乙基二膦酸四钠溶液和植酸胺溶液起到此作用），络合剂分子或离子与铁金属离子结合形成稳定的新离子。该络合物离子不带任何的电荷，可以稳定地存在于溶液中。

产品应用　本品主要是一种环保型中性除锈防锈剂。

使用方法：将待除锈样品浸泡在所述环保型中性除锈防锈剂产品或环保型中性除锈防锈剂产品的稀释液中一段时间后，用干抹布擦干，可以除去锈迹并具有高达 7～10 天的防锈周期。

使用时的稀释倍数小于等于 10 倍。

产品特性

（1）本品可在常温下快速消除金属表面的锈层和氧化物，除锈后的工件表面具有短期防锈功能，同时环保安全，本品除锈后依然呈现中性，不含酸和碱，可直接排放，免去污水处理难题。

（2）产品 pH 值 6.5～7.5，属于中性，环保安全：本品不含强酸强碱、亚硝酸盐等有毒有害成分，对人安全、环保。

（3）除锈效果快速：该产品对于中等及以下锈蚀，除锈时间大概 30min 左右即可，如果产品升温使用（60℃以上），除锈时间 5～10min 即可。

（4）具备短期和工序间的防锈性能：本品浸泡后用干抹布擦干，可以进行短期防锈保护，高达 7～10 天的防锈周期，给工序间的处理带来充足的时间。

（5）使用周期长，可连续使用：本品活性成分高效，可持续使用。

配方 100　环保型铸件用防锈剂

原料配比

原料	配比（质量份）		
	1#	2#	3#
硫酸亚锡	30	65	95
四丙基醋酸铵	28	65	85
铬酸酐	15	50	85
水性氟碳乳液	15	45	70
异丁醇	20	45	75
硫酸钡	20	50	85
浓度为 88%的磷酸	25	70	90
明胶	35	70	90
铝粉	10	33	75
三氯乙醛	25	45	75

制备方法　将上述物料全部加入搅拌桶内，加热到 100℃，搅拌均匀，然后冷却，即可制成产品。

产品应用　本品主要是一种环保型铸件用防锈剂。

产品特性　本品防锈时间较长，使用后能够防止材料表面再次形成锈斑；废弃防锈剂方便处理排放，符合环保要求，对设备无污染，无腐蚀，有效降低生产成本，使用安全可靠。

配方 101 环保长效的水性防锈剂

［原料配比］

原料	配比（质量份）									
	1#	2#	3#	4#	5#	6#	7#	8#	9#	10#
改性丙烯酸环氧树脂	30	35	40	45	50	30	30	30	30	30
柠檬酸单甘油酯	20	20	20	20	20	25	30	35	40	20
去离子水	50	50	50	50	50	50	50	50	50	60
油酸钠	10	10	10	10	10	10	10	10	10	10
硼酸钠	15	15	15	15	15	15	15	15	15	15
硅酸钠	15	15	15	15	15	15	15	15	15	15
三乙醇胺硼酸酯	25	25	25	25	25	25	25	25	25	25
瓜尔胶	1	1	1	1	1	1	1	1	1	1

制备方法

（1）将改性丙烯酸环氧树脂与柠檬酸单甘油酯混合，将混合物加入去离子水中，添加渗透剂，逐渐升温至55～65℃并同步搅拌20～30min，得混合溶液A。搅拌速率为600～800r/min。

（2）向混合溶液A中添加硼酸钠和硅酸钠，降温至40～50℃，超声分散处理15～20min，得混合溶液B。

（3）将缓蚀剂和增稠剂加入到混合溶液B中，再次升温至70～75℃，搅拌反应20～40min，然后降至室温，得到所述环保长效的水性防锈剂。搅拌速率为150～200r/min。

原料介绍

所述渗透剂为油酸钠。

所述缓蚀剂为三乙醇胺硼酸酯。

所述增稠剂为瓜尔胶。

所述改性丙烯酸环氧树脂的制备方法如下：

（1）将丙烯酸与催化剂、对苯二酚混合均匀后溶于乙醇溶剂中，置于反应装置内。

（2）再缓慢滴加环氧树脂到反应装置中，缓慢加热升温至110℃并持续搅拌20～30min，即得改性丙烯酸环氧树脂。

产品应用 本品主要是一种环保长效的水性防锈剂。

产品特性

（1）本品旨在对丙烯酸与环氧单体反应制备的酚类物质进行改性，利用酚羟基与金属配位形成稳定的配体，黏附于金属表面，产生封闭性保护层，防止锈蚀，同时将柠檬酸与甘油反应得到酯化产物柠檬酸单甘油酯，其可在金属表面形成外保护膜，防止空气对金属腐蚀，通过封闭性保护层和外保护膜实现对金属的双重防锈保护，表面成膜性好，可长时间有效隔绝氧和水汽与金属表面的接触，达到长效防锈的目的。

（2）利用活性碳纤维粉丰富的孔道和其表面的活性位点，使改性丙烯酸环氧树脂内部形成密闭的空岛结构，从而提升涂料的防水性；同时对重钙钛白粉进行改性，研磨改性后的纳米级颗粒与空气中的水汽接触后固化成膜，在基料表面形成一层无缝疏水膜；利用改性丙烯酸环氧树脂与柠檬酸单甘油酯对基料内外的协同变化，从而提升防锈剂整体的防水性能，从根源上杜绝微生物附着和滋生，提升抗菌性能。

配方 102　缓释气相防锈剂

［原料配比］

原料		配比（质量份）		
		1#	2#	3#
气相缓蚀剂芯材	十二烯基丁二酸	20	20	20
	1,2-氨乙基十七烯基咪唑啉	10	10	10
	多元醇苯甲酸酯	5	5	6
	石油磺酸钡	8	8	5
	基础油	加至 100	加至 100	加至 100
壁材	明胶	12.5	12	—
	阿拉伯树胶	—	12	15
	聚酰胺	—	—	0.6
	环氧树脂	—	—	2
固化剂	无水乙醇	5	—	—
	戊二醛	—	2	—
	丁酮	—	—	2.6

制备方法

1#配方制法：

（1）将明胶加入水中，溶胀后升温，直至明胶溶解。

（2）在步骤（1）的产物中加入芯材，加入固化剂后降温，洗涤后得到成品。

2#配方制法：

（1）将明胶加入水中，溶胀后升温，直至明胶溶解。

（2）将阿拉伯树胶加入水中。

（3）在步骤（1）的产物中加入芯材，继续加入步骤（2）的产物，调节 pH 值，水浴降温后加入 固化剂，洗涤后得到成品。

3#配方制法：

（1）将芯材溶入丁酮中，加入聚酰胺-丁酮液以及环氧树脂-丁酮液。

（2）将阿拉伯树胶加入溶液中。

（3）在步骤（1）的产物中加入步骤（2）的产物，升温后离心分离。

（4）步骤（3）的产物经洗涤后得到成品。

原料介绍

所述壁材包裹芯材后的粒径为 3～100μm。

产品应用　本品主要是一种缓释气相防锈剂。

使用时：将金属工件表面清洗干净，并确保其表面没有锈蚀，然后将其整齐地摆放于箱体内，用透气的纱布包起气相防锈剂置于金属工件上部，用塑料胶带密封箱体空隙，一般使用量 120～150g/m³，恶劣环境下用量酌情增加。

产品特性　本品气相防锈剂的释放速度均匀，防腐蚀效果好，在长期存储或运输等过程中均可以使用。

配方 103　机械设备用防锈剂

原料配比

原料		配比（质量份）		
		1#	2#	3#
基料		18	17	16
柠檬酸钠		8	11	13
水性纳米膨润土		6	6	7
苯甲酸单乙醇胺		10	13	13
油酸三乙醇胺		12	15	12
壳聚糖		11	11	11
螯合剂		8	8	8
非离子型表面活性剂		8	8	5
无机添加剂		10	7	8
改性助剂		5	8	6
水		13	13	12
基料	丁二酸酯	1	1	1
	戊二酸二正辛酯	2	2	2
	癸二酸二正辛酯	2	2	2
无机添加剂	硅酸钠	2	2	2
	钨酸钠	1	1	1
非离子型表面活性剂	亲水基多元醇类	2	2	2
	聚乙二醇	1	1	1

制备方法

（1）将基料、苯甲酸单乙醇胺和油酸三乙醇胺混合，导入反应釜中，在 54～56℃下加热并缓慢搅拌反应 10～12min，得到混合物一。

（2）将柠檬酸钠、水性纳米膨润土、无机添加剂和水导入混料机中，以 220～240r/min 的转速搅拌混合 20～24min，再利用超声分散处理 6～9min，得到分散料；所述的超声分散为：在 42℃、频率 24kHz 下进行超声分散处理。

（3）将分散料导入高混机中，再依次加入螯合剂、非离子型表面活性剂和改性助剂，在 62～65℃下，以 110～120r/min 的转速搅拌反应 0.5～0.6h，得到混合物二。

（4）将混合物一、混合物二和壳聚糖混合，导入搅拌机中，以 55～58℃加热并搅拌反应 0.8～0.9h，冷却至常温后，即可得到成品。

原料介绍

苯甲酸单乙醇胺、油酸三乙醇胺具有防锈、缓蚀、乳化等功能，与加入的水性纳米膨润土有协同作用，有利于提高成品的防锈综合性能，另一方面提高了防锈剂的均匀度和黏附效果，大大提高了防锈剂防护涂层的防护均匀性，避免了涂层不均匀、起皱、易破裂、易出现空斑等问题，从而延长成品的使用寿命。

水性纳米膨润土与改性助剂原料中的硅藻土有协同作用，根据膨润土与硅藻土的物理结构特性，可使得制得的防锈剂具有缓释的特点，且能通过改变外界条件的方式调整防锈剂的释放速度，适用于既要求水性防锈、又要求密封空间气相防锈的场合。

基料为丁二酸酯、戊二酸二正辛酯和癸二酸二正辛酯的混合物，在该比例下，基料的成本最为低廉，并且基料形成的混合物体系具有容易分散、相容性能好的特点，易于各成分的结合、分散。

无机添加剂为硅酸钠和钨酸钠的复配物，在该比例下，可以大大提升成品的黏结力、耐候性。

非离子型表面活性剂为亲水基多元醇类和聚乙二醇，在该比例下，其促使各成分的活性增强，提高制备的效率。

所述的非离子型表面活性剂为亲水基多元醇类和聚乙二醇按质量比 2∶1 混合而成。

所述的改性助剂的制备方法为：将硅藻土置于 420℃下煅烧处理 3.5h，冷却后研磨至过 500 目筛，再与单宁酸、生育酚和无水乙醇混合，进行超声分散 14min，再过滤并真空干燥，再次研磨至过 800 目筛，即可得到改性助剂。

产品应用　本品主要是一种机械设备用防锈剂。

产品特性　本品在酸、碱、盐雾等条件下均具有优异的防锈性能，且安全环保、成分均匀，能有效保证金属表面的平整性和光滑性，并且成本低廉、原材料易得，适合工业化大规模推广生产。

配方 104　基于二酸的防锈剂

原料配比

原料		配比（质量份）				
		1#	2#	3#	4#	5#
水		11	11	15	12	15
50%NaOH 溶液		11	11	15	12	15
羟基酸	乳酸	25	25	34	—	—
	2-羟基琥珀酸	—	—	—	20	—
	酒石酸	—	—	—	—	28
二元有机酸	二十一碳环二酸	117	—	—	—	—
	二十一碳支链二酸	—	—	173	54	133
	癸二酸	—	73	—	—	—

制备方法

（1）将羟基酸滴加入碱液中，混合搅拌后，利用减压除水去除部分水分，得到羟基酸盐；乳液和碱液的反应温度为 58～63℃，反应时间为 55～65min。

（2）将二元有机酸滴加到步骤（1）所得羟基酸盐中反应，滴加过程中保持搅拌，反应过程中利用减压除水去除水分，冷却后得到防锈剂。滴加二元有机酸的时间为 60～70min。减压除水的温度为160～180℃。

原料介绍

所述碱液为：质量浓度为的50%NaOH溶液。

产品应用　本品主要是一种适用于切削液的基于二酸的防锈剂。

产品特性

（1）本品制备过程中无有害物质，也不涉及有机溶剂的使用，工艺简单、安全且可靠。所得切削液具有良好的防锈能力，且泡沫少，消泡快，解决了含羧基类防锈剂在切削液中防锈性能不理想、泡沫多且不易消泡的问题。

（2）本品用于制备全合成切削液后，不易产生泡沫，且微量的泡沫易消散，同时具有优异的防锈性能。

配方105　基于聚天冬氨酸的碳钢气相防锈剂

[原料配比]

原料	配比（质量份）	
	1#	2#
聚天冬氨酸	20	20
BTA	3	2
钨酸钠	12	15
乌洛托品	6	6
尿素	20	15
水	345	328

制备方法　将上述物料混合，搅拌均匀，即可制成碳钢气相防锈剂。

产品应用　本品主要是一种基于聚天冬氨酸的碳钢气相防锈剂。

产品特性　本品配方简单、制备方便且无毒无害、绿色环保，对碳钢的缓释率可以达到88.57%，具有优良的防锈性能，可以用于制备防锈纸或防锈薄膜。

配方106　集防锈剂和前处理剂于一体的水性处理液

[原料配比]

原料		配比（质量份）		
		1#	2#	3#
螯合剂	阿仑膦酸	7	—	—
	植酸	—	10	—
	羟基亚乙基二膦酸	—	—	9
促进剂	钼酸铵	0.2	—	—
	硼酸钠	—	0.9	—
	硝酸钠	—	—	1.5

续表

原料		配比（质量份）		
		1#	2#	3#
助盐	硝酸钙	0.18	—	—
	硝酸镁	—	0.11	—
	硝酸锆	—	—	0.09
络合剂	柠檬酸	0.07	—	—
	氨基三羧酸	—	0.12	—
	酒石酸钠	—	—	0.19
中和剂	碳酸氢铵	3	—	—
	碳酸氢钠	—	10	—
	氢氧化钠	—	—	9
水		加至 100	加至 100	加至 100
辅助成膜剂		微量	微量	微量

制备方法　将各组分原料混合均匀即可。

原料介绍

所述螯合剂为植酸、乙醇胺磷酸酯、阿仑膦酸、聚乙烯醇磷酸铵、氨基三亚甲基膦酸、羟基亚乙基二膦酸中的至少一种。

所述促进剂为钼酸铵、钼酸钠、元明粉、硼酸铵、硼酸钠、葡萄糖酸钠、氯酸钠、硝酸钠、溴酸钠、过氧化钠、硝基苯、过氧化氢、钨酸钠中的至少一种。

所述助盐为氧化锌、硝酸镁、硝酸钙、葡萄糖酸锌、硝酸锌、硫酸锌、硫酸铝、硝酸铝、硫酸镁、硝酸锰、硫酸锰、硝酸镧、硝酸铈、氟化锆、氟锆酸、氟钛酸、硝酸锆、硫酸氧钛、偏钛酸、草酸氧钒、硝酸钡、硫酸钡中的至少一种。

所述络合剂为柠檬酸、柠檬酸钠、硅烷偶联剂（KH-560、KH-792、KH-8252、KH-540、KH-550）、酒石酸钠、酒石酸、EDTA 四钠、EDTA 二钠、氨基三羧酸中的至少一种。

所述中和剂为碳酸氢铵、碳酸铵、碳酸钠、单乙醇胺、三乙醇胺、碳酸氢钠、二乙醇胺、氢氧化钾、氢氧化钠、氢氧化钙、氨水、硼氨酯中的至少一种。

所述辅助成膜剂为树脂、环氧树脂、丙烯酸树脂、聚氨酯、酚醛树脂、硅树脂中的至少一种。

产品应用　本品主要是一种集防锈剂和前处理剂于一体的水性处理液。

对金属工件进行处理的方法，包括如下步骤：

（1）对金属工件进行表面处理，去除金属工件表面的氧化膜和污染物。

（2）将待处理的工件浸入所述水性处理液中，浸泡设定时间；工件在水性处理液中浸泡处理的时间为 2～15min。

（3）取出工件，水洗、干燥，即可。

产品特性　本品是一种无色环保、与漆膜结合力强、耐腐蚀性能优异、操作简单、可水洗的集防锈剂和前处理剂于一体的水基处理液，处理后的部件保持了金属的原本色泽，满足了对金属有特殊要求的行业需求，可以长时间防止生锈，方便金属制品的运输与储存，可水洗而不影响防锈层的性能，直接喷涂漆膜后附着力优异。处理方法简便易行，室温下即可形成稳定的化学转化膜。

配方 107 角铁用防锈剂

[原料配比]

原料	配比（质量份）		
	1#	2#	3#
硬脂酸钙	30	55	75
六甲基磷酰三胺	30	50	80
丙烯酸树脂	10	30	55
环氧树脂	25	44	60
磺酸钠	40	50	70
铝矾土	30	60	85
氯化石蜡	50	75	110
膨润土	25	33	40
醋酸钠	10	30	50
硅溶胶	15	30	50

制备方法　将上述物料全部加入搅拌桶内，加热到 100℃，搅拌均匀，然后冷却，即可制成产品。

产品应用　本品主要是一种角铁用防锈剂。

产品特性　本品防锈时间较长，使用后能够防止材料表面再次形成锈斑；废弃防锈剂方便处理排放，符合环保要求，对设备无污染，无腐蚀，有效降低生产成本，使用安全可靠。

配方 108 金属表面防锈剂

[原料配比]

原料	配比（质量份）
基础油	40～50
碱性缓蚀剂	3～5
防锈剂	5～10
硅酸盐	3～5
表面活性剂	3～5
固化剂	2～4
增稠剂	0.1～1
水	加至 100

制备方法

（1）将基础油和硅酸盐置入搅拌机内，升温至 30～50℃，搅拌 20～30min 得混合物 A。

（2）往混合物 A 中加入碱性缓蚀剂、防锈剂、表面活性剂、固化剂，搅拌 30～50min，得混合物B。

（3）往混合物B中加入增稠剂和水，继续搅拌30～40min，即得金属表面防锈剂。

原料介绍

所述基础油为三聚磷酸酯和纳米甲基硅盐的混合物。

所述碱性缓蚀剂为石油稀土磺酸盐、甲基纤维素和羟乙基纤维素的混合物。

所述防锈剂包括脂肪胺、二异丙胺和丙醇胺。

所述硅酸盐选自硅酸钠、硅酸钾和硅酸铵中的一种。

所述表面活性剂为脂肪醇聚氧乙烯醚硫酸钠或烷基磺酸盐中的一种。

所述固化剂为甲阶酚醛树脂或氨基树脂。

所述增稠剂包括凹凸棒石土或粉、丙烯酸和硅酸铝。

产品应用　本品主要是一种金属表面防锈剂。

产品特性　本品不含亚硝酸类防锈成分，绿色环保，且制备方法简单，成本较低，所制得的防锈剂可以防止金属表面生锈，防锈剂体系稳定，可在金属表面形成一层牢固的玻璃膜，耐高温，耐摩擦，不易开裂和损坏，防锈效果显著。本品中加入了基础油，避免了灯杆生锈，同时增加了灯杆的润滑度，可以避免胶水等具有黏附性的物质黏附在金属表面，具有多重效果。

配方109　金属表面用防锈剂

原料配比

原料		配比（质量份）							
		1#	2#	3#	4#	5#	6#	7#	8#
改性海藻酸钠液	海藻酸钠	1	1	1	1	1	1	1	1
	水	100	100	100	100	100	100	100	100
	高碘酸钠	0.03	0.03	0.03	0.03	0.03	0.03	0.03	0.03
改性包覆过氧化钠	过氧化钠	1	1	1	1	—	1	1	1
	石蜡液	10	10	10	10	—	10	10	10
预处理海泡石	海泡石	20	20	20	20	20	20	20	—
	氧化石墨烯	1	1	1	1	1	1	1	—
改性海泡石	预处理海泡石	40	40	40	40	40	40	40	—
	硅烷偶联剂KH-550	20	20	20	20	20	20	20	—
	无水乙醇	30	30	30	30	30	30	30	—
	水	60	60	60	60	60	60	60	—
改性海藻酸钠液		80	—	80	80	80	80	80	80
20%的硝酸钙溶液		8	8	—	8	8	8	8	8
干性油	桐油	8	8	8	—	8	8	8	8
改性包覆过氧化钠		3	3	3	3	—	3	3	3
脂肪酶		0.2	0.2	0.2	0.2	0.2	—	0.2	0.2
动物油	猪油	3	3	3	3	3	3	—	3
乳化剂	十二烷基醇聚氧乙烯醚硫酸钠	8	8	8	8	8	8	8	8
改性海泡石		5	5	5	5	5	5	5	—

续表

原料		配比（质量份）							
		1#	2#	3#	4#	5#	6#	7#	8#
花粉	五味子花粉	2	2	2	2	2	2	2	2
维生素	维生素 A	2	2	2	2	2	2	2	2
贝壳粉	蛤蜊壳粉	2	2	2	2	2	2	2	2

制备方法　按原料组成称量各原料，将改性海藻酸钠液、干性油、脂肪酶、动物油、乳化剂、花粉、维生素、贝壳粉置于混料机中，于转速 600～800r/min 条件下，搅拌混合 40～60min，接着向混料机中加入硝酸钙溶液、改性海泡石和改性包覆过氧化钠，于转速 600～800r/min 条件下，搅拌混合 40～60min，即得金属表面用防锈剂。

原料介绍

所述改性海藻酸钠液的制备过程为：将海藻酸钠与水置于烧杯中，并用玻璃棒搅拌 10～20min，静置溶胀 3～5h 后，接着将烧杯置于数显测速恒温磁力搅拌器中，于温度为 90～95℃，转速为 300～500r/min 条件下，加热搅拌溶解 40～60min，接着向烧杯中加入高碘酸钠，于温度为 90～95℃，转速为 300～500r/min 条件下，加热搅拌反应 40～60min，即得改性海藻酸钠液。

所述改性包覆过氧化钠的制备过程为：石蜡置于坩埚中熔化，得石蜡液，接着将过氧化钠与石蜡液按质量比（1∶5）～（1∶10）置于烧杯中，于转速为 100～200r/min 条件下，搅拌混合 40～60min 后，冷却凝固，得凝固块，接着将凝固块置于粉碎机中粉碎，过 80 目筛，即得改性包覆过氧化钠。

所述乳化剂为十二烷基醇聚氧乙烯醚硫酸钠、十二烷基硫酸铵、椰子酰甲基牛磺酸钠、月桂醇聚氧乙烯醚羧酸钠或十二烷基磷酸酯中的任意一种。

所述改性海泡石的制备过程为：将海泡石与氧化石墨烯按质量比（10∶1）～（20∶1）置于球磨机中球磨粉碎，过 120 目筛，得细化海泡石，接着将细化海泡石置于马弗炉中，于温度为 650～750℃条件下，焙烧 2～3h，得预处理海泡石，将 30～40 份预处理海泡石、10～20 份硅烷偶联剂 KH-550、20～30 份无水乙醇、40～60 份水置于烧杯中，于转速为 300～500r/min 条件下，搅拌混合 40～60min，接着向烧杯中滴加质量分数为 10%～20%的盐酸调节 pH 值至 3.8～4.0，接着将烧杯置于数显测速恒温磁力搅拌器中，于温度为 60～80℃、转速为 400～600r/min 条件下，恒温搅拌反应 1～2h，得混合浆液，再将混合浆液过滤，得滤饼，接着将滤饼用去离子水洗涤 3～5 次，将洗涤后的滤饼置于烘箱中，于温度为 105～110℃条件下，干燥至恒重，即得改性海泡石。

产品应用　本品主要是一种金属表面用防锈剂。

产品特性　本品具有优异的防锈性能和力学性能，在金属防护材料的发展中具有广阔的前景。

配方 110　金属材料用防锈剂

[原料配比]

原料	配比（质量份）		
	1#	2#	3#
丙酸钠	10	15	20

续表

原料	配比（质量份）		
	1#	2#	3#
阴离子丙烯酸树脂	30	35	40
偏硅酸钡	15	17	20
硫酸铜	3	5	6
石油磺酸盐	2	3	5
陶瓷微粒	5	6.5	8
熟桐油	1	2	3
纳米锌粉	4	6	8

制备方法　将各组分原料混合均匀即可。

产品应用　本品主要是一种金属材料用防锈剂。

产品特性　防锈层能防止金属材料生锈，添加的桐油减少五金件表面的酸蚀，避免产生过度腐蚀的问题，加入的阴离子丙烯酸树脂可以使防锈层成为封边胶中有效的保护填料，其它成分的添加对金属材料具有保护作用。

配方 111　金属防锈剂（1）

［原料配比］

原料	配比（质量份）		
	1#	2#	3#
苯甲酸单乙醇胺	10	15	20
三乙醇胺	10	15	20
环氧丙烯酸酯树脂	35	40	45
马丙共聚物	20	25	30
三乙醇胺硼酸酯	40	50	60
聚乙二醇	40	50	60
山梨酸钾	10	15	20
聚硅氧烷消泡剂	0.5	1	1.5
乌洛托品	45	55	66
水	600	650	700

制备方法

（1）按所述质量份的原材料高速混合 4～5min 制得混合料。

（2）对所得混合料进行捏合、熔融处理，之后在 160～165℃温度条件下混炼、塑化挤出，制得所述金属防锈剂。

原料介绍

三乙醇胺硼酸酯对碳钢、铸铁、铝材及其合金等金属材料有优异的防锈性能，良好的防腐性，可抑制细菌、霉菌的繁殖和生长，减少防腐剂的添加量或不用，延长切削液寿命；具有良好的极压性，可在高温高压状态下形成一层化学保护膜覆盖于工件表面，保护工件和刀具，提高加工度和工件表面光洁度。

产品应用　本品主要是一种金属防锈剂。

产品特性

（1）本品配方科学合理，不含三氯乙烷、四氯乙烷等有害物质，不会对高空中的臭氧层产生破坏，对环境无污染。脱脂去污能力强，对有色金属无不良影响。防锈能力强，而且不会产生泡沫，高压下也不会产生溢出现象。

（2）本品符合环保的要求，对人体无害。而且不与金属表面基体发生化学变化，能保持金属表面平整、润滑、光滑，防锈性能好，特别适合于工序间的防锈。

配方 112 金属防锈剂（2）

[原料配比]

原料		配比（质量份）	
		1#	2#
深精制环保基础油	碳链 C_6 的矿物油	50	—
	碳链 C_8 的矿物油	—	80
石蜡	粒径 6nm 的食品级精炼石蜡	10	—
	粒径 3nm 的食品级精炼石蜡	—	5
蓖麻油		10	15
改性硅树脂		20	15
吗啉		15	10
硼酸吗啉		8	5
苯并三氮唑		1	1
苯甲酸钠		5	1
缓蚀剂		2	6
缓蚀剂	亚硝酸钠	1	3
	三聚磷酸钠	4	3
	六偏磷酸钠	3	5

制备方法 将各组分原料混合均匀即可。

产品应用 本品主要是一种金属防锈剂。

产品特性

（1）本品各组分相互作用，制得的防锈剂防锈性能好，能够保护金属表面不受水分、化学品、空气及其他腐蚀品的侵害。

（2）本品采用的原料安全环保，不含对人体有害的挥发性杂质。

配方 113 金属防锈剂（3）

[原料配比]

原料	配比（质量份）			
	1#	2#	3#	4#
十二烷基苯磺酸钠	2	3	2	3

续表

原料		配比（质量份）			
		1#	2#	3#	4#
苯甲酸钠		10	10	12	5
柠檬酸钠		1.5	1	1	2
钼酸钠		1.5	2	1	2
醇胺	三乙醇胺	5	8	6	5
	二乙醇胺	3	—	—	4
	单乙醇胺	—	5	—	—
有机酸	烷基膦酸	1.5	—	—	—
	柠檬酸	—	1.5	—	—
	植酸	—	—	0.5	—
	月桂酸	—	—	—	1.5
乙醇		15	20	10	20
去离子水		90	85	80	95

制备方法

（1）将配方量的十二烷基苯磺酸钠、苯甲酸钠、醇胺、有机酸和乙醇混合，加热至75～80℃，保温搅拌25～35min；加热速率为3～5℃/min。

（2）加入配方量的柠檬酸钠、钼酸钠和去离子水，50～60℃保温搅拌 10～15min，冷却至室温后再搅拌5～10min即得所述金属防锈剂。

产品应用　本品主要是一种金属防锈剂。

产品特性

（1）本品具有无毒、环保的特点，并且成膜速度快、防锈时间长，在一般空气环境中，防锈期可达6～8个月。

（2）本品形成的防锈薄膜层致密轻薄，可以隔绝空气中氧和水汽与金属表面的接触，达到长效防锈的目的，同时还不影响后续加工工序的进行。

（3）本品操作简单，可以采用浸泡、喷涂、刷涂等方式处理，处理成本低，且均可迅速成膜，平均成膜时间在1min以内。

配方 114　金属防锈剂（4）

［原料配比］

原料	配比（质量份）
山梨糖醇	40
三乙醇胺	27
苯甲酸	15
硼酸	18
山梨酸钾	30

续表

原料	配比（质量份）
甘油	6
马丙共聚物	6
氢氧化钠	20
碳酸钠	5
植酸	0.8

制备方法 将各组分原料混合均匀即可。

产品应用 本品主要是一种金属防锈剂。

产品特性 本品附着于金属表面，在金属表面形成保护膜，不与金属表面基体发生化学反应，能保持金属表面平整，防锈性能好。

配方 115 金属防锈剂（5）

原料配比

原料		配比（质量份）				
		1#	2#	3#	4#	5#
苯丙乳液		80	50	72	58	70
硅酸锂		9	16	11	15	12
植酸钠		3	9	8.2	4.8	6
葡萄糖酸钠		9	3	5	8.3	7
氨基酸		1	5	4.3	2	3
苯并三氮唑		3	1	1.3	2.8	2
8-羟基喹啉		1	5	4.3	2	3
改性噻二唑		4	1	2	3.8	2
蓖麻油酸		3	9	8	4	6
油酸酰胺		9	5	6	7	7
三乙醇胺硼酸酯		2	5	4.1	2.2	4
石油磺酸钡		2	0.5	0.7	1.5	1.2
2-氨乙基十七烯基咪唑啉		0.3	1.1	1	0.5	0.8
磷酸二氢锌		5	2	2.6	4.1	4
六亚甲基四胺		0.01	0.1	0.08	0.03	0.06
氧化石墨烯		0.8	0.1	0.21	0.55	0.7
二乙醇胺		0.2	1	0.8	0.3	0.6
乙二醇		8	3	4	7	6
硅烷偶联剂	硅烷偶联剂 KH-550	0.3	1	0.8	0.5	0.7
氢氧化钾		0.1	0.01	0.03	0.08	0.03
水		100	100	100	100	100
氨基酸	半胱氨酸	—	—	4.3	9	1
	亮氨酸	—	—	—	1	2

续表

原料		配比（质量份）				
		1#	2#	3#	4#	5#
改性噻二唑	十二烷酸	1（mol）	1（mol）	1（mol）	1（mol）	1（mol）
	二氯亚砜	1.5（mol）	1.36（mol）	1.3（mol）	1.5（mol）	1.36（mol）
	天冬氨酸	0.8（mol）	0.86（mol）	0.9（mol）	0.8（mol）	0.86（mol）
	2-巯基-5-甲基-1,3,4-噻二唑	1（mol）	1（mol）	1（mol）	1（mol）	1（mol）
	硫酸水溶液	适量	适量	适量	适量	适量
	二甲苯	适量	适量	适量	适量	适量
	二乙醇胺	1.05（mol）	1.2（mol）	1.3（mol）	1.05（mol）	1.2（mol）
	氢氧化钠溶液	适量	适量	适量	适量	适量

制备方法　将各组分原料混合均匀即可。

原料介绍

苯丙乳液作为成膜剂，以硅酸锂、植酸钠、葡萄糖酸钠、氨基酸、苯并三氮唑、8-羟基喹啉、改性噻二唑、蓖麻油酸、油酸酰胺、三乙醇胺硼酸酯、石油磺酸钡、2-氨乙基十七烯基咪唑啉、磷酸二氢锌、六亚甲基四胺、二乙醇胺配合作为缓蚀剂。

所述改性噻二唑按照以下工艺进行制备：将十二烷酸与二氯亚砜混合，搅拌均匀后回流反应 100～200min，减压蒸馏后加入天冬氨酸的碱性溶液，调节 pH 值为 8～9，室温搅拌反应 120～180min，冷却后调节 pH 为酸性，分液、洗涤得到物料 A；将 2-巯基-5-甲基-1,3,4-噻二唑与硫酸水溶液混合，在 35～40℃下加入物料 A，在 45～55℃下反应 100～200min，冷却后加入水，过滤，将滤饼用氢氧化钠水溶液溶解后调节 pH 值为 2～3，过滤、洗涤、干燥后重结晶得到物料 B；将物料 B 加入二甲苯中，在 60～70℃下加入二乙醇胺，在 100～105℃下搅拌反应 2～3.5h，反应结束后冷却、旋蒸、干燥得到所述改性噻二唑。

所述改性噻二唑的制备过程中，硫酸水溶液的浓度为 60%～70%。

产品应用　本品主要是一种金属防锈剂。

产品特性　本品具有优异的防锈功能，且形成的防锈层稳定性好，延长了防锈剂的防锈时间，使其防锈时间延长至 5 个月以上。

配方 116　金属防锈剂（6）

[原料配比]

原料		配比（质量份）		
		1#	2#	3#
基础油	N5 号机械油	760	790	810
分散剂	非离子表面活性剂斯盘-80	25	20	15
邻苯二甲酸二辛酯		35	30	25
聚甲基丙烯酸乙酯		35	30	25
二壬基萘磺酸钡		110	100	90
环烷酸锌		12	15	19
十二烯基丁二酸		20	10	8
二烷基二硫代磷酸锌		3	5	8

制备方法　将基础油加入反应釜中，然后加入分散剂、邻苯二甲酸二辛酯、聚甲基丙烯酸乙酯，升温至 60～85℃，保温搅拌 20～30min，然后加入二壬基萘磺酸钡、环烷酸锌、十二烯基丁二酸和二烷基二硫代磷酸锌，继续保温搅拌 20～30min，即可得到成品。

原料介绍

聚甲基丙烯酸乙酯作为成膜剂，可以有效增加防锈油膜的机械强度。二烷基二硫代磷酸锌是一种过氧化分解剂，同时具有抗磨和抗腐性能，在较高的温度下仍有较好的抗氧化性，能减缓防锈油氧化变质，保质期可达 12 个月。邻苯二甲酸二辛酯具有助溶的效果。Span-80 作为分散剂使得油膜较薄。二壬基萘磺酸钡、环烷酸锌、十二烯基丁二酸有协同作用，使得产品的防锈性得到了很大的提升。

产品应用　本品主要用于钢、铜、铝合金、镀银、镀铅、镀镉等多种金属制件及其组合件产品，如轴承、工量具、刀具、机床的油封部位等封存防锈。

使用时先把零部件用汽油或煤油洗净，再将 30%～40%的汽油、煤油和 60%～70%的本产品配制成油液，通过浸渍、喷涂或刷涂的方法在零部件的表面进行涂油，然后包装封存。

产品特性　本品是一种油性防锈剂，防锈期一般铜件为 1 年，钢件可达 2 年。本品防锈能力强，油膜薄，易清洗，不易变质。

配方 117　金属防锈剂（7）

原料配比

原料		配比（质量份）		
		1#	2#	3#
环氧树脂		18	43	29
邻苯二甲酰氨基乙酸醇胺铈		23	29	27
乙酰柠檬酸三乙酯		13	25	19
四丁基乙酸季四戊醇酯		9	19	13
消泡剂	环氧乙烷与环氧丙烷加成聚合物	3	8	5
表面活性剂	十二烷基苯磺酸钠	1	3	2
增稠剂	海藻脂	1	—	—
	角叉胶	—	3	—
	黄芪胶	—	—	2
固化剂	聚硫醇型固化剂	3	—	4
	多异氰酸酯固化剂	—	5	—
水		33	57	47

制备方法　将各组分原料混合均匀即可。

原料介绍

邻苯二甲酰氨基乙酸醇胺铈、乙酰柠檬酸三乙酯、四丁基乙酸季四戊醇酯，3 种组分相互配合，组成金属的防锈体系，吸附在金属表面形成保护膜，防止水分侵蚀表面，显著提高金属的防腐性能。

环氧树脂的成膜性高、附着力强，可以提高保护膜的成膜厚度和致密性，提高防锈效果。

邻苯二甲酰氨基乙酸醇胺铈与其它助剂相配合，可以提高树脂膜强度，提高防锈剂的耐磨性能。

产品应用　本品主要是一种金属防锈剂。

产品特性　本品体系稳定，在高温环境下不易氧化变质，具有耐高温、耐磨等优异性能。

配方 118　金属防锈剂（8）

［原料配比］

原料	配比（质量份）		
	1#	2#	3#
苦槛蓝提取液	5	8	10
载银纳米硼酸钙	5	7	10
质量分数为 25%聚乙烯醇溶液	20	—	—
质量分数为 30%聚乙烯醇溶液	—	22	—
质量分数为 35%聚乙烯醇溶液	—	—	25
聚苯胺	3	4	5
蓖麻油	40	45	50
猪油	4	5	6
斯盘-80	1	2	2
3-氨丙基三甲氧基硅烷	2	3	3

制备方法

（1）将苦槛蓝提取液加入到聚乙烯醇溶液中，在 60～70℃、500～600r/min 下加热搅拌 20～30min，得到混合溶液。

（2）向步骤（1）所得混合溶液中加入载银纳米硼酸钙、蓖麻油、聚苯胺、猪油、斯盘-80、3-氨丙基三甲氧基硅烷，然后转入不锈钢反应釜中，在 80～85℃、400～500r/min 下处理 40～50min 后，冷却至 30～40℃即可。

原料介绍

所述苦槛蓝提取液的制备方法为：将苦槛蓝树叶在 50～60℃、1～1.5MPa 下放置 1～2h，然后转入−25～−20℃、2～2.2MPa 下放置 1～2h 后，取出，迅速磨成粉末后加入到其体积 30～50 倍的乙醇、二氯甲烷、三氯甲烷混合溶剂中，再加入尿素、氯化钠，在 70～72℃下利用 80～90Hz 的超声处理 30～50min，并在 50～55℃下静置 20～30min 后，过滤，将所得提取液蒸发浓缩至黏稠，得苦槛蓝提取液。

所述载银纳米硼酸钙的制备方法为：将纳米硼酸钙在球磨机中球磨 10～20min，然后在 230～250℃下焙烧 30～40min，接着加入丙酮中，在 120～130Hz 下超声分散 20～30min，然后浸泡 2～3h，过滤，并在 120～123℃下烘干，然后将烘干的纳米硼酸钙再次放入球磨机中，边球磨边滴入质量分数为 10%～13%的硝酸银溶液，充分润湿后，再接着滴加质量分数为 3%～5%的抗坏血酸溶液，然后继续球磨 2～3h，将所得物在 60～70℃下烘干，得到载银纳米硼酸钙。

产品应用　本品主要是一种金属防锈剂。

产品特性　本品不仅具有优异的耐腐蚀、耐盐雾性能，同时其抗菌效果显著，苦槛蓝提取液与载银纳米硼酸钙的协同作用，大大提升了防锈油的抗菌效果，同时，聚苯胺与猪油也存在协同增效作用，对防锈油的耐盐雾腐蚀性能具有促进作用。将纳米硼酸钙用硝酸银溶液进行改性处理，并在其表面生成纳米银，不仅改善了纳米硼酸钙的易团聚性能，增强其分散性和与基底的相容性，同时增强了防锈剂的成膜致密性，进而提高其耐盐雾腐蚀性能。

配方 119　金属高效防锈剂

原料配比

原料	配比（质量份）		
	1#	2#	3#
质量分数为 85%的磷酸	22	20	25
硅酸钠	11	10	12
硫酸镁	21	20	25
石油磺酸钡	7	6	8
硫脲	3	2	4
葡萄糖酸钠	7	6	8
苯甲酸钠	6	5	8
碳酸氢钠	12	10	15
柠檬酸	5	5	6
硬脂酸	10	10	10
水	180	150	200
氨基磺酸	5	5	5
卵磷脂	11	10	12

制备方法　将各组分原料混合均匀即可。

产品应用　本品主要是一种金属高效防锈剂。

产品特性　本品配方科学合理，防锈、脱脂、去污能力强，对有色金属无不良影响，而且不会产生泡沫，高压下也不会产生溢出现象；具有优异的接触防锈性能以及很好的气相防锈效果。

配方 120　金属环保型水基防锈剂

原料配比

原料		配比（质量份）		
		1#	2#	3#
水		86	85	86
成膜剂	羧甲基纤维素钠	5	—	5
	羧乙基纤维素	—	3	—

续表

原料		配比（质量份）		
		1#	2#	3#
碱性助剂	钼酸钠	2	—	2
	钨酸钠	—	6	—
	苯甲酸钠	3	1	3
金属缓蚀剂	三乙醇胺	2	—	2
	硼酸	—	1	—
	六亚甲基四胺	1	2	1
稳定剂	乙醇	1	1	1

制备方法　将各组分原料混合均匀即可。

产品应用　本品主要是一种金属环保型水基防锈剂。使用时，配制成5%浓度的防锈剂工作液。

产品特性　本品防锈效果好，使用后金属表面无锈点、无明显变化。

配方 121　金属快速防锈剂

原料配比

原料	配比（质量份）		
	1#	2#	3#
质量分数为36.5%的盐酸	20	15	18
醋酸	12	10	11
硫酸钙	25	20	22
三乙醇胺	15	10	12
醋酸乙酯	20	15	18
三氯乙醛	15	10	13
苯甲酸钠	8	5	6
碳酸氢钠	15	10	13
十二烷基硫酸钠	6	5	5
硬脂酸	10	10	10
水	200	150	180
三乙醇胺皂	5	5	5
脂肪酸山梨糖醇酐	11	10	12

制备方法　将各组分原料混合均匀即可。

产品应用　本品主要是一种金属快速防锈剂。

产品特性　本品配方科学合理，防锈、脱脂、去污能力强，对有色金属无不良影响，而且不会产生泡沫，高压下也不会产生溢出现象；具有优异的接触防锈性能以及很好的气相防锈效果，除锈效率高。

配方 122 金属门窗用防锈剂

［原料配比］

原料		配比（质量份）		
		1#	2#	3#
醇酸树脂		25	35	30
有机硅树脂		20	30	26
失水山梨糖醇单油酸酯		8	15	12
季戊四醇酯		8	15	12
三乙醇胺		4	8	6
柠檬酸锌		3	6	5
磷酸镍		1.5	3.2	2.5
改性凹凸棒土		4	8	6.5
二氧化硅		3	6	5
纳米氢氧化铝		2	5	3.5
纳米氢氧化锌		2	5	3.5
纳米二氧化钛		2	5	3.5
硅烷偶联剂		3	6	5
成膜助剂		1.2	2.1	1.7
抗氧化剂		2.5	3.4	2.8
增黏剂		1.8	3.6	2.8
去离子水		10	15	12
硅烷偶联剂	γ-甲基丙烯酰氧丙基三甲氧基硅烷	1	2	—
	γ-氨丙基三乙氧基硅烷	1	1	1
	γ-缩水甘油醚基丙基三甲氧基硅烷	—	—	1
成膜助剂	己二醇丁醚醋酸酯	2	—	—
	乙二醇丁醚	3	—	1
	2,2,4-三甲基-1,3-戊二醇单异丁酸酯	—	2.1	—
	丙二醇苯醚	—	—	1
抗氧化剂	2,6-二叔丁基羟基甲苯	8	—	8
	柠檬酸	1	—	1
	叔丁基对羟基茴香醚	—	7	—
	维生素 E	—	1	—
增黏剂	阴离子瓜尔胶	—	1	—
	甲壳素	—	1	—
	烷基二乙醇酰胺	1.8	—	—
	聚乙二醇双硬脂酸酯	—	—	1
	丙烯酸聚合物	—	—	1

制备方法

（1）按照上述原料的质量份称取各原料。

（2）将去离子水和三乙醇胺、柠檬酸锌、磷酸镍、改性凹凸棒土、二氧化硅、纳米氢氧化铝、纳米氢氧化锌、纳米二氧化钛、硅烷偶联剂、成膜助剂、抗氧化剂加入到反应釜 A 中，升温至 35～45℃，以 3000～4000r/min 的速度，搅拌混合 15～20min。

（3）将醇酸树脂、有机硅树脂、失水山梨糖醇单油酸酯和季戊四醇酯加入反应釜 B 中，升温至 68～80℃，以 2500～3000r/min 的速度，搅拌混合 30～40min。

（4）将反应釜 B 中的混合物料和增黏剂缓慢加入反应釜 A 中，并不断搅拌，搅拌温度为 40～50℃，反应釜 B 中的物料和增黏剂添加结束后，以 2000～2500r/min 的速度，继续搅拌 20～30min，冷却至室温，即得所述金属门窗用防锈剂。

原料介绍

改性凹凸棒土，通过改性处理，去除凹凸棒土中的杂质，增加凹凸棒土的纯度，凹凸棒土的比表面积明显增大，提高凹凸棒土的吸附性，同时加入过氧化二苯甲酰、十八烷基三甲基氯化铵、钛酸酯偶联剂进行表面处理，提高了凹凸棒土与原料中其它物质的相容性，使材料整体结构更加稳定，增强致密性。

醇酸树脂和有机硅树脂作为主要基料，醇酸树脂和有机硅树脂固化后有光泽和韧性，附着力强，并具有优异的耐候性、耐久性、耐磨性和耐化学品性。

纳米氢氧化铝、纳米氢氧化锌、纳米二氧化钛不仅可以提高涂层的防腐蚀性能，而且可以提高涂层的耐候性和抗机械冲击性能。

所述改性凹凸棒土的制备方法为：

（1）将凹凸棒土置于 20%～25%硫酸溶液中，浸泡 5～6h 后，用去离子水洗涤，过滤，干燥后，研磨成 300～500 目的粉末，置于 500～600℃下焙烧 3～4h。

（2）向步骤（1）处理后的凹凸棒土中加入相当于其质量 0.5%～1%的过氧化二苯甲酰、1%～3%十八烷基三甲基氯化铵、2%～4%钛酸酯偶联剂，以 2000～2500r/min 的速度，搅拌 30～40min，即得所述改性凹凸棒土。

产品应用　本品主要是一种金属门窗用防锈剂。

产品特性　本品具有很好的防锈、防腐蚀性能，可以很好地防护金属门窗表面产生锈迹，黏结性好，防老化性优异，制备方法简单，易规模化生产。

配方 123　金属硬膜防锈剂

原料配比

原料		配比（质量份）				
		1#	2#	3#	4#	5#
石油裂解 C_5 馏分		10.0	12.5	15	17.5	20
有机多元醇	季戊四醇	4.0	8.5	3	—	2.5
	1,2-丙二醇	4.0	—	—	4.5	2.5
	1,3-丙二醇	—	—	3	—	2.5
	丙三醇	—	—	3	5	2.5
硬脂酸咪唑啉季铵盐类化合物	12-羟基硬脂酸咪唑啉季铵盐	10.0	14	18.5	21.5	25

续表

原料	配比（质量份）				
	1#	2#	3#	4#	5#
油酸三乙醇胺	8.0	10.5	13	15.5	18
钼酸钾	3.0	3.8	4.5	5.3	6
焦磷酸钾	1.0	1.5	2	2.5	3

制备方法

（1）先制备出12-羟基硬脂酸咪唑啉季铵盐，备用。

（2）加入配方量的石油裂解C_5馏分、有机多元醇，升温至50～70℃进行搅拌，溶解0.5～1.5h；待完全溶解后，加入配方量的油酸三乙醇胺、钼酸钾及焦磷酸钠，在60～70℃搅拌0.5～1h。

（3）待完全溶解后，加入配方量的12-羟基硬脂酸咪唑啉季铵盐，保温搅拌1～2h，降至室温出料，即得到所述的金属硬膜防锈剂。所述的保温温度为60～70℃。

原料介绍

硬脂酸咪唑啉季铵盐类化合物，通过分子中极性原子N、S吸附在金属表面形成保护膜，同时金属在基础液中形成的腐蚀物沉积在金属表面保护膜上，进一步加强保护膜的防锈能力。

用石油裂解C_5馏分、有机多元醇、硬脂酸咪唑啉季铵盐类化合物、油酸三乙醇胺、钼酸钾及焦磷酸钠来进行合成及复配得到金属硬膜防锈剂，在金属结构件中实现长效防锈，不仅具备可薄涂、附着力优等特点，而且具有耐蚀性好、成本低廉、使用方便、易施工、易去除、涂层干燥快、防锈效果好、涂膜均匀美观等优点。

所述的12-羟基硬脂酸咪唑啉季铵盐的制备方法为：

（1）将二乙烯三胺与12-羟基硬脂酸按配比加入反应釜中，二甲苯作为携水剂，通氮气保护，加热到140～160℃维持4～5h至没有水分馏出，然后升温到190～210℃，反应1.5～2h至没有水分馏出，减压蒸馏得到棕红色咪唑啉中间体液体。所述的二乙烯三胺与12-羟基硬脂酸的摩尔比为（1.1～1.5）：1。

（2）将上述步骤制备的咪唑啉中间体加入反应釜中，搅拌下缓慢滴加氯化苄，滴加完后保温反应3h，慢慢冷却后得到12-羟基硬脂酸咪唑啉季铵盐。所述的保温反应的反应温度为90～100℃。

产品应用　本品主要是一种金属硬膜防锈剂。

产品特性

（1）本品具有较高的耐腐蚀性、耐久性、黏着性，使用后不会出现变硬、脱落和开裂的现象，同时对环境友好。

（2）本品具有良好的缓释防锈功能，可以延长防锈剂的防锈时间，防锈效果好。

（3）本品所用原料廉价、工艺简单，能够满足工程机械行业装配前早期防护及入库早期防腐防护要求。

配方124　金属用水基环保防锈剂

［原料配比］

原料	配比（质量份）		
	1#	2#	3#
复合酸	20	30	22

续表

原料	配比（质量份）		
	1#	2#	3#
乙醇胺	10	8	8.5
三乙醇胺	6	8	7.2
一乙醇胺	12	8	9
中和剂	3	6	5
消泡剂	3	2	2.2
流平剂	1	1.5	1.1
调味剂	1.1	0.5	0.8
水	80	90	82

制备方法　将各组分原料混合均匀即可。

原料介绍

所述调味剂选自甲基紫罗兰酮、茉莉香精、茉莉精油、百合精油、香叶醇和丁香酚中的至少一种。

本配方调味剂选用甲基紫罗兰酮、香叶醇和丁香酚，且甲基紫罗兰酮、香叶醇和丁香酚的质量比为1∶2∶0.8。

所述中和剂包括三嗪多元酸、氨水和氢氧化钠，且三嗪多元酸、氨水和氢氧化钠的质量比为（1～2）∶（2～3）∶（3～5）。

所述流平剂是聚二甲基硅氧烷流平剂、聚醚聚酯改性有机硅氧烷流平剂、烷基改性有机硅氧烷流平剂或丙烯酸酯流平剂。

所述消泡剂是有机硅消泡剂或聚醚消泡剂。

所述水为去离子水。

所述复合酸包括十一碳二元酸、癸二酸、硼酸以及辛癸酸，且十一碳二元酸、癸二酸、硼酸以及辛癸酸的质量比为（1～2）∶（1～3）∶（2～3）∶（4～5）。

产品特性

（1）本品配比合理，采用水基原料，制得的防锈剂环保且性能满足标准，防锈期长达1～1.5年，特别适用于成品金属零件的防锈。

（2）利用复合酸和中和剂的有效搭配，提高防锈性能和长期稳定性，具有有效提高产品防腐合格率、降低企业生产成本的优良特性。

（3）添加具有芳香气味的调味剂，味道清新，不刺鼻，提高工作环境的舒适性，使得员工心情愉悦，提高工作效率。

配方125　静电喷涂防锈剂

原料配比

原料		配比（质量份）
基础油	10#机油	85
石油磺酸钠		4

续表

原料	配比（质量份）
石油磺酸钡	3
油溶性聚醚 UCON OSP	5
苯并三氮唑	0.1
受阻酚	0.8
氧化石油脂	2
复合抗泡剂	0.1

制备方法

（1）将 50%的基础油加热至 80℃，加入苯并三氮唑搅拌至完全溶解后停止加热。

（2）继续依次加入受阻酚、石油磺酸钠、石油磺酸钡、油溶性聚醚 UCON OSP 和氧化石油脂，搅拌至澄清透明。

（3）最后缓慢加入复合抗泡剂及剩余 50%的基础油，搅拌 0.5h，得到静电喷涂防锈剂。

原料介绍

本品从脂类、羧酸、杂环化合物、咪唑类、磺酸盐以及新型非磺酸盐等大量缓蚀剂和防锈润滑两用添加剂中筛选得到配方，改善防锈剂配比，在相同添加量的情况下提高了产品的防锈性能，在同样的性能指标下节约防锈剂的使用量。添加油溶性聚醚 UCON OSP 系列产品，不仅提高了产品的盐雾性能，还可以适度降低缓蚀剂的使用量。在保证质量的同时节约成本，降低产品对环境的污染风险。

石油磺酸钠具体是指石油磺酸钠 702，作为防锈剂，有助于提高湿热性能。石油磺酸钡具体是指石油磺酸钡 701，作为防锈剂，有助于提高盐水浸渍性能。石油磺酸钠 702 和石油磺酸钡 701 两种阴离子表面活性剂复配，也有添加钙基的产品。钡盐分子量大，更易吸附在金属表面，所以防锈性能以及抗湿热性能更好。

阻酚类抗氧化剂具有空间受阻结构的链终止型酚类化合物，也是润滑油添加剂中常用的抗氧化剂，一般跟胺类抗氧化剂复配效果更佳，本配方中使用的是巴斯夫 Irganox 系列酚类抗氧化剂，添加剂量小，不挥发，不迁移。氧化石油脂抗磨性能极好，同时在配方中提高了产品的防锈性能。由于油溶性聚醚的极性高于矿物油，所以会优先吸附在被保护的金属表面。也是由于其极性高于矿物油，所以按照相似相溶的原理，防锈添加剂也会富集在油溶性聚醚分子表面而随着油溶性聚醚一起富集在被保护的金属表面，从而可以提供更好的防锈保护性能。基础油是添加剂的载体，其分子可以深入到定向吸附的缓蚀剂分子之间，使憎水的吸附膜更加紧密，也使吸附不牢的极性分子不易脱附，从而更有效地保护了金属。所述 10#机油为不含机械杂质和水分的矿物油。机械杂质影响金属表面，水分容易导致锈蚀。既能满足静电喷涂机的使用要求，又能减小缓蚀剂分子热运动的阻力。

产品特性　本品防锈性能、油膜去除性、实物冲压性与电泳涂漆工艺的相容性均优良。

配方 126　具有降温效果的轨道防锈剂

［原料配比］

原料	配比（质量份）		
	1#	2#	3#
120 号溶剂油	20	26	23

续表

原料		配比（质量份）		
		1#	2#	3#
亚磷酸二正丁酯		8	10	9
苯并三氮唑钠		2	8	6
硫磷丁辛基碱性锌盐		4	6	5
磷酸钛		8	14	11
氧化铝		10	14	12
氮化铝		5	9	7
硅烷偶联剂		2	4	3
环氧树脂		8	10	9
月桂酰单乙醇胺		6	8	7
聚异丁烯		2	5	3
油酸乙二醇酯		3	5	4
十四烷基三甲基氯化铵		2	4	3
正丁醇		8	10	9
丁醚		10	12	11
羟乙基油酰咪唑啉		20	22	21
二壬基萘磺酸钙		10	14	12
成膜剂		10	16	13
抗氧化剂		2	4	3
成膜剂	叔丁基酚甲醛树脂	1	1	1
	石油树脂	1	1	1
	松香	2	2	2
	顺酐	1	1	1
抗氧化剂	丁苯橡胶	2	2	2
	季戊四醇酯	2	2	2
	烷基二苯胺	3	3	3

制备方法　将各组分原料混合均匀即可。

产品特性

（1）该防锈剂不与轨道金属表面基体发生化学变化，能保持轨道表面平整、润滑、光滑，防锈性能好，持续时间长。

（2）本品环保性能高，在施工使用过程中不会造成对工作人员的伤害以及对环境的污染。

（3）该防锈剂除了具有良好的防锈抗腐蚀能力，还具有良好的降温效果，避免了在高速摩擦下而降低轨道的使用寿命。

配方 127 具有优异减震性能的金属防锈剂

原料配比

原料		配比（质量份）				
		1#	2#	3#	4#	5#
苯丙乳液		6	4	8	5	7
改性填料		9	12	6	11	7
减震改性助剂		6	4	8	5	7
改性防锈补强剂		10	15	5	12	8
胺溶季铵铜		6	4	8	5	7
六偏磷酸钠		2	3	1	2.5	1.5
纳米二氧化硅		4	2	6	3	5
磺酸钠		6	9	3	8	4
十二烯基丁二酸		6	4	8	5	7
环烷酸锌		6	8	4	7	5
石油脂		6	4	8	5	7
苯并三氮唑		3.5	5	2	4	3
活性碳酸钙		4.5	3	6	4	5
氧化锌		3.5	5	2	4	3
硬脂酸		2.5	1	4	2	3
三聚磷酸铝		4.5	6	3	5	4
磷酸锌		3.5	2	5	6	4
磷酸钙		6	8	4	7	5
硅烷偶联剂 KH-570		6	3	9	4	8
壬基酚聚氧乙烯醚		3.5	5	2	4	3
脂肪醇聚氧乙烯醚		6	3	9	4	8
脂肪酸甲酯乙氧基化物磺酸钙		5	8	2	7	3
十二烷基苯磺酸		4.5	3	6	4	5
乙氧基化脂肪醇聚氧乙烯醚硫酸钠		6	8	4	7	5
改性填料	陶土	10	5	15	8	12
	石墨烯	6	8	4	7	5
	硼酸酯偶联剂	3.5	2	5	3	4
	乙醇	4.5	6	3	5	4
	1-烯丙基-3-甲基咪唑	3.5	5	2	4	3
	白炭黑	6	3	9	4	8
减震改性助剂	滑石粉	3.5	2	5	3	4
	轻钙粉	2	3	1	2.5	1.5

续表

原料		配比（质量份）				
		1#	2#	3#	4#	5#
减震改性助剂	蛭石粉体	4.5	3	6	4	5
	蒸馏水	9	12	6	11	7
	六偏磷酸钠	4	3	5	3.5	4.5
	十六烷基三甲基溴化铵	3	4	2	3.5	2.5
改性防锈补强剂	铜粉	4.5	3	6	4	5
	铝粉	3.5	5	2	4	3
	锡粉	2.5	1	4	2	3
	纳米硫化锌	6	9	3	8	4
	硝酸钠	3.5	2	5	3	4
	高锰酸钾	6	4	8	5	7
	双氧水	6	9	3	8	4
	二甲基甲胺	3.5	2	5	3	4
	苯肼	2	3	1	2.5	1.5
	异氟尔酮二异氰酸酯	6	4	8	5	7
	2,2-二羟甲基丙酸	6.5	9	4	8	5

制备方法　将各组分原料混合均匀即可。

原料介绍

改性填料按如下工艺进行制备：将陶土和石墨烯置于110～130℃干燥箱中干燥1～3h，然后加入硼酸酯偶联剂和乙醇混合均匀，升温至90～100℃，于200～300r/min转速搅拌10～30min，冷却至室温得到物料A；将1-烯丙基-3-甲基咪唑和白炭黑混合均匀，恒温超声0.5～1.5h，静置20～40min，于110～130℃干燥20～40min，冷却至室温得到物料B；将物料A和物料B混合均匀，研磨至50～60目颗粒状物料得到改性填料。

所述的减震改性助剂按如下工艺进行制备：将滑石粉、轻钙粉、蛭石粉体和蒸馏水混合研磨成浆状，然后加入六偏磷酸钠和十六烷基三甲基溴化铵混合均匀，超声处理20～40min，然后升温至40～60℃，于800～1200r/min转速搅拌20～40min，然后冷却至室温，于50～70℃干燥7～9h，接着研磨得到减震改性助剂。

所述的改性防锈补强剂按如下工艺进行制备：将铜粉、铝粉、锡粉、纳米硫化锌和硝酸钠混合均匀，搅拌20～40min，然后加入高锰酸钾混合均匀，接着于30～40℃恒温水浴中继续搅拌2～4h，冷却至室温后加入双氧水混合均匀，静置，过滤，洗涤，于4500～5500r/min转速搅拌10～20min，取出下层胶体后置于30～40℃真空干燥70～80h，冷却至室温，然后加入二甲基甲胺混合均匀，超声1～3h后置于50～70℃水浴锅中，然后加入苯肼和异氟尔酮二异氰酸酯混合均匀，升温至70～80℃，保温3～5h，接着加入2,2-二羟甲基丙酸混合均匀，过滤，洗涤，并将滤饼置于35～45℃干燥20～30h，冷却至室温得到改性防锈补强剂。

陶土能够很好地镶嵌在金属防锈剂基体中，与金属防锈剂基体的相界面模糊，颗粒分布均匀，含改性陶土的金属防锈剂的孔径差别很小，均匀性较好，有效提高了金属防锈剂的减震性能。1-烯丙基-3-甲基咪唑与白炭黑的氢键作用促进了白炭黑在金属防锈剂基体中的分散，有效提高了金属防锈剂的减震性能，与基料有效结合得到的金属防锈剂具有优异的减震性能，防锈性能好。减震改性助剂有效提高了本品的减震性能和防锈性能。改性防锈补强剂有效提高了本品的防锈性能。

产品特性 本品具有优异的减震性能，防锈性能好。

配方 128 具有优异润滑性能的金属防锈剂

［原料配比］

原料	配比（质量份）				
	1#	2#	3#	4#	5#
磺酸钙	6	4	8	5	7
己二酸异辛醇酯	6.5	9	4	8	5
十三碳二酸异庚醇酯	3.5	2	5	3	4
二聚酸二异辛酯	3.5	6	1	5	2
二烷基二硫代磷酸锌	5	2	8	3	7
邻苯三甲酚酯	4	5	3	4.5	3.5
氯化石蜡	3	2	4	2.5	3.5
硫化异丁烯	2	3	1	2.5	1.5
改性润滑剂	3.5	2	5	3	4
改性润滑助剂	6	9	3	8	4
胺溶季铵铜	6	4	8	5	7
六偏磷酸钠	2	3	1	2.5	1.5
磺十二烯基丁二酸	6	4	8	5	7
环烷酸锌	6	8	4	7	5
苯并三氮唑	3.5	2	5	3	4
烯基磺酸钠	3.5	6	1	5	2
三聚磷酸钠	4.5	3	6	4	5
磷酸氢二铵	4.5	6	3	5	4
脂肪酸	4.5	3	6	4	5
二烷基二硫代氨基甲酸钠	6.5	9	4	8	5
聚异丁烯丁二酰亚胺	3.5	2	5	3	4
苯甲酸甲酯	3.5	6	1	5	2
聚四氟乙烯	6	3	9	4	8
丁烯	3	5	1	4	2
壬基酚聚氧乙烯醚	3.5	2	5	3	4
脂肪酸甲酯乙氧基化物磺酸钙	5	8	2	7	3
十二烷基苯磺酸	4.5	3	6	4	5
乙氧基化脂肪醇聚氧乙烯醚硫酸钠	6	8	4	7	5

续表

原料		配比（质量份）				
		1#	2#	3#	4#	5#
二聚酸二异辛酯	二聚酸	4.5	3	6	4	5
	异辛醇	3.5	5	2	4	3
	苯	2	1	3	1.5	2.5
	对甲苯磺酸	4.5	6	3	5	4
改性润滑剂	聚乙二醇	4.5	3	6	4	5
	过硫酸铵	3.5	2	5	3	4
	聚氧乙烯醚	2	1	3	1.5	2.5
	硅烷偶联剂 KH-570	3.5	5	2	4	3
改性润滑助剂	精炼菜籽油	6.5	4	9	5	8
	碱性高锰酸钾溶液	3.5	5	2	4	3
	硼酸	2	1	3	1.5	2.5
	三乙醇胺	4	5	3	4.5	3.5

制备方法　将各组分原料混合均匀即可。

原料介绍

所述的二聚酸二异辛酯按如下工艺进行制备：将二聚酸和异辛醇混合均匀，于 350～650r/min 转速搅拌 20～40min，然后加入苯和对甲苯磺酸混合均匀，升温至 60～80℃，保温 20～40min，搅拌回流，冷却至室温，蒸馏后用氢氧化钠溶液洗涤，然后用 70～90℃蒸馏水洗涤至 pH 值至 7，真空脱水得到二聚酸二异辛酯。

所述的改性润滑剂按如下工艺进行制备：将聚乙二醇抽入聚合反应器中，升温至 100～120℃，抽真空，然后加入过硫酸铵混合均匀，升温至 130～150℃，抽真空并通入高纯氮气保护，然后加入聚氧乙烯醚混合均匀，控制温度为 120～140℃，压力小于 0.35MPa，保温降压至 0.2MPa，保温 20～40min，然后加入硅烷偶联剂 KH-570 混合均匀，通氮气升温到 60～80℃，继续升温至 90～110℃，降温出料即为改性润滑剂。

所述的改性润滑助剂按如下工艺进行制备：将精炼菜籽油和碱性高锰酸钾溶液混合均匀，于 650～850r/min 转速搅拌 20～40min，然后加入硼酸混合均匀，升温至 110～130℃，保温 0.5～1.5h，接着加入三乙醇胺混合均匀，搅拌 0.5～1.5h，冷却至室温，减压蒸馏，提纯后得到改性润滑助剂。

二聚酸二异辛酯，有效提高了润滑性，进一步提高了抗氧化性能。

改性润滑剂能够对金属起到降低磨损、减小摩擦、节约能耗的作用，润滑剂分子中的极性分子在摩擦副表面上发生定向吸附，吸附分子间内聚力的存在使分子间靠得很紧，从而生成一层薄膜，在金属表面形成低剪切强度区，有降低摩擦的作用。

改性润滑助剂具有优良的抗磨减摩性能，具有良好的生物降解性能，且本身不含有毒元素，是一种环境友好型润滑添加剂。

产品应用　本品主要是一种具有优异润滑性能的金属防锈剂。

产品特性　本品可生物降解，且具有优异的除油清洁性和环保性能。防锈性能好。

配方 129 抗高硬水防锈剂

[原料配比]

原料	配比（质量份）					
	1#	2#	3#	4#	5#	6#
去离子水①	150	400	400	500	420	360
氢氧化钠①	13.2	48	52	36	48	42
2,4,6-三(氨基己酸基)-1,3,5-三嗪	72	216	240	277	244	200
氯乙酸	31	113.4	157.3	108.9	105.6	81.3
去离子水②	20	76	105	73	69	54
氢氧化钠②	28	84	121	82	79	62
去离子水③	30	90	130	88	85	67

制备方法

（1）将计量好的去离子水①、氢氧化钠①、2,4,6-三(氨基己酸基)-1,3,5-三嗪加入四口烧瓶中，搅拌均匀。

（2）将氯乙酸与去离子水②配制成水溶液装入滴加装置待用。

（3）将氢氧化钠②与去离子水③配制成水溶液装入滴加装置待用。

（4）将四口烧瓶加热至 90℃。同时滴加氯乙酸和氢氧化钠进四口烧瓶，控制反应体系中反应温度为 80～100℃，pH 值为 10～12。

（5）滴加完毕后，调节反应体系温度为 90～100℃、pH 值为 10～12，保温 6h。

（6）降温至 40～50℃，滴加盐酸调节 pH 值为 1～2，有淡黄色固体析出，过滤，洗涤至滤液为中性。烘干得产物，一种抗高硬水防锈剂。

产品应用　本品主要是一种抗高硬水防锈剂。

产品特性

（1）抗高硬水能力：在 2000μg/g 的硬水条件下添加抗高硬水防锈剂三乙醇胺盐，溶液澄清透明，70℃下，保存 7 天后无沉淀析出，仍然澄清透明，说明该产品有良好的抗高硬水能力。

（2）热稳定性：将不同浓度的抗高硬水防锈剂三乙醇胺盐添加到 2000μg/g 硬水中，70℃保存 7 天，无沉淀、不析油、不析皂、无漂浮物，说明该产品具有良好的热稳定性。

（3）良好的防锈性：将不同浓度的抗高硬水防锈剂三乙醇胺盐添加到 2000μg/g 硬水中，测其对铸铁的防锈性，结果当溶液中产品质量分数≥0.5%时，铸铁可保持 48h 不锈，说明该产品有良好的防锈性。

（4）生物稳定性好：本品在硬水中抗菌性良好，性能稳定。

（5）无气味：产品无色无味，对环境友好。

配方 130 可回收利用的防锈剂

[原料配比]

原料	配比（质量份）								
	1#	2#	3#	4#	5#	6#	7#	8#	9#
聚苯乙烯	100	80	120	100	100	100	100	100	100

续表

原料		配比（质量份）								
		1#	2#	3#	4#	5#	6#	7#	8#	9#
改性剂	马来酸酐	20	30	15	20	20	20	—	20	20
	甲基丙烯酸	10	10	15	10	10	10	15	—	10
	干性油	10	15	5	10	10	10	15	10	—
引发剂	偶氮二异丁腈	15	10	15	—	15	15	15	15	15
	过硫酸钾	—	—	—	15	—	—	—	—	—
催化剂	高锰酸钾	3	5	1	—	3	3	3	3	3
	锰酸钾	—	—	—	3	—	—	—	—	—
酸液	98%的硝酸	20	20	10	—	20	20	20	20	20
	98%的盐酸	—	—	—	20	—	—	—	—	—

制备方法

（1）将聚苯乙烯、酸液和催化剂在密闭条件下进行反应，得到第一溶液；反应的温度为60～90℃；反应的时间为1～3h；密闭条件的压力为2～2.4MPa。

（2）将第一溶液冷却至室温后加入改性剂，然后加入引发剂进行反应，得到可回收利用的防锈剂。反应的时间为20～60min。

产品应用　本品主要是一种可回收利用的防锈剂。

可回收利用的防锈剂或上述制备方法制备的防锈剂的回收再利用方法：将防锈层从金属表面刮下后，防锈层溶于酸液中，加入聚苯乙烯和催化剂后，可再次进行金属防锈。

产品特性

（1）本品具有可回收利用的优点，并且会减少对环境的污染。

（2）本品将马来酸酐与聚苯乙烯发生接枝反应，在聚苯乙烯分子上移入一定数量的亲水羧基，赋予基料亲水性，加入的甲基丙烯酸增强了涂膜内聚强度，干性油的加入不仅使涂膜具有良好的干燥性能和柔韧性，且其上的不饱和键还与马来酸酐发生共轭反应，使疏水的干性油分子上引入一定数量亲水性羧基，提高整个体系的亲水性。

配方131　可生物降解的金属防锈剂

原料配比

原料	配比（质量份）				
	1#	2#	3#	4#	5#
苯丙乳液	6	4	8	5	7
改性填料	8	12	6	11	7
改性增强剂	6	4	8	5	7
改性防锈增强剂	10	15	5	12	8
甲基丙烯酸甲酯	6	4	8	5	7
丙烯酸丁酯	2	3	1	2.5	1.5

续表

<table>
<tr><th colspan="2" rowspan="2">原料</th><th colspan="5">配比（质量份）</th></tr>
<tr><th>1#</th><th>2#</th><th>3#</th><th>4#</th><th>5#</th></tr>
<tr><td colspan="2">过硫酸铵</td><td>4</td><td>2</td><td>6</td><td>3</td><td>5</td></tr>
<tr><td colspan="2">苯乙烯</td><td>6</td><td>9</td><td>3</td><td>8</td><td>4</td></tr>
<tr><td colspan="2">丙烯酸羟乙酯</td><td>6</td><td>4</td><td>8</td><td>5</td><td>7</td></tr>
<tr><td colspan="2">环氧树脂</td><td>6</td><td>8</td><td>4</td><td>7</td><td>5</td></tr>
<tr><td colspan="2">环氧丙烯酸树脂</td><td>3.5</td><td>2</td><td>5</td><td>3</td><td>4</td></tr>
<tr><td colspan="2">苯并三氮唑</td><td>3.5</td><td>5</td><td>2</td><td>4</td><td>3</td></tr>
<tr><td colspan="2">二烷基二硫代磷酸锌</td><td>3.5</td><td>1</td><td>6</td><td>2</td><td>5</td></tr>
<tr><td colspan="2">三聚磷酸钠</td><td>4.5</td><td>6</td><td>3</td><td>5</td><td>4</td></tr>
<tr><td colspan="2">环烷基基础油</td><td>4.5</td><td>3</td><td>6</td><td>4</td><td>5</td></tr>
<tr><td colspan="2">二乙二醇丙醚</td><td>3.5</td><td>5</td><td>2</td><td>4</td><td>3</td></tr>
<tr><td colspan="2">十八胺</td><td>2.5</td><td>1</td><td>4</td><td>2</td><td>3</td></tr>
<tr><td colspan="2">烷基磺酸钠</td><td>4</td><td>5</td><td>3</td><td>4.5</td><td>3.5</td></tr>
<tr><td colspan="2">氨基磺酸</td><td>4</td><td>2</td><td>6</td><td>3</td><td>5</td></tr>
<tr><td colspan="2">六亚甲基四胺</td><td>2.5</td><td>4</td><td>1</td><td>3</td><td>2</td></tr>
<tr><td colspan="2">石油磺酸钡</td><td>4</td><td>3</td><td>5</td><td>3.5</td><td>4.5</td></tr>
<tr><td colspan="2">硫代脂肪酸酯</td><td>3.5</td><td>5</td><td>2</td><td>4</td><td>3</td></tr>
<tr><td colspan="2">脂肪醇聚氧乙烯醚</td><td>2.5</td><td>1</td><td>4</td><td>2</td><td>3</td></tr>
<tr><td colspan="2">丙烯醇胺</td><td>4</td><td>5</td><td>3</td><td>4.5</td><td>3.5</td></tr>
<tr><td colspan="2">羧甲基淀粉钠</td><td>3.5</td><td>2</td><td>5</td><td>3</td><td>4</td></tr>
<tr><td colspan="2">阿拉伯胶</td><td>3</td><td>5</td><td>1</td><td>4</td><td>2</td></tr>
<tr><td colspan="2">马丙共聚物</td><td>4.5</td><td>3</td><td>6</td><td>4</td><td>5</td></tr>
<tr><td colspan="2">硫酸二氢钾</td><td>5</td><td>8</td><td>2</td><td>7</td><td>3</td></tr>
<tr><td colspan="2">钼酸钠</td><td>6</td><td>3</td><td>9</td><td>4</td><td>8</td></tr>
<tr><td rowspan="14">改性填料</td><td>淀粉</td><td>10</td><td>5</td><td>15</td><td>8</td><td>12</td></tr>
<tr><td>2%的氢氧化钠溶液</td><td>3.5</td><td>—</td><td>—</td><td>—</td><td>—</td></tr>
<tr><td>1%的氢氧化钠溶液</td><td>—</td><td>5</td><td>—</td><td>—</td><td>—</td></tr>
<tr><td>3%的氢氧化钠溶液</td><td>—</td><td>—</td><td>2</td><td>—</td><td>—</td></tr>
<tr><td>1.5%的氢氧化钠溶液</td><td>—</td><td>—</td><td>—</td><td>4</td><td>—</td></tr>
<tr><td>2.5%的氢氧化钠溶液</td><td>—</td><td>—</td><td>—</td><td>—</td><td>3</td></tr>
<tr><td>65%的硫酸溶液</td><td>2</td><td>—</td><td>—</td><td>—</td><td>—</td></tr>
<tr><td>60%的硫酸溶液</td><td>—</td><td>—</td><td>3</td><td>—</td><td>—</td></tr>
<tr><td>70%的硫酸溶液</td><td>—</td><td>1</td><td>—</td><td>—</td><td>—</td></tr>
<tr><td>68%的硫酸溶液</td><td>—</td><td>—</td><td>—</td><td>1.5</td><td>—</td></tr>
<tr><td>62%的硫酸溶液</td><td>—</td><td>—</td><td>—</td><td>—</td><td>2.5</td></tr>
<tr><td>4-二甲氨基吡啶</td><td>4.5</td><td>3</td><td>6</td><td>4</td><td>5</td></tr>
<tr><td>无水吡啶</td><td>2.5</td><td>4</td><td>1</td><td>3</td><td>2</td></tr>
<tr><td>4-氧代-4-(丙-2-炔-1-氧基)丁酸酐</td><td>4</td><td>6</td><td>2</td><td>5</td><td>3</td></tr>
</table>

续表

原料		配比（质量份）				
		1#	2#	3#	4#	5#
改性增强剂	木质素磺酸铵	3.5	2	5	3	4
	蒸馏水	2	3	1	2.5	1.5
	20%的硫酸溶液	4.5	—	—	—	—
	25%的硫酸溶液	—	3	—	—	—
	22%的硫酸溶液	—	—	—	4	—
	15%的硫酸溶液	—	—	6	—	—
	18%的硫酸溶液	—	—	—	—	5
	双氧水	4	6	2	5	3
	硫酸亚铁	2.5	1	4	2.5	3
	木纤维	3.5	2	5	3	4
	聚乳酸	4	5	3	4.5	3.5
	聚羟基乙酸	2	1	3	1.5	25
改性防锈增强剂	三乙醇胺	4	3	5	3.5	4.5
	苯甲酸钠	1.5	2	1	1.8	1.2
	四硼酸钠	3.5	2	5	3	4
	碳酸钠	4.5	6	3	5	4
	葡萄糖酸钠	6	4	8	5	7

制备方法　将各组分原料混合均匀即可。

原料介绍

所述的改性填料按如下工艺进行制备：将淀粉浸入质量分数为 1%～3%的氢氧化钠溶液中，室温下静置 10～14h，过滤后洗涤，然后置于质量分数为 60%～70%的硫酸溶液中，升温至 40～50℃，保温 40～50min，冷却至室温后离心处理，调节 pH 值至 7，冷冻干燥，然后加入 4-二甲氨基吡啶和无水吡啶混合均匀，超声处理 10～20min，然后加入 4-氧代-4-（丙-2-炔-1-氧基）丁酸酐混合均匀，升温至 70～90℃，于 250～350r/min 转速搅拌 4～6h，接着于蒸馏水中沉淀析出，冷冻干燥得到改性填料。

所述的改性增强剂按如下工艺进行制备：将木质素磺酸铵和蒸馏水混合均匀，然后用质量分数为 15%～25%的硫酸溶液调节 pH 值至 3～4，然后加入双氧水和硫酸亚铁混合均匀，室温下搅拌 0.5～1.5h 得到物料 A；将木纤维、聚乳酸和聚羟基乙酸混合均匀，室温下于 1000～2000r/min 转速搅拌 5～15min，升温至 60～80℃，保温 10～30min，接着加入物料 A，于 650～850r/min 转速搅拌 4～8min，冷却至室温得到改性增强剂。

所述的改性防锈增强剂按如下工艺进行制备：将三乙醇胺、苯甲酸钠、四硼酸钠、碳酸钠和葡萄糖酸钠混合均匀，升温至 70～90℃，保温 2～4h，于 350～550r/min 转速搅拌 20～40min，冷却至室温得到改性防锈增强剂。

改性填料有效提高了本品金属防锈剂的防锈性能和强度。改性增强剂有效提高了本品金属防锈剂的强度和可降解性能。改性防锈增强剂有效提高了本品金属防锈剂的防锈性能。

产品特性　本品具有优异的防锈性能，且可降解。

配方 132 可与多种金属处理工艺相配套的水性防锈剂

[原料配比]

原料		配比（质量份）			
		1#	2#	3#	4#
纯水		700	800	900	700
无水乙醇		30	40	50	30
改性有机硅树脂	有机硅改性水性环氧树脂	270	160	50	270

制备方法

（1）准备以下原料：纯水、无水乙醇、改性有机硅树脂。

（2）加料一：往清洗干净的反应釜中加入纯水。

（3）加料二：再往清洗干净的反应釜中加入无水乙醇。

（4）预搅拌：开启反应釜的搅拌装置；所述反应釜为不锈钢或塑料反应釜。

（5）加料三：往反应釜中缓慢加入改性有机硅树脂，通过搅拌装置充分搅拌。

（6）制成：将溶液灌装，制得水性防锈剂成品。

产品特性

（1）本品对铁质等多种材质具有低浓度条件下的高效防锈效果。

（2）本产品不含重金属等可以给环境带来负面影响的成分，符合环保要求，属于环保型水性防锈剂。

配方 133 空调外机清洗防锈剂

[原料配比]

原料		配比（质量份）		
		1#	2#	3#
除锈剂成分	酒石酸	4.0	4.5	3.5
	柠檬酸	0.5	—	1
	氯化钠	0.3	0.3	0.3
除垢剂成分	氨基磺酸	0.7	0.7	—
	焦磷酸钠	0.4	—	0.4
润湿渗透剂成分	脂肪醇聚氧乙烯醚（AEO-14）	0.7	—	0.7
	异丙醇	1.4	1.4	—
匀相剂成分	十六烷基苯磺酸钠	0.7	0.7	—
	十二烷基二甲基氧化胺	0.4	—	0.4
防锈剂成分	亚硝酸钠	0.4	0.4	0.4
	六亚甲基四胺	0.04	—	—
	糊精	0.2	0.2	0.3
去离子水		90.26	91.76	93

制备方法　在反应器内先加入去离子水，再加入各酸液搅拌；控制溶液温度为40～50℃，再依次加入除锈剂成分、除垢剂成分、润湿渗透剂成分、匀相剂成分和防锈剂成分，边加入边搅拌约30min，至所有不溶物完全溶解。

原料介绍

酒石酸和柠檬酸，单独使用或者二者混合使用，使得锈迹剥离。同时为了提高对锈层的侵蚀能力，在其中添加少量的氯化钠，适当地提高氯离子含量可有效增强锈迹的溶解性。

氨基磺酸和焦磷酸钠均为性能良好的除垢剂，二者可以单独使用或者混合使用。适当添加脂肪醇聚氧乙烯醚（AEO-14）或异丙醇可提高有机酸对锈层的润湿性，AEO-14属于非离子表面活性剂，对金属氧化物具有良好的润湿性能，且不受pH值的影响，有效地将锈迹包裹，带入溶液中，加快清洗剂的渗透，异丙醇可以加快有机酸向金属锈迹界面渗透，缩短除锈时间。

为了提高脱落的锈迹和尘垢在清洗剂中的相容性，适当的匀相剂是必不可少的，可以选用十六烷基苯磺酸钠和十二烷基二甲基氧化胺中的一种或混合液，有利于固体颗粒在水中的稳定。

六亚甲基四胺或苯并三氮唑，单独使用或者二者混合使用，其特有的氮上的孤对电子可以与金属的d轨道络合，在金属表面形成疏水的有机分子层，隔绝氧气的渗透，起到防锈作用。

亚硝酸钠具有强大的还原性，可将渗透的氧还原，防止金属氧化。

糊精可以在金属表面形成单分子层高聚物，隔绝氧的渗透。

产品应用　本品主要是一种空调外机清洗防锈剂。

使用方法，将清洗液储存于装有喷嘴的压力容器中，对待清洗设备均匀地喷淋一遍，静置2min，再喷淋3～5min，锈迹和尘垢随清洗防锈剂一同落下；喷淋结束后改用自来水喷淋冲洗一次即可。

产品特性

（1）本品在高效清洗的前提下，酸液不挥发，安全环保，另外，迅速生成的保护膜避免空调外机洁净表面被重新氧化；并且在表面活性剂作用下，所除杂尘得到均匀分散，可轻松清洗除去。

（2）本品在清洗空调外机除垢和除锈的同时，在表面形成防锈膜，防止金属氧化物形成。

配方 134　快干型防锈剂

原料配比

原料		配比（质量份）		
		1#	2#	3#
防老剂	*N*-苯基-*N'*-异丙基对苯二胺	5	13	9
抗氧化剂		1	5	3
消泡剂	环氧乙烷与环氧丙烷的加成聚合物	3	7	5
基础油	植物油	23	35	28
单丁醚		1	3	2
磷酸酯		7	12	9
抗氧化剂	二丁基羟基甲苯	3	3	3
	叔丁基对苯二酚	2	2	2
水		适量	适量	适量

制备方法

（1）按质量份取防老剂、抗氧化剂、基础油、单丁醚混合后，按其质量的 45%～60%比例加水，加热搅拌，控制温度在 65～80℃，加热 2～3h 得到混合溶液。

（2）按质量份取消泡剂和磷酸酯，依次加入到所述混合溶液中，继续搅拌 1～3h，过均质机，冷却即可。

产品应用 本品主要是一种快干型防锈剂。

产品特性 本品操作简单易行，所得快干型防锈剂用于金属物体表面，可形成一层防锈膜，干燥时间短，且具有耐摩擦、防干裂等优点，在极端的高温或低温环境下，性能稳定，防锈时间长。

配方 135 离子改进型多酸金属防锈剂

原料配比

原料	配比（质量份）	
	1#	2#
四羟甲基硫酸鏻	5	3
去离子水①	150	75
甲酰胺	2	1
正硅酸乙酯	12	10
去离子水②	960	750
十二烯基丁二酸	4	3
2,3-环氧丙基三甲基氯化铵	3	2
异佛尔酮二异氰酸酯	120	110
聚丙二醇 1000	104	100
辛酸亚锡	4	3
1,4-丁二醇	1	0.5
吡啶硫酮锌	3	3.5
60%～65%的乙醇溶液	42	—
60%的乙醇溶液	—	25
肉豆蔻酸钠皂	4	2
碳酸氢钠	1～2	1
浓度为 12%的甲醛溶液	12	—
浓度为 10%的甲醛溶液	—	10
斯盘-80	1	0.8
去离子水③	60	40

制备方法

（1）取四羟甲基硫酸鏻，加入到去离子水①中，搅拌均匀，加入甲酰胺，升高温度为 60～70℃，保温搅拌 5～10min，得磷酰胺溶液。

（2）取正硅酸乙酯，加入到去离子水②中，搅拌均匀，滴加浓度为10%～13%的氨水，调节pH值为10～11，搅拌反应2～3h，加入十二烯基丁二酸，升高温度为75～80℃，保温搅拌20～30min，得抗锈溶胶。

（3）取2,3-环氧丙基三甲基氯化铵，加入到上述抗锈溶胶中，搅拌均匀，得离子抗锈溶胶。

（4）取异佛尔酮二异氰酸酯、聚丙二醇1000混合，加入到上述离子抗锈溶胶中，搅拌均匀，送入到反应釜中，通入氮气，加入3～4质量份的辛酸亚锡，升高温度为80～85℃，保温反应5～6h，加入1,4-丁二醇，搅拌至常温，冷却出料，得离子改性聚合物。

（5）取吡啶硫酮锌，加入到其质量10～14倍、60%～65%的乙醇溶液中，加入肉豆蔻酸钠皂，升高温度为70～74℃，加入碳酸氢钠，保温搅拌10～20min，得碱性皂液。

（6）取上述离子改性聚合物，滴加浓度为10%～12%的甲醛溶液，滴加完毕后升高温度为60～70℃，保温搅拌25～30min，加入上述碱性皂液，升高温度为80～85℃，加入上述磷酰胺溶液，保温搅拌1～2h，得羟甲基化聚合物溶胶。

（7）取斯盘-80，加入到去离子水③中，搅拌均匀，得乳化液。

（8）取上述羟甲基化聚合物溶胶，与乳化液混合，1600～200r/min搅拌1～2h，即得所述离子改进型多酸金属防锈剂。

产品应用　本品主要是一种离子改进型多酸金属防锈剂。

产品特性　本品具有很好的防锈性，还具有很好的分散性、很好的韧性，均匀稳定性好，无沉积，综合性能优越。

配方136　路障用具有荧光特效的防锈剂

原料配比

原料	配比（质量份）				
	1#	2#	3#	4#	5#
十二烷基苯磺酸	20	15	25	18	22
改性荧光增强填料	9	12	6	11	7
改性荧光助剂	6	4	8	5	7
改性防锈剂	10	15	5	12	8
苯甲酸钠	2	1	3	1.5	2.5
磺酸钠	6	9	3	8	4
环烷酸锌	6	4	8	5	7
丙烯酰胺	6	8	4	7	5
苯并三氮唑	3.5	2	5	3	4
磷酸三钠	4.5	6	3	5	4
偏硅酸钠	2.5	1	4	2	3
磷酸氢二铵	4.5	6	3	5	4
三乙醇胺	2.5	1	4	2	3
脂肪酸	4.5	6	3	5	4
三羟甲基丙烷	5	2	8	3	7

续表

原料		配比（质量份）				
		1#	2#	3#	4#	5#
二烷基二硫代氨基甲酸钠		6.5	9	4	8	5
聚异丁烯丁二酰亚胺		3.5	2	5	3	4
苯甲酸甲酯		3.5	6	1	5	2
异丙醇		6	3	9	4	8
壬基酚聚氧乙烯醚		3.5	5	2	4	3
脂肪醇聚氧乙烯醚		6	3	9	4	8
油酸丁酯		5	8	2	7	3
季戊四醇四油酸酯		6	4	8	5	7
改性荧光增强填料	纳米氮化硅	3.5	2	5	3	4
	硅烷偶联剂 KH-560	4.5	6	3	5	4
	丙酮	2	1	3	1.5	2.5
	环氧树脂	3.5	2	2	4	3
	苯乙烯	2.5	4	4	2	3
	聚酰胺	5	8	8	3	7
改性荧光助剂	硅烷偶联剂 KH-550	3.5	2	5	3	4
	二氯甲烷	2	3	1	1.5	1.5
	三乙胺	4	2	6	3	5
	邻苯二甲酰氯	2.5	4	1	3	2
	稀盐酸	4.5	6	3	5	4
改性防锈剂	麸皮	6	4	8	5	7
	米糠	3.5	5	2	4	3
	麦片	2	1	3	1.5	2.5
	芦荟叶	3.5	6	1	5	2
	豆粕	4	3	5	3.5	4.5
	葵花子	3	4	2	3.5	2.5
	松子	3	1	5	2	4
	栗子	4.5	6	3	5	4
	丁香	6	4	8	5	7

制备方法　将十二烷基苯磺酸、苯甲酸钠、磺酸钠、环烷酸锌、丙烯酰胺、苯并三氮唑、磷酸三钠、偏硅酸钠、磷酸氢二铵、三乙醇胺、脂肪酸、三羟甲基丙烷、二烷基二硫代氨基甲酸钠、聚异丁烯丁二酰亚胺、苯甲酸甲酯、异丙醇、壬基酚聚氧乙烯醚、脂肪醇聚氧乙烯醚、油酸丁酯和季戊四醇四油酸酯混合均匀，接着于 2500～3500r/min 转速搅拌 30～50min，加入改性荧光增强填料、改性荧光助剂和改性防锈剂混合均匀，于 1500～2500r/min 转速搅拌 20～40min，冷却至室温得到路障用具有荧光特效的防锈剂。

原料介绍

所述的改性荧光增强填料按如下工艺进行制备：将纳米氮化硅、硅烷偶联剂 KH-560 和丙酮混合均匀，然后在搅拌机中于 1800～2200r/min 转速搅拌 1～3min，接着升温至 25～35℃，振荡 4～6h，然后加入环氧树脂和苯乙烯混合均匀，于 2800～3200r/min 转速搅拌 30～50min，接着超声波分散 20～40min，冷却至室温，然后加入聚酰胺混合均匀，升温至 50～70℃，保温 20～40min，然后于 2500～3500r/min 转速搅拌 30～50min，冷却至室温得到改性荧光增强填料。

所述的改性荧光助剂按如下工艺进行制备：将硅烷偶联剂 KH-550 和二氯甲烷混合均匀，升温至 30～50℃，保温 10～20min，接着加入三乙胺混合均匀，降温至 0℃，加入邻苯二甲酰氯混合均匀，室温下搅拌 1～3h，接着加入稀盐酸混合均匀，分层，提纯后得到改性荧光助剂。

所述的改性防锈剂按如下工艺进行制备：将麸皮、米糠、麦片、芦荟叶、豆粕、葵花子、松子、栗子和丁香粉碎成 20～40 目，然后加水混合均匀，接着用盐酸调节 pH 值至 2.0～3.0，浸泡 5～7h，过滤后收集滤液，然后调节滤液 pH 值至 4.0～5.0，接着搅拌 10～20min，用氢氧化钠溶液调节 pH 值至 7.0～8.0，静置 1～3h 后，抽去上清液，下层悬浮液过滤，然后将滤液洗涤至 pH 值为 6.0～7.0 为止，接着调节 pH 值至 1.0～2.0，然后用离子交换树脂脱盐，接着于 65～75℃减压浓缩，并加入粉末活性炭进行脱色，继续浓缩至植酸含量为 65%～75%止，冷却至室温得到改性防锈剂。

经过硅烷偶联剂 KH-560 改性的氮化硅，其表面含有大量的羟基与偶联剂进行脱水缩合反应，使得氮化硅与环氧树脂的作用增强，有利于提高纳米氮化硅在环氧树脂基体中的分散速度和分散质量，且由于偶联剂的作用使得基体和纳米氮化硅界面层具有一定的厚度和变形能力，两者之间具备适宜的界面黏附强度，当受外力作用时，界面自身可以变形和诱导基体产生形变，以耗散有效断裂能，另外，硅烷偶联剂 KH-560 的一段有环氧基团，参与了固化反应，使得体系的相容性更好，能够有效提高防锈剂的抗冲击性能。

纳米氮化硅是固体粉末，可增加荧光物质的附加刚性，当纳米氮化硅加入到环氧树脂中，由于纳米粒子和基体的相容性较好，且在基体中分散均匀，但由于纳米氮化硅的比表面效应，较大的固体表面诱导了环氧树脂分子结构的附加刚性，结构刚性效应可使得分子内部的振动等无辐射去活的能量损失，所得的改性荧光增强填料的荧光强度增强，运用到本品的防锈剂中可赋予其优异的荧光性能，提高了路障的使用寿命和使用效果。

改性荧光助剂具有较强的受紫外线激发能力，有效提高了防锈剂在路障表面涂覆后的应用效果，使得路障的荧光效果更好。

改性防锈剂不仅取材广，且防锈性能好，有效提高了防锈性能。

产品应用　本品主要是一种路障用具有荧光特效的防锈剂。

产品特性　本品防锈剂具有优异的荧光效果，且防锈效果好。

配方 137　螺丝防锈剂

原料配比

原料		配比（质量份）		
		1#	2#	3#
溶剂	异丙醇	38	—	—
	正己烷	—	41	—
	醋酸甲酯	—	—	46
防锈添加剂		10	13	15

续表

原料		配比（质量份）		
		1#	2#	3#
表面活性剂	烷基醇酰胺	2	—	—
	脂肪醇聚氧乙烯醚	—	3	—
	烷基酚聚氧乙烯醚	—	—	5
稳定剂	硬脂酸镁	0.1	—	—
	硬脂酸钾	—	0.2	—
	季戊四醇	—	—	0.3
混合添加剂		6	7	8
防锈添加剂	金丝草	29	33	36
	水案板	12	14	16
	响铃草	17	19	20
	槐花	15	17	18
	芸香草	22	23	24
	白蒿	23	25	26
混合添加剂	3-氨基巴豆酸异丙酯	25	27	30
	丁酸二甲基苄基原酯	15	16	17
	棕榈蜡	22	24	26
	乙二氨基丙磺酸钠	10	12	14

制备方法　将防锈添加剂与溶剂混合后，继续向其中加入表面活性剂、稳定剂、混合添加剂，搅拌均匀后，制得螺丝防锈剂。

原料介绍

防锈添加剂，低毒环保，在溶剂中的溶解率高，能有效地吸收环境中的二氧化硫、硫化氢等氧化性物质，防止其对螺丝紧固处造成腐蚀，并且其还能防止螺丝紧固处电化学腐蚀的发生。

混合添加剂中的成分协同作用后，能在螺丝拧紧的过程中，因受到剪切力而具有润滑的功能，能使得螺丝更容易拧紧，并且不会对镀层表面造成损害，在拧紧结束后，其能在螺纹表面形成一层致密的保护膜，能有效地防止腐蚀性物质与金属表面接触。

所述的防锈添加剂采用以下方法制成：将金丝草、水案板、响铃草、槐花、芸香草、白蒿研碎后，混合，向其中加入其质量6～8倍的体积分数为95%的乙醇溶液，加热回流提取3～4h后，过滤得滤液，将滤液回收乙醇并浓缩至原体积的30%后，制得防锈添加剂。

产品应用　本品主要是一种螺丝防锈剂。

使用方法为：在螺丝紧固前，向紧固部位均匀地洒上少量的螺丝防锈剂，5～10s后，开始拧紧螺丝。

产品特性　本品能有效地防止螺丝在拧紧的过程中其表面的镀层遭到损坏，并且能有效地防止螺丝在拧紧后，其表面与腐蚀性物质或者氧化性物质之间的反应，进而提升了螺丝的防锈性能，延长了螺丝的使用寿命。

配方 138　履带专用防锈剂

[原料配比]

原料		配比（质量份）
防锈添加剂	苯甲酸铵	5
	苯三唑	3
	十二烷基磺酸钠	8
	丁二烯共聚物	70
	硬脂酸钙	8
	硬脂酸铝	6
半流动状态混合物	溶剂型聚氨酯胶黏体	56
	溶剂油	32
防锈添加剂		12
半流动状态混合物		88

制备方法

（1）取苯甲酸铵、苯三唑、十二烷基磺酸钠、丁二烯共聚物、硬脂酸钙和硬脂酸铝，经过高温高湿混合，双螺杆挤出机混炼后得到防锈添加剂。

（2）按质量份取溶剂型聚氨酯胶黏体和溶剂油混合后获得半流动状态混合物。

（3）取（1）中的防锈添加剂 12 份与（2）中的半流动状态混合物 88 份充分混合，过滤残留固化物颗粒后即得成品防锈剂。

产品应用　本品主要是一种履带专用防锈剂。

产品特性　本品具有优良的弹性，成膜性能好，柔韧性高，附着在履带上不易脱落，同时产品具有很好的耐屈挠性、抗震性和耐蠕动性，在履带静止及运动过程中，均能对履带起到良好的保护作用。

配方 139　绿色高附着水性防锈剂

[原料配比]

原料	配比（质量份）				
	1#	2#	3#	4#	5#
去离子水	10	45	25	35	30
改性水性环氧树脂	55	40	50	45	48
羧甲基纤维素钠	8	5	5	7	7
聚天冬氨酸	2.5	1	1.4	2	1.8
α-D-葡萄糖酸	2	5	4	3	3.5

续表

原料	配比（质量份）				
	1#	2#	3#	4#	5#
乙二醇	15	10	12	14	13
肌醇六磷酸酯	1.2	2	1.4	1.8	1.6
十二烷基硫酸钠	1.4	0.5	0.7	0.7	1
二甲基-（4-（7-乙酰氧基香豆素））甲基-（2-丙烯酰氧基）乙基溴化铵	7	3	6	4	5
桉叶提取物	3.5	7.5	5	7	7
辛烷基酚聚氧乙烯醚	0.1	0.05	0.06	0.08	0.07

制备方法

（1）取桉叶加入85%～90%乙醇溶解，常温下浸泡2～4h，65～75℃下恒温水浴2～4h，用85%～90%乙醇溶液超声滤渣0.5～2h，两次滤液合并，旋转蒸发，加入石油醚脱脂除色，浓缩真空干燥成桉叶提取物。

（2）将肌醇六磷酸酯溶于乙二醇中，得到混合溶液，然后继续加入去离子水、改性水性环氧树脂、羧甲基纤维素钠、聚天冬氨酸、α-D-葡萄糖酸、十二烷基硫酸钠、二甲基-（4-（7-乙酰氧基香豆素））甲基-（2-丙烯酰氧基）乙基溴化铵、桉叶提取物和辛烷基苯酚聚氧乙烯醚，超声波振荡30～60min，功率为600～1000W，然后调节pH值为7.8～8.8即可。

原料介绍　将丙氨酸与苯丙氨酸引入到防锈基体树脂乳液中，有利于形成三维网络结构，更好地使金属底材与外环境隔绝开来，减缓金属底材的腐蚀；为了提高防锈剂的稳定性及对金属表面的附着力，在防锈剂中加入了磷酸酯功能单体，它是磷酸单酯、磷酸双酯和少量磷酸单体的混合物，主要功能在于：磷羟基与金属表面有较强的螯合作用，从而与多价金属作用形成络合物，以共价键的形式使聚合物牢固地连接在金属底材上，增强产品的附着力；同时桉叶提取物中含有COOH、O—H、N—H、C═O、C═N、C—N、C═O、C═C等不饱和极性键和芳香族化合物，有利于防锈剂缓蚀效果的发挥。

改性水性环氧树脂制备方法：在双酚A型环氧树脂E-51中，加入乙二醇单丁醚和无水乙醇，升温至80～90℃，搅拌使环氧树脂分散均匀，然后加入含有丙氨酸与苯丙氨酸复合改性剂的氢氧化钠水溶液，控制反应温度为90℃，反应时间为60～120min，得到改性水性环氧树脂。

产品应用　本品主要是一种绿色高附着水性防锈剂。

产品特性　本品不仅经济环保、成本低廉、使用安全无害，而且防腐蚀效果较好，既可用于工序间防锈，也可用于封存防锈，具有很好的应用前景。

配方140　绿色环保防锈剂

原料配比

原料			配比（质量份）					
			1#	2#	3#	4#	5#	6#
绿色环保防锈剂前体	干绞股蓝（包括藤茎、叶）		100	100	100	100	100	100
	多元醇	乙二醇	300	—	—	—	—	—

续表

原料			配比（质量份）					
			1#	2#	3#	4#	5#	6#
绿色环保防锈剂前体	多元醇	二乙二醇	—	500	—	—	—	—
		1,3-丙二醇	—	—	400	—	—	—
		1,4-丁二醇	—	—	—	—	500	—
		甘油	—	—	—	400	—	—
		季戊四醇	—	—	—	—	—	500
	水		500	300	400	500	400	500
绿色环保防锈剂前体			500	600	550	550	530	570
尿素			100	50	80	60	70	60
二聚酸	C_{36}二聚酸		390	—	360	380	—	360
	C_{21}二聚酸			340	—	—	370	—
过硼酸盐	过硼酸钠		5	10	—	—	7	—
	过硼酸钾		—	—	8	6	—	9
苯并三氮唑			5	—	2	4	3	1

制备方法　将绿色环保防锈剂前体和尿素加入反应釜中，在常温下混合搅拌至无明显颗粒物时，加入二聚酸、过硼酸盐，在140～150℃反应4～5h，反应期间减压排水2～3次，降温到100℃以下时加入苯并三氮唑搅拌均匀，即为一种绿色环保防锈剂。

原料介绍

所述的绿色环保防锈剂前体由以下原料制备而成：干绞股蓝（包括藤茎、叶）100；多元醇300～500；水300～500。

所述的绿色环保防锈剂前体的制备方法为：

（1）将晒干（或烘干）的绞股蓝（包括藤茎、叶）放入粉碎机中破碎。

（2）取经粉碎的绞股蓝（包括藤茎、叶）与多元醇水溶液（浓度40%～60%）在90～95℃温度下用超声波浸提1～2h；使用超声波浸提，可以提高有效成分浸出率，缩短浸提时间。

（3）将上述步骤（2）产物进行压榨、过滤后的溶液即为绿色环保防锈剂前体。

所述的二聚酸可以选用C_{21}二聚酸，也可以选用C_{36}二聚酸。

所述的C_{21}二聚酸是由丙烯酸和油酸聚合而成的；所述的C_{36}二聚酸是由两个分子油酸或油酸与亚油酸聚合而成的。

绿色环保防锈剂前体主要为多元醇和绞股蓝皂苷、绞股蓝糖苷、氨基酸的混合物，可以和二聚酸发生酯化反应生成多羟基聚合酯、亚酰胺（—CONH—）类化合物，其中多羟基聚合酯由于分子结构中空余多个—OH，很容易在金属表面快速隔离水和O_2附着物，阻止金属表面腐蚀，而亚酰胺（—CONH—）类化合物有很好的防止金属腐蚀的作用。

二聚酸—COOH可以和绿色环保防锈剂前体的—OH结合，生成多羟基聚合酯，和绿色环保防锈剂前体的—NH_2及尿素反应生成亚酰胺（—CONH—）类化合物，快速隔离水和O_2，防止金属腐蚀。

尿素可以和绿色环保防锈剂前体中的氨基酸、二聚酸的—COOH反应，生成亚酰胺（—CONH—）类化合物，防止金属腐蚀。

过硼酸盐可以在绿色环保防锈剂前体和二聚酸的酯化反应过程中充当催化剂，反应后形成的硼酸酯盐，有良好的防锈效果，无需进行分离，节省分离催化剂的化学品和水电等资源消耗。

苯并三氮唑主要提供有色金属特别是铜及其合金的缓蚀保护效果。

产品应用　本品主要是一种绿色环保防锈剂。

绿色环保防锈剂的使用方法：加 0～50 倍的水稀释后使用。

产品特性

（1）在本品中，绿色环保防锈剂前体采用多元醇而不采用常规的乙醇进行提取，主要考虑下一步绿色环保防锈剂前体和二聚酸发生酯化反应时，可以得到目标产物多羟基聚合酯，同时由于多元醇的沸点较高，在提取绞股蓝和制备多羟基聚合酯时不易挥发损失，不会造成对环境不利影响和资源的浪费。

（2）所述各组分发挥其应有效能的同时，可产生协同效应，提高产品的综合性能，减少对自然环境的污染，且能进一步延长寿命、提高防锈性能。

配方 141　满足喷涂附着力的金属防锈剂

［原料配比］

<table>
<tr><th colspan="3" rowspan="2">原料</th><th colspan="8">配比（质量份）</th></tr>
<tr><th>1#</th><th>2#</th><th>3#</th><th>4#</th><th>5#</th><th>6#</th><th>7#</th><th>8#</th></tr>
<tr><td colspan="3">聚季铵盐-超支化苯并咪唑嵌段聚合物</td><td>24</td><td>26</td><td>21</td><td>19</td><td>28</td><td>30</td><td>27</td><td>20</td></tr>
<tr><td colspan="3">聚丙烯酸酯</td><td>15</td><td>12</td><td>13</td><td>11</td><td>15</td><td>16</td><td>13</td><td>12</td></tr>
<tr><td colspan="3">表面活性剂</td><td>6</td><td>7</td><td>5</td><td>7</td><td>8</td><td>5</td><td>7</td><td>5</td></tr>
<tr><td rowspan="8">表面活性剂</td><td colspan="2">阳离子氟碳表面活性剂</td><td>6</td><td>7</td><td>5</td><td>—</td><td>—</td><td>—</td><td>2</td><td>1</td></tr>
<tr><td rowspan="7">非离子表面活性剂</td><td>斯盘-20</td><td>—</td><td>—</td><td>—</td><td>1</td><td>—</td><td>—</td><td>—</td><td>—</td></tr>
<tr><td>斯盘-60</td><td>—</td><td>—</td><td>—</td><td>—</td><td>2</td><td>—</td><td>—</td><td>—</td></tr>
<tr><td>斯盘-80</td><td>—</td><td>—</td><td>—</td><td>—</td><td>—</td><td>3</td><td>—</td><td>—</td></tr>
<tr><td>脂肪醇聚氧乙烯醚</td><td>—</td><td>—</td><td>—</td><td>2</td><td>—</td><td>—</td><td>—</td><td>—</td></tr>
<tr><td>聚乙二醇双硬脂酸酯</td><td>—</td><td>—</td><td>—</td><td>—</td><td>1</td><td>—</td><td>3</td><td>1</td></tr>
<tr><td>海藻酸丙二醇酯</td><td>—</td><td>—</td><td>—</td><td>—</td><td>1</td><td>—</td><td>—</td><td>—</td></tr>
<tr><td>聚乙二醇单硬脂酸酯</td><td>—</td><td>—</td><td>—</td><td>—</td><td>—</td><td>1</td><td>—</td><td>—</td></tr>
<tr><td colspan="3">有机膦酸化合物</td><td>1</td><td>1.2</td><td>0.6</td><td>2</td><td>2</td><td>1</td><td>0.7</td><td>0.5</td></tr>
<tr><td rowspan="6">有机膦酸化合物</td><td colspan="2">氨基三亚甲基膦酸</td><td>1</td><td>—</td><td>—</td><td>—</td><td>1</td><td>—</td><td>—</td><td>—</td></tr>
<tr><td colspan="2">乙二胺四亚甲基膦酸</td><td>—</td><td>1.2</td><td>—</td><td>—</td><td>—</td><td>—</td><td>—</td><td>—</td></tr>
<tr><td colspan="2">羟基亚乙基二膦酸</td><td>—</td><td>—</td><td>0.6</td><td>—</td><td>—</td><td>—</td><td>—</td><td>—</td></tr>
<tr><td colspan="2">二乙烯三胺五亚甲基膦酸</td><td>—</td><td>—</td><td>—</td><td>2</td><td>—</td><td>—</td><td>0.7</td><td>2</td></tr>
<tr><td colspan="2">烷基膦酸</td><td>—</td><td>—</td><td>—</td><td>—</td><td>2</td><td>—</td><td>—</td><td>1</td></tr>
<tr><td colspan="2">植酸</td><td>—</td><td>—</td><td>—</td><td>—</td><td>—</td><td>1</td><td>—</td><td>—</td></tr>
</table>

续表

原料			1#	2#	3#	4#	5#	6#	7#	8#
			配比（质量份）							
二茂铁			6	5.8	4.4	5	8	7	6	4
消泡剂			6	7	5	7	9	6	7	5
消泡剂	聚氧丙烯甘油醚		6	—	—	7	—	1	1	5
	聚氧丙烯聚氧乙烯甘油醚		—	7	—	—	9	1	2	—
	聚二甲基硅氧烷		—	—	5	—	—	—	—	—
羟丙基甲基纤维素			4	5	4	3	8	4	5	3
pH 调节剂	硫酸、甲酸以及氢氧化钠		1	—	—	—	—	—	—	—
	磷酸以及氢氧化钾、乙二胺		—	0.8	—	—	—	—	—	—
	硫酸、水杨酸以及四羟丙基乙二胺、三乙胺		—	—	—	1.2	—	—	—	—
	酒石酸、草酸以及氢氧化铵、乙醇胺		—	—	0.5	—	—	—	—	—
	苹果酸以及羟乙基乙二胺、氢氧化钾		—	—	—	—	1	—	—	—
	磷酸、酒石酸、草酸以及氨水		—	—	—	—	—	1.2	—	—
	磷酸、酒石酸、草酸以及三羟丙基羟乙基乙二胺		—	—	—	—	—	—	0.8	0.5
去离子水			82	78	74	76	90	86	80	76
聚季铵盐-超支化苯并咪唑嵌段聚合物	聚季铵盐	1,12-二溴十二烷	0.06（mol）	0.1（mol）	0.08（mol）	0.08（mol）	0.06（mol）	0.06（mol）	0.06（mol）	0.06（mol）
		1,4-二甲基哌嗪	0.08（mol）	0.092（mol）	0.09（mol）	0.09（mol）	0.084（mol）	0.084（mol）	0.084（mol）	0.084（mol）
		二甲基亚砜	75（体积份）	85（体积份）	90（体积份）	90（体积份）	75（体积份）	75（体积份）	75（体积份）	75（体积份）
		N-甲基咪唑	0.002（mol）	0.0022（mol）	0.0025（mol）	0.0025（mol）	0.002（mol）	0.002（mol）	0.002（mol）	0.002（mol）
		N-甲基吗啉	0.002（mol）	0.0022（mol）	0.0025（mol）	0.0025（mol）	0.002（mol）	0.002（mol）	0.002（mol）	0.002（mol）
	端基为羧基的超支化聚苯并咪唑	间苯三羧酸	1（mmol）	1.2（mmol）	1.5（mmol）	1.5（mmol）	1（mmol）	1（mmol）	1（mmol）	1（mmol）
		3,3′-二氨基联苯二胺	1（mmol）	1.2（mmol）	1.5（mmol）	1.5（mmol）	1（mmol）	1（mmol）	1（mmol）	1（mmol）
		含有82%五氧化二磷的多聚磷酸	30	—	—	—	30	30	30	30
		含有85%五氧化二磷的多聚磷酸	—	30	—	—	—	—	—	—
		含有84%五氧化二磷的多聚磷酸	—	—	32	32	—	—	—	—
	聚季铵盐		0.1	0.3	0.2	0.2	0.1	0.1	0.1	0.1

续表

原料		配比（质量份）							
		1#	2#	3#	4#	5#	6#	7#	8#
聚季铵盐-超支化苯并咪唑嵌段聚合物	超支化聚苯并咪唑	0.4	0.6	0.5	0.5	0.4	0.4	0.4	0.4
	己二胺	0.1	0.3	0.2	0.2	0.1	0.1	0.1	0.1
	氢氧化钠	0.02	0.06	0.04	0.04	0.02	0.02	0.02	0.02
	去离子水	2（体积份）	4（体积份）	3（体积份）	3（体积份）	2（体积份）	2（体积份）	2（体积份）	2（体积份）
	N,N-二甲基甲酰胺	46（体积份）	50（体积份）	48（体积份）	48（体积份）	46（体积份）	46（体积份）	46（体积份）	46（体积份）
	甲醇	2000（体积份）	2000（体积份）	2000（体积份）	2000（体积份）	2000（体积份）	2000（体积份）	2000（体积份）	2000（体积份）

制备方法

（1）将聚季铵盐-超支化苯并咪唑嵌段聚合物、聚丙烯酸酯、去离子水加入不锈钢反应釜，升温至 105～120℃，搅拌并加入有机膦酸化合物、表面活性剂，恒温充分搅拌混合均匀。

（2）再以 15～20℃/h 速率升温至 150～160℃，继续搅拌 1～2h，随后加入羟丙基甲基纤维素、二茂铁、消泡剂，充分搅拌混合均匀，再加入 pH 调节剂，搅拌，调整水性溶液的 pH 值为 6～8，即可。

原料介绍

所述的聚季铵盐-超支化苯并咪唑嵌段聚合物的制备方法包括以下步骤：

（1）在 1000mL 干燥的三颈瓶中，加入 1,12-二溴十二烷 0.06～0.1mol、1,4-二甲基哌嗪 0.08～0.092mol 以及二甲基亚砜 75～90mL，于 45～55℃下反应 3～6h，再加入 *N*-甲基咪唑 0.002～0.0025mol 以及 *N*-甲基吗啉 0.002～0.0025mol，于 45～55℃下反应 3～6h，减压蒸馏去除溶剂后，制得聚季铵盐。

（2）将 1～1.5mmol 的间苯三羧酸和 1～1. 5mmol 的 3,3′-二氨基联苯二胺加入到 30～32g 含有 82%～85%五氧化二磷的多聚磷酸中，氮气保护条件下，于 145～150℃下反应 1.5～3h，然后在 185～192℃下继续反应 18～24h，待反应结束至室温后，倒入水中，先用氢氧化钠中和至弱酸性，再用碳酸氢钠中和至中性，经过滤，将收集的聚合物加入到氨水中，于 75～80℃搅拌 10～12h，过滤，样品洗涤至中性，经真空干燥，制得端基为羧基的超支化聚苯并咪唑。

（3）在 100mL 干燥的三颈瓶中，加入聚季铵盐 0.1～0.3g、超支化聚苯并咪唑 0.4～0.6g、己二胺 0.1～0.3g、氢氧化钠 0.02～0.06g、去离子水 2～4mL 以及 *N,N*-二甲基甲酰胺 46～50mL，室温搅拌均匀后，于 56～62℃下反应 8～10h，降至室温，并迅速倒入 2000mL 甲醇中，得大量固体沉淀，再用甲醇反复洗涤固体沉淀，抽滤，并收集聚合物，于真空烘箱中，45～60℃干燥 10～24h，即制得聚季铵盐-超支化苯并咪唑嵌段聚合物。

采用阳离子氟碳表面活性剂，该阳离子氟碳表面活性剂 0.1%水溶液中的表面张力γ_{20}为 17～20mN/m，pH 值为 3～4。

所述的 pH 调节剂包括至少一种酸性调节剂和至少一种碱性调节剂，调整水性溶液的 pH 为 6～8。

所述的酸性调节剂包括硫酸、磷酸、甲酸、乙酸、酒石酸、草酸、苹果酸或水杨酸中的一种或多种，所述的碱性调节剂包括氢氧化钠、氢氧化钾、氢氧化铵、氨水、乙二胺、乙醇胺、三乙胺、乙基乙二胺、三羟丙基羟乙基乙二胺、四羟丙基乙二胺或羟乙基乙二胺中的一种或多种。

聚季铵盐-超支化苯并咪唑嵌段聚合物与聚丙烯酸酯相结合，可在金属（例如钢铁）表面形成致密均匀的保护膜，隔绝金属（例如钢铁）与外界空气中的水和氧气的接触，并且有效地隔绝零件四周的湿气，保护膜形成的速度比现有的防锈剂提高32%，可以有效增加钢铁的抗锈性能。

表面活性剂可用于浸润渗透钢铁、镀锌板切口等表面，使得钢铁、镀锌板切口与溶液中防锈组分充分作用，同时还能更好地分散二茂铁，以确保防锈效果。

有机膦酸化合物可与金属表面作用形成 Fe^{2+}-磷化物，Fe^{2+}-磷化物可以发挥其填充作用，以正性电荷插入保护膜的微间隙中，有效改善保护膜的致密性，从而达到良好的抵抗腐蚀介质的作用。

pH 调节剂则起到辅助作用，调整溶液体系的酸碱度，使得体系各组分相互协同共同发挥防锈作用，同时也使得溶液体系的环保、安全性得到保障。

产品应用　本品主要是一种满足喷涂附着力的金属防锈剂。

产品特性

（1）本品不含重铬酸钾、亚硝酸盐等有毒有害物质，制作成本低、施工方便、原料来源广，经济实用性好，膜层具有导电性，防锈防腐蚀性优异。

（2）本品金属防锈剂形成的保护膜非常薄，且致密性好，不影响金属零件的表观，金属零件外观基本保持本色，并且保护膜层具有一定的导电性，电阻＜1Ω，便于金属零件的后处理。

（3）钢铁金属零部件经除油、去污清洗后，用本品金属防锈剂浸泡处理，不仅具有防锈效果，而且经防锈处理后的钢铁制品可直接喷漆，不影响钢铁零部件的喷漆质量。

（4）本品兼有除轻度油污功能，当钢铁零部件油污不重时，可直接采用本品金属防锈剂先除油污再进行工序间防锈处理。

（5）本品对钢铁防锈处理后，表面光洁，无肉眼可见残留，具有对油漆相容性好、吸附性能强的优点，环保性好，不含铬酸盐、亚硝酸盐，不燃烧、无气味，对人体无伤害、对环境无污染，产品稳定性好，防锈时间长，可达 8～10 个月，具有很好的应用前景。

配方 142　耐腐蚀水基金属防锈剂

［原料配比］

原料		配比（质量份）		
		1#	2#	3#
缓蚀剂组合物		40	50	47
改性缓蚀助剂		2	3	3.5
松香		1	1	1
硼酸		2	4	4
抗氧化剂	叔丁基对苯二酚	1	0.6	1
消泡剂	聚氧丙烯聚氧乙烯甘油醚	0.2	0.4	0..5
渗透剂	油酸	1	2	3
蒸馏水		70	120	100
缓蚀剂组合物	SiO_2	52	50	51
	Na_2O	16	20	17
	水	32	34	30

制备方法　首先将缓蚀剂组合物和改性缓蚀助剂溶于蒸馏水中，接着加入松香、抗氧化剂、消泡剂和渗透剂，在转速为 500～800r/min 下搅拌 1h，最后加入硼酸，在转速为 60～100r/min 下缓慢搅拌 20～30min，即得到防锈剂。

原料介绍

所述的改性缓蚀助剂的制备方法为：

（1）油酸酰亚胺乙基氨丙基硅烷的制备

将 1～1.1mol 油酸甲酯加入到反应釜中，通入氮气替换掉反应釜中的空气，加热至 90～100℃，加入催化剂，逐滴滴加 1mol 氨乙基氨丙基二甲氧基硅烷，保持氮气通入以排除生成的甲醇，滴加完毕后，继续搅拌反应 4～5h，反应结束后，经减压蒸馏，真空干燥即得到油酸酰亚胺乙基氨丙基硅烷 A；所述的催化剂为氢氧化钠，催化剂的加入量为 5～8g。

（2）改性剂的制备

① 将 1～1.1mol 烯丙基聚氧乙烯醚、2～3mmol 金属铂催化剂和 500mL 甲苯加入反应釜中，通入氮气替换掉反应釜中的空气，加热至 70～80℃，搅拌 15～20min，加入 1mol 七甲基硅氧烷，升温至 105～110℃，保温反应 4～5h，反应结束后，即得到粗反应液。

② 将步骤①中的粗反应液温度降至 65～70℃，加入 1～3g $SnCl_4$，混合均匀后，逐滴滴加 1.1～1.3mol 环氧氯丙烷，滴加完毕后，保温反应 2～3h，反应结束后，趁热过滤，减压蒸馏除去溶剂甲苯和未反应的环氧氯丙烷，即得到改性剂 B；环氧氯丙烷的滴加时间控制在 45～60min。

（3）改性缓蚀助剂的制备

将第一步制备的油酸酰亚胺乙基氨丙基硅烷 A 和改性剂 B 加入到反应釜中，加入催化剂，通入氮气替换掉反应釜中的空气，升温至 75～85℃，搅拌混合反应 4～6h，反应结束后，趁热过滤，减压蒸馏除去氯化氢，即得到改性缓蚀助剂 C。所述的催化剂为 $SnCl_4$，催化剂的加入量为 1～3g。

产品应用　本品主要是一种耐腐蚀水基金属防锈剂。

产品特性　本品对金属表面进行保护，延长了防锈时间，具有良好的耐腐蚀性。

配方 143　耐高温的防锈剂

原料配比

原料		配比（质量份）					
		1#	2#	3#	4#	5#	6#
柠檬酸		30	30	30	30	35	20
亚硫酸盐	亚硫酸锌	10	10	—	—	8	15
	亚硫酸钠	—	—	10	—	—	—
	亚硫酸钾	—	—	—	10	—	—
耐高温材料		5	5	5	5	6	2
耐高温材料	氮化硅	3	2	3	3	3	1
	碳化硼	2	3	2	2	3	1
乙二胺四乙酸二钠		8	8	8	8	6	9
渗透剂	改性蓖麻油	3	3	3	3	4	2
成膜剂	丙烯酸树脂成膜剂	3	3	3	3	2	4
去离子水		8	8	8	8	10	5

制备方法

（1）将耐高温材料粉碎研磨、过筛 50～150 目后加入到去离子水中；所述研磨时间为10～30min。

（2）然后将乙二胺四乙酸二钠和（1）的混合物进行超声分散，在 300～600℃下加热。进行改性，得到改性后的耐高温溶液；超声分散的时间为 1～2h；加热时间为 12～24h。

（3）将柠檬酸、亚硫酸盐加入到步骤（2）的耐高温溶液中混合搅拌；搅拌的时间为 20～60min；搅拌速率为 20～50r/min。

（4）将渗透剂、成膜剂加入到步骤（3）的溶液中进行搅拌、过滤，滤网为 300～800 目，得到耐高温的防锈剂。

产品应用　本品主要是一种耐高温的防锈剂。

产品特性　本品在高温条件下（300℃）也能够起到防锈效果。采用乙二胺四乙酸二钠对耐高温材料进行改性，进一步提高了产品的耐高温性能。

配方 144　耐高盐金属防锈剂

［原料配比］

原料			配比（质量份）				
			1#	2#	3#	4#	5#
产物一	脂肪酸	妥尔油脂肪酸	130	—	—	—	60
		大豆油脂肪酸	—	—	—	—	103
		蓖麻油脂肪酸	—	170	—	—	—
		棕榈油脂肪酸	—	—	42	—	—
		椰子油脂肪酸	—	—	84	—	—
		菜籽油脂肪酸	—	—	—	135	—
	多胺	三乙烯四胺	79.2	—	—	96.4	—
		二乙烯三胺	—	49	—	—	52.7
		四乙烯五胺	—	—	85	—	—
产物二	产物一		180	180	173	175	148
	不饱和羧酸	丙烯酸	28	—	39.4	29.4	—
		2-丁烯酸	—	62.1	—	—	61.4
产物二			90	106	148	137	125
牛脂胺聚氧乙烯醚-10			120	—	—	—	—
牛脂胺聚氧乙烯醚-5			—	121.4	—	—	114.4
N,*N*-二-（2-羟乙基）油酸酰胺			—	—	80.4	—	—
2,2′-亚氨基二乙醇-*N*-（氢化牛油烷基）衍生物			—	—	—	106.8	—

制备方法

（1）室温下，将脂肪酸加入烧瓶中，升温至 50～70℃，滴加多胺，滴完后将反应液升温至 160～200℃，反应 1～4h。

（2）将反应液继续升温至200～240℃，反应2～6h，降至室温。

（3）室温下，将所述步骤（2）得到的产物加入烧瓶中，缓慢滴加不饱和羧酸，升温至100～150℃，反应1～3h，降至室温；得到的产物与所述不饱和羧酸的摩尔比为0.7～1.2。

（4）室温下，将所述步骤（3）得到的产物和烷氧基脂肪胺加入烧瓶中，升温至160～190℃，反应2～5h，得到最终耐高盐金属防锈剂。所述烧瓶为四口烧瓶，分别插有温度计、搅拌器、分水器和回流冷凝管，所述搅拌器的剪切转速为30～50r/min。得到的产物与所述烷氧基脂肪胺的摩尔比为0.8～1.3。

产品应用　本品主要是一种耐高盐金属防锈剂。

产品特性

（1）环境适应性强，可用于防护水环境、海水环境和盐水环境中的金属。

（2）具有良好的长期防锈效果，对铁、铜、铝及其合金具有良好的适应性。

（3）不会与金属表面基体发生化学变化，能保持金属表面平整、润滑、光滑。

（4）符合环保要求。

配方145　耐磨金属防锈剂

原料配比

原料		配比（质量份）				
		1#	2#	3#	4#	5#
聚氨酯树脂	固含量为40%的水性聚氨酯树脂	20	—	—	—	—
	固含量为60%的水性聚氨酯树脂	—	30	—	—	—
	固含量为50%的水性聚氨酯树脂	—	—	25	—	—
	固含量为45%的水性聚氨酯树脂	—	—	—	22	—
	固含量为55%的水性聚氨酯树脂	—	—	—	—	26
环氧树脂		20	30	25	24	28
邻苯二甲酰氨基乙酸醇胺铈		12	20	16	14	18
乙酰柠檬酸三乙酯		10	18	14	14	16
四丁基乙酸季四戊醇酯		7	14	10	9	12
碳化硼		5	10	8	7	9
消泡剂	聚氧乙烯聚氧丙烯季戊四醇醚	0.5	—	0.8	—	0.9
	聚二甲基硅氧烷	—	1	—	0.7	—
表面活性剂	脂肪酸甘油酯	0.4	—	0.7	—	0.8
	硬脂酸	—	1	—	0.6	—
增稠剂	纤维素醚	0.5	2	1.3	1	1.5
固化剂	聚醚二胺	1	—	2	—	—
	2-乙基-4-甲基咪唑	—	3	—	1.5	2.5
水		40	60	50	45	55

制备方法　将各组分原料混合均匀即可。

原料介绍

邻苯二甲酰氨基乙酸醇胺铈、乙酰柠檬酸三乙酯、四丁基乙酸季四戊醇酯的防锈性能优异，三者相互配合组成金属的防锈体系，吸附在金属表面形成保护膜，防止水分侵蚀表面，显著提高金属的防腐性能。

聚氨酯树脂和环氧树脂的成膜性高、附着力强，可以提高保护膜的成膜厚度和致密性，提高防锈效果。

碳化硼配合邻苯二甲酰氨基乙酸醇胺铈和固化剂，可以提高树脂膜强度，提高防锈剂的耐磨性能。

本品中加入适量的消泡剂、表面活性剂、增稠剂，减少气泡，增加防锈剂与金属的吸附和润湿效果，调整防锈剂的黏度，增加体系稳定性。

产品应用　本品主要是一种耐磨金属防锈剂。

产品特性　本品成膜致密、附着力强，防腐蚀效率高、耐磨性能好，绿色环保，成本较低。

配方 146　农业机械用防锈剂

［原料配比］

原料	配比（质量份）		
	1#	2#	3#
十二烷基磺酸钠	8	12	10
磷酸二氢钾	15	20	17
硫酸钠	10	14	12
OP-10	1	2	1.5
三聚磷酸钠	4	8	6
氢氧化钠	6	8	7
钼酸钠	1	3	2
邻苯二甲酸二丁酯	10	14	12
三氯乙醛	10	14	12
四氯化碳	8	10	9
氯化钙	5	7	6
氯化镁	8	10	9
甘油	10	16	13

制备方法　将各组分原料混合均匀即可。

产品应用　本品主要是一种农业机械用防锈剂。

产品特性

（1）该防锈剂即使是在潮湿的环境中，也具有良好的防锈效果，更加适合农业耕种泥土环境使用。

（2）该防锈剂防锈效果持久性好，化学性能稳定，制作成本低，更加环保。

配方 147 气相防锈剂（1）

原料配比

原料		配比（质量份）					
		1#	2#	3#	4#	5#	6#
壳聚糖		4	5	6	5.5	4	4
磺基水杨酸		2	1	1.5	1	2	1
苯并三氮唑		1	1.5	1.2	1.5	1	1.5
酒石酸钾		1	1	1.5	1.2	1	1
表面活性剂	十二烷基磺酸钠	3	2	1	2.5	3	2
甲基哌嗪		6	4	4.5	4.5	6	4
对甲苯甲酸		1	1	1	1	1	1
氨基酸	谷氨酸	1	1	—	—	1	1
	脯氨酸	—	—	2	1	—	—
三乙醇胺		5	4	6	5	5	4
助剂		9	8	9	8.5	9	8
助剂	硅藻土	2.6	2.06	2.45	2.5	2.6	2.06
	硅胶	6.35	5.9	6.5	5.95	6.35	5.9
	三乙二醇单甲醚	0.05	0.04	0.05	0.05	0.05	0.04
对甲苯胺		2	2	1	1	2	2
氯化钙		2	2	2	2	2	2
乙醇		40	40	40	40	40	40

制备方法

（1）按照配比将壳聚糖、磺基水杨酸、对甲苯甲酸和氨基酸加入到 10 份乙醇中，45～55℃下搅拌 1～1.5h，得组分 A。

（2）按照配比将苯并三氮唑、酒石酸钾和表面活性剂加入到 15 份乙醇中，室温搅拌 1～1.5h，得组分 B。

（3）按照配比将甲基哌嗪、对甲苯胺和三乙醇胺加入到 15 份乙醇中，室温搅拌 0.5～1h，得组分 C。

（4）将组分 A、组分 B 和组分 C 混合，并加入助剂和干燥剂，搅拌均匀，烘干、研磨，得到气相防锈剂。干燥剂为氯化钙或氯化镁。

原料介绍

所述助剂为经改性处理后的助剂，所述的改性处理为：将助剂置于无水乙醇中，超声分散，搅拌、过滤、真空干燥、研磨。所述超声分散的频率为 20～40kHz，时间为 5～10min，所述搅拌的时间为 0.5～1h。

所述无水乙醇与改性助剂的质量比为（1～3）∶1。

对甲苯胺易升华，有利于在金属表面形成一层防锈膜。

干燥剂的添加可以吸收环境中的水分，防止空气中水分对金属产品的腐蚀。

表面活性剂采用的是十二烷基磺酸钠，具有良好的分散性能，且生物降解快。

本品中添加氨基酸，由于氨基酸极性较大，在防锈剂防锈的过程中能提高防锈效果，同时氨基酸对人体无毒、对环境无害。

助剂经过改性处理后，可以使防锈成分均匀分布在助剂表面，避免团聚或形成晶体状产物，提高了防锈效果。

改性助剂中的硅藻土、硅胶与三乙二醇单甲醚之间的相互配合有助于防锈剂的缓释作用，可以使防锈成分均匀分布在助剂表面，提高了防锈效果。

产品应用　本品主要是一种气相防锈剂。

产品特性　本品兼具接触防锈和气相防锈的功效，对钢铁等金属器件的防锈效果好，持续时间长，且具有缓释、控释的效应，适用于既要求水性防锈、又要求密封空间气相防锈的场合。

配方 148　气相防锈剂（2）

［原料配比］

原料		配比（质量份）		
		1#	2#	3#
香茅油		1	0.5	0.8
橄榄油海藻胶		2	1	1.5
壳聚糖		8	8	7
磺基水杨酸		1	2	1.5
麦芽糊精		6	6	4
酒石酸钠		2	2	1
卵磷脂		3	3	2.5
苯甲酸钠		3	3	2.5
三乙醇胺		17	22	18
钼酸盐		11	20	16
钼酸盐	钼酸钠	1	0.5	0.7
	钼酸铵	1	1	1
辛酸二环己胺		14	14	16
肉桂酸钠		20	20	19
哌嗪化合物		26	33	30
哌嗪化合物	甲基哌嗪	2	1	1.5
	二甲基哌嗪	1	1	1
脂肪酸		16	6	9～16
脂肪酸	辛酸	1	1	1
	癸二酸	3	2	2.5
	异戊二酸	2	1.5	1.8

续表

原料		配比（质量份）		
		1#	2#	3#
改性助剂		8	8	7
蒸馏水		40	32	35
硅胶		21	22	22
石蜡		15	35	30
改性助剂	麦饭石粉	7	7	6.5
	硅藻土	4	4	3
	二甲基硅油	5	5	3
	十二烷基三甲基氯化铵	0.4	0.2	0.3
	茶树油	0.4	0.2	0.3
	单宁酸	0.3	0.3	0.35
	生育酚	0.15	0.03	0.08
	氢化松香甘油酯	0.5	0.3	0.35
	肉豆蔻酸异丙酯	0.25	0.15	0.2
	无水乙醇	7	5	6

制备方法

（1）将香茅油、橄榄油海藻胶和磺基水杨酸混合后搅拌均匀，再加入酒石酸钠，在30～40℃和300～600r/min条件下搅拌15～25min，最后加入卵磷脂和1/4～1/3量的蒸馏水，在30～40℃和300～600r/min条件下搅拌1～2h，得组分A。

（2）在1/4～1/3量的蒸馏水中加入壳聚糖和麦芽糊精溶解完全，加入肉桂酸钠和哌嗪化合物在50～60℃和700～1000r/min条件下搅拌0.5～1h,冷却后加入辛酸二环己胺，得组分B。

（3）在剩余的蒸馏水中加入苯甲酸钠和三乙醇胺，在30～50℃、800～1000r/min搅拌1～2h，冷却后加入钼酸盐和脂肪酸，得组分C。

（4）将麦饭石粉和硅藻土混合后在200～300℃下放置3～6h，冷却后研磨均匀，加入单宁酸、生育酚和无水乙醇后超声分散15～20min，再加入其余原料在35～50℃和200～600r/min条件下搅拌1～2h，过滤并真空干燥，再次研磨均匀，得到所述改性助剂；将组分A、组分B和组分C混合并在35～55℃和500～600r/min条件下搅拌20～35min，再加入所述改性助剂超声分散20～30min，得到组分D。

（5）将石蜡熔化，组分D和硅胶分散加入，经过冷却后得到所述气相防锈剂。

产品应用　本品主要是一种气相防锈剂。

产品特性

（1）本品添加了相变材料石蜡，可以在周围环境温度过高时，吸收热量，避免气相防锈剂挥发过快，延长了气相防锈剂的使用寿命。

（2）本品添加了干燥剂硅胶，可以吸收周围环境中的水分，减小空气中的水分对需要保护产品的腐蚀。

配方 149 汽车变速箱用防锈剂

［原料配比］

原料	配比（质量份）		
	1#	2#	3#
硅油	30	60	90
丙烯酸多元醇树脂	20	45	76
全氟聚醚	26	45	70
水性丙烯酸乳	14	50	89
磺酸钠	24	50	65
油橄榄果油	15	55	95
聚异丁烯	20	56	85
聚氯乙烯树脂	20	33	45
膨胀珍珠岩	20	45	75
正溴丙烷	10	40	80

制备方法　将上述物料全部加入搅拌桶内，加热到 100℃，搅拌均匀，然后冷却，即可制成产品。

产品特性　本品防锈时间较长，使用后能够防止材料表面再次形成锈斑；废弃防锈剂方便处理排放，符合环保要求，对设备无污染，无腐蚀，有效降低生产成本，使用安全可靠。

配方 150 汽车钢板用防锈剂

［原料配比］

原料	配比（质量份）			
	1#	2#	3#	4#
硼酸	1	1.2	1.4	1.5
硅藻土	6	7	7.5	8
亚油酸	2	3	4	5
乙酸乙酯	1	1.04	1.08	1.1
40℃下的运动黏度为 $80mm^2/s$ 的基础油	100	—	—	—
40℃下的运动黏度为 $90mm^2/s$ 的基础油	—	100	—	—
40℃下的运动黏度为 $95mm^2/s$ 的基础油	—	—	100	—
40℃下的运动黏度为 $100mm^2/s$ 的基础油	—	—	—	100
氩气	适量	适量	适量	适量

制备方法 基础油升温至220～240℃，加入硅藻土保持搅拌40～50min，滤过，降温至80～85℃，加入硼酸，同时向每升基础油中按2～3mL/s的流速通入氩气，持续通入20～25min，降温至常温，加入亚油酸、乙酸乙酯，高速8000～8500r/min搅拌40～42min，最终得到汽车钢板用防锈剂。

原料介绍

硼酸，能够提高基础油的分散性。

硅藻土，能够降低基础油的清洁难度，用于本品时，无需添加任何水置换剂和乳化剂，容易被中性以及碱性清洗剂除去，脱脂性能达到100%，降低清洗难度。

亚油酸，能够提高基础油的防锈性能。

乙酸乙酯，能够提高基础油的附着性（即黏性）。

产品特性 本品防锈性能优异。

配方151 汽车零件除油防锈剂

［原料配比］

原料		配比（质量份）	
		2#	3#
柠檬酸		5	6
三乙醇胺		4	6
石油磺酸钠		4	5
脂肪醇聚氧乙烯醚		3	4
钼酸钠		1	2
乙醇		30	34
乙二胺四亚甲基膦酸		2	3
2-丁氧基乙醇		1	2
乙氧基化三羟甲基丙烷三丙烯酸酯		10	12
EDTA二钠镁		1	2
添加剂		400	400
添加剂	山梨糖醇聚氧乙烯醚	2～3	2～3
	二氧化钛	0.2～0.4	0.2～0.4
	三聚磷酸钠	3～4	3～4
	硅酸盐	3～4	3～4
	乌洛托品	1.5～3	1.5～3
	硼砂	2.5～3.5	2.5～3.5
	尿素	1～3	1～3
	过硫酸铵	1～3	1～3
	去离子水	20～30	20～30

制备方法 将各组分原料混合均匀即可。

产品应用 本品主要是一种汽车零件除油防锈剂。

产品特性　本品能在金属表面形成薄膜，起到隔绝空气、防氧化的作用，同时能够较牢固地黏附防锈剂，防锈时间长，制造成本低，易于推广。

配方 152　汽车轮毂用防锈剂

［原料配比］

原料	配比（质量份）		
	1#	2#	3#
硬脂酸钙	20	48	75
草酸	30	45	60
丙烯酸树脂	15	40	55
1-羟基苯并三氮唑	25	50	70
磺酸钠	40	55	70
硫酸钡	30	50	75
氯化石蜡	55	80	110
氢氧化钙	25	35	40
醋酸钠	10	33	50
硅溶胶	15	41	60

制备方法　将上述物料全部加入搅拌桶内，加热到 100℃，搅拌均匀，然后冷却，即可制成产品。

产品特性　本品防锈时间较长，使用后能够防止材料表面再次形成锈斑；废弃防锈剂方便处理排放，符合环保要求，对设备无污染，无腐蚀，有效降低生产成本，使用安全可靠。

配方 153　汽车维修用具有优异松锈功能的金属防锈剂

［原料配比］

原料	配比（质量份）				
	1#	2#	3#	4#	5#
磷酸	10	5	15	8	12
六亚甲基四胺	4.5	6	3	5	4
十二烷基硫酸钠	3.5	2	5	3	4
三乙醇胺	2.5	4	1	3	2
柠檬酸	4	2	6	3	5
油酸	3	5	1	4	2
草酸	4	2	6	3	5
防锈增强剂	9	12	6	11	7

续表

原料		配比（质量份）				
		1#	2#	3#	4#	5#
改性磺酸钡		6	4	8	5	7
润滑防锈助剂		10	15	5	12	8
胺溶季铵铜		6	4	8	5	7
六偏磷酸钠		2	3	1	2.5	1.5
纳米二氧化硅		4	2	6	3	5
磺酸钠		6	9	3	8	4
十二烯基丁二酸		6	4	8	5	7
环烷酸锌		6	8	4	7	5
石油脂		6	4	8	5	7
苯并三氮唑		3.5	5	2	4	3
烯基磺酸钠		3.5	1	6	2	5
三聚磷酸钠		4.5	6	3	5	4
偏硅酸钠		2.5	1	4	2	3
亚硝酸钠		3.5	5	2	4	3
磷酸氢二铵		4.5	3	6	4	5
三乙醇胺		2.5	4	1	3	2
脂肪酸		4.5	3	6	4	5
三羟甲基丙烷		5	8	2	7	3
壬基酚聚氧乙烯醚		3.5	2	5	3	4
脂肪醇聚氧乙烯醚		6	9	3	8	4
烷醇酰胺		6	3	9	4	8
棕榈油		4	6	2	5	3
防锈增强剂	5-甲基-2-巯基噻二唑	10	5	15	8	12
	90%的硫酸	4	—	—	—	—
	85%的硫酸	—	6	—	—	—
	95%的硫酸	—	—	2	—	—
	88%的硫酸	—	—	—	5	—
	92%的硫酸	—	—	—	—	3
	丙烯酸	4.5	6	3	5	4
	二甲苯	3.5	5	2	4	3
	二乙醇胺	2.5	1	4	2	3
	五氧化二磷	4	6	2	5	3
	石油醚	6	4	8	5	7
改性磺酸钡	石油	4	3	5	3.5	4.5
	三氧化硫	3.5	5	2	4	3
	氨水	2.5	1	4	2	3
	氢氧化钡	4.5	6	3	5	4
润滑防锈助剂	妥尔油酸	4	3	5	3.5	4.5
	苯	6	8	4	7	5
	二乙醇胺	2	1	3	1.5	2.5

制备方法　将各组分原料混合均匀即可。

原料介绍

所述的防锈增强剂按如下工艺进行制备：将5-甲基-2-巯基噻二唑和硫酸混合均匀，升温至40～50℃，保温10～30min，然后加入丙烯酸混合均匀，继续升温至50～60℃，保温1～3h，冷却至室温，加入水稀释，抽滤，然后将滤饼用氢氧化钠溶解，过滤后用盐酸调节pH值至0.8～1.2，抽滤，用去离子水洗涤，干燥后用无水乙醇重结晶，得到物料A；然后将物料A和二甲苯混合均匀，升温至60～80℃，保温20～40min，接着于650～850r/min转速搅拌30～50min，加入二乙醇胺混合均匀，升温至120～130℃，保温2～4h，蒸馏后，冷却至室温得到物料B；将五氧化二磷、石油醚和物料B混合均匀，于450～650r/min转速搅拌10～30min，然后在氮气的保护下，升温至60～80℃，保温2～4h，冷却至室温得防锈增强剂。

所述的改性磺酸钡按如下工艺进行制备：向石油中通入三氧化硫，然后加入氨水和乙醇进行抽提得到抽提物，向抽提物中加入氢氧化钡混合均匀，升温至70～80℃，保温2～3h，继续升温至120～140℃，保温3～5h，然后用汽油稀释离心得到改性磺酸钡。

所述的润滑防锈助剂按如下工艺进行制备：将妥尔油酸在氮气保护下加入苯，混合均匀，升温至100～120℃，保温10～20min，然后加入二乙醇胺混合均匀，继续升温至140～160℃，保温3～5h，自然冷却至室温后得到润滑防锈助剂。

产品特性

（1）本品具有优良的润滑及防锈性能，有效提高机械设备运作过程的润滑防锈性，降低了机械摩擦系数，其极性基团对金属有较大的亲和力，可牢靠地吸附在金属表面上，形成定向吸附层。

（2）本品在清洗除锈的同时能够对工件表面附着的锈迹进行松懈，提高了锈迹的清除率，能够对附着在工件上的锈渍进行有效的清洗，清洗后工件的防锈性能得到有效提高。

配方154　汽车用高渗透性润滑防锈剂

［原料配比］

原料	配比（质量份）				
	1#	2#	3#	4#	5#
磺酸钙	6	4	8	5	7
己二酸异辛醇酯	6.5	9	4	8	5
十三碳二酸异庚醇酯	3.5	2	5	3	4
二聚酸二异辛酯	3.5	6	1	5	2
二烷基二硫代磷酸锌	5	2	8	3	7
邻苯三甲酚酯	4	5	3	4.5	3.5
氯化石蜡	3	2	4	2.5	3.5
硫化异丁烯	2	3	1	2.5	1.5
改性渗透剂	3.5	2	5	3	4
渗透增强剂	6	6	3	8	4
胺溶季铵铜	6	4	8	5	7
六偏磷酸钠	2	3	1	2.5	1.5

续表

原料		配比（质量份）				
		1#	2#	3#	4#	5#
十二烯基丁二酸		6	4	8	5	7
环烷酸锌		6	8	4	7	5
苯并三氮唑		3.5	2	5	3	4
烯基磺酸钠		3.5	6	1	5	2
三聚磷酸钠		4.5	3	6	4	5
磷酸氢二铵		4.5	6	3	5	4
脂肪酸		4.5	3	6	4	5
苯甲酸甲酯		3.5	6	1	5	2
聚四氟乙烯		6	3	9	4	8
丁烯		3	5	1	4	2
壬基酚聚氧乙烯醚		3.5	2	5	3	4
十二烷基苯磺酸		4.5	6	3	5	4
乙酰丙酮		7.5	6	9	7	8
乳化剂		10	15	5	12	8
改性渗透剂	壬基酚	4.5	3	6	4	5
	氯乙酸	3.5	5	2	4	3
	无水乙醇	2	1	3	1.5	2.5
	石油醚	3	4	2	3.5	2.5
	2.5mol/L 的盐酸	3	—	—	—	—
	3.5mol/L 的盐酸	—	2	—	—	—
	1.5mol/L 的盐酸	—	—	4	—	—
	3.2mol/L 的盐酸	—	—	—	2.5	—
	1.8mol/L 的盐酸	—	—	—	—	3.5
渗透增强剂	辛基聚氧乙烯醚	3.5	2	5	3	4
	二甲基二氯硅烷	4.5	3	6	4	5
	石油醚	2	3	1	2.5	1.5
乳化剂	石油磺酸钠	2	1	3	1.5	2.5
	脂肪醇聚氧乙基醚	3.5	5	2	4	3

制备方法　将各组分原料混合均匀即可。

原料介绍

改性渗透剂有效提高了防锈剂的渗透性，使得在汽车使用过程中，提高了防锈性能。

渗透增强剂除具有优良的渗透力和低泡性外，还具有一定的水解稳定性，从而保证使用时不发生水解，与改性渗透剂配合，赋予本品优异的渗透性，进一步增强了防锈效果和防锈期限。

所述的改性渗透剂按如下工艺进行制备：将壬基酚、氯乙酸和无水乙醇混合均匀，于450～550r/min 转速搅拌 20～40min，升温至 75～85℃，回流 20～24h，然后加入石油醚和盐酸混合均匀，进行酸化萃取，接着用去离子水洗涤至中性，冷却至室温得到改性渗透剂。

所述的渗透增强剂按如下工艺进行制备：将辛基聚氧乙烯醚于−0.2～−0.1MPa 升温至45～55℃，保温 10～20min，然后加入二甲基二氯硅烷和石油醚混合均匀，升温至 60～70℃，保温 5～15min，于 350～450r/min 转速搅拌 20～40min，冷却至室温得到渗透增强剂。

产品特性　本品具有优异的渗透性能，使用期限长，防锈效果好。

配方 155　强效防锈剂

［原料配比］

原料	配比（质量份）		
	1#	2#	3#
磷酸三钠	15	55	95
羟乙基油酰咪唑啉	25	50	65
次氮基三乙醇胺	25	45	60
异丁醇	32	50	85
脂肪酸酰胺	34	50	75
硅烷偶联剂	35	66	95
聚异丁烯	25	55	85
聚氯乙烯树脂	20	35	45
谷氨酸	15	45	75
增电剂	10	46	85

制备方法　将上述物料全部加入搅拌桶内，加热到 100℃，搅拌均匀，然后冷却，即可制成产品。

产品特性　本品防锈时间较长，使用后能够防止材料表面再次形成锈斑；废弃防锈剂方便处理排放，符合环保要求，对设备无污染，无腐蚀，有效降低生产成本，使用安全可靠。

配方 156　热轧酸洗钢板用水基防锈剂

［原料配比］

原料	配比（质量份）				
	1#	2#	3#	4#	5#
氟锆酸钾	10	18	20	12	15
苯甲酸铵	8	16	10	12	14
六亚甲基四胺	2	5	3	4.5	2.5
三乙醇胺	10	7	6	5	8
聚乙二醇	4	8	6	5	3
磷酸钠	4	5	3	5.5	6
蓖麻酸	2	2.5	5	4	3.5
碳酸钠	1	0.5	1.5	2	1.2
烷基聚氧乙烯醚	1	1.2	1.3	1.5	2
去离子水	20	18	22	25	24

制备方法

（1）按组分配比将氟锆酸钾和苯甲酸铵投入到反应容器中混合搅拌，然后投入三乙醇胺，搅拌升温至80～90℃，缓慢加入蓖麻酸，同时继续升温至100℃，保持在100℃±2℃反应1～3h；停止加热，温度控制在45℃±2℃，加入规定水量1/4的水并继续搅拌0.5～1.5h，生成的锆酸盐合成物作为防锈剂主盐。

（2）将合成物主盐与磷酸钠在反应釜中混溶，加入规定水量1/4的水，然后再加入六亚甲基四胺和聚乙二醇，充分搅拌溶解后溶液静置45min。

（3）分多次向上述溶液中加入碳酸钠并不断搅拌，将剩余1/2的水加入，搅拌使之完全溶解，静置冷却至室温。

（4）最后加入烷基聚氧乙烯醚到容器中，充分搅拌，静置陈化不小于30min后，包装成产品即可。

原料介绍

苯甲酸铵可以与金属离子形成难溶的络合物薄膜，三乙醇胺又能够与苯甲酸铵复配，起到协同防锈的作用。

氟锆酸钾为耐腐蚀金属无机盐，作为防锈成膜主剂，可以在金属表面形成一层保护性的化学转化膜，具有钝化金属的作用。

三乙醇胺作为促进剂、聚乙二醇作为络合剂加速此疏水薄膜的形成。氟锆酸钾与苯甲酸铵基本不发生反应，可以进行复配，并且两者都成膜迅速。

根据化学吸附原理，苯甲酸铵分子中的极性基团能够迅速与金属离子发生反应，并很快就会形成络合物膜。锆酸盐是耐腐蚀金属无机盐，可以在金属表面形成无机钝化膜，但其成膜速度较上述络合物膜成膜时间长。因此，苯甲酸铵先与金属离子形成一层络合物膜，然后此膜的外层锆酸盐在金属表面还会形成一层化学转化膜，此复合膜对热轧酸洗板起到双层保护作用。氟锆酸钾、苯甲酸铵复配作为热轧酸洗钢板防锈剂主盐，防锈性能最好。对于热轧酸洗钢板，为防止其加工工序间的锈蚀，使用无机防锈剂进行防锈处理，效果较为明显。

锆酸盐，通过在金属表面接触迅速生成一层致密的化学转化膜，从而对热轧钢板表面形成防护作用。

磷酸钠作为促进剂可加快转化膜生成速度。

聚乙二醇作为防锈络合剂，可以大幅度提高化学转化膜的致密度和厚度。

产品特性

（1）本品在钢板表面生成均匀、完整且强度高的保护膜，作为独立相存在，把金属与空气、水和污染杂质等完全隔离，降低金属的溶解速度，双层复合防锈膜的防锈周期较单层膜而言长近1倍。

（2）本品减少了由于带钢表面锈蚀对后续汽车板处理工艺（如磷化、涂镀等）的影响，提高了汽车板产品质量。防锈效果显著，防锈周期长，成本低，安全环保，处理过程工艺简单高效，常温使用，能够与防锈油配合使用，特别对热轧和冷轧钢板防腐效果明显。

配方157 热轧酸洗卷用防锈剂

原料配比

原料		配比（质量份）									
		1#	2#	3#	4#	5#	6#	7#	8#	9#	10#
羟基喹啉	8-羟基喹啉	1	4	1.5	2.5	3.5	2	3	1.7	2.6	3.3

续表

原料		配比（质量份）									
		1#	2#	3#	4#	5#	6#	7#	8#	9#	10#
酒石酸	L-酒石酸	1	4	2.5	1.5	3.5	2	3	3.3	2.4	1.7
酰基取代肌氨酸	*N*-月桂酸肌氨酸	5	10	8	7	9	7.5	8.5	5.5	9.5	6
有机烷基胺	*N*,*N*-二甲基十六胺	5	10	6	9	7	8.5	6.5	9.5	7.5	8
非离子表面活性剂	吐温-60	3	8	4	6	5	7	5.5	7.5	3.5	4.5
有机溶剂	*N*,*N*-二甲基甲酰胺	85	64	78	74	72	73	73.5	72.5	74.5	76.5

原料		配比（质量份）					
		11#	12#	13#	14#	15#	16#
羟基喹啉	6-羟基喹啉	1	—	—	—	—	2
	2-羟基喹啉	—	4	—	—	—	—
	5-羟基喹啉	—	—	1.5	—	—	—
	7-羟基喹啉	—	—	—	2.5	—	—
	8-羟基喹啉	—	—	—	—	3.5	—
酒石酸	D-酒石酸	1	—	—	1.5	—	—
	L-酒石酸	—	—	2.5	—	—	2
	DL-酒石酸	—	4	—	—	3.5	—
酰基取代肌氨酸	*N*-油基酰基肌氨酸	5	—	—	7	—	7.5
	N-月桂基-*β*-亚氨基二丙酸	—	10	—	—	9	—
	N-月桂酸肌氨酸	—	—	8	—	—	—
有机烷基胺	*N*,*N*-二甲基十八胺	5	—	—	—	—	—
	N,*N*-二甲基十四胺	—	10	—	—	7	—
	N,*N*-二甲基十二胺	—	—	6	—	—	—
	N,*N*-二甲基十六胺	—	—	—	9	—	8.5
非离子表面活性剂	吐温-20	3	—	—	—	5	—
	吐温-80	—	8	4	—	—	—
	吐温-60	—	—	—	6	—	7
有机溶剂	*N*,*N*-二甲基乙酰胺	85	—	78	74	—	—
	N-甲基甲酰胺	—	64	—	—	—	—
	N,*N*-二甲基甲酰胺	—	—	—	—	72	73

制备方法　将各组分原料混合均匀即可。

原料介绍

羟基喹啉和酒石酸作为常用的金属螯合剂，能够和热轧酸洗卷表面残存的有害金属离子形成络合物，除去存在于钢板表面的金属化合物垢，避免钢卷发生锈蚀。两者分子结构不同，互为补充，复配使用能更好地起到螯合作用。此外，8-羟基喹啉中的酚羟基和酒石酸中的羧基，酸性较弱，不会造成钢板基体的腐蚀。

酰基取代肌氨酸和有机烷基胺可作为优良的缓蚀剂，与Fe材料的亲和性较强，前者是酰基取代肌氨酸，后者是有机胺，两者都具长烷基链，疏水性很强，可以快速定向吸附在钢板表面，吸附层致密、稳定，起到防护作用，两者复配使用缓蚀效果更好。

吐温为常用的非离子表面活性剂，作为乳化剂和增溶剂，可以使整个防锈剂形成均匀稳定的分散体系，使缓蚀剂能更好地溶解于溶剂中，增强防锈功能。此外，某种程度上，N-月桂酸肌氨酸可认为是一种阴离子表面活性剂，N,N-二甲基十六胺可认为是一种阳离子表面活性剂，两者具有和吐温-60类似的功能。三者在一起复配使用，分散、乳化效果更好，整个溶液更加均匀、稳定。

N,N-二甲基甲酰胺作为常用的有机溶剂，可以溶解绝大部分有机化合物，具有很高的化学稳定性。防锈剂中的羟基喹啉、酒石酸、酰基取代肌氨酸、有机烷基胺、非离子表面活性剂均能较好地溶解在其中，且互不干扰。另外，N,N-二甲基甲酰胺与水能够以任意比例互溶，因此，冷轧轧制前完全可以用水将整个防锈剂清洗掉而不会影响轧制。还有，N,N-二甲基甲酰胺的沸点为 153℃，且黏度较大，常温条件下，不会像水那样容易蒸发，可以完整地覆盖在钢板表面，无需时刻维护调节，既起到了持久的防护作用，又减轻了操作强度。

产品应用 本品主要是一种热轧酸洗卷用防锈剂。

使用方法：将钢板浸泡在所述防锈剂中进行防锈处理，温度为20～30℃，浸泡时间为15～20min。

产品特性

（1）用本品进行防锈处理，热轧酸洗卷在普通环境下，180 天后钢卷表面锈蚀面积比例不超过 4%；在高温高湿环境下，180 天后锈蚀面积比例不超过 7%。热轧酸洗卷的耐蚀周期显著延长，完全满足长时间防锈的需要。

（2）本品有机结合了水溶性防锈剂和防锈油脂的优点，克服了两者的缺点，成本低，环保性好，非常适用于热轧酸洗卷的防锈，具有很强的实用价值。

配方 158 溶剂型可剥离塑料防锈剂

原料配比

原料		配比（质量份）					
		1#	2#	3#	4#	5#	6#
成膜剂	乙基纤维素粉和醋酸丁酸纤维素任意比例的混合物	20	20	25	25	25	20
增塑剂	邻苯二甲酸二丁酯	2	2	5	5	3	5
稳定剂	二月桂酸二正丁基锡	1	1	1	1	1	1
抗氧化剂	2,6-二叔丁基对甲酚	1	1	1	1	1	1
缓蚀剂	N-油酰肌氨酸、二壬基萘磺酸钙、石油磺酸钙中的一种或多种	10	13	15	15	13	15
分散剂	聚甲基丙烯酸酯、聚异丁烯丁二酰亚胺任意比例混合物	2	2	2	2	2	2
矿物油	60N、150N 和 500N 中的一种或多种混合物	8	8	5	5	5	5
溶剂	三甲苯和四氢呋喃任意比例混合物	56	56	46	46	50	49

制备方法

（1）将缓蚀剂、抗氧化剂、矿物油投入搅拌釜中进行搅拌，充分溶解后得到溶液 A；搅拌釜的温度设置为 80～100℃，搅拌釜的转速为 600～800r/min。

（2）将稳定剂、增塑剂、成膜剂、分散剂、溶剂投入搅拌釜中，常温下进行搅拌，充分溶解后得到溶液 B。

（3）将溶液 A 冷却到常温后，将溶液 B 缓慢加入到溶液 A 中，加入过程中保持溶液 A

持续搅拌，加入完成后继续搅拌 50～100min 得到样品。

（4）对样品进行测试。

产品应用　本品主要是一种溶剂型可剥离塑料防锈剂。

产品特性

（1）本品具有较好的耐腐蚀性和使用寿命，同时也具有较好的力学性能。

（2）本品能将塑料基体与各助剂之间进行充分的融合，且工序简单、可操作性强，降低了成本，减少了损耗。

（3）本品所添加的助剂与塑料具有较好的相容性，环境卫生性好、价格低、来源广。

配方 159　乳液型防锈剂

原料配比

原料	配比（质量份）			
	1#	2#	3#	4#
白油	90	75	70	82
正辛酸	1	2	5	3
单乙醇胺	5	4	1	5
脂肪醇聚氧乙烯醚	1	10	8	6
油醇	15	9	5	5

制备方法　将正辛酸和单乙醇胺加入容器中，50～60℃下搅拌反应 1～2h，然后加入白油、脂肪醇聚氧乙烯醚和油醇继续在 60～70℃下搅拌 1h，最后冷却即可。

产品应用　本品主要是一种乳液型防锈剂。

使用方法：将此产品按 1%～5%进行添加，边添加边搅拌，确保产品充分乳化，常温下充分乳化后溶液在钢带表面刷涂 2～10s 即可，最后风道吹干。

产品特性

（1）设备简单无需专门维护人员。

（2）设备简短，节省用地。

（3）与磷化、硅烷化相比处理时间由 2～5min 缩短为 2～10s，处理速度提高几十倍。

（4）无磷化渣等副产物产生，对环境无污染。

（5）处理后的板材防锈能力由一周延长到两周以上，提高了防锈能力。

配方 160　少残留水基防锈剂

原料配比

原料		配比（质量份）		
		1#	2#	3#
单体组分 A	单异丙醇胺	3.5	5.1	2.2
	甲苯磺氨基己酸	6.0	8.0	4.0

续表

原料		配比（质量份）		
		1#	2#	3#
单体组分 B	单异丙醇胺	1.5	2.9	4.3
	三嗪三氨基己酸	2.0	3.5	4.5
水		81	78.5	80
三异丙醇胺		6.0	2.0	5.0

制备方法

（1）称取计量中一部分的单异丙醇胺，搅拌加热并保证单异丙醇胺温度不大于 65℃，向单异丙醇胺中分若干次加入计量的甲苯磺氨基己酸，恒温搅拌 40～60min，直至甲苯磺氨基己酸完全溶解，得到的混合液为单体组分 A，备用；其中，单异丙醇胺的量为保证甲苯磺氨基己酸能与单异丙醇胺充分反应。

（2）称取计量中另一部分的单异丙醇胺，搅拌加热并保证温度不大于 65℃，向单异丙醇胺中加三嗪三氨基己酸，恒温搅拌 40～60min，直至三嗪三氨基己酸完全溶解，得到的混合液体为单体组分 B，备用；其中，单异丙醇胺的量为保证三嗪三氨基己酸能与单异丙醇胺充分反应。

（3）按计量称取水，搅拌加热至 50℃，向水中逐滴加入单体组分 A，恒温搅拌 20～30min，直至单体组分 A 完全分散于水中。

（4）在搅拌状态下，继续往水中加入单体组分 B，恒温搅拌 20～30min，直至单体组分 B 完全溶解于水中。

（5）在搅拌状态下，往步骤（4）得到的混合液体中加入计量的三异丙醇胺，搅拌 20～30min，直至三异丙醇胺完全溶解；得到水基防锈剂。

产品应用 本品主要是一种少残留水基防锈剂。

产品特性

（1）本品在实际使用中使用量较少，水分蒸发后在金属表面残留少，也不会形成脂状、黏胶状有机物质。

（2）该防锈剂不含有毒及重金属组分，为无毒环保型产品。本产品既可单独作为水基防锈剂使用，也可作为金属清洗剂、切削液产品中的防锈组分使用。

（3）该防锈剂对黑色金属防锈性完全达到含亚硝酸盐产品的水平；对有色金属（如铝、铜等）有很好的防腐蚀性；在金属零件上残留少，不会形成脂状、黏胶状物质；耐硬水能力强；产品无泡沫。

配方 161 石墨烯复合物防锈剂

［原料配比］

原料	配比（质量份）		
	1#	2#	3#
天然氯化橡胶	9	11	9.5
锂基膨润土	2.6	3	2.8
羧甲基纤维素	2.2	2.8	2.4

续表

原料	配比（质量份）		
	1#	2#	3#
水	65.2	63.2	64.5
苯乙烯	21	20	20.8
石墨烯	0.05	0.1	0.15

制备方法

（1）对苯乙烯进行预处理。

（2）将天然氯化橡胶、锂基膨润土、羧甲基纤维素及水混合进行第一搅拌，均匀后获得中间混合液；所述第一搅拌的转速控制为800r/min，时间控制为10～20min。

（3）将预处理后的苯乙烯加入中间混合液进行第二搅拌，均匀后获得氯化橡胶水性乳液；所述第二搅拌的转速控制为800r/min，时间控制为15～20min。

（4）将石墨烯加入氯化橡胶水性乳液而获得所述石墨烯复合物防锈剂成品。

原料介绍

石墨烯的尺寸较小且具有片状结构，小尺寸的石墨烯在氯化橡胶水性乳液中分散后，填充到氯化橡胶水性乳液的孔洞中，片与片之间层层堆积，形成致密的物理隔绝层，阻隔水汽、氧气等介质，直接与金属表面接触，从而防止金属腐蚀。

所述苯乙烯的预处理为：

（1）通过质量分数为5%的NaOH溶液对苯乙烯进行碱洗3～5次。

（2）碱洗完成后，对苯乙烯进行水洗3～5次至中性。

产品应用　本品主要是一种石墨烯复合物防锈剂。

产品特性　将该石墨烯复合物防锈剂涂覆到电力设备表面后，能显著提升设备防腐蚀性能。有效解决了传统产品复杂环境下电力设备抗腐蚀性能差的技术问题。

配方162　石油钻杆用防锈剂

［原料配比］

原料	配比（质量份）		
	1#	2#	3#
苯甲酸钠	20	55	95
癸二酸	38	65	80
钼酸钠	25	40	55
四氯化碳	25	40	60
磺酸钠	40	55	75
硫酸钡	20	45	75
四硼酸钾	55	70	90
邻苯二甲酸二丁酯	25	50	80
醋酸钠	10	45	75
三氯乙醛	15	50	85

制备方法　将上述物料全部加入搅拌桶内，加热到 100℃，搅拌均匀，然后冷却，即可制成产品。

产品应用　本品主要是一种石油钻杆用防锈剂。

产品特性　本品防锈时间较长，使用后能够防止材料表面再次形成锈斑；废弃防锈剂方便处理排放，符合环保要求，对设备无污染，无腐蚀，有效降低生产成本，使用安全可靠。

配方 163　适合钢铁表面的水性快速除锈防锈剂

［原料配比］

<table>
<tr><th colspan="2" rowspan="2">原料</th><th colspan="2">配比（质量份）</th></tr>
<tr><th>1#</th><th>2#</th></tr>
<tr><td rowspan="4">单宁酸酯化改性物</td><td>单宁酸</td><td>100</td><td>100</td></tr>
<tr><td>草酸</td><td>5</td><td>10</td></tr>
<tr><td>对甲苯磺酸</td><td>1</td><td>2</td></tr>
<tr><td>二甲苯</td><td>100</td><td>110</td></tr>
<tr><td colspan="2">单宁酸酯化改性物</td><td>10</td><td>20</td></tr>
<tr><td>成膜剂乳液</td><td>环氧改性聚丙烯酸酯乳液</td><td>70</td><td>60</td></tr>
<tr><td>JFC 渗透剂</td><td>脂肪醇聚氧乙烯醚渗透剂</td><td>2</td><td>1</td></tr>
<tr><td>成膜助剂</td><td>二乙二醇乙醚</td><td>5</td><td>6</td></tr>
<tr><td rowspan="2">多羟基化合物交联剂</td><td>甘油</td><td>5</td><td>—</td></tr>
<tr><td>邻苯二酚</td><td>—</td><td>2</td></tr>
<tr><td>增稠剂</td><td>聚丙烯酰胺</td><td>0.5</td><td>1</td></tr>
<tr><td colspan="2">水</td><td>8</td><td>10</td></tr>
</table>

制备方法　将各组分原料混合均匀即可。

原料介绍

所述单宁酸酯化改性物为单宁酸与草酸的酯化产物，单宁酸的分子量为 1700～2000。

所述单宁酸酯化改性物由如下方法制得：在溶剂中，单宁酸与草酸在催化剂对甲苯磺酸作用下，经酯化反应获得所述单宁酸酯化改性物，单宁酸、草酸、对甲苯磺酸及溶剂的质量比为（20～60）：（2～20）：（0.2～2）：（30～60）。

产品应用　本品主要是一种适合钢铁表面的水性快速除锈防锈剂。用于热轧板、冷轧板、槽钢表面除锈防锈。对于局部锈蚀的镀锌板、涂有富锌漆和银粉漆的各类钢铁表面除锈防锈也同样适用。

产品特性

（1）本品以水为溶剂，不易燃，不含氯、磷、亚硝酸盐、重金属盐、苯、甲醛等成分，符合环保与安全生产要求，产品原料成本和生产成本较低。

（2）本品除锈速度快，防锈作用强，可快速地将钢铁制品表面的铁锈直接转化为致密保护层，达到除锈防锈效果。

（3）可常温下带锈作业，省去手工除锈和化学除锈等操作过程，大大降低了使用成本。

配方 164 适合于有色金属的置换型防锈剂

[原料配比]

原料	配比（质量份）
石油磺酸钡	8
羊毛脂	1
苯并三氮唑	0.1
苯二甲酸二辛酯	2
N7 全损耗系统用油	89.9

制备方法 将各组分原料混合均匀即可。

产品应用 本品主要是一种适合于有色金属的置换型防锈剂。

使用方法：零件在装满防锈剂的防锈水槽内浸泡 1～2min 后取出；将浸泡后的零件码放整齐，如果是夏季防锈期一般为 1～2 周，冬季可为 3～5 周，正常情况下一般在 4～10 月份防锈，此期间高温、多雨，易发生金属锈蚀，在冬季的时候则停止防锈。

使用时，应按零件涂覆难易、要求防锈期长短，将置换型防锈剂用煤油稀释。小尺寸零件可用浸涂法，大尺寸零件可用刷涂法。

产品特性

（1）本品具有中和、置换金属工件表面汗液和水分的作用。

（2）本品能使金属表面形成一层保护油膜，抑制周围环境的水分和腐蚀介质对工件表面的侵蚀，具有中和、置换金属工件表面汗液和水分的效果，对有色金属锻造的零件具有更加明显的效果。

配方 165 适用于多材质汽车零部件的清洗防锈剂

[原料配比]

原料		配比（质量份）		
		1#	2#	3#
碱盐	五水合偏硅酸钠	5	5	5
	氢氧化钾	2.5	3	2.5
螯合剂	EDTA	3	—	3
	柠檬酸	—	3	—
非离子表面活性剂	羰基醇 EO-PO 嵌段聚醚	5	5	5
	支链仲醇聚氧乙烯醚	3	3	3
阳离子表面活性剂	双 C_{16}～C_{18} 烷基二羟乙基氯化铵	0.2	0.2	1
防锈添加剂	C_{21} 二元酸	2	2	2
缓蚀剂	硅氧烷改性物	0.5	0.5	1
水		加至 100	加至 100	加至 100

制备方法 将配方量水加入反应釜中，在常温下往反应釜中加入碱盐，搅拌至均匀透明后，加入螯合剂并搅拌至均匀透明，再分别加入非离子表面活性剂、阳离子表面活性剂和防锈添加剂，搅拌至均匀透明；最后加入缓蚀剂并搅拌至均匀透明，加料速度控制在5kg/min以内，否则容易产生团聚，从而获得清洗防锈剂的稳定原液。

原料介绍

所述缓蚀剂采用如下方法制备而成：将质量分数为65%的*N*-甲基牛磺酸钠水溶液与甲醇按质量比 1∶1 放入装有搅拌装置、温度计、滴液漏斗的四口烧瓶中，往滴液漏斗中加入与*N*-甲基牛磺酸钠等质量的环氧基硅烷，控制滴液速度为5g/min，反应温度为25～50℃，滴加完成后，再往混合物料中加入相当于*N*-甲基牛磺酸钠质量2倍的纯水，通过加热蒸馏出甲醇和水，得到缓蚀剂。

所述环氧基硅烷为γ-缩水甘油醚氧丙基三甲氧基硅烷或γ-缩水甘油醚氧丙基三乙氧基硅烷。

所述防锈添加剂为C_{21}二元酸，由妥尔油酸、蓖麻油酸或菜籽油酸与丙烯酸通过 Diels-Alder 反应合成得到。

产品应用 本品主要是一种适用于多材质汽车零部件的清洗防锈剂。

产品特性

（1）本品有效解决了黑色金属、压铸铝合金和镁合金共线清洗无法同时兼顾清洗、防锈和有色金属缓蚀（包括压铸铝合金和镁合金）的问题，本品能够在原液稳定的基础上同时保证多种材质清洗时的清洁度和缓蚀效果。

（2）本品解决了偏硅酸钠与有机羧酸不兼容的问题，通过与C_{21}长碳链二元酸配伍，硅酸盐不会在清洗防锈剂制备过程中发生反应产生白色沉淀物。

（3）清洗防锈剂原液在常温和50℃下稳定，对黑色金属具有防锈作用，50℃清洗压铸铝合金和镁合金后有色金属无腐蚀变色现象，外观更加光亮，泡沫低。

配方 166 适用于黑色金属可水洗型水基环保防锈剂

原料配比

原料	配比（质量份）
甘油	5～10
酒石酸	4～8
衣康酸	2.5～5
二甘醇胺	20～28
钼酸钠	0.1～1
椰油酸二乙醇酰胺 6501	3～6
钨酸钠	0.5～2
无水碳酸钠	0.5～1
水	39～64

制备方法

（1）将水、二甘醇胺、酒石酸、衣康酸按配比量加入反应釜中进行搅拌，搅拌至反应物全部溶解。

（2）向（1）得到的产物中加入按配比量加入钼酸钠、钨酸钠，加热至 60～80℃搅拌溶解，再加入椰油酸二乙醇酰胺 6051、甘油和无水碳酸钠，搅拌至全部溶解。

（3）待（2）混合物全部溶解后，对反应釜进行降温，过滤出料。

产品应用　本品主要是一种适用于黑色金属可水洗型水基环保防锈剂。

产品特性　本品为水性防锈剂，环保，具有较好的防锈性能。

配方 167　适用于无氟制冷行业的低温防锈剂

原料配比

原料		配比（质量份）	
		1#	2#
防锈添加剂	二乙醇胺①	12	12
	硼酸	12	12
	纯水	25	25
	三元聚羧酸	20	20
	二乙醇胺②	20	20
	丙二醇	11	11
纯水		35	40
异丙醇胺		17	12
癸二酸		7	6
异壬酸		7	6
甲基苯并三氮唑		7	9
二甘醇		8	6
丙二醇甲醚		10	12
防锈添加剂		9	9

制备方法　将水、异丙醇胺、癸二酸、异壬酸、甲基苯并三氮唑、二甘醇、丙二醇甲醚和防锈添加剂按顺序混合，搅拌均匀后得到所述适用于无氟制冷行业的低温防锈剂。每个原料按顺序加入后搅拌 0.5～1h，最终加入防锈添加剂后继续搅拌 1～3h。

原料介绍

所述防锈添加剂通过以下方法制备得到：

（1）将二乙醇胺①与硼酸混合搅拌反应后，所得产物备用；所述混合搅拌反应的温度为 80～120℃，反应时间为 1.5～5h，搅拌速度为 50～200r/min；优选地，所述混合搅拌反应的温度为 100℃，反应时间为 3h，搅拌速度为 100r/min。

（2）将水、三元聚羧酸、二乙醇胺②混合搅拌反应后，再与步骤（1）所得产物混合搅拌反应，然后再加入丙二醇继续混合搅拌反应，反应完成后得到防锈添加剂。所述三次混合搅拌反应的时间独立的为 0.5～3h；所述搅拌速度独立的为 50～200r/min。

产品应用　本品主要是一种适用于无氟制冷行业的低温防锈剂。

产品特性

（1）本品防锈性能、防腐蚀性能优越，且残留率极低。并且本品不使用无机盐等高残留原材料。采用本品的低残留配方，可以减少制冷零部件表面防锈剂的残留量，解决制冷系统毛细管堵塞的隐患。

（2）本品以二甘醇、丙二醇甲醚取代传统防锈剂的表面活性剂，其在常温下即具备优良的润湿性能，使防锈剂在常温下即可完整地黏附在零件表面，形成致密的保护膜。所得防锈剂实际使用中在较低温度下（夏秋季：常温；春冬季：30～40℃）即可发挥出优异的防锈性能。

配方 168 适用于无氟制冷行业的水性防锈剂

原料配比

原料	配比（质量份）		
	1#	2#	3#
吗啉	29	25	20
一乙醇胺	10	7	10
二环己胺	5	7	10
羟乙基乙二胺	5	7	10
十二烷二酸	5	7	10
苯并三氮唑	5	3	1
苯甲酸	10	5	3
10%乙醇	13	10	15
T-3A 添加剂	2	5	1
水	16	24	20

制备方法

（1）按上述质量份取苯并三氮唑和苯甲酸，然后将上述材料放进容器内搅拌混合，搅拌速度为 70r/min，时间为 10min，并在搅拌的过程中对容器进行加热处理，使其混合物的温度保持在 60℃，备用。

（2）按上述质量份取吗啉、十二烷二酸和 10%乙醇，先将 10%乙醇放进容器内，然后再将吗啉和十二烷二酸放进容器内进行搅拌混合，搅拌速度为 100r/min，时间为 16min，搅拌完成后，密封并使用水浴加热的方式对其进行加热，水浴加热温度为 50℃，加热时间为 12min，最后使其自然冷却至室温，备用。

（3）按上述质量份取一乙醇胺、二环己胺、羟乙基乙二胺和水，先将水放进容器内，然后再依次将一乙醇胺、二环己胺和羟乙基乙二胺放进容器内，每放进一种物质就搅拌一次，搅拌速度为 80r/min，每次的搅拌时间为 5min，备用。

（4）将经过步骤（1）处理的混合物和经过步骤（2）处理的混合物放进容器内，然后对其进行搅拌混合，搅拌速度为 60r/min，时间为 50min，之后静置 16min 再对其进行边搅拌边加热处理，加热温度为 45℃，加热时间为 25min，备用。

（5）将经过（3）处理的混合物和经过步骤（4）处理的混合物放进容器内，然后对其进行搅拌混合，搅拌速度为 120r/min，时间为 50min，之后对其进行水浴加热处理，加热温度为 55℃，加热时间为 30min，备用。

（6）按上述质量份取 T-3A 添加剂，然后将 T-3A 添加剂放进步骤（5）中的容器内与其中的混合物一起搅拌混合，搅拌速度控制在 120r/min，搅拌时间为 5h，即得。

产品应用　本品主要是一种适用于无氟制冷行业的水性防锈剂。

产品特性　本品不仅残留率低，还具有良好的防锈性能，良好的防腐蚀性能，良好的抗磨性能和无泡残留。不采用无机盐、脂肪皂，不含硫、磷、氯成分；本品残留率是传统配方的10%，采用低残留配方，减少制冷零部件表面防锈剂的残留量，解决制冷系统毛细管堵塞的隐患。

配方 169　水基防锈剂（1）

［原料配比］

原料	配比（质量份）
十一碳二元酸	20～30
癸二酸	15～20
硼酸	35～45
十二碳二元脂肪酸	40～60
水①	40～60
三嗪多元酸	20～30
氨水	30～40
氢氧化钠	10～20
水②	160～240
三乙醇胺	30～40
一乙醇胺	35～55
聚二甲基硅氧烷	8～12
消泡剂	4～8

制备方法

（1）取十一碳二元酸、癸二酸、硼酸和十二碳二元脂肪酸放置于反应容器内，在反应容器中混合搅拌加热，搅拌速度为100～200r/min，加热温度控制在75℃±4℃，在该温度下恒温时间为1～1.5h，合成复合酸。

（2）当复合酸的温度降至50℃以下时，加入40～60份的水①，搅拌均匀，搅拌速度为80～120r/min，搅拌时间为10～20min。

（3）取三嗪多元酸、氨水和氢氧化钠放置于反应容器内，在反应容器中混合搅拌加热，搅拌速度为120～140r/min，加热温度控制在45℃±4℃，在该温度下恒温时间为0.5～0.8h，合成中和剂。

（4）将剩余的160～240份的水②加热至35～42℃，缓慢依次加入三乙醇胺、一乙醇胺、聚二甲基硅氧烷和消泡剂，搅拌使之完全溶解。

（5）将步骤（3）制得的中和剂和步骤（4）制得的混合液同时加入步骤（2）制得的混合液内，搅拌并混合均匀；搅拌时的速度为200～250r/min，搅拌时间为20～30min，直至混合均匀，且无分层现象。

（6）将步骤（5）制得的混合液放入容器中，并将容器置于水浴锅中，设定温度为80～85℃，保温3～6h，再自然冷却至室温，将容器中混合液放入离心机中，以500～600r/min离心8～10min，收集上层液，即得所述水基防锈剂。

原料介绍

所述消泡剂是有机硅消泡剂或聚醚消泡剂。

产品应用 本品主要是一种水基防锈剂。适用于金属零件工序间防锈及库房存放防锈。

产品特性

（1）本品对铸铁、钢件有优异的防锈性，对铝及铝合金、铜及铜合金有良好的防腐蚀性。

（2）本品无毒无害，绿色环保，对使用者的人身健康和环境健康均无不良副作用，同时本品制备简单，防锈效果好。

（3）利用复合酸和中和剂的有效搭配，提高防锈性能和长期稳定性，具有有效提高产品防腐合格率、降低企业生产成本的优良特性。

配方 170 水基防锈剂（2）

原料配比

原料		配比（质量份）			
		1#	2#	3#	4#
过筛颗粒	菜籽饼	6	6	6	6
	芝麻粕	7	7	7	7
	茶末	2	2	2	2
发酵混合物	过筛颗粒	4	4	4	4
	水	6	6	6	6
	酵母粉	2	2	2	2
提取物	发酵混合物	3	3	3	3
	无水乙醇	5	5	5	5
提取物		70	60	65	63
有机胺	二乙醇胺	29	—	—	—
	三乙醇胺	—	26	—	—
	2-羟基乙胺	—	—	28	—
	N,*N*-二甲基乙醇胺	—	—	—	27
硼酸		23	18	20	20
乙烯基三乙氧基硅烷		7	5	6	6
N-羟基琥珀酰亚胺		8	3	5	6
EDC（1-(3-二甲氨基丙基)-3-乙基碳二亚胺盐酸盐）		4	2	3	3
纳米氧化铝		6	2	4	4
二甲基亚砜		适量	适量	适量	适量
氨水		适量	适量	适量	适量

制备方法

（1）将有机胺、*N*-羟基琥珀酰亚胺及 EDC 混合均匀，放入反应器中，再加入有机胺质量 12～15 倍的二甲基亚砜，使用氮气保护，升温至 70～80℃，预热 30～35min，再加入提取物、硼酸及纳米氧化铝，使用氨水调节 pH 值至 7.5～8.0，继续升温至 170～180℃，升压至 0.4～0.6MPa，以 160r/min 反应 8～10h。

（2）反应结束后，冷却至40～50℃，降压至常压，加入乙烯基三乙氧基硅烷，搅拌50～60min，趁热出料，收集出料物，对出料物进行蒸馏，回收二甲基亚砜，收集剩余物，即可得水基防锈剂。

原料介绍

所述提取物的制备，包括如下步骤：

（1）将菜籽饼、芝麻粕及茶末搅拌均匀，放入80℃烘箱中烘干，再放入粉碎机中，以800r/min粉碎10～15min，过200目筛，收集过筛颗粒。

（2）将过筛颗粒、水及酵母粉放入容器中，混合均匀，密封发酵，设定温度为30～36℃，以150r/min搅拌4～5天，收集容器中的发酵混合物。

（3）将发酵混合物与无水乙醇搅拌混合，放入蒸汽爆破装置中，设定压力为1.2～1.4MPa，维压时间为5～8min，进行蒸汽爆破，收集爆破混合物，对爆破混合物进行过滤，收集过滤液，再将过滤液放入蒸馏装置中进行蒸馏，回收无水乙醇及水，收集蒸馏剩余物，放入离心机中，以2000r/min离心分离10～15min，收集上清液，即可得提取物。

所述二甲基亚砜的加入量为有机胺质量的12～15倍。

产品应用　本品主要是一种水基防锈剂。

产品特性

（1）本品提取物中含有天然的表面活性剂类物质，提高了水基防锈剂的润湿、扩散等性能，同时微生物分解产生丝氨酸、苏氨酸等氨基酸，在催化剂的作用下，与提取物进行缩合反应，增加极性基团，增加水溶性，同时对环境无污染。

（2）本品提取物中获得的芝麻素通过纳米氧化铝的作用，将其环打开，向活泼自由基提供氢，自身形成稳定的自由基，再与水基防锈剂中的其它自由基形成稳定的二聚体，防止及阻断外界对金属的腐蚀。

（3）本品防锈效果好，对金属有很好的保护作用。

配方171　水基汽车空腔防锈剂

原料配比

原料		配比（质量份）				
		1#	2#	3#	4#	5#
基础油	精制矿物油	40	35	45	38	43
稠化剂	高碱值合成磺酸钙（总碱值323）	38	—	—	—	—
	高碱值合成磺酸钙（总碱值309）	—	40	—	—	—
	高碱值合成磺酸钙（总碱值394）	—	—	35	—	—
	超高碱值合成磺酸钙（总碱值415）	—	—	—	35	—
	超高碱值合成磺酸钙（总碱值426）	—	—	—	—	30
复合转化剂	氧化石油脂	6	—	5	6	—
	氧化蜡	—	7	—	—	4
	烷基苯磺酸	4	7	5	6	6
成膜剂	聚乙烯蜡	9	7	—	—	—
	微晶蜡	—	—	6	10	12

续表

原料		配比（质量份）				
		1#	2#	3#	4#	5#
防锈增效剂	苯并三氮唑	0.3	0.3	0.5	0.5	0.5
	山梨糖醇单油酸酯	2.7	2.7	—	—	—
	十二烯基丁二酸半酯	—	—	—	—	2.5
	季戊四醇单油酸酯	—	—	2.5	2.5	—
助乳化剂	油酸	2	1	1	1	1
	二聚酸	—	—	0.5	1	1
转化促进剂	水	3	5	5	5	5

制备方法

（1）全部的基础油与稠化剂先后投入反应釜中，升温 40～50℃，搅拌 30～60min，使物料混合均匀。

（2）缓慢加入复合转化剂，搅拌 10～15min，加转化促进剂，开始升温。

（3）升温至 55～65℃，保温 3～5h，高碱值合成磺酸钙或超高碱值合成磺酸钙中的碳酸钙晶形完全转化成方解石晶形。

（4）升温至 90～100℃后，加入成膜剂，充分搅拌 1～1.5h 至完全溶解均匀。

（5）打开釜盖，调节引风脱水，直至水分含量降至 1%～5%。

（6）然后向体系中加入助乳化剂、预溶解处理的防锈增效剂，搅拌调和 30～60min。

（7）降温至 60～70℃，得成品。

原料介绍

所述的防锈增效剂的预溶解工艺：将苯并三氮唑与山梨糖醇单油酸酯、季戊四醇单油酸酯、十二烯基丁二酸半酯中的一种混合，在 70～80℃下，充分搅拌直至完全溶解，备用。

高碱值合成磺酸钙或超高碱值合成磺酸钙稠化精炼矿物油，在复合转化剂和转化促进剂的作用下，碳酸钙晶形由无定形转化成方解石晶形，牛顿体磺酸钙转化为脂状非牛顿体磺酸钙。红外光谱表征其特征峰为 884～881cm^{-1}。非牛顿体磺酸钙作为有效防锈组分，固含量高、防锈性佳。

成膜剂为聚乙烯蜡或微晶蜡，具有良好的乳化性、黏附性和延展性。

防锈增效剂与非牛顿体磺酸钙起协同增效作用，提高、完善防锈性能。满足汽车空腔长久防护的要求。

产品应用　本品主要是一种新型水基汽车空腔防锈剂，用于制备水基防锈蜡。

产品特性

（1）本品具有突出的“三重”环保特性：防锈性极佳，固含量高、有效防锈组分高，能够实现汽车空腔长久防护；具有自乳化性，易与水基防护蜡其它组分形成稳定的乳化体系；抗水性佳，由其组成的防护蜡膜稳定持久、耐水冲刷；制备方法绿色安全环保，操作工艺稳定，重复性好。

（2）本品呈均匀细腻半透明油膏状，具有触变性。具有自乳化性。

（3）本身为非钡盐防锈剂，对环境友好；具有低气味特性，气味友好不扰人。

配方 172 水基型金属防锈剂

[原料配比]

原料	配比（质量份）					
	1#	2#	3#	4#	5#	6#
防锈剂单体	25	35	30	28	32	34
碳酸钠	2	4	3	2	3	4
葡萄糖酸钠	1	3	2	1	3	1
异丙醇	4	8	5	6	7	8
非离子表面活性剂 AEO7	0.5	1	0.6	0.7	0.8	0.9
乙二胺四乙酸四钠四水化合物	0.1	0.2	0.1	0.2	0.2	0.1
去离子水	48.8	67.4	50	55	60	65

制备方法

（1）将合成的防锈剂单体温度降至 75℃，缓慢加入异丙醇充分搅拌混合，然后加入规定水量 1/4 的去离子水使各成分溶解，异丙醇作为稳定剂。

（2）将剩余的 1/4 去离子水加热至 40～45℃，缓慢依次加入碳酸钠和葡萄糖酸钠，再加入步骤（1）中得到的液体，搅拌使之完全溶解，碳酸钠调整混合液的 pH 值至 8～9。

（3）最后将非离子表面活性剂 AEO7 和乙二胺四乙酸四钠四水化合物加入到容器中，充分搅拌，静置陈化不小于 1h 后，包装入桶即可。

原料介绍

所述的防锈剂单体制备方法如下。

先将二乙醇胺和硼酸按摩尔比 1∶2.2 的比例加入反应釜中进行反应，溶剂用量为规定水量 1/4 的去离子水，加热温度 85℃±2℃，反应 7～8h，合成无色黏稠状的二乙醇胺硼酸单酯；将 2-氨基苯并噻唑与规定水量 1/4 的去离子水进行溶解，将 2-氨基苯并噻唑溶液缓慢加入容器中，与合成的二乙醇胺硼酸单酯进行反应，反应 3.5～4.5h；降低温度到 40～42℃，再加入癸二酸二甲酯，搅拌 0. 5～1.5h；二乙醇胺硼酸单酯、2-氨基苯并噻唑和癸二酸二甲酯三者的摩尔比为 1∶1∶2；将混合物温度加热至 82℃±2℃，在该温度下恒温 2h 进行搅拌，生成的羧酸盐作为防锈剂单体。

产品应用　本品主要是一种供热轧和冷轧钢板用水基型金属防锈剂。

产品特性

（1）本品在钢板表面生成均匀、完整且强度高的保护膜，作为独立相存在，把金属与溶液完全隔离，降低金属的溶解速度，从而实现对金属材料的保护。防锈效果好，并且采用复配的生产工艺，常温使用节能环保。

（2）本品中防锈剂应用二乙醇胺硼酸单酯、癸二酸二甲酯与 2-氨基苯并噻唑代替传统的硝酸盐充当防锈剂单体，安全环保。

（3）本品能够实现对于冷轧和热轧带钢的防锈效果，减少由于带钢表面锈蚀对后续汽车板处理工艺（如磷化、涂镀等）的影响，提高了汽车板产品质量。

配方 173 水基远期防锈剂

[原料配比]

原料		配比（质量份）
倍半硅氧烷	蒸馏水	2～2.5
	有机溶剂	1～1.2
	甲基三氯硅烷	1～1.2
甲基硅酸钠浓缩液	蒸馏水	20
	倍半硅氧烷	6
	氢氧化钠	5
三元酸三乙醇胺盐	三乙醇胺	3
	三元酸	1
TC-941		0～25（g/L）
LS-150		0～25（g/L）
三元酸三乙醇胺盐		0～100（g/L）
甲基硅酸钠浓缩液		6（g/L）
去离子水		加至 1L

制备方法

（1）制备倍半硅氧烷：向蒸馏水中加入有机溶剂进行搅拌，形成有机-水两相溶液，控制温度在 25～40℃，开动搅拌器向有机-水两相溶液中滴加甲基三氯硅烷，滴加时间为 30～50min，滴加完毕后继续反应 45min，停止搅拌，将反应料浆减压抽滤，用水淋洗沉淀 2～3 次，沉淀转入 100℃的恒温烘干箱中烘干，最后得到干燥的倍半硅氧烷固体粉末。

（2）制备甲基硅酸钠浓缩液：将倍半硅氧烷固体粉末和氢氧化钠混合均匀后加入到蒸馏水中，按质量比，加热并控制温度在 80～90℃下搅拌至溶，搅拌时间为 4h，滤出杂质，得到淡黄色透明的甲基硅酸钠浓缩液。

（3）制备三元酸三乙醇胺盐：将三乙醇胺加入到三元酸中静置 10min，微热并搅拌至溶解，得到淡黄色透明的三元酸三乙醇胺盐。

（4）制备水基远期防锈剂：将甲基硅酸钠浓缩液加入去离子水中进行稀释，然后加入 TC-941、LS-150 和三元酸三乙醇胺盐，进行搅拌，通过氢氧化钠调节 pH 值为 9～14，搅拌均匀后得到水基远期防锈剂。

产品应用 本品主要是一种水基远期防锈剂。

产品特性 本品处理的金属材料不需经除锈、除油、磷化、钝化等复杂处理程序，可直接进行涂装处理。

配方 174 水喷砂用防锈剂

[原料配比]

原料		配比（质量份）			
		1#	2#	3#	4#
硫脲改性咪唑啉季铵盐	异丙醇	20	20	10	30
	十七烯基氨乙基硫脲基咪唑啉	63	—	60	70

续表

原料		配比（质量份）			
		1#	2#	3#	4#
硫脲改性咪唑啉季铵盐	油酸三乙烯四胺硫脲改性咪唑啉	—	64.3	—	—
	催化剂 V_2O_5	0.5	—	0.5	1
	催化剂 TiO_2	—	0.5	—	—
	亚磷酸二甲酯	17	15.7	10	20
去离子水		73	62	84	45
无机钠盐	钼酸钠	5	—	25	10
	磷酸钠	—	2	—	—
锌盐	氯化锌	2	3	—	5
有机钠盐	葡萄糖酸钠	5	—	4	10
	乙二胺四乙酸二钠	—	8	—	—
硫脲改性咪唑啉季铵盐		15	25	10	30

制备方法　将水加入到反应釜中，开启搅拌；加入无机钠盐；待无机钠盐完全溶解后加入锌盐，升温至 50～60℃；加入有机钠盐；待有机钠盐完全溶解后，加入硫脲改性咪唑啉季铵盐，继续搅拌 0.5～1h；冷却至室温，得到所述防锈剂。

原料介绍

所述硫脲改性咪唑啉季铵盐的制备方法：将异丙醇、硫脲改性咪唑啉、催化剂加入到反应釜中；将亚磷酸二甲酯移至高位槽并开启搅拌；待体系温度升至 60～80℃时，采用滴加方式加入亚磷酸二甲酯，滴加时间维持在 0.5～1.5h；滴加完后继续升温至 80～100℃进行反应，反应 4～5h；冷却至室温，得到所述硫脲改性咪唑啉季铵盐。

硫脲改性咪唑啉季铵盐作为防锈剂主体，通过 C═N、C═C 双键及 P、N、S 原子与铁原子形成较强的化学键，在铁基材表面快速吸附形成暂时性保护膜，阻隔 H_2O 分子、O_2 分子，降低腐蚀介质向铁基材表面的迁徙，从而对阴、阳极反应起到一定的抑制作用；同时有机钠盐由于含有多个吸附点位，能够进一步提高暂时性保护膜的致密性，起到一定的增效作用。此外，无机钠盐及锌盐通过一系列理化反应起到沉积、氧化及磷化作用，使暂时性保护膜形成沉积膜、氧化膜或磷化膜，可以大幅度提升铁基材的防返锈能力。

产品应用　本品主要是一种水喷砂用防锈剂。

在水喷砂作业中的应用：先向自来水中加入一定量的防锈剂，搅拌均匀；随后按照 3∶1 的体积比将喷料（石榴石，80 目）与加入防锈剂的自来水混合；喷射压力设定为 0.7～0.9MPa；喷砂作业完毕后，采用加入防锈剂的自来水对钢板表面进行冲洗，以去除表面残留的砂粒；其中所述防锈剂的加入量为自来水质量的 1%～3%。

产品特性　本品能很好地应用于现场水喷砂作业，延长后续涂装时间，同时具备安全环保、配方简单、水溶性好、防返锈性能优异、涂层适应性好的特点。

配方 175　水溶性防锈剂

原料配比

原料		配比（质量份）		
		1#	2#	3#
N-异壬酰基氨基己酸	己内酰胺	1	1	1
	氢氧化钠	2.5	1	4

续表

<table>
<tr><td colspan="2" rowspan="2">原料</td><td colspan="3">配比（质量份）</td></tr>
<tr><td>1#</td><td>2#</td><td>3#</td></tr>
<tr><td rowspan="4">N-异壬酰基氨基己酸</td><td>水</td><td>30</td><td>10</td><td>40</td></tr>
<tr><td>异壬酰氯</td><td>0.9</td><td>—</td><td>—</td></tr>
<tr><td>异辛酰氯</td><td>—</td><td>0.6</td><td>—</td></tr>
<tr><td>癸酰氯</td><td>—</td><td>—</td><td>1.2</td></tr>
<tr><td colspan="2">N-异壬酰基氨基己酸</td><td>1（mol）</td><td>1（mol）</td><td>1（mol）</td></tr>
<tr><td colspan="2">三乙醇胺</td><td>2（mol）</td><td>1（mol）</td><td>3（mol）</td></tr>
</table>

制备方法

（1）将己内酰胺加入强碱水溶液中，回流水解形成氨基己酸盐水溶液。

（2）将所述氨基己酸盐水溶液冷却至−5～5℃，向其中缓慢滴加脂肪酰氯，整个滴加过程保持反应体系温度在−5～5℃。

（3）所述脂肪酰氯滴加完毕后，缓慢升温至 60～100℃，继续反应 2～6h。

（4）将步骤（3）的反应体系冷却至室温后，加盐酸酸化，静置分层，取上层有机相得到水溶性防锈剂的中间体 N-异壬酰基氨基己酸；加盐酸酸化至 pH 值为 1～3。

（5）将所述中间体 N-异壬酰基氨基己酸用热蒸馏水洗涤至其氯离子浓度低于 200μg/g 后，与三乙醇胺反应，即得水溶性防锈剂。

原料介绍

所述强碱为氢氧化钠、氢氧化钾中的一种或两种。

所述的脂肪酰氯为异壬酰氯、异辛酰氯、癸酰氯中的一种。

产品应用　本品主要是一种水溶性防锈剂。加入量在 1%～5%。

产品特性

（1）本品低毒易降解，防锈性能良好，水溶性优异，且有一定的硬水适应性，可取代或降低水基金属加工液配方中亚硝酸钠等毒性防锈剂的使用，具有显著的环保特性。

（2）本品具有一定的表面活性，可促进半合成和乳化液等水基产品中的油水平衡。

（3）本品原料廉价易得，制备工艺简单，反应条件温和，不使用有机溶剂，易于工业化。

配方 176　水性防锈剂（1）

原料配比

原料	配比（质量份）		
	1#	2#	3#
十二烷基苯磺酸	12	15	16
复合改性液	25	27	28
添加剂	18	22	24
复配物	9	11	13
硫酸钠	3	4	5

续表

原料		配比（质量份）		
		1#	2#	3#
硅烷偶联剂	苯氨基甲基三乙氧基硅烷	5	—	7
	γ-氨乙基氨丙基三甲氧基硅烷	—	6	—
硅酸钠		4	5	7
水		80	92	100
球磨物	玉米醇溶蛋白	4	4	4
	甲壳素	1	1	1
	壳聚糖	1	1.5	2
反应混合物	球磨物	3	3	3
	质量分数为95%乙醇溶液	8	8	8
	N,N-二甲酰胺	1.2	1.29	1.35
	马来酸酐	0.6	0.6～0.75	0.6～0.75
复合改性液	反应混合物	1	1	1
	乙酸	1	1	1
添加剂	京尼平	6	6	6
	海藻酸钠	1	4	1
复配物	松香酸	1	1	1
	妥尔油	1	1	1

制备方法

（1）将十二烷基苯磺酸、复合改性液、添加剂、硫酸钠及水放入反应器中，使用氮气保护，在90～95℃下搅拌2h。

（2）在搅拌结束后，再加入复配物、硅烷偶联剂及硅酸钠，升温至110～120℃，搅拌3～6h，冷却至室温，收集混合物，即得水性防锈剂。

原料介绍

所述复合改性液的制备方法，包括如下步骤：

（1）将玉米醇溶蛋白、甲壳素与壳聚糖按质量比放入球磨机中进行球磨，收集球磨物，将球磨物与质量分数为95%乙醇溶液放入反应器，调节pH值至3.5～4.0，在60～68℃下进行预热。

（2）在预热结束后，加入*N,N*-二甲酰胺与马来酸酐，使用氮气保护，升温至105～110℃，搅拌反应。

（3）待反应结束后，收集反应混合物，并与乙酸混合静置，过滤，收集滤液，对滤液进行蒸发，回收有机溶剂，收集剩余液，即得复合改性液。

产品应用　本品主要是一种水性防锈剂。

产品特性　本品环保，污染少，且防锈效果好。

配方 177 水性防锈剂（2）

原料配比

原料		配比（质量份）			
		1#	2#	3#	4#
2,4,6-三（氨基己酸基）-1,3,5-三嗪		1	1.5	2	2
有机碱	一乙醇胺	3	3	3	—
	二乙醇胺	—	—	—	3.5
尿素		0.1	0.4	0.5	0.5
表面活性剂	吐温-20	0.1	1	2	2
蒸馏水		95.8	94.1	92.5	92

制备方法

（1）将 2,4,6-三（氨基己酸基）-1,3,5-三嗪、有机碱、尿素及其衍生物加入到水中，不断搅拌均匀，制得混合液；搅拌的时候采用升温搅拌，搅拌温度在 40～80℃。

（2）向步骤（1）的混合液中加入表面活性剂，搅拌均匀得水性防锈剂。加入表面活性剂之后搅拌降温至常温。

原料介绍

有机碱使防锈剂呈碱性，使得金属处于一个较为稳定的环境。

2,4,6-三（氨基己酸基）-1,3,5-三嗪具有极性官能团和较长的碳氢链，其中极性官能团依靠分子间作用力（库仑力或者氢键）能够定向吸附在金属界面，形成一个保护膜，进而防止氧气和水汽向金属表面浸入，能够大大降低锈的产生。

乙醇胺作为常见的有机碱，在相同的质量下，形成水溶液的 pH 值较高，更有利于金属的稳定。

表面活性剂可以在气液两相界面吸附，然后降低水的表面张力，进而提高防锈剂在金属表面的吸附，这样能够使得金属表面的保护膜更加持久。

产品应用 本品主要是一种水性防锈剂。

产品特性 本品水性防锈剂以多元羧酸、醇胺、尿素、表面活性剂等物质为载体，涂抹到金属表面，通过分子间作用力进行吸附形成保护膜，在没有强破坏力的情况下，能够有较长的保护期限；该防锈剂生产过程简单快速，方便实用，具有良好的环保和安全性能。

配方 178 水性防锈剂（3）

原料配比

原料		配比（质量份）	
		1#	2#
增稠剂溶液	去离子水	10	8
	淀粉	—	2

续表

原料		配比（质量份）	
		1#	2#
增稠剂溶液	瓜尔胶	5	—
	阿拉伯胶	—	2
成膜剂	水性羊毛脂	3	3
	水性凡士林	3	3
溶剂	乙醇①	5	8
	乙醇②	30	25
缓蚀剂	低碱值石油磺酸钙	15	—
	石油磺酸钠	—	10
分散剂	油酸钠	3	1
	六偏磷酸钠	—	2
	木质素磺酸钠	—	1
消泡剂	聚二甲基硅氧烷	1	1
去离子水		30	30

制备方法

（1）先将去离子水、淀粉、瓜尔胶、阿拉伯胶混合，搅拌直至增稠剂溶解，得到增稠剂溶液待用。

（2）将成膜剂、乙醇①搅拌直至成膜剂大体溶解，待用；搅拌温度为25～80℃。

（3）在反应釜中加入乙醇②、缓蚀剂、分散剂，3000～5000r/min不断搅拌直至大体溶解。

（4）加入步骤（1）的增稠剂溶液，3000～5000r/min，继续搅拌30～40min。

（5）加入步骤（2）的成膜剂溶液、消泡剂、去离子水，在5000～10000r/min下均质10～40min，直至均匀，即得到水性防锈剂。

原料介绍

增稠剂（纯天然环保的物质）使得有效成分分散更好。

成膜剂会在工件表面形成一层薄膜，增加防腐时间。

分散剂使得分散效果好，不分层。

产品应用　本品主要是一种水性防锈剂。适用于各种铁基、铝基和铜基材料表面。可以1∶（0.1～5）比例稀释使用。

产品特性

（1）本品涂覆于基材之后超薄，达到纳米级，大概在10～100nm。

（2）本品防锈时间长，耐中性盐雾达到160h，而传统的水性防锈剂盐雾时间最多到48h。

（3）本品涂覆之后呈现透明色，不影响基材本身的外观。

（4）本品中加入了成膜剂，会阻隔空气、水分的进入，使得防锈时间加长。

（5）本品涂覆之后手感不黏，呈干性，基本看不出来。

（6）本品提供的水性防锈剂不仅施工刷涂方便、作用速度快、性质稳定，并且刷涂或者浸渍后的基材具备优异的防锈性、耐久性、高附着力，还可反复刷涂或浸渍；其制备方法不仅工艺成熟、生产成本低廉，而且生产过程绿色无毒害，适于大规模推广应用。

配方 179　水性金属防锈剂

[原料配比]

原料		配比（质量份）		
		1#	2#	3#
50%酚醛树脂		120	200	240
酞酸丁酯		20	35	40
泡沫铝		50	74	80
硅酸钠		45	58	68
聚合植物油		12	28	30
二甲苯		12	30	39
乙酸乙酯		80	108	110
丙二醇丁醚		34	55	89
钛白粉		23	32	43
异丙醇		20	28	40
氧化铁黄		10	14	30
胶体二氧化硅		20	38	40
乙酸纤维素		33	48	55
山梨糖醇		16	24	30
乙二胺四乙酸		22	35	43
丙烯酸酯		12	25	38
去离子水		40	65	40
聚合植物油	蓖麻油	1	1	1
	芝麻油	3	3	3
	菜籽油	4	4	4

制备方法　将 50%酚醛树脂、酞酸丁酯、乙酸乙酯、丙二醇丁醚、丙烯酸酯、泡沫铝、聚合植物油混合，投入反应釜中加热至 150～180℃，再加入异丙醇、山梨糖醇、胶体二氧化硅、乙酸纤维素、氧化铁黄、硅酸钠、二甲苯、钛白粉、乙二胺四乙酸、去离子水，搅拌至完全溶解即可。

原料介绍

所述泡沫铝的孔隙率为 97.5%。

产品应用　本品主要是一种水性金属防锈剂。

本品可以采用直接浸泡、喷涂的方法对设备进行防锈处理。

产品特性

（1）本品有极好的防锈效果，清洗后易在金属表面形成一层薄膜，防止氧气伤害材料表面，另外，该防锈剂的吸附性高，清洗时很容易带走大量的尘埃，保护了金属本体。

（2）本品防锈时间长，耐盐水性好，且泡沫铝的添加增加了防锈剂的耐腐蚀性。

配方 180 水性铝材防锈剂

［原料配比］

原料	配比（质量份）
三乙醇胺硼酸酯	8
五水偏硅酸钠粉	3.5
聚三元羧酸酯	7.5
有机胺酯	8
聚丙烯酸钠	4
铝材缓蚀剂	1.5
螯合剂	2
水	加至 100

制备方法 按配方称取各组分，将五水偏硅酸钠粉、聚三元羧酸酯和三乙醇胺硼酸酯依次加入到水中，超声分散 10～30min，然后依次加入有机胺酯和聚丙烯酸钠，继续超声分散 5～15min，最后加入铝材缓蚀剂和螯合剂，超声分散 3～10min。所述超声功率为 50～120W，频率为 20～25kHz。

原料介绍

有机胺酯能与多种金属离子形成稳定的络合物，能溶解金属表面的氧化物，有良好的缓蚀作用。聚丙烯酸钠能将碳酸钙、硫酸钙等盐类的微晶或泥沙分散于水中不沉淀，从而达到阻垢的目的，聚丙烯酸钠被用作分散剂，有利于其它成分的分散，提高除锈剂体系的稳定性。

所述聚丙烯酸钠的固含量≥30%，pH 6～8，游离单体≤0.5%。

所述有机胺酯的有效成分≥96%，pH 7～9。

所述铝材缓蚀剂为合肥诺泰 815。

产品应用 本品主要是一种水性铝材防锈剂。使用时采用与水 1∶20 进行稀释使用。

产品特性

（1）本品以三乙醇胺硼酸酯、聚三元羧酸酯和有机胺酯为主料，并添加聚丙烯酸钠、五水偏硅酸钠粉和其它助剂，一方面减少重金属的添加，有利于提高使用的安全性，另一方面主要成分均是易溶于水的，有利于成分之间的融合均匀，提高制备防锈剂的均匀性，有利于后续成膜的致密性。

（2）本品制备方法简单，有利于工业化生产。

配方 181 四元羧酸金属防锈剂

［原料配比］

原料	配比（质量份）									
	1#	2#	3#	4#	5#	6#	7#	8#	9#	10#
水	50	50	50	50	50	50	50	50	50	50

续表

原料		配比（质量份）									
		1#	2#	3#	4#	5#	6#	7#	8#	9#	10#
氨基烷基羧酸	4-氨基丁酸	10.3	11.3	—	—	—	—	—	—	—	11.3
	6-氨基己酸	—	—	13.1	13.1	—	—	—	—	—	—
	8-氨基辛酸	—	—	—	—	17.5	17.5	—	—	—	—
	9-氨基壬酸	—	—	—	—	—	—	17.3	17.3	—	—
	3-氨基-4-甲基戊酸	—	—	—	—	—	—	—	—	13.1	—
二元胺	乙二胺	1.5	—	—	—	1.5	—	—	—	1.5	—
	己二胺	—	2.9	—	—	—	—	—	2.9	—	—
	丁二胺	—	—	—	2.3	—	—	—	—	—	—
	辛二胺	—	—	—	—	—	3.6	—	—	—	—
	80%水合肼	—	—	1.6	—	—	—	1.6	—	—	—
	2-甲基戊二胺	—	—	—	—	—	—	—	—	—	2.9
三聚氯氰		9.2	9.2	9.2	9.2	9.2	9.2	9.2	9.2	9.2	9.2
液碱		适量	适量	适量	适量	适量	适量	适量	适量	适量	适量
无机酸		适量	适量	适量	适量	适量	适量	适量	适量	适量	适量

制备方法

（1）将水、氨基烷基羧酸、二元胺混合，降温至−5～10℃。

（2）分批投入三聚氯氰，同时滴加液碱，维持反应体系 pH 值在 9～12。

（3）升温至 75～100℃，反应 2～5h。

（4）用无机酸酸化至 pH=1～6，过滤得固体产品，即为四元羧酸金属防锈剂。

产品应用　本品主要是一种四元羧酸金属防锈剂。

应用方法：将所述四元羧酸金属防锈剂加入到水基润滑液中，作为水基润滑液的防锈添加剂。

产品特性

（1）该四元羧酸金属防锈剂能够作为水基防锈剂使用，对多种金属均有突出的防锈、抗氧化、防变色性能，生产成本低，流程简便，适合工业化应用，对硬水稳定，实现绿色应用，对环境友好。

（2）该四元羧酸金属防锈剂与液压液、切削液、金属加工液等具有良好的配伍性，能够作为水基防锈剂使用。

（3）对多种金属如铸铁、碳钢、合金类金属均有突出的防锈、抗氧化、防变色性能，对其它金属比如铝、镁等有色金属的腐蚀性更小。

配方 182　碳钢气相防锈剂

原料配比

原料	配比（质量份）	
	1#	2#
苯并三氮唑	12	12

续表

原料	配比（质量份）	
	1#	2#
碘化钾	11	12
钨酸钠	8	8
乌洛托品	12.5	12
尿素	25	25
十二烷基苯磺酸钠	15	15
水	473	476

制备方法　将上述物料混合，搅拌均匀，即可制成碳钢气相防锈剂。

产品应用　本品主要是一种碳钢气相防锈剂。

产品特性　本品配方简单、制备方便且无毒无害、绿色环保，对碳钢的缓释率可以达到91.07%，具有优良的防锈性能，可以用于制备防锈纸或防锈薄膜。

配方 183　碳钢用防锈剂

原料配比

原料	配比（质量份）		
	1#	2#	3#
羟乙基油酰咪唑啉	15	55	85
钼酸钠	25	50	65
柠檬酸钠	25	45	60
油酰肌氨酸	38	50	85
三正丁胺	34	50	75
硅烷偶联剂	35	66	85
聚异丁烯	25	55	85
聚氯乙烯树脂	20	35	45
谷氨酸	15	45	75
增电剂	10	46	85

制备方法　将上述物料全部加入搅拌桶内，加热到 100℃，搅拌均匀，然后冷却，即可制成产品。

产品应用　本品主要是一种碳钢用防锈剂。

产品特性　本品防锈时间较长，使用后能够防止材料表面再次形成锈斑；废弃防锈剂方便处理排放，符合环保要求，对设备无污染，无腐蚀，有效降低生产成本，使用安全可靠。

配方 184 提高螺纹钢混凝土握裹性能的水性防锈剂（1）

[原料配比]

原料	配比（质量份）
1-苯基-5-巯基四氮唑	2
乙酸	3
平平加	0.05
N,N-二甲基甲酰胺	2
叔丁基对苯二酚	0.1
4-磺基邻苯二酸	0.3
水	加至 100

制备方法 将各组分原料混合均匀即可。

产品应用 本品主要是一种提高螺纹钢混凝土握裹性能的水性防锈剂。

提高螺纹钢混凝土握裹性能的水性防锈剂的处理方法：直接在原螺纹钢穿水工艺的水中加入本品水性防锈剂，使得质量分数为3%～5%即可，穿水处理的水溶液温度为20～100℃，螺纹钢从水溶液中快速穿过，与水溶液的接触时间为3～10s。

产品特性 本品防锈效果显著，露天耐大气和雨水腐蚀的性能优异，同时防锈处理后能一定程度提高螺纹钢与混凝土的握裹强度。

配方 185 提高螺纹钢混凝土握裹性能的水性防锈剂（2）

[原料配比]

原料		配比（质量份）		
		1#	2#	3#
水溶性锆化合物		10	3	8
硅烷偶联剂		1	0.3	0.5
含氟化合物		0.3	1	0.8
磷酸类化合物		5	10	7
金属化合物		0.5	1	0.3
水		加至 100	加至 100	加至 100
水溶性锆化合物	硝酸锆	8	3	10
	硝酸氧锆	1	1	1
硅烷偶联剂	γ-氨基丙基三甲氧基硅烷	3	1	3
	γ-（2,3-环氧丙氧基）丙基三甲氧基硅烷	1	1	1
含氟化合物	氟钛酸铵	1	1	1
	氟化铵	5	3	3

续表

原料		配比（质量份）		
		1#	2#	3#
磷酸类化合物	三聚磷酸钠	1	1	1
	1-羟基乙烷-1,1-二膦酸	1	3	3
金属化合物	硝酸铝	5	3	10
	草酸镁	1	1	1

制备方法　将水溶性锆化合物与水在反应釜中混溶，然后再加入硅烷偶联剂、含氟化合物和磷酸类化合物，搅拌溶解后，溶液静置冷却至室温；最后加入金属化合物，搅拌溶解后静置，即得。

产品应用　本品主要是一种提高螺纹钢混凝土握裹性能的水性防锈剂。

使用方法：直接将原螺纹钢穿水工艺的水替换成本品水性防锈剂即可，穿水时螺纹钢的表面温度为200～400℃。

产品特性　本品对螺纹钢的防腐性能优异，同时处理后的螺纹钢与混凝土的握裹强度优异，不会影响螺纹钢在建筑工程中的正常使用。

配方 186　提高螺纹钢混凝土握裹性能的水性防锈剂（3）

［原料配比］

原料		配比（质量份）				
		1#	2#	3#	4#	5#
锆盐	碳酸锆	5	—	—	—	—
	氢氧化锆	—	7	—	—	—
	硫酸锆	—	—	10	—	—
	锆氟酸钾	—	—	—	12	—
	碳酸锆铵	—	—	—	—	15
次亚磷酸钠		8	5	3	5	7
碱	氢氧化钠	0.5	—	0.8	—	5
	氢氧化钾	—	1.5	—	2	
缓蚀剂	乌洛托品	0.1	—	—	—	—
	苯并三氮唑	—	0.3	—	0.4	—
	氨基苯并噻唑	—	—	0.3	—	—
	十六烷胺	—	—	—	—	0.1
稳定剂	乙二醇	0.1	—	0.2	—	0.1
	丙三醇	—	0.2	—	0.5	—
氟化镍		0.08	0.06	0.05	0.08	0.05
叔丁基对苯二酚		0.1	0.08	0.1	0.06	0.1
草酸钾		0.05	0.04	0.02	0.03	0.05
水		加至100	加至100	加至100	加至100	加至100

制备方法　将锆盐与次亚磷酸钠在反应釜中混溶，然后再加入缓蚀剂和稳定剂，搅拌溶解后溶液静置 45min；分多次向溶液中加入碱并不断搅拌，静置冷却至室温；依次加入氟化镍、叔丁基对苯二酚、草酸钾，混溶 30min 后，静置包装成产品。

产品应用　本品主要是一种环保型螺纹钢表面防锈处理剂。

使用方法：直接在原螺纹钢穿水工艺的水中加入本品水性防锈剂，使得质量分数为 3%～5%即可。

产品特性　本品防锈效果显著，露天耐大气和雨水腐蚀的性能优异，并且高温的螺纹钢在防锈处理过程中无明显刺激性气味产生，有利于轧钢现场的空气环境，减少对操作人员身体健康的影响，同时防锈处理后能大幅度提高螺纹钢与混凝土的握裹强度。

配方 187　铁材工件除油防锈剂

原料配比

原料		配比（质量份）					
		1#	2#	3#	4#	5#	6#
螯合剂	葡萄糖酸钠	5	—	5	—	—	—
	海藻酸钠	—	—	—	—	—	5
	乙二胺四乙酸	—	5	—	—	—	—
	酒石酸	—	—	—	—	2.5	—
	柠檬酸钠	—	—	—	0.5	—	—
碱性助剂	氢氧化钠	—	5	2	—	—	20
	氢氧化钾	—	—	—	—	10	—
	碳酸钠	10	—	8	—	—	—
	碳酸钾	—	—	—	3	—	—
	五水偏硅酸钠	5	5	5	2	15	30
防锈缓蚀剂	三乙醇胺硼酸酯	10	10	10	0.5	15	—
	二乙醇胺	—	—	—	0.5	—	—
	单乙醇胺	—	5	5	—	—	—
	苯甲酸钠	—	—	—	—	—	50
	三乙醇胺	—	—	—	—	10	—
水		955	935	940	992.5	917.5	835
表面活性剂	烷基聚氧乙烯醚类表面活性剂 JFC	3	1	2	0.2	—	—
	蓖麻油聚氧乙烯醚类表面活性剂 EL-20	—	—	—	—	3	—
	蓖麻油聚氧乙烯醚类表面活性剂 EL-60	—	—	—	—	2	—
	蓖麻油聚氧乙烯醚类表面活性剂 EL-40	—	—	—	—	—	10
	烷基聚氧乙烯醚类表面活性剂 AEO7	2	—	—	—	—	—
	烷基聚氧乙烯醚类表面活性剂 AEO5	—	4	3	—	—	—
	烷基聚氧乙烯醚类表面活性剂 AEO9	—	—	—	0.3	—	—
助洗增溶剂	丙二醇甲醚	10	—	—	0.5	—	—
	乙二醇乙醚	—	20	—	—	—	—
	丙二醇甲醚醋酸酯	—	—	10	—	—	50
	二乙二醇乙醚醋酸酯	—	—	—	—	25	—

制备方法

（1）将螯合剂、碱性助剂和防锈缓蚀剂依次加入水中，进行搅拌操作，以使各组分完全溶解，得到第一混合液。

（2）将表面活性剂加入助洗增溶剂中，进行搅拌操作，以使各组分完全溶解，得到第二混合液。

（3）将第二混合液加入第一混合液中，进行搅拌操作，以使各组分混合均匀，得到铁材工件除油防锈剂。

原料介绍

以表面活性剂为主要原料，通过乳化作用来快速彻底除油脱脂，然而过多的表面活性剂会将脱落的油脂乳化增溶于铁材工件除油防锈剂中，导致铁材工件除油防锈剂除油能力逐渐下降，需要频繁更换。

通过碱性助剂和助洗增溶剂来提高本铁材工件除油防锈剂的分散和抗二次沉积性能，将油脂从铁材工件表面剥离，低乳化、低皂化，大多漂浮在本铁材工件除油防锈剂表面，可保持本铁材工件除油防锈剂的清澈与持续的除油脱脂能力，从而大大延长本铁材工件除油防锈剂的使用寿命，而且可以促进表面活性剂与铁材工件表面的冲压油污、切削油污及拉伸油污的反应，加速冲压油污、切削油污及拉伸油污的溶解。

通过螯合剂和防锈缓蚀剂来中和本铁材工件除油防锈剂的碱性，使其碱性适中，而且螯合剂可促进防锈缓蚀剂与铁材工件反应结合，生成稳定的保护膜，以阻止铁材工件与空气中氧气反应，具有很好的防锈效果。

产品应用　本品主要是一种铁材工件除油防锈剂。

除油方法包括以下步骤：将铁材工件放入铁材工件除油防锈剂中，进行浸泡操作，以去除铁材工件表面带有的油脂。浸泡操作的温度为30～70℃，浸泡操作的时间为2～8min。

产品特性　本铁材工件除油防锈剂环保无磷，不污染环境，除油脱脂速度快，除油脱脂能力强，不损伤铁材工件表面，兼具良好的防锈性能，能干净彻底清洗去除铁材工件表面带有的冲压油污、切削油污及拉伸油污，除油后的铁材工件水洗无需烘干，自然干燥也不生锈。

配方 188　铁路车辆水喷砂除锈用防锈剂

原料配比

原料	配比（质量份）		
	1#	2#	3#
氟锆酸钾	4.5	5	6
马来酸-丙烯酸共聚物	4	4.5	4
硅酸钠	5	4.5	5
肌醇六磷酸酯	2	2.5	3
月桂酸二乙醇胺	2	2	2.2
柠檬酸钠	1.1	1.2	1.3
OP-10	0.8	0.9	2
水	加至100	加至100	加至100

制备方法

（1）按比例称取马来酸-丙烯酸共聚物、硅酸钠、表面活性剂，随后加入水中，搅拌均匀，得混合液 A。

（2）按比例称取氟锆酸钾、肌醇六磷酸酯、月桂酸二乙醇胺、柠檬酸钠，随后加入混合液 A 中，搅拌均匀，即得所述防锈剂。

原料介绍

所述马来酸-丙烯酸共聚物的平均分子量为 2250。

所述硅酸钠的模数为 2.8。

所述表面活性剂为 OP-10。

氟锆酸钾和马来酸-丙烯酸共聚物作为主成膜剂，氟锆酸钾可以在金属表面形成保护性的化学转化膜，而马来酸-丙烯酸共聚物中含有多羧基，在金属表面成膜的同时，其聚合物的长链结构可以促成氟锆酸钾成膜晶型的微小化，起到调节晶型的作用；同时，通过氟锆酸钾和马来酸-丙烯酸共聚物的复合使用，引入了锆、氟、钾等元素，丰富的电荷分布能够进一步提高成膜的致密度，降低成膜的空隙率，协同强化膜层的抗锈能力，克服单一物质使用潜在的膜层致密度小的不足。

硅酸钠作为防锈剂，含有丰富的 Si—OH 和 Na^+，水溶性好，能够较好地溶解成膜，但是单独使用硅酸钠极易存在结构性的气孔，成膜性差，通过氟锆酸钾和马来酸-丙烯酸共聚物的使用，保证了金属基体表面的良好成膜性，克服了单独使用硅酸钠作为防锈剂存在的耐酸碱等性能不足、防锈周期短的不足。

柠檬酸钠能够进一步弥补主料成膜的不足，使得成膜更加致密。

月桂酸二乙醇胺的使用，可以保证物质的分散均匀性，增强防锈剂在金属基体上的附着强度，促进防锈能力的进一步改善。

肌醇六磷酸酯，可以起到缓蚀剂的作用，肌醇六磷酸酯含有丰富的基团，金属基体生锈后生成的铁离子可以与其进行螯合，形成大分子量物质，更有利于致密膜的形成。

OP-10 起到润湿作用，降低金属基体与防锈剂间的界面张力，增强成膜性。

产品应用　本品主要是一种铁路车辆水喷砂除锈用防锈剂。

在铁路车辆水喷砂除锈中的应用：将所述防锈剂加入到铁路车辆水喷砂除锈用循环水中使用或在水喷砂除锈完成后直接喷涂。除锈剂与循环水的质量比为 1∶（8～15）。

产品特性　本品防锈效果好、稳定性好、具备较好的户外耐候性、耐中性盐雾、耐盐水浸泡，且喷涂使用性能较佳。

配方 189　通用的环保型长效水基防锈剂

原料配比

原料	配比（质量份）		
	1#	2#	3#
乙醇	5	5	10
苯并三氮唑	0.5	0.5	1
EDTA 四钠盐	4	6	3
葡萄糖酸钠	3	5	5

续表

原料	配比（质量份）		
	1#	2#	3#
三乙醇胺	6	5	5
无水偏硅酸钠	2	1.5	1.5
有机杂环三元羧酸	6	4	10
月桂酰肌氨酸钠	4	3	5
硼酸单乙醇胺	3	3	4
石油磺酸钠	4	2.5	2.5
苯甲酸钠	2	1.5	1.5
水	加至 100	加至 100	加至 100

制备方法　先将计算称量的水加入到反应釜中，开启搅拌器，控制转速为 60r/min，然后将计算称量的乙醇、苯并三氮唑、EDTA 四钠盐、葡萄糖酸钠、三乙醇胺、无水偏硅酸钠、有机杂环三元羧酸、月桂酰肌氨酸钠、硼酸单乙醇胺、石油磺酸钠、苯甲酸钠依次加入到反应釜中，每加一种原料都搅拌至充分溶解，搅拌至溶液呈外观均匀、不分层、淡黄色透明状。

原料介绍

产品应用　本品主要是一种用于黑色和有色金属表面的环保型长效水基防锈剂。

使用方法：选取有色金属或黑色金属样片，将样片浸入制备好的水基防锈剂中，静置 30s 后取出，自然晾干。

产品特性

（1）本品不仅可以对铸铁、碳钢、轻钢、锻铁等黑色金属材质具有良好的防锈效果，而且对铜及铜合金、铝及铝合金等有色金属也有很好的防锈效果；不仅适用于单一材质的防锈，还适合混合材质的防锈。

（2）改善了水基防锈剂防锈时间短的缺陷，本品原液使用时，经防锈处理的工件在自然条件下可以保持六个月内不生锈；本品稀释 10～20 倍时，经防锈处理的工件在自然条件下可以保持 7 天至一个月内不生锈；满足金属材料生产加工以及储存过程中的防锈要求。

（3）本品改善了使用防锈油的工件清洗难题，普通水冲洗即可。

（4）本品制备方法简单、原料来源方便、投资低，使用过程可通过多种工艺进行，如喷涂、刷涂、浸泡等。

（5）本品中防锈剂原料避免使用亚硝酸盐、铬酸盐以及乌洛托品等对环境有害物质，减少了对人体健康以及环境的危害。

配方 190　通用易处理环保型水基乳化防锈剂

原料配比

原料		配比（质量份）									
		1#	2#	3#	4#	5#	6#	7#	8#	9#	10#
复合防锈剂	32#白油	30	10	—	—	—	—	36	—	—	—
	N-十八烷基油酰胺	10	—	2	—	—	—	—	—	10	4

续表

原料		配比（质量份）									
		1#	2#	3#	4#	5#	6#	7#	8#	9#	10#
复合防锈剂	*N*-十八烷基新癸酰胺	—	—	—	—	—	—	—	—	—	4
	羊毛脂	12	—	—	5	—	10	—	—	2	—
	15#机油	—	20	—	—	—	—	—	24	—	—
	KN22 油	—	10	28	35	—	—	—	—	—	25
	氧化石油脂	—	8	—	—	—	12	12	10	—	10
	二壬基萘磺酸钙	—	—	8	—	—	—	—	—	—	—
	醇酸清漆	—	—	5	—	—	—	—	—	—	—
	酚醛树脂	—	—	5	—	—	—	—	—	—	—
	蓖麻油酸	—	—	—	7	—	—	—	—	—	—
	松香树脂	—	—	—	10	—	—	—	—	—	8
	N-十六烷基硬脂酰胺	—	—	—	—	15	—	—	—	—	—
	萜烯树脂	—	—	—	—	10	—	8	—	—	—
	150SN 油	—	—	—	—	35	34	—	12	45	—
	乙丙橡胶	—	—	—	—	—	—	—	2	—	—
主乳化剂	AEO3	6	—	—	7	—	—	—	—	—	8
	AEO9	—	—	—	—	—	—	10	—	—	4
	油酸	—	—	6	—	—	—	2	—	—	
	EL20	8	—	3	6	—	—	—	—	—	—
	SP-80	2	—	—	—	5	4	—	6		4
	NP10	—	—	—	—	—	8	—	—	—	—
	TW-80	—	—	—	—	4	—	—	12	10	—
	环烷酸锌	—	12	—	—	3	—	—	—	—	—
	SP-85	—	—	8	—	—	—	—	—	3	—
助乳化剂	油醇基糖苷三乙胺季铵盐	18	—	3	—	—	9	—	—	—	—
	格尔伯特醇基糖苷三乙胺季铵盐	2	—	—	8	7	—	—	—	6	—
	肉桂醇基糖苷三乙胺季铵盐	—	8	—	—	—	—	—	—	—	—
	月桂醇基糖苷三甲胺季铵盐	—	—	4	—	—	—	—	—	—	—
	椰油醇基糖苷三甲胺季铵盐	—	—	—	2	—	—	9	9	—	10
水基防锈剂	硼酸	3	—	—	—	—	2	5	—	3	—
	氢氧化钠	5	—	3	—	—	—	—	—	—	3
	氢氧化钾	—	—	—	—	—	—	—	—	8	—
	十二烯基丁二酸	3	—	—	—	—	—	—	—	3	—
	水	8	8	10	5	6	5	8	4	6	6

续表

原料		配比（质量份）									
		1#	2#	3#	4#	5#	6#	7#	8#	9#	10#
水基防锈剂	十二碳二元酸	—	3	—	5	—	5	—	—	—	6
	单乙醇胺	—	6	—	—	2	7	—	—	—	—
	三乙醇胺	—	—	—	—	7	—	—	—	—	—
	十一碳二元酸	—	3	—	—	—	—	—	4	—	—
	碳酸钠	—	—	3	—	2	—	—	8	—	4
	三元聚羧酸	—	—	3	—	—	—	—	4	—	—
	单异丙醇胺	—	—	—	7	—	—	7	—	—	—
偶合剂	乙二醇	1	—	—	—	—	—	—	—	—	2.5
	丙三醇	1	1	—	—	—	—	1	—	—	—
	无水乙醇	—	—	3	—	—	—	—	—	1	—
	正辛酸	—	—	—	1	—	—	—	1.5	—	—
	聚乙二醇	—	—	—	1	—	2	—	—	—	—
	新癸酸	—	—	—	—	2	—	—	1.2	—	—
	异壬酸	—	—	—	—	—	—	1	—	1	—
添加剂	575	0.1	0.1	—	—	0.1	—	—	—	0.1	—
	MBM	0.3	0.5	—	—	—	0.7		1	1.6	1
	BK	0.1	0.4	0.8	0.3	—	1	—	—	0.3	—
	BBIT	0.2	—	—	—	—	—	—	—	—	0.3
	翠蓝	—	—	0.1	—	—	—	—	—	—	0.1
	MEB	—	—	0.1	—	—	—	—	—	—	—
	荧光黄	—	—	—	0.1	—	—	—	0.1	—	—
	330	—	—	—	0.3	—	—	—	—	—	—
	IPBC	—	—	—	0.3	—	0.3	—	—	—	—
	TEGO410	—	—	—	—	1.4	—	—	—	—	—
	2,6-二叔丁基对甲酚	—	—	—	—	0.5	—	—	—	—	—
	SMK661	—	—	—	—	—	—	0.5	—	—	—
	B-458	—	—	—	—	—	—	—	0.2	—	—
	N-10	—	—	—	—	—	—	—	—	—	0.1

制备方法

（1）将水基防锈剂的各组分混合至形成均一稳定的透明溶液；反应温度为40～50℃。

（2）将复合防锈剂各组分加入反应釜，再依次将主乳化剂、助乳化剂、偶合剂、添加剂和步骤（1）的产物加入反应釜，升温后搅拌；升温的温度为45～55℃。

（3）步骤（2）混合物变为体系均一透明后制得成品。搅拌时间大于等于4h。

原料介绍

所述复合防锈剂由A、B和C三种组分构成；

所述A组分为32#白油、15#机油、150SN油、KN22油或H25油中的一种或两种的混合物。

所述B组分为石油磺酸钙、*N*-十八烷基新癸酰胺、*N*-十八烷基油酰胺、*N*-十六烷基硬脂酰胺、蓖麻油酸、肉桂酸环己酯、氧化石油脂、二壬基萘磺酸钙、硬脂酸或*N*-十八烷基异辛酸胺中的一种、两种的混合物或三种的混合物。

所述C组分为羊毛脂、松香树脂、酚醛树脂、石油树脂、醇酸清漆、萜烯树脂、丁苯橡胶或乙丙橡胶中的一种、两种的混合物或三种的混合物。

所述主乳化剂为油酸、SP-85、AEO3、AEO9、NP10、TW-80、SP-80、EL20 或环烷酸锌中的一种、两种的混合物或三种的混合物。

所述助乳化剂为油醇基糖苷三乙胺季铵盐、格尔伯特醇基糖苷三乙胺季铵盐、肉桂醇基糖苷三乙胺季铵盐、椰油醇基糖苷三甲胺季铵盐或月桂醇基糖苷三甲胺季铵盐中的一种或两种的混合物。

所述水基防锈剂为蒸馏水、去离子水、十二烯基丁二酸、三元聚羧酸、十一碳二元酸、十二碳二元酸、硼酸、氢氧化钠、碳酸钠、氢氧化钾、单乙醇胺、三乙醇胺或单异丙醇胺中的一种、两种的混合物、三种的混合物或四种的混合物。

所述偶合剂为无水乙醇、乙二醇、丙三醇、聚乙二醇、正辛酸、异壬酸或新癸酸中的一种或两种的混合物。

所述添加剂为抗氧化剂、消泡剂、染料、流平助剂或抑菌剂中的一种、两种的混合物、三种的混合物或四种的混合物。

所述的抗氧化剂是2,6-二叔丁基对甲酚、330 或 MEB。

所述的消泡剂是B-458、N-10 或 575。

所述的染料是荧光黄或翠蓝。流平助剂是 SMK661 或 TEGO410。

所述的抑菌剂是 IPBC、MBM、BK 或 BBIT。

助乳化剂由天然产物自合成，包括：（1）以叔胺盐酸盐与环氧氯丙烷合成*N*-（3-氯-2-羟丙基）季铵盐；（2）以长链脂肪醇与半乳糖进行直接苷化反应得到半乳糖苷；（3）制备表面活性剂。

具体过程是：

（1）打开冷凝水，在四口烧瓶中依次加入适当量的叔胺盐酸盐，分散于适当量的乙醇中，1mol/L 的氢氧化钠水溶液中，开动搅拌和温控，保持体系温度在 30～40℃，使用恒压滴液漏斗在 20～30min 内逐滴滴入环氧氯丙烷，搅拌反应 60min 后，依次使用乙醇、蒸馏水清洗、过滤，得到*N*-（3-氯-2-羟丙基）季铵盐。

（2）在四口烧瓶中，将适当量的中链醇、半乳糖分散在无水乙醇中，降温至 0℃，开动搅拌，保持 0℃状态，30min 内逐滴滴入浓硫酸，缓慢提升体系温度至 20～25℃，反应 24h，得到半乳糖苷。

（3）上述*N*-（3-氯-2-羟丙基）季铵盐与半乳糖苷分散在异丙醇中，升温至 60℃，经 8h 恒温反应，80℃旋蒸纯化后，得到表面活性剂脂肪醇基糖苷季铵盐产物。

产品应用　本品主要是一种通用易处理环保型水基乳化防锈剂。使用方法如下：

（1）必须边搅拌边将乳化防锈剂产品投入水中，具体比例依据对防锈性能的要求酌情增减（如产品在 10%条件下对 45#钢盐雾试验时间 8h 后 A 级，产品在 20%条件下对 45#钢盐雾试验时间 24h 后 A 级），可以有效延长稀释液寿命。

（2）使用时保持空气或机械搅拌，以保证乳化体系的稳定性。

（3）如果使用较低浓度的本产品进行机械加工过程，则在机械加工与防锈过程之间不需要进行清洗过程。

（4）建议保持防锈工作液使用温度在 50～60℃之间，可以有效缩短工件干燥时间并有效降低体系腐败速度。

（5）根据工艺要求，采用浸涂、刷涂、喷涂等方式均可。

（6）如采用浸涂工艺时，工件浸泡时间应大于20s，并辅以一定程度的振动或翻转以确保工作液对工件表面附着的充分性。

（7）工件经过工作液浸泡后，可在 80～90℃之间热风烘干 5min 左右，但一定要进行 2h 以上的晾干再进行包装（请关注干燥间的通风及湿度）。

（8）完全干燥成膜后，可采用聚乙烯薄膜包装，包装及储放时，应尽量避免工件间的相互碰撞，以免损伤油膜的完整。

产品特性

（1）本品低浓度稀释（5%）时金属加工性能良好，防锈性能较佳，稀释浓度达到一定程度后（10%～30%）对金属防护性能极佳，避免了溶剂带来的浪费、对环境的危害以及安全风险，可作为黑色金属和部分有色金属的中期防锈过程使用；用于金属加工的后续防锈过程时一般不需对工件进行清洗。

（2）本品防锈性能优异，适用金属材质广，且使用后容易处理。

（3）成品的原料易得，成本低廉，安全环保、健康无污染；通过合理的工艺控制，完全可以具备常规需要的防锈能力；由于其含有部分表面活性剂成分，清洗性能大幅改善。

配方 191　涂料用防锈剂

［原料配比］

原料		配比（质量份）	
		1#	2#
柠檬酸		5	20
硅酸钠		5	30
硝酸铵		4	16
二氧化硅微粒	粒径为 50nm	10	—
	粒径为 100nm	—	20
三正丁胺		10	20
次氮基三乙醇胺		5	25
去离子水		10	50

制备方法　将各组分原料混合均匀即可。

产品应用　本品主要是一种涂料用防锈剂。

产品特性　本品防锈性能极佳。

配方 192　脱水防锈剂

［原料配比］

原料	配比（质量份）				
	1#	2#	3#	4#	5#
溶剂	35	42	45	45	45
咪唑啉	10	8	9	5	10

续表

原料	配比（质量份）				
	1#	2#	3#	4#	5#
脂肪酸	9	8	9	4	9
长链醇	25	22	20	25	15
硅油	8	8	7	8	8
金属皂类	8	7	7	8	8
减活剂	5	5	3	5	4

制备方法

（1）将咪唑啉与脂肪酸加入容器中，在 600～700r/min 转速下搅拌 20～30min，升温至 70～80℃后，保温搅拌 40～80min，冷却即得第一组分。

（2）将长链醇加入溶剂中混合均匀，升温 40～45℃，加入硅油、金属皂类、减活剂后在 400～500r/min 转速下搅拌 20～30min，制得第二组分。

（3）将第一组分加入第二组分中于 40～45℃、400～500r/min 转速下搅拌 20～ 30min 即得高效脱水防锈剂。

原料介绍

所述溶剂采用加氢分馏石脑油、航空煤油、环烷烃溶剂、石油醚、异构烷烃溶剂、脱芳烃溶剂中的任一种或多种的组合。

所述咪唑啉采用甲基咪唑啉、乙基咪唑啉、异丙基咪唑啉、月桂基咪唑啉、松香基咪唑啉中的任一种或多种的组合。

所述硅油采用甲基硅油、二甲基硅油、甲基乙基硅油、甲基乙烯基硅油、氨基硅油中的任一种或多种的组合。

所述的长链醇采用 C_5～C_{18} 醇中的任一种或多种的组合。

所述金属皂类采用羊油酸皂、蓖麻酸皂、月桂酸皂、棕榈酸皂、羊毛脂皂中的任一种或多种的组合。

所述减活剂采用抗坏血酸及其衍生物、叔丁基对苯二酚、二丁基羟基甲苯、没食子酸丙酸、茶多酚中的任一种或多种的组合。

所述脂肪酸采用辛酸、癸酸、油酸、硬脂酸、亚油酸、烯基二元酸中的任一种或多种的组合。

在溶剂中加入长链醇与咪唑啉和脂肪酸反应制得的油溶性缓释剂发挥协调作用：脱水防锈剂与金属接触后，长链醇首先从金属表面水膜的薄弱处突破，渗透到金属表面，并沿着金属-水界面扩散，挤压水膜，使之从金属表面分离，能够在 10～60s 内使金属表面水膜迅速收缩成水滴脱落。

咪唑啉和脂肪酸发生化学反应制得的油溶性缓释剂，具有多个弱极性基团，通过范德华力在金属表面迅速吸附占领水膜脱离位置，形成多点吸附，这种油溶性缓释剂又具有支链结构，这样就形成网状的多点吸附结构的防锈膜；同时，金属皂类具有强极性基团，同时可以加固防锈膜的附着力，大大增加其防锈性能；而且，硅油使被包裹的水滴聚集沉降于底部，在溶剂中能够防止金属表面与防锈剂接触界面形成难以脱落的气泡，防止防锈膜产生漏洞。此外，减活剂的加入适当阻止了金属对防锈剂中有机物的自动氧化促进作用，有效保障上述协同作用的进行。

产品应用　本品主要是一种脱水防锈剂

产品特性

（1）本品不含硫、钡、芳烃等有害物质，安全环保；并且各原料简单易得，成本较低。

（2）本品制备方法简单，适于大规模生产制备。

（3）本品制备的防锈剂的防锈周期达到一年半左右，且脱水性能优异。

配方 193　脱水型防锈剂

原料配比

原料		配比（质量份）	
		1#	2#
基础油		60.3	71.5
防锈剂		30	15
脱水剂		4	10
成膜剂		5	3
抗氧化剂		0.7	0.5
基础油	机械油	1	—
	煤油	—	1
	溶剂汽油	—	1
	变压器油	1	—
防锈剂	环烷酸锌	1	1
	石蜡	—	1
	油酸三乙醇胺	1.5	3
抗氧化剂	二苯胺	2	0.5
	叔丁基对甲酚	3	—
	对苯二酚	2	—
脱水剂	异丙醇	—	1
	石油醚	4	1
成膜剂	酚醛树脂	—	3
	聚异丁烯树脂	—	2
	石蜡	5	—

制备方法

（1）将基础油加入容器中，开启搅拌，搅拌 5～20min。

（2）将防锈剂、成膜剂加入反应容器中，搅拌 5～20min。

（3）将脱水剂加入反应容器中，搅拌 5～20min。

（4）最后将抗氧化剂加入反应容器中，以上物质全部加完后，在 70～80℃下，反应 100～150min，得到最终产品。

产品应用　本品主要是一种脱水型防锈剂，用于工业生产企业的各种机械、设备在加工、制造、维修过程的金属材料、零部件的短、中期脱水、防锈处理。用于汽车、摩托车、机车、制冷空调、压缩机、柴油机、汽油机、电子、电器、家电等金属零部件加工、制造企业黑色金属及有色金属材料、零件、元器件的脱水、防锈处理。

采用本品脱水型防锈剂对需脱水和除锈的工件进行处理，包括以下步骤：

（1）将清洗后的金属工件浸入装有本品的脱水油槽中，如工件形状复杂，需上下抖动几次。单个工件 2～3min 即可将水脱尽，若用吊篮装满工件则需 3～5min，注意工件只能悬吊，不能沉于槽底。

（2）定期排放油槽底部脱下的积水。

（3）脱水油槽底部为锥形，下设放水阀，以便脱除的水分沉积在底部，适时将水排放出来。距脱水油槽底部一定高度应设置活动金属网或多孔的隔盘，以保证工件不与底部的水层接触。

（4）按防锈要求和工艺规定对工件实施自然晾干、风干或烘干工序。

（5）将脱水、防锈处理后的零件按规定置于适当场所，并按零件的生产工艺要求实施后续工序。

采用本品对需防锈但不需脱水的工件进行处理：

（1）采取喷、浸、涂的方法，用本品直接进行防锈处理。

（2）按防锈要求和工艺规定对工件实施自然晾干、风干或烘干工序。

（3）将防锈处理后的零件按规定置于适当场所，并按零件的生产工艺要求实施后续工序。

产品特性

（1）本品具有优良的防锈效果，能满足金属材料、零件、元器件的短、中期工序间和库存防锈要求。

（2）本品脱水快，一般只需 2～5min 即可将工件表面水膜除尽，并使油相浸润工件表面。

（3）本品防锈期因环境温度、湿度、腐蚀性成分的差异而不同，通常可达 1～2 年。

（4）本品能一次完成金属材料、零件、元器件的脱水、防锈；对环境无污染，对人体无毒副作用。

配方 194 脱水轴承防锈剂组合物

［原料配比］

原料		配比（质量份）		
		1#	2#	3#
基础油	75SN	28	—	—
	100SN	—	24	—
	150SN	—	—	20
溶剂油	D30	52	—	—
	D40	—	58	—
	D60	—	—	62
防锈添加剂	石油磺酸钡	8	7	7
	二壬基萘磺酸钡	3	4	3
	十二烯基丁二酸	4	2	3
	山梨糖醇单油酸酯	2	1	1
脱水剂	二乙二醇单丁醚	2	3	—
	乙醇	—	—	3
二烷基二硫代磷酸锌		0.6	0.7	0.8
苯并三氮唑		0.4	0.3	0.2

制备方法

（1）将基础油与溶剂油一同倒入调合釜内，然后将调合釜内温度调节至 80～90℃，加热搅拌，搅拌转速为 240～360r/min，搅拌时间为 20～30min，从而得到初始混合物。

（2）将调合釜的温度调节至 50～60℃，然后将防锈添加剂、二烷基二硫代磷酸锌与苯并三氮唑一同倒入调合釜内，进行搅拌，搅拌转速为 140～200r/min，搅拌时间为 40～50min，从而得到次混合物。

（3）将调合釜的温度调节至 30～40℃，然后加入脱水剂，进行搅拌，搅拌转速为 80～120r/min，搅拌时间为 30～40min，从而得到成品防锈剂组合物。

（4）对成品防锈剂组合物进行检测，检测合格后灌装入库即可。检测方法为：将三组试片垂直浸入浓度为 0.05%的 NaCl 水溶液中 1s，取出检查试片的工作面是否全部浸湿或有无锈点（如未完全浸润或有锈点，弃之不用），用滤纸吸取试片上部和下部余液（不得超过 5s），将试片浸入成品防锈剂组合物中 15s，取出沥干 15min 后，放入 20～30℃的湿润槽中 1h，取出检验试片工作面有无锈蚀，若三组试片工作面均无锈，判定为合格。

原料介绍

二烷基二硫代磷酸锌能够起到良好的抗氧化效果，防止成品防锈剂组合物被轻易氧化。

苯并三氮唑能够起到良好的防腐效果，防止成品防锈剂组合物变质，以便成品防锈剂组合物能够具有更长的保质期。

脱水剂的加入使成品防锈剂组合物能够起到吸水脱水的效果，以便在轴承表面带有水分时，成品防锈剂组合物能够吸收脱去轴承表面的水分，从而达到更好的防锈使用效果。

所述基础油为40℃、黏度为 25～35mm^2/s 的一类、二类、三类、四类基础油。

所述溶剂油为挥发性碳氢化合物，如 D30、D40、D60、D80、煤油、汽油等中的一种或者多种混合物。

所述脱水剂为二乙二醇单丁醚、乙醇、丙醇、乙二醇、异丙醇、多元醇中的一种。

产品应用　本品主要是一种脱水轴承防锈剂组合物。

产品特性　本品具有良好的防锈效果。

配方 195　无氟冰箱压缩机零件防锈剂

原料配比

原料		配比（质量份）											
		1#	2#	3#	4#	5#	6#	7#	8#	9#	10#	11#	12#
多元醇异辛酸酯	三异辛酸甘油酯	1	2	5	7	10	8	6	4	—	—	—	—
	季戊四醇四异辛酸酯	—	—	—	—	—	—	—	—	5	—	5	5
	三羟甲基丙烷三异辛酸酯	—	—	—	—	—	—	—	—	—	5	—	—
辛酸醇胺酯		20	23	25	28	30	29	26	22	25	25	25	25
聚醚	聚醚 L62	3	8	15	20	25	23	18	5	15	15	15	—
	聚醚 F-68	—	—	—	—	—	—	—	—	—	—	—	15
乳化剂	单硬脂酸甘油酯	8	9	10	11	12	11	9	8	10	10	—	—
	OP 乳化剂	—	—	—	—	—	—	—	—	—	—	10	10

续表

原料		配比（质量份）											
		1#	2#	3#	4#	5#	6#	7#	8#	9#	10#	11#	12#
乙二醇		20	24	28	32	35	30	26	22	28	28	28	28
失水山梨糖醇单油酸酯		1	2	3	4	5	4	3	2	3	3	3	3
糖酯	蔗糖酯	—	—	—	2	2.5	3	3.5	4	—	—	—	—
辛酸醇胺酯	辛酸	1	1	1	1	1	1	1	1	1	1	1	1
	乙醇胺	—	—	—	1.2	—	—	—	—	—	—	—	—
	单乙醇胺	1.2	—	—	—	—	—	—	—	—	—	—	—
	二乙醇胺	—	1.2	—	—	1.2	—	—	—	—	—	—	
	三乙醇胺	—	—	1.2	—	—	1.2	1.2	1.2	1.2	1.2	1.2	1.2

制备方法

（1）多元醇异辛酸酯或多元醇异辛酸酯与失水山梨糖醇单油酸酯、糖酯一起与乳化剂混合搅拌均匀，得第一混合物；搅拌温度为50～60℃，搅拌时间为1～1.5h。

（2）将辛酸醇胺酯与聚醚、乙二醇混合搅拌均匀，得第二混合物；搅拌温度为50～60℃，搅拌时间为1～1.5h。

（3）将步骤（1）得到的第一混合物与步骤（2）得到的第二混合物进行混合，搅拌均匀进行反应，得反应产物防锈剂。搅拌温度为50～60℃，搅拌时间为1～1.5h。

原料介绍

所述的辛酸醇胺酯的制备方法如下：辛酸与乙醇胺混合，在60～70℃条件下反应2.8～3.2h，生成辛酸醇胺酯。辛酸与乙醇胺反应时，控制pH＞9。

所述的乙醇胺包括单乙醇胺、二乙醇胺和三乙醇胺中的至少一种。

失水山梨糖醇单油酸酯、糖酯可作为乳化剂、稳定剂，为多元醇异辛酸酯提供稳定的乳化条件，其自身也是性能优良的防锈剂，且成分无毒无污染，更适于环保应用。OP乳化剂在高分子乳液聚合反应中，起到良好的乳化作用和稳定作用，使乳化聚合反应更加彻底，目标产物产率更高。

产品应用　本品主要是一种无氟冰箱压缩机零件防锈剂。

产品特性

（1）由于采用多元醇异辛酸酯、聚醚类化合物，能有效改善防锈剂的耐低温性能及与冷冻机油的相容性问题，同时辛酸醇胺酯具有良好的防锈性，与冷冻机油有良好的相容性，且整个配方中不含有Cr^{6+}，更加环保。

（2）本品具有制造成本低、环保无污染的优点。

配方196　无磷环保除锈防锈剂

原料配比

原料	配比（质量份）	
	1#	2#
盐酸	5	8

续表

原料	配比（质量份）	
	1#	2#
非离子氟表面活性剂	0.8	0.5
N,N-二乙基乙醇胺	0.5	0.4
椰油基葡糖多苷	4	6
环氧基咪唑啉	8	10
8-羟基喹啉	15	12
羟乙基乙二胺三乙酸	2	1
水	加至 100	加至 100

制备方法　将各组分原料混合均匀即可。

原料介绍

非离子氟表面活性剂和椰油基葡糖多苷在盐酸溶液中均具有强烈的表面活性，可以在溶液的气液界面形成密集的吸附层，而起到抑制酸雾作用，而且还可以加快除锈速度。

有机胺 *N,N*-二乙基乙醇胺作为缓蚀剂能有效缓解 H^+对金属的腐蚀；环氧基咪唑啉能在金属表面形成有机保护膜，有效缓解 Cl^-对金属的腐蚀损伤。

8-羟基喹啉对铁离子、锌离子等金属离子具有很好的络合作用，而羟乙基乙二胺三乙酸的存在会加强此效应，起到有效的防锈作用。

产品应用　本品主要是一种无磷环保除锈防锈剂。

产品特性

（1）通过采用盐酸+非离子氟表面活性剂+椰油基葡糖多苷的组合，有效地抑制酸雾的生成，降低酸的用量。本品除锈防锈剂作用时间长，效果显著，对人体无毒无害，符合绿色发展的趋势。

（2）该除锈防锈剂具有无磷、除锈彻底、使用过程酸雾极少、防锈性能好等特点，应用范围广，是一种绿色环保产品。

配方 197　无磷型碱性水基喷淋清洗防锈剂

[原料配比]

原料		配比（质量份）							
		1#	2#	3#	4#	5#	6#	7#	8#
清洗助剂	五水偏硅酸钠	5	—	5	5	5	—	—	5
	碳酸钠	3	3	—	3	3	3	—	—
	硅酸钠		3	3	3	—	—	3	—
	氯化钠	2	2	2	—	—	2	2	2
	4A 沸石	—	—	—	—	3	3	3	3
分散剂	十二烷基硫酸钠	2	2	—	—	—	—	2	2
	甲基戊醇	2	—	2	—	—	2	—	—

续表

原料		配比（质量份）							
		1#	2#	3#	4#	5#	6#	7#	8#
分散剂	聚丙烯酰胺	—	—	2	2	—	—	2	—
	牛脂基双羟乙基改性脂肪醇聚氧乙烯醚	5	5	5	5	5	5	5	5
	葡萄糖酸钠	—	2	—	2	2	—	—	—
	纤维素衍生物	—	—	—	—	2	2	—	2
螯合剂	氨基三乙酸	0.5	0.5	0.5	—	0.5	0.5	—	—
	乙二胺四乙酸	—	1	1	1	—	—	0.5	1
	酒石酸钾钠	1	—	1	1	1	—	1	—
	8-羟基喹啉	—	—	—	—	1.5	1.5	1.5	1.5
	柠檬酸铵	3	3	—	3	—	3	—	3
水基防锈剂	十二烯基丁二酸	4	—	—	—	—	—	—	4
	十一碳二元酸	—	—	—	5	5	5	—	—
	三元聚羧酸	—	5	5	—	—	—	5	
	碳酸钠	—	—	5	5	—	5	5	5
	单异丙醇胺	—	—	—	5	—	—	5	—
	硼酸	3	3	—	—	3	—	—	—
	三乙醇胺	5	5	5	—	5	5	—	5
乳化剂	异构脂肪醇聚氧乙烯醚	2	2	—	2	2	2	—	—
	异构山梨糖醇酐油酸酯	2	2	2	—	—	2	—	2
	反式嵌段聚醚	—	2	2	2	—	—	2	2
	烷基糖苷	—	—	—	2	2	2	2	2
	烷基葡萄糖苷	2	—	2	—	2	—	2	—
增溶剂	C_6异构双酶烷基糖苷	4	4	4	4	4	4	4	4
	聚氧乙烯硬化蓖麻油	2	—	—	2	2	—	—	—
	聚氧乙烯蓖麻油	2	—	—	—	—	—	—	2
	聚甘油脂肪酸酯	—	—	2	—	—	—	2	—
	脂肪醇聚氧乙烯醚	—	2	—	2	—	2	2	2
	脂肪醇聚氧乙烯聚氧丙烯醚	—	2	—	—	2	—	—	—
	聚氧乙烯失水山梨糖醇脂肪酸酯	—	—	—	—	—	2	—	—
添加剂	消泡剂 575	0.2	0.2	0.2	0.2	0.2	0.2	0.2	0.2
	抑菌剂 MBM	1	1	1	1	1	1	1	1
水		加至 100	加至 100	加至 100	加至 100	加至 100	加至 100	加至 100	加至 100

制备方法

（1）将反应釜中注入适量的水。

（2）将清洗助剂、分散剂、螯合剂加入反应釜中，搅拌均匀。

（3）将水基防锈剂、乳化剂、增溶剂加入反应釜中，搅拌均匀后静置。

（4）将添加剂加入后搅拌均匀，得到成品。

产品应用　本品主要是一种无磷型碱性水基喷淋清洗防锈剂。

使用方法：

（1）当工件在工序之间进行传递时，使用浓度为 3%～8%的清洗防锈液对工件进行喷淋处理。

（2）当工件进行中期防锈时，使用浓度 10%～20%的清洗防锈液对工件进行喷淋处理。

产品特性

（1）本品将清洗功能和防锈功能结合在一起，具有低泡沫、抑制起泡、不含亚硝酸钠、对人体影响极小且清洗防锈效率高的优点。

（2）本品依靠有机多元羧酸铵盐进行防锈，体系不含亚硝酸钠，对碱性要求不高、pH 值较低，所以对人体影响极小，在使用过程中不会有致敏现象，且对设备和人体更加安全，不易导致腐蚀。

（3）本品在使用过程中具有极低泡沫性能，并具有极佳的持续抑泡能力，可以有效地提升制造件的清洗效率，提高制造件表面的洁净度，延迟制造件的防锈时间。

配方 198　无泡沫金属防锈剂

原料配比

原料	配比（质量份）		
	1#	2#	3#
硫磷酸三钠	2	4	3
纯碱	6	8	7
磷酸盐	3	5	4
丙烯酰胺	6	8	7
甲苯基三唑	2	4	3
吗啡啉	7	9	8
缓蚀剂	6	8	7
钼酸铵	5	7	6
三乙醇	5	7	6
煤油	1	3	2
乙二胺四乙酸	4	6	5
肌醇六磷酸酯	5	7	6
水	150	180	165
聚硅氧烷消泡剂	6	8	7
三聚磷酸钠	5	7	6

制备方法　将各组分原料混合均匀即可。

产品应用　本品主要是一种无泡沫金属防锈剂。

产品特性 本品配方科学合理，防锈、脱脂去污能力强，对有色金属无不良影响，而且不会产生泡沫，高压下也不会产生溢出现象；具有优异的接触防锈性能以及很好的气相防锈效果。

配方 199 小模数齿轮水性防锈剂

[原料配比]

原料		配比（质量份）				
		1#	2#	3#	4#	5#
聚甲基丙烯酸甲酯和异构十三醇聚氧乙烯醚混合物		14	12	16	14	14
聚马来酸酐	分子量为 400～600	8	—	—	8	8
	分子量为 600～800	—	9	—	—	—
	分子量为 500～700	—	—	6	—	—
水性环氧树脂	非离子型水性环氧树脂	5	6	4	5	5
石油磺酸钡		3	4	5	3	3
碳酸钠		2	1	2	2	2
邻苯二甲酸二乙二醇二丙烯酸酯（PDDA）		—	—	—	1	2
三嗪类杀菌剂		—	—	—	—	0.5～1
水		35	30	33	35	35
聚甲基丙烯酸甲酯和异构十三醇聚氧乙烯醚混合物	聚甲基丙烯酸甲酯	1	1	1	1	1
	异构十三醇聚氧乙烯醚	7	6	8	7	7

制备方法

（1）按照比例将聚甲基丙烯酸甲酯和异构十三醇聚氧乙烯醚混合，加热至 50～60℃溶解完全。

（2）按比例加入聚马来酸酐，混合均匀，得到 A 液。

（3）将邻苯二甲酸二乙二醇二丙烯酸酯与水性环氧树脂、石油磺酸钡、碳酸钠一起溶于水中，并加热至 50～60℃，得到 B 液。

（4）边搅拌边将 A 液滴加入 B 液中，再加入三嗪类杀菌剂混合均匀，然后冷却至室温。

原料介绍

邻苯二甲酸二乙二醇二丙烯酸酯（PDDA）可提高聚甲基丙烯酸甲酯和水性环氧树脂的分散性，PDDA 是一种大分子的阳离子聚合物，在盐溶液中，其表面有大量的阴离子结合位点，能沉积在齿轮的表面，同时 PDDA 上还有很多结合位点，可以结合防锈剂配方中的其它分子，协同增强它们的成膜性能，提高防锈效果，降低防锈剂用量，提高综合性能。

产品应用 本品主要是一种小模数齿轮水性防锈剂。

产品特性

（1）本品针对小模数齿轮在回火后表面出现的红色锈斑以及黑色花斑问题有很好的改善效果，能够将剩余的含水油污置换脱离金属表面，在金属表面形成均匀、牢固且没有油渍和白斑的憎水保护膜，有效排斥水及油污。

（2）本品是一种多功能的水基防锈剂，除油、防锈“二合一”，通过对油层的乳化，对锈层的渗透和转化，起到对金属产品的保护作用。

（3）本品具有防锈性好、性质稳定、价格低廉、减少污染、功能齐全、使用方便等优点。

配方 200　新型防锈剂

［原料配比］

原料	配比（质量份）			
	1#	2#	3#	4#
氟化镁	91	92	93	95
三聚磷酸钠	15	20	25	30
氟锆酸	15	20	25	30
氟硅酸钠	26	27	28	30
盐酸	47	48	49	50
硝酸	15	20	25	30
磷酸	80	85	90	95
乙烯基三乙酰氧基硅烷	15	20	25	30
硫酸	32	34	36	40
硝酸钙	35	40	45	50
增稠剂	210	220	230	250
无水乙醇	15	20	25	30
去离子水	加至 1000	加至 1000	加至 1000	加至 1000

制备方法

（1）基础酸液制备，按照上述质量份向反应釜中添加盐酸、硝酸、磷酸、硫酸以及去离子水，然后进行升温搅拌，温度控制在50～55℃，搅拌速度为80～100r/min，搅拌时间为30～45min。

（2）添加助剂，按照上述质量份向反应釜中依次添加氟化镁、三聚磷酸钠、氟锆酸、氟硅酸钠、乙烯基三乙酰氧基硅烷、硝酸钙，在添加助剂的同时进行保温搅拌，控制温度在60～70℃，搅拌转速为60～80r/min，搅拌时间为30～40min，最后静置冷却至室温。

（3）增稠，向（2）中冷却后的混合液中添加增稠剂和无水乙醇，同时进行搅拌，直至液体变为膏状后停止搅拌，最后完成防锈剂的制备。

原料介绍

所述增稠剂为石棉、黏土、白炭黑或硅胶。

所述盐酸的浓度为36.5%，硫酸的浓度为98%，硝酸的浓度为96%，磷酸的浓度为83%。

产品应用　本品主要是一种新型防锈剂。

产品特性　该防锈剂呈膏状，在进行工件防锈处理时只需将防锈剂涂抹在工件表面然后冲洗即可，在膏体与工件表面接触时能够对工件表面进行钝化处理，形成的钝化膜起到保护工件表面的作用，实现了防锈功能，方法简单，无需特种设备，室内外均可实施，减少了后续的处理工序。

配方 201　新型环保型水溶性防锈剂

［原料配比］

原料	配比（质量份）		
	1#	2#	3#
乙二胺四乙酸钠	3	4	5

续表

原料	配比（质量份）		
	1#	2#	3#
去离子水	46	46	46
三乙醇胺	30	30	30
十二烯基丁二酸	20	20	20

制备方法

（1）将乙二胺四乙酸钠加入到去离子水中，搅拌，使乙二胺四乙酸钠溶解，得到乙二胺四乙酸钠液体。

（2）将三乙醇胺和十二烯基丁二酸混合，搅拌均匀，呈黏稠状，得到第一混合溶液。

（3）将步骤（1）得到的乙二胺四乙酸钠液体加入到步骤（2）得到的第一混合溶液中，边加入边搅拌，持续加入，直至溶液呈透明状，得到第二混合溶液。

（4）将步骤（3）得到的第二混合溶液静置至分层，弃上层油液，即得新型环保型水溶性防锈剂。

产品应用　本品主要是一种新型环保型水溶性防锈剂。

产品特性　本品用途广泛，可直接用于黑色金属试件防锈，也可用于调配切削液，防锈性能好，使用的配方对人体无害，不污染环境。

配方 202　液压支架用浓缩液防锈剂

［原料配比］

原料	配比（质量份）				
	1#	2#	3#	4#	5#
软化水	30	20	28.5	27.3	27.5
三乙醇胺	45	47.5	40	50	47
单乙醇胺	10	15	15	12	12
癸二酸	5	6	6	4	5
己二酸	2	3	2	1	2
苯甲酸钠	7	8	8	5	6
苯并三氮唑	1	0.5	0.5	0.7	0.5

制备方法　在室温下，将软化水、三乙醇胺、单乙醇胺加入反应釜中，搅拌均匀，接着加入癸二酸、己二酸，直至体系透亮，然后加入苯甲酸钠和苯并三氮唑，搅拌，待体系透亮后即得产品。室温为 15～35℃。搅拌时间为 30～60min。

原料介绍

产品应用　本品主要是一种环保液压支架用浓缩液防锈剂。

在使用时，将制备好的防锈剂直接加入浓缩液中，搅拌均匀使之成为稳定均一体系。

产品特性　本品不含亚硝酸钠、硼、钼酸盐等物质，具有对环境友好、原材料常见易得、室温下即可制备、可以用来制备适用于不同水质硬度的多种牌号产品等特点。

配方 203　硬膜防锈剂

[原料配比]

原料		配比（质量份）			
		1#	2#	3#	4#
溶剂	丙三醇	20	25	26	30
基础油	煤油	28	30	35	38
羊毛酸多元醇酯		10	15	18	12
羟乙基油酰咪唑啉		6	8	8	9
油酰肌氨酸		5	6	6	8
二壬基萘磺酸钙		10	10	12	14
C_5石油树脂		12	12	15	18
脂肪酸异丙酯		5	8	8	7
助剂复合物		18	20	20	22

制备方法

（1）将羊毛酸多元醇酯、羟乙基油酰咪唑啉、油酰肌氨酸、二壬基萘磺酸钙、C_5石油树脂、脂肪酸异丙酯和助剂复合物混合均匀，制得预混合物。

（2）将混合均匀的预混合物加入基础油和溶剂，升温至65～68℃，混合均匀，冷却，制得防锈剂。

原料介绍

所述脂肪酸异丙酯按如下工艺进行制备：将脂肪酸和异丙醇混合均匀，于480～580r/min转速搅拌28～35min，然后加入$Fe_2(SO_4)_3 \cdot 9H_2O$催化剂，混合均匀，升温至70～78℃，保温30～35min，搅拌回流，冷却至室温，蒸馏后用70～90℃蒸馏水洗涤至pH值为7，真空脱水得到脂肪酸异丙酯。

所述助剂复合物为硅铝酸盐和聚氧乙烯聚氧丙烯醚嵌段共聚物在钛酸正丁酯的催化酯交换过程中制得，其具体制备方法为：向水中加入硅铝酸盐粉末和钛酸正丁酯，充分分散后送入球磨机中，球磨至细度小于5μm，并利用微波处理器微波回流处理5min，再加入聚氧乙烯聚氧丙烯醚嵌段共聚物，混合均匀后继续微波回流处理1min，静置12min后再次微波回流处理5min，所得混合液送入喷雾干燥机中，干燥所得颗粒经超微粉碎机制成微粉，即得助剂复合物。

羊毛酸多元醇酯和C_5石油树脂的质量比为1∶1时，制得的防锈剂适用于黑色金属及有色金属的防护。主要基材有：钢铁金属零部件、铸铁、铜、铝、镀锌板等金属材料的中、长期防锈处理。通过实验发现，本品防锈剂可使工件防锈期达到3～5年。

特殊的制备方法制得的脂肪酸异丙酯，成为一种防锈剂成分，当其用量为总量的3%～10%时，可以明显提高防锈剂和金属表面的黏着性，并且提高了防锈剂对温度的适应性，使得本品在-10℃到50℃之间防锈效果良好。

助剂复合物可以有效提高耐腐蚀性和抗开裂性。

产品应用　本品主要是一种超长防锈期的硬膜防锈剂。

产品特性

（1）本品环保，组分不含有对人体和环境有害的物质，所以在使用过程中不会造成对工作人员的伤害以及对环境的污染。

（2）丙三醇和煤油进行混合作为基础油和溶剂，可以更大限度延长防锈剂的防锈期限。

配方 204 硬膜水性防锈剂

[原料配比]

原料			配比（质量份）		
			1#	2#	3#
A 液	去离子水		50	45	60
	防锈剂	中碱值石油磺酸钙	12	—	—
		低碱值石油磺酸钙	—	15	—
		石油磺酸钠	—	—	20
	乳化剂	吐温-60	6	5	—
		油酸三乙醇胺	—	—	7
	分散剂	十二烷基苯磺酸钠	3	—	—
		液体石蜡	—	5	4
	渗透剂	耐碱渗透剂 AEP98	5	—	—
		仲烷基磺酸铵	—	3	—
		耐碱渗透剂 OEP-70	—	—	5
	触变剂	高岭土	1	—	—
		蒙脱土	—	1	—
		凹凸棒土	—	—	2
	pH 调节剂		适量	适量	适量
B 液	成膜剂	水性凡士林	3	—	—
		水性羊毛脂	—	5	5
	沸水		20	30	25
	乳化剂	吐温-60	0.5	0.8	—
		油酸三乙醇胺	—	—	1
	树脂	水性聚氨酯树脂	7	10	8
	消泡剂	聚二甲基硅氧烷	1	1	1.5

制备方法

（1）A 液的制备：

① 在反应釜中加入去离子水，升温至 80～100℃，加入防锈剂、乳化剂，5000～10000r/min，搅拌 30～40min。

② 降低温度至 40～60℃，加入适量 pH 调节剂，保持 pH 值在 7～9。

③ 在步骤②的乳液中加分散剂、渗透剂、触变剂，3000～5000r/min，搅拌 20～30min，

即制得 A 液。

（2）B 液的制备：

① 将成膜剂在 45～60℃下溶解为液体，然后加入沸水、乳化剂，3000～5000r/min，搅拌 20～30min。

② 加入水性聚氨酯树脂、消泡剂，在 5000～10000r/min 下均质 10～40min，直至均匀，即可以得到 B 液。

原料介绍

所述的 pH 调节剂包括碳酸钠、碳酸氢钠中的任意一种或两种。

产品应用　本品主要是一种硬膜水性防锈剂。

使用方法：可以稀释使用，建议比例 1∶10，工件先浸渍 A 液，60～80℃烘干，干燥后的工件浸渍 B 液，80～100℃烘干。

工件通过 A 液体后，成分中的小分子渗入工件微孔，干燥后结晶封堵住工件表面微孔。然后浸入 B 液体，表面成膜再次保护一层，渗透在金属工件表面微孔的 A 液小分子结晶，还可以为 B 液树脂涂层提供锚点，这样 B 液树脂可以更紧、更牢固地抓住金属表面，附着力会大幅提高。

产品特性

（1）本品中加入了渗透剂、成膜剂，渗透剂增大了黏附力，渗透剂的存在使得防锈剂与基材更好结合，渗入基材的孔洞之中，成膜剂在基材表面形成了薄薄的一层纳米级的膜，隔绝了空气，延长了防腐时间。

（2）本品可以用在镀层表面，镀锌表面耐中性盐雾可以达到 800h 以上，而之前水性防锈剂最长的耐中性盐雾时间是 400h 以上。也可以单独使用，单独使用的话，耐中性盐雾时间达到 300h 以上。

（3）本品适用范围广，基本适用于各种铁基、铝基和铜基材料表面，而且可以用于各种镀层表面。

配方 205　用于 ESP 带钢酸洗后的环保型水基临时防锈剂

［原料配比］

原料		配比（质量份）								
		1#	2#	3#	4#	5#	6#	7#	8#	9#
三乙醇胺		45	45	90	45	90	75	90	75	75
有机酸	癸二酸	20	—	—	—	40	—	—	—	33
	十二烷二酸	—	23	—	—	—	28	—	—	—
	月桂酸	—	—	30	—	—	—	40	—	—
	油酸	—	—	—	28	—	—	—	46	—
硼酸酯	三乙醇胺硼酸酯	150	150	200	250	—	—	—	200	—
	改性三乙醇胺硼酸酯	—	—	—	—	100	100	200	—	100
缓蚀剂	咪唑啉	15	15	—	—	—	—	10	15	—
	丙炔醇烷氧基化合物	—	—	—	15	—	—	—	—	—
	乌洛托品	—	—	—	—	15	15	—	—	15
	苯甲酸钠	—	—	10	—	—	—	—	—	—

续表

原料		配比（质量份）								
		1#	2#	3#	4#	5#	6#	7#	8#	9#
螯合剂	聚丙烯酸钠	10	—	—	—	—	—	—	—	30
	葡萄糖酸钠	—	20	—	10	—	—	—	30	—
	柠檬酸钠	—	—	20	—	20	—	—	—	—
	EDTA 二钠	—	—	—	—	—	20	20	—	—
pH 调节剂		适量	适量	适量	适量	适量	适量	适量	适量	适量
脱盐水		加至 1000	加至 1000	加至 1000	加至 1000	加至 1000	加至 1000	加至 1000	加至 1000	加至 1000

制备方法

（1）取三乙醇胺与有机酸，于常压 50～80℃下反应 1～2h。

（2）向步骤（1）所得产物中加入脱盐水，待其冷却，在连续搅拌下向步骤（1）所得产物中依次加入硼酸酯、缓蚀剂和螯合剂，然后加入 pH 调节剂至 pH 值为 7.5～9.5，加入脱盐水调整总体积，即得用于 ESP 带钢酸洗后的环保型水基临时防锈剂。第一次加入的脱盐水体积至少为所得环保型水基临时防锈剂体积的 55%。

原料介绍

所述 pH 调节剂为硼酸、三乙醇胺和四硼酸钠中的至少一种。

选用（改性）三乙醇胺硼酸酯和三乙醇胺羧酸酯复配，利用硼酸基和羧酸基对铁基材的强烈吸附作用，形成一层透明光亮的防护/保护膜，添加的水性缓蚀剂同时具有对黑色金属的缓蚀保护作用；添加的螯合剂可以螯合酸洗后残留的铁离子。

产品应用　本品主要是一种用于 ESP 带钢酸洗后的环保型水基临时防锈剂，用于 ESP（无头连铸热轧带钢生产线）带钢表面防锈技术领域。

应用时，将原液稀释至原浓度的 2%～5%作为工作液，通过浸泡或喷淋 18～23s 对酸洗后的 ESP 带钢进行临时防锈处理，随后于 75～95℃烘箱干燥或自然晾干。

产品特性　本品无亚硝酸盐、磷酸盐，水溶性好，无毒无味环保；常温浸泡或喷淋即可，无需水洗，使用方便；防锈性能优异且能提高酸洗后 ESP 带钢的白度。

配方 206　用于处理金属表面的防锈剂

［原料配比］

原料	配比（质量份）			
	1#	2#	3#	4#
十二烯基丁二酸钠	18	25	30	35
苯并三氮唑	1	2	3	2
硼酸铵	9	8	7	6
油酸	12	15	13	10
乙醇胺	22	25	30	20
水性聚氨酯	15	20	20	15

续表

原料	配比（质量份）			
	1#	2#	3#	4#
气相白炭黑	5	8	15	10
乙烯乙二醇醚	30	40	50	60
聚乙烯醇	32	35	40	45
玻璃微珠	3	5	8	7
磷酸氢二钠	3	2	1	2
十二烷基苯磺酸钠	3	4	3	4
聚丙烯酰胺	22	25	30	25
氧化铝颗粒	5	4	5	2
硫化钼颗粒	1	2	3	1
CuS 颗粒	0.5	1	2	2
抗坏血酸	1	2	3	3
去离子水	160	170	180	190

制备方法　将各组分原料混合均匀即可。

原料介绍

气相白炭黑和玻璃微珠，二者的存在可以提高保护膜的稳定性和触变性，使得保护膜不易老化以及不易产生污垢，同时可以提高保护膜的机械强度。

氧化铝颗粒、硫化钼颗粒和 CuS 颗粒，三者的协同作用使得利用该防锈剂在金属表面形成的保护膜具有优异的导热性能以及防静电性能。

以去离子水为主体溶剂同时含有乙烯乙二醇醚，使得该防锈剂中含有多种成膜性优异的树脂，在降低生产成本的同时具有优异的综合性能，可以广泛应用于各种领域。

产品应用　本品主要是一种用于处理金属表面的防锈剂。

产品特性

（1）本品适用于各种金属的防锈，具有优异的防锈性能，在金属工件的表面形成一层稳定的保护膜，可以长期防止金属生锈。

（2）利用本品处理的金属工件，在湿热条件下防锈的时间为 12 天，在密封条件下防锈的时间为 8～12 月。

配方 207　用于工件除锈的高渗透性改性金属防锈剂

原料配比

原料	配比（质量份）				
	1#	2#	3#	4#	5#
三聚磷酸铝	15	10	20	12	18
改性渗透剂	6	8	4	7	5
改性填料	3.5	2	5	3	4

续表

原料		配比（质量份）				
		1#	2#	3#	4#	5#
改性防锈剂		5	6	4	5.5	4.5
聚磷酸铵		4.5	3	6	4	5
双季戊四醇		2.5	4	1	3	2
三聚氰胺		3.5	2	5	3	4
磷酸		5	6	4	5.5	4.5
柠檬酸		4	3	5	3.5	4.5
焦磷酸钠		6	8	4	7	5
十二烷基苯磺酸钠		3.5	2	5	3	4
六亚甲基四胺		2.5	4	1	3	2
油酸		4.5	3	6	4	5
三乙醇胺		6	8	4	7	5
脂肪醇聚氧乙烯醚		3.5	2	5	3	4
烷基酚聚氧乙烯醚		4.5	6	3	5	4
氟化氢铵		6	4	8	5	7
乙氧基化脂肪醇聚氧乙烯醚硫酸钠		6	8	4	7	5
改性渗透剂	聚氧乙烯醚	3.5	2	5	3	4
	N,*N*-二甲基脲	2	3	1	2.5	1.5
	二甲基甲酰胺	4.5	3	6	4	5
改性填料	纳米氧化锌	4.5	3	6	4	5
	纳米二氧化钛	3.5	5	2	4	3
	十六烷基三甲氧基氯化铵	2.5	4	1	3	2
	聚乙烯吡咯烷酮	2	1	3	1.5	2.5
	六偏硫酸钠	4.5	6	3	5	4
	正硅酸乙酯	5	2	8	3	7
改性防锈剂	米糠蜡	10	5	15	8	12
	石蜡	4.5	6	3	5	4
	棕榈蜡	3	2	4	2.5	3.5
	矿物油	3	5	1	4	2
	椰油脂肪酰二乙醇胺	4.5	3	6	4	5
	三乙醇胺	3	5	2	4	3
	月桂醇醚磷酸酯	2.5	1	4	2	3
	乙二醇	4	5	3	4.5	3.5
	十二烷基甜菜碱	6	4	8	5	7
	水	10	15	5	12	8
	硅酸铝	4	3	5	3.5	4.5

制备方法　将各组分原料混合均匀即可。

原料介绍

所述的改性渗透剂按如下工艺进行制备：将聚氧乙烯醚、*N*,*N*-二甲基脲和二甲基甲酰胺混合均匀，升温至60～80℃，保温20～40min，接着于50～70℃回流1～2h，然后减压蒸馏，真空干燥，冷却至室温得到改性渗透剂。

所述的改性填料按如下工艺进行制备：将纳米氧化锌和纳米二氧化钛分散于乙醇水溶液中，超声分散10～30min，接着滴加十六烷基三甲氧基氯化铵、聚乙烯吡咯烷酮和六偏硫酸钠混合均匀，磁力搅拌15～25min，接着用氨水调节pH值至8.5～9.5，然后添加正硅酸乙酯混合均匀，升温至30～40℃，保温22～26h，接着离心水洗至pH值为7，冷却至室温得到改性填料。

所述的改性防锈剂按如下工艺进行制备：将米糠蜡和石蜡混合均匀，加热至95～105℃，保温0.5～1.5h，然后加入棕榈蜡、矿物油、椰油脂肪酰二乙醇胺、三乙醇胺、月桂醇醚磷酸酯、乙二醇和十二烷基甜菜碱混合均匀，控制温度为75～85℃，搅拌1～3h物料A；将水和硅酸铝混合均匀，加热至75～85℃，保温1.5～3.5h，搅拌1.5～3.5h得到物料B；将物料A和物料B混合均匀，搅拌15～25min，使其乳化均匀，然后冷却至35～45℃，冷却至室温即得改性防锈剂。

产品特性　本品具有在清洗除锈的同时除尘、除油清洗的效果，无需进行除锈前的除尘、除油前处理工序，且能够对附着在工件上的锈渍进行有效的清洗，清洗后的工件的防锈性能得到有效提高。

配方 208　用于轨道交通热轧钢构空腔的防锈剂

［原料配比］

原料		配比（质量份）
丁基辛酸掺杂态聚苯胺（格尔伯特酸掺杂态聚苯胺）	聚苯胺粉末	10
	浓度为37.5%的浓盐酸	0.3
	浓度为25%的氨水	0.5
	丁基辛酸（十二碳格尔伯特酸，商品名 ISOCARB 12）	6
十二烷基十六醇芥酸酯（格尔伯特醇芥酸酯）	芥酸	80
	十二烷基十六醇（二十八碳格尔伯特醇，商品名 SOFOL 28）	60
	浓度为37.5%的浓盐酸	1
十二烷基十六醇芥酸酯		60
基础油	C_{16}异构烷烃溶剂油（商品名 ISOPAR M）	30
丁基辛酸掺杂态聚苯胺		5

制备方法　将十二烷基十六醇芥酸酯和基础油加入反应釜中，升温至80℃，搅拌分散60min后，加入丁基辛酸掺杂态聚苯胺，高速分散30min，得用于轨道交通热轧钢构空腔的防锈剂。

原料介绍

所述丁基辛酸掺杂态聚苯胺（格尔伯特酸掺杂态聚苯胺）的制备方法，包括如下步骤：

取聚苯胺粉末加入去离子水中，超声分散 10min 后，滴加浓盐酸，继续搅拌 2h，进行一次掺杂后，再滴加氨水，继续搅拌 2h，进行脱掺杂，充分水洗后，加入丁基辛酸（十二碳格尔伯特酸）进行二次掺杂，分散溶解成乳液状，升温至 90℃，真空脱水后，反应 12h，得到丁基辛酸掺杂态聚苯胺。

所述十二烷基十六醇芥酸酯（格尔伯特醇芥酸酯）的制备方法，包括如下步骤：取适量芥酸升温至 70℃，加入十二烷基十六醇（二十八碳格尔伯特醇），搅拌分散 5～10min，待混合均匀后．升温至 110℃，反应 2h 后，真空脱水，滴加浓盐酸，在氮气保护下搅拌反应 4～6h，降至室温，水洗，干燥，得到十二烷基十六醇芥酸酯。

格尔伯特醇芥酸酯具有良好的吸附、渗透、包裹性能，对热轧板锈蚀产物起到封闭作用，格尔伯特酸掺杂态聚苯胺具有钝化作用，对热轧板基材起到屏蔽作用。传统化石资源石油产品，主要对金属表面起到预防作用，而对已锈蚀表面防锈作用有限。格尔伯特醇芥酸酯通过芥酸与格尔伯特醇结构的强渗透作用，使其良好地包覆锈蚀产品，并直接渗透至基材表面，协同聚苯胺钝化作用，形成良好的热轧钢防腐效果。

丁基辛酸掺杂态聚苯胺（格尔伯特酸掺杂态聚苯胺）作为二次掺杂工艺，比聚苯胺与一次掺杂质子酸聚苯胺在本品中具有更好的稳定性和分散性，更利于渗透与防腐，同时十二烷基十六醇芥酸酯较石油磺酸盐类防锈剂，更适合在本品体系中作为防锈、渗透剂使用，可以大幅度提高热轧板的防锈性能，同时降低表面张力，因与丁基辛酸掺杂态聚苯胺具有相近的格尔伯特结构，起到了协同分散粉料的作用。

异构烷烃溶剂油可有效帮助防腐过程中渗透，降低表面张力。

产品特性

（1）本品具有极强的对已锈蚀表面的保护作用，耐盐雾介质腐蚀能力极强，可满足超长时间轨道交通行业运行需求。

（2）本品针对已锈蚀的热轧钢构空腔结构，解决无法采用物理或化学方法除锈的难题，通过强渗透、包裹、屏蔽作用，将锈蚀部分吸附，阻止进一步锈蚀，同时渗透到基材表面，达到长期稳定的防腐蚀效果。

配方 209 用于金属门窗的防锈剂

［原料配比］

原料	配比（质量份）	
	1#	2#
乙醇	17	17
乙酸酐	12	14
1,3-丁二醇	8	10
甲基异噻唑啉酮	13	13
异构醇聚氧乙烯醚	7	10
己内酰胺	7	11
去离子水	37	37
氟碳乳液	18	13
磷酸三钠	12	7

续表

原料	配比（质量份）	
	1#	2#
肌醇六磷酸酯	6	9
邻苯二甲酸二丁酯	14	7
丙烯酸酯共聚物	11	11
丙烯酰胺	13	15
纳米二氧化锆	25	25
硼酸	17	14
纳米氧化铈粉	18	18
乙二胺四乙酸二钠	15	15
柠檬酸钠	25	25
皂角粉	24	18
改性蛭石粉	19	18

制备方法

（1）将乙醇、乙酸酐、1,3-丁二醇、甲基异噻唑啉酮、异构醇聚氧乙烯醚和己内酰胺混合加入到去离子水中，以 300～500r/min 的速度搅拌并加热 40～60min，温度为 120～150℃，冷却至室温后得到溶液一；去离子水预先加热到 50～60℃。

（2）先将溶液一加热到 45～55℃。向溶液一中依次加入氟碳乳液、磷酸三钠、肌醇六磷酸酯和邻苯二甲酸二丁酯，一边搅拌一边加热，温度控制在 90～95℃，时间为 25～35min，静置 2～4h 后得到溶液二。

（3）向溶液二中加入丙烯酸酯共聚物、丙烯酰胺、纳米二氧化锆、硼酸、纳米氧化铈粉、乙二胺四乙酸二钠、柠檬酸钠和皂角粉，加热到 80～90℃后停止加热，再加入改性蛭石粉，搅拌、冷却至常温，得到溶液三。

（4）将溶液三过滤 3～5 次后再进行高压浓缩处理，即可得到成品。高压浓缩的压力为 25～45MPa。

原料介绍

所述的改性蛭石粉的制备方法为：将蛭石在 350～450℃下焙烧 2～3h 后，磨成粉末，再用质量分数为 15%～20%的双氧水浸泡 3～5h，最后用去离子水洗涤，烘干后将粉末加入到质量分数为 5%～8%的硅烷偶联剂溶液中，进行超声分散、搅拌、干燥、研细，即得改性蛭石粉。

所述硅烷偶联剂的制备方法为：先将硅烷偶联剂溶于水中，制备成质量分数为 4%～6%的溶液，然后加入冰醋酸，将其 pH 值调至 5～6，搅拌 10～15min，即得。

产品应用　本品主要是一种用于金属门窗的防锈剂。

产品特性

（1）本品具有很好的防锈效果，在防锈过程中不会对金属产生腐蚀，能够更加持久地使金属不受到腐蚀。

（2）本品能使金属表面光亮且无明显锈痕，经过除油防锈处理后的金属在室温下放置 1 个月不产生明显锈斑或锈痕，抗腐蚀性佳，2 个月内不产生二次锈蚀，同时也不产生烟雾，使用安全且绿色环保。

配方 210 用于路灯杆制造的防锈剂

[原料配比]

原料	配比（质量份）		
	1#	2#	3#
磷酸	30	45	30
硫酸锌	5	15	15
石油醚	1.8	1.8	1.8
羊毛脂防锈剂	0.8	1	0.8
多元醇	0.3	1	0.5
水	加至 100	加至 100	加至 100

制备方法

（1）混合石油醚与多元醇。

（2）进行升温及预热程序，其中温度为 50～75℃，而预热时间为 10～30min。

（3）加入羊毛脂防锈剂、磷酸、硫酸锌和水，混合均匀。

（4）执行过滤程序以获得用于路灯杆制造的防锈剂成品。

产品应用 本品主要是一种用于路灯杆制造的防锈剂。

产品特性 本品没有采用铅等重金属，材料十分环保，制得的防锈剂环保性能优秀。

配方 211 用于螺纹钢表面处理的水性环保防锈剂

[原料配比]

原料		配比（质量份）							
		1#	2#	3#	4#	5#	6#	7#	8#
纳米级改性碱性硅溶胶		10	20	30	30	30	30	30	30
硼酸酯	三乙醇胺硼酸酯	5	4	2	1.5	1	0.5	—	—
	聚乙二醇硼酸酯	—	—	—	—	—	—	2	—
	油酸二乙醇酰胺硼酸酯	—	—	—	—	—	—	—	2
金属络合剂	植酸	0.3	—	—	—	—	—	0.3	0.3
	柠檬酸	—	0.3	—	—	—	—	—	—
	酒石酸	—	—	0.3	—	—	—	—	—
	乙二胺四乙酸	—	—	—	0.3	—	—	—	—
	氨基三亚甲基膦酸	—	—	—	—	0.3	—	—	—
	羟基亚乙基二膦酸	—	—	—	—	—	0.3	—	—
杀菌剂	苯甲酸钠	0.1	—	—	0.1	0.1	0.1	0.1	0.1

续表

原料		配比（质量份）							
		1#	2#	3#	4#	5#	6#	7#	8#
杀菌剂	甲基异噻唑啉酮	—	0.1	—	—	—	—	—	—
	十二烷基二甲基苄基氯化铵	—	—	0.1	—	—	—	—	—
水		加至 100	加至 100	加至 100	加至 100	加至 100	加至 100	加至 100	加至 100
纳米级改性碱性硅溶胶	水	500	500	500	500	500	500	500	500
	γ-氨丙基三乙氧基硅烷	100	100	100	100	100	100	100	100
	正硅酸四乙酯	250	250	250	250	250	250	250	250

制备方法　先在混合釜内加入水，然后加入金属络合剂，待金属络合剂溶解完全后再将纳米级改性碱性硅溶胶及硼酸酯按照比例加入，待各原料充分搅拌分散均匀后，最后加入杀菌剂，分散均匀后即可出料，得到所述水性环保防锈剂，pH 值在 9.0～11.0。

原料介绍

所述纳米级改性碱性硅溶胶由以下方法制备得到：向反应容器中加入水、γ-氨丙基三乙氧基硅烷，35～45℃下搅拌至少 0.5h，然后升温至 45～55℃，1h 内匀速滴加正硅酸四乙酯，滴加完毕后继续在 45～55℃搅拌至少 1h，然后冷却至室温，从而得到纳米级改性碱性硅溶胶；在最终产品用于螺纹钢表面处理的碱性硅烷掺杂硼酸酯水性环保防锈剂中，所述纳米级改性碱性硅溶胶以其固含量计量，所含水计入到水的总用量中。

纳米级改性碱性硅溶胶为主要成膜物质，硼酸酯为膜层的修补剂和缓蚀剂，改性碱性硅溶胶与硼酸酯相结合可以形成致密的有机无机结合的保护膜层，提高螺纹钢的防锈性能。金属络合剂为稳定剂。杀菌剂可以防止防锈剂存储或使用过程中产生霉菌导致防锈剂外观状态发生变化。

产品应用　本品主要是一种用于螺纹钢表面处理的碱性硅烷掺杂硼酸酯水性环保防锈剂。

使用方法：直接在螺纹钢生产线上穿水工艺的水中加入本品水性防锈剂，质量分数为 2%～5%；或者将本品稀释成 2%的水溶液后喷洒在螺纹钢表面。本品与螺纹钢表面接触时，硅与硼在螺纹钢基体表面发生一系列的吸附、聚合、杂化反应后，形成一层致密的硅与硼掺杂的有机无机杂化膜，从而提高螺纹钢的防锈性能。除了用于螺纹钢的表面处理，还可以用于冷轧钢材、热轧钢材、铝材等其它需要防锈处理的金属基材。

产品特性

（1）本品是碱性体系，不会导致螺纹钢产生闪蚀，同时避免了酸性防锈剂与螺纹钢反应生成氢气，导致螺纹钢产生氢脆效应，影响螺纹钢的力学性能。

（2）本品以水为溶剂，不含 $NaNO_2$ 及有毒重金属，不燃不爆、无毒、无磷，符合环保要求。

配方 212　用于无磷涂装前处理的水洗防锈剂

原料配比

原料	配比（质量份）
三乙醇胺	120
单乙醇胺	70

续表

原料		配比（质量份）
有机羧酸		110
有机羧酸	癸二酸	1
	油酸	1
	肉桂酸	1
硅烷偶联剂 KH-550		5
去离子水		加至 100

制备方法　将各组分原料混合均匀即可。

原料介绍

多元有机羧酸由于极性太强（R 基团极性大）一般不易溶于水，与醇胺反应后接入亲水基团 OH 后易溶于水，大的极性带来良好的吸附性。

单乙醇胺碱保持能力强，其主要作用为稳定体系 pH，使水洗槽中 1‰防锈剂使用量的 pH 值为 9 左右，能够保证体系的防锈性能，同时单乙醇胺和三乙醇胺提供的碱性可以沉降水中的钙镁离子，降低工业水的电导率，降低钙镁离子对板材的腐蚀性；多碳有机酸一般不易溶于水，但可以和三乙醇胺反应生成可溶于水的三乙醇胺盐（类似季铵盐结构），该盐类物质同时存在疏水基团和亲水基团，一方面极性集团与金属基材具有很强的吸附性，很容易在金属基材表面形成一层抗腐蚀性能优良的保护膜，阻碍金属基材的腐蚀，另一方面亲水集团 OH 可以保证板材的润湿性，提高前处理膜层的致密性，提高与漆膜的结合力；体系中硅烷偶联剂的多羟基结构可以进一步封闭吸附在金属表面保护膜的微观空隙，提高防锈膜的防锈能力，同时硅烷偶联剂作为连接有机物和无机物的桥梁，也可以进一步提高金属基材与涂料之间的附着力。

产品应用　本品主要是一种用于无磷涂装前处理的水洗防锈剂。

产品特性　本品不含亚硝酸盐、不含任何重金属离子，对环境友好；同时防锈能力强，少量添加即可满足涂装车间高温高湿环境下的防锈需求；并且防锈剂体系本身可以提高涂装后金属基材与漆膜的附着力，可以在涂装前任何一道水洗中添加，不存在过量添加会影响后续漆膜性能的问题。

配方 213　用于罩式退火后冷轧钢卷的防锈剂

［原料配比］

原料		配比（质量份）									
		1#	2#	3#	4#	5#	6#	7#	8#	9#	10#
黄酮类化合物	桑色素	3	7	4	5	6	5.5	3.5	6.5	4.5	5.8
苹果酸	L-苹果酸	3	7	6	5	4	4.5	6.5	3.5	5.5	4.2
酰基取代肌氨酸	*N*-月桂基-*β*-亚氨基二丙酸	10	15	12	11	13	14	12.5	14.5	13.5	11.5
有机烷基胺	十四叔胺	10	15	13	14	12	11	13.5	12.5	14.5	10.5
非离子表面活性剂	斯盘-80	5	10	7	9	8	6	5.5	5.5	9.5	8.5
丙二醇	1,2-丙二醇	69	46	58	56	57	59	58.5	55.5	52.5	59.5

制备方法　将各组分原料混合均匀即可。

原料介绍

黄酮类化合物和苹果酸作为常用的金属螯合剂，能够和钢板表面残存的有害金属离子形成络合物，除去存在于钢板表面的金属化合物垢，避免钢卷发生锈蚀。酰基取代肌氨酸和有机胺与 Fe 材料的亲和性较强，两者都具有长烷基链，疏水性很强，可以快速定向吸附在钢板表面，吸附层致密、稳定，起到防护作用，两者复配使用缓蚀效果更好。非离子表面活性剂作为乳化剂和增溶剂，可以使整个防锈剂形成均匀稳定的分散体系，增强防锈功能。丙二醇作为有机溶剂可以很好地溶解防锈剂中的其它物质，且互不干扰。

产品应用　本品主要是一种用于罩式退火后冷轧钢卷的防锈剂。

防锈剂的使用方法：将钢板浸泡在所述防锈剂中进行防锈处理，所述防锈剂温度为 40～50℃，浸泡时间为 25～30min。

产品特性

（1）按照本品提出的防锈剂进行防锈处理，罩式退火后冷轧钢卷在普通环境下，150 天后钢卷表面锈蚀面积比率不超过 3%；在高温高湿环境下，150 天后锈蚀面积比率不超过 6%。罩式退火后冷轧钢卷的耐蚀周期显著延长，完全满足其长时间防锈的需要。

（2）本品有机结合了水溶性防锈剂和防锈油脂的优点，克服了两者的缺点，成本低，环保性好。

配方 214　用于蒸压砂加气混凝土板材钢筋的防锈剂

［原料配比］

原料	配比（质量份）		
	1#	2#	3#
羧基丁苯胶乳	55	57	54
氧化铁红	1.4	1.5	1.5
消石灰	10	10	10
高效增稠剂	3.6	3.5	3.5
石英砂	20	20	20
砂加气混凝土板材废料	5	4	6
自来水	5	4	5

制备方法

（1）组分加工处理：

① 消石灰：生石灰浸没水中放置 2～3 天制成消石灰。

② 高效增稠剂的稀释：将水、高效增稠剂、氢氧化钠按照比例混合搅拌均匀。

（2）将羧基丁苯胶乳和氧化铁红倒入搅拌机内，开启搅拌机搅拌 30s，接着倒入消石灰搅拌 30s；然后倒入稀释后的高效增稠剂，搅拌 30s；再倒入石英砂搅拌 300s；之后倒入砂加气混凝土板材废料搅拌 180s；最后加入自来水搅拌 60s 后装入桶内待用。

原料介绍

所述羧基丁苯胶乳的型号为 PC-02；所述氧化铁红的型号为 S130-3；所述高效增稠剂的

型号为 KP-E。

所述石英砂的粒径为 0～1mm，所述砂加气混凝土板材废料的粒径为 0～2mm。

产品应用　本品主要是一种用于蒸压砂加气混凝土板材钢筋的防锈剂。

产品特性

（1）本品配制工序简单，现场加工简易，除去了高温煅烧等烦琐工序。

（2）本品原材料易购、成本低、配制工序简单、一次可配制多量储存使用、与钢筋黏着力强、环保无污染。

配方 215　用于轴承套圈回火工序的水性防锈剂

原料配比

<table>
<tr><th colspan="3" rowspan="2">原料</th><th colspan="4">配比（质量份）</th></tr>
<tr><th>1#</th><th>2#</th><th>3#</th><th>4#</th></tr>
<tr><td rowspan="2">螯合剂</td><td colspan="2">葡萄糖酸钠</td><td>2</td><td>1.5</td><td>1</td><td>2</td></tr>
<tr><td colspan="2">葡庚糖酸钠</td><td>—</td><td>—</td><td>1</td><td>—</td></tr>
<tr><td rowspan="2">碱度保持剂</td><td colspan="2">三乙醇胺</td><td>2.5</td><td>3</td><td>4</td><td>3</td></tr>
<tr><td colspan="2">环己基二乙醇胺</td><td>6</td><td>6</td><td>8</td><td>7</td></tr>
<tr><td rowspan="2">有机酸</td><td>直链烯基琥珀酸酐</td><td>十二烯基琥珀酸酐</td><td>2</td><td>4</td><td>5</td><td>4</td></tr>
<tr><td>长碳链二元酸</td><td>C_{21} 二元酸</td><td>4</td><td>3</td><td>3</td><td>2</td></tr>
<tr><td>两性表面活性剂</td><td colspan="2">N-月桂基-β-亚氨基二丙酸钠</td><td>2</td><td>1</td><td>1.5</td><td>3</td></tr>
<tr><td rowspan="4">成膜剂</td><td rowspan="2">聚乙二醇</td><td>PEG1500</td><td>3</td><td>—</td><td>5</td><td>—</td></tr>
<tr><td>PEG2000</td><td>—</td><td>5</td><td>—</td><td>3</td></tr>
<tr><td rowspan="2">丙烯酸-丙烯酸酯聚合物</td><td>分子量为 80000</td><td>5</td><td>7</td><td>5</td><td>—</td></tr>
<tr><td>分子量为 60000</td><td>—</td><td>—</td><td>—</td><td>6</td></tr>
<tr><td rowspan="2">缓蚀剂</td><td colspan="2">对硝基苯甲酸三乙醇胺酯</td><td>5</td><td>4</td><td>—</td><td>3</td></tr>
<tr><td colspan="2">对叔丁基苯甲酸三乙醇胺酯</td><td>—</td><td>—</td><td>4</td><td>3</td></tr>
<tr><td>杀菌剂</td><td colspan="2">BIT20</td><td>0.2</td><td>0.1</td><td>0.1</td><td>0.1</td></tr>
<tr><td rowspan="2">消泡剂</td><td colspan="2">AFE-1247</td><td>0.1</td><td>—</td><td>—</td><td>0.1</td></tr>
<tr><td colspan="2">乳化硅油</td><td>—</td><td>0.1</td><td>0.2</td><td>—</td></tr>
<tr><td colspan="3">水</td><td>加至 100</td><td>加至 100</td><td>加至 100</td><td>加至 100</td></tr>
</table>

制备方法　将配方量水加入反应釜中，在常温下往反应釜中加入螯合剂、碱度保持剂和有机酸并搅拌至均匀透明，再加入缓蚀剂、成膜剂和两性表面活性剂搅拌至均匀透明，最后加入消泡剂和杀菌剂搅拌至均匀透明。

原料介绍

螯合剂用于去除水体中的钙、镁离子，防止钙、镁离子与有机酸反应而消耗有机酸，从而使防锈剂失去防锈能力；所述螯合剂在工作液温度 60～80℃、pH 值高达 12 的条件下仍能保持良好的螯合效果。碱度保持剂与防锈能力直接相关，碱度保持剂的沸点高，不易挥发，从而影响防锈剂的性能，环己基二乙醇胺与三乙醇胺的混合比例应不小于 2∶1，从而实现碱度保持能力和pH值同时兼顾，防锈效果最好。

N-月桂基-*β*-亚氨基二丙酸钠中丙二酸官能团易于与金属表面吸附，月桂基在外部形成疏水链，具有明显的防锈增效作用；同时能提高防锈剂的润湿性，促进防锈剂与工件的接触。成膜剂起成膜固化作用，使在回火过程中、高温下防锈膜不易被破坏，且隔离潮湿空气，抗黄变。

缓蚀剂具有气相防锈功能，回火过程可挥发，在工件周围形成防锈氛围，气相缓释，从而降低周围潮湿空气对工件的闪锈。

产品应用　本品主要是一种用于轴承套圈回火工序的水性防锈剂。

使用方法：将水性防锈剂用自来水稀释成质量分数为5%的工作液，将其加入到网带炉回火前的最后一道漂洗槽中，常温30～60℃的温度范围内对清洗后的轴承套圈进行喷淋漂洗，然后将工件通过网带送入回火段，在180℃条件下保温3h。

产品特性

（1）回火前将工件浸泡在本品防锈剂中或采用本品防锈剂对工件进行喷淋，本品防锈剂可满足回火工序过程持续高温环境（160～200℃，2～3h）下的防锈要求，回火出来时，工件表面无黄斑、锈斑；在回火结束并自然冷却后还能有效防锈3～5天，3～5天后，工件表面仍没有黄色锈点。

（2）工件表面无无机盐残留物，回火后不易形成回火斑，不影响零件表面的回火光亮性，也不易吸潮，在湿热天气可避免因吸收空气中的酸性气体如二氧化硫、二氧化碳等形成电化学腐蚀。

（3）生物稳定性好，能满足回火前防锈槽半年以上循环使用的寿命要求，防止产生菌皮类发黏物堵塞管道、污染零件或影响防锈效果。

（4）配方中不含亚硝酸钠，不含磷、硫和氯等元素，减少对操作人员的刺激，废水易处理，具有良好的安全和环保性。

配方216　原位金属除锈防锈剂

原料配比

原料			配比（质量份）			
			2#	3#	4#	5#
A组分	无机酸	盐酸	20	—	—	20
		硫酸	—	20	—	—
		硝酸	—	—	20	—
	卤化物	NaBr	—	30	30	—
		NaI	30	—	—	—
		KI	—	—	—	30
	羧基改性壳聚糖		10	10	10	10
	松香		10	10	10	10
B组分	富勒烯		20	20	20	20
	丝氨醇		10	10	10	10
	有机胺	一乙醇胺	15	—	—	15

续表

原料			配比（质量份）			
			2#	3#	4#	5#
B组分	有机胺	二异丙醇胺	—	15	—	—
		三乙胺	—	—	15	—
	10%～15%的草木灰水溶液		—	15	15	15
	二茂铁		—	—	10	10
A组分			1	2	3	1
B组分			1	3	2	1

制备方法

（1）A组分的制备，将无机酸和卤化物溶于乙醇中，搅拌均匀，加入羧基改性壳聚糖和松香搅拌均匀，备用。

（2）B组分的制备：将二茂铁、草木灰、富勒烯和丝氨醇加入到乙醇中搅拌均匀，加入有机胺持续搅拌30～40min，得到B组分备用。

（3）将A组分和B组分分别封装。

原料介绍

所述的无机酸是盐酸、硫酸或硝酸中的任意一种，质量分数是5%～15%。

产品应用　本品主要是一种原位金属除锈防锈剂。使用方法：

（1）常温常压下将A组分均匀涂覆在待除锈的金属材料表面，涂覆厚度为0.15～0.35mm，静置15min。

（2）将B组分均匀涂覆于步骤（1）处理过的金属材料表面，涂覆厚度为0.02～0.04mm，静置30～60min后，再均匀涂覆一层B组分，涂覆厚度为0.02～0.04mm，静置45～75min。

（3）用干布擦去金属材料表面的反应产物。

产品特性　本品是长效的除锈剂，不但能够对金属材料进行原位除锈，无需浸渍，工序简单，且通过碘化盐与丝氨醇的复配使用，得到具有磁性的晶粒，吸附在金属氧化后形成的孔隙中，弥补金属结构疏松，延长金属材料的使用寿命，并通过富勒烯和松香在金属表面沉积，防止金属材料进一步锈蚀，达到原位除锈和防锈的目的，同时改善了金属的表面状态。

配方217　长期水性防锈剂

原料配比

原料		配比（质量份）		
		1#	2#	3#
三乙醇胺		15	16	17
硼酸钠		2	2.5	3
植酸		1	1.5	2
树脂	环氧类树脂	—	—	1
	聚氨酯类树脂	2	—	2

续表

原料		配比（质量份）		
		1#	2#	3#
树脂	聚丙烯腈类树脂	—	2.5	—
叔丁基苯甲酸		0.1	0.13	0.2
甲基苯并三氮唑		1	1.6	2
表面活性剂	十二烷基苯磺酸钠	0.5	—	—
	十四醇聚氧乙烯醚	—	0.7	—
	TA-90	—	—	1
去离子水		78.4	74.2	71.8

制备方法　搅拌状态下，依次将硼酸钠、叔丁基苯甲酸、甲基苯并三氮唑在水中充分溶解。持续搅拌，分别加入三乙醇胺、植酸、表面活性剂和树脂，直至溶液澄清透明即可。

原料介绍

植酸及其盐的巨大螯合势能赋予其优良的抗腐蚀性，配方选用植酸与三乙醇胺复配作为防锈组分，可大大提高防锈效果。配合甲基苯并三氮唑、硼酸钠和表面活性剂能够提高金属表面光亮度，使表面更加清洁。树脂的加入可使防锈组分在金属表面形成防锈薄膜，延长防锈时间，给金属提供更长久的保护。叔丁基苯甲酸可使防锈剂本身更加稳定，使用寿命更长。

产品应用　本品主要是一种长期水性防锈剂。

产品特性　该防锈剂防锈性能好，不会影响被防锈材料表面金属光泽，使用方便、易去除，防锈期长，可达一个月以上。能够达到环保要求，不含亚硝酸盐等有毒有害物质、对人体无伤害、对环境污染小、易降解。适合工序间防锈和中途运输防锈。

配方 218　长效厚膜水基防锈剂

[原料配比]

原料		配比（质量份）			
		1#	2#	3#	4#
1,4-丁二醇		10	12	11	11
乙二胺四乙酸		20	26	24	22
催化剂 1	氨基磺酸	0.1	0.2	0.1	0.15
环己烷		4	48	45	45
无水甲醇		152	180	160	170
催化剂 2	氢氧化钠	0.25	0.3	0.28	0.28
N-甲基单乙醇胺		71	83	78	82
1,4-丁二醇二辛酸酯		21	4	3	3
去离子水		172	190	180	190

制备方法

（1）先向反应釜内加入 1,4-丁二醇、乙二胺四乙酸、催化剂 1 及带水剂环己烷，搅拌均匀后，升温至环己烷的沸点进行带水酯化反应。

（2）取样利用气相色谱检测体系混合物中 1,4-丁二醇的含量，待游离的 1,4-丁二醇含量低于 1%时，开始从高位槽中加入配方量的无水甲醇，然后继续在环己烷的沸点温度进行带水酯化反应。

（3）酯化反应基本完成时，启动真空系统并升温至 90～95℃进行减压脱除过量的甲醇以及环己烷等溶剂；所述酯化反应完成的依据为：取样检测反应物的酸值，待反应物的酸值降低至 3mg/g 以下时，则认为酯化反应基本完成。真空度控制在−0.097～−0.095MPa。

（4）待无明显物质被蒸出后，解除真空，然后加入配方量的催化剂 2 及 *N*-甲基单乙醇胺，搅拌均匀后，继续保持在 90～95℃，再次启动真空系统进行酰胺化反应；真空度控制在−0.097～−0.095MPa。

（5）取样检测游离的 *N*-甲基单乙醇胺，待加入的 *N*-甲基单乙醇胺转化率达到 92%以上时，解除真空，停止反应，加入配方量的 1,4-丁二醇二辛酸酯，充分溶解均匀后，再加入去离子水，在 90℃充分混合溶解分散成均相溶液后，降至室温出料即为产品。

原料介绍

通过 1,4-丁二醇与乙二胺四乙酸进行扩链反应得到大分子化合物，然后采用稍过量的 *N*-甲基单乙醇胺进行酰胺化反应封端，端基留下羟基，使其具有较强的吸附能力与一定溶于水的能力，利用其自身亲水亲油的能力，搭配油溶性的 1,4-丁二醇二辛酸酯形成增效体系，由于分子大，且含酰胺基、羟基数量多，与金属的结合能力强，浸涂后形成厚膜及具备长效防锈的功能。

产品应用　本品主要是一种长效厚膜水基防锈剂。

产品特性　本品处理过的金属表面防锈膜层厚度较厚，致密度高，防锈时间长，可用时间达到 12 个月以上，效果佳；且在后续加工时可用热水脱膜，使用方便。

配方 219　长效水基防锈剂（1）

原料配比

原料	配比（质量份）		
	1#	2#	3#
工业酒精	500	800	650
HLD-1 防锈分散剂	25	15	20
基础油	100	140	120
2,6-二叔丁基对甲酚	2	1.5	1.8
二壬基萘磺酸钡	15	25	20
去离子水	70	40	55
失水山梨糖醇单油酸酯	15	25	20

制备方法　将上述材料加入反应釜中，充分搅拌，同时加热至 60℃，2h 后，在各种原料充分溶解后停止加热，再加入去离子水，当温度降至 30℃以下，将成品放出即可。

产品应用　本品主要是一种主要针对黑色金属铸造机件等长期封存包装的长效水基防锈剂。

产品特性　本品渗透力强，具有极强的渗透性和金属表面亲和力，其对于金属表面的油漆、纤维、塑料尼龙等材质绝无损害。依靠其较强的亲和力与渗透力，从而能够渗透到金属毛细孔内部，有效地排除金属表面及毛细孔内部的水分和湿气，形成一层仅0.003～0.005mm的致密保护层，达到理想的防锈效果，且表面亮度高，水分干燥快，一般1～1.5min即形成干燥面。并成功达到封存包装防锈期一年以上的效果与使用要求。

配方220　长效水基防锈剂（2）

[原料配比]

原料	配比（质量份）				
	1#	2#	3#	4#	5#
聚乙二醇	6	12	11	8	10
苯甲酸钠	1	4	4	2	4
甘油	6	2	3	6	5
三乙醇胺硼酸酯	50	45	47	50	50
防闪锈剂	2	6	3	6	5
癸二酸	12	16	16	13	15
消泡剂	1	3	2	1	2
有机高聚羧酸金属氧化物	1	2	1.5	2	2
水	加至100	加至100	加至100	加至100	加至100

制备方法

（1）取水加热至50～70℃，边搅拌边加入苯甲酸钠、三乙醇胺硼酸酯、防闪锈剂和癸二酸，搅拌至完全溶解，得到混合液A。

（2）将步骤（1）得到的混合液A冷却至室温后，加入甘油、聚乙二醇和消泡剂后，搅拌40～80min，得到混合液B。

（3）边搅拌边向步骤（2）得到的混合液B中加入有机高聚羧酸金属氧化物，搅拌20～40min后，即得到所述的水基防锈剂。

原料介绍

所述的消泡剂为环氧乙烷和环氧丙烷嵌段共聚物。

所述的防闪锈剂为阿克苏诺贝尔DGR81。

所述的消泡剂为巴斯夫PE 6100。

所述的有机高聚羧酸金属氧化物为深圳市荣强科技有限公司生产的防锈添加剂F-8。

产品应用　本品主要用于钢铁材料、铸铁、机械零部件、合金钢制品组件及材料的工序间防锈。

预制钢筋结构骨架表面防锈使用方法：将长效水基防锈剂对预制钢筋结构骨架表面进行处理，用高压雾化泵将防锈剂直接喷涂在被涂物表面。喷涂面积3～4m^2/kg，干膜厚度0.07～0.2mm，用电动或手动工具清除基材表面的浮锈及异物；如果基材表面油污较厚、较多，可先用清洗剂清洗，或喷砂清理。

工件清洗后阶段性防锈使用方法：将长效水基防锈剂充分喷淋在作业部件表面，就会形成一层致密的水性防护膜，处理过的工件表面，无氧化侵蚀斑痕。把处理后的工件在通风的条件下，经 6 个月的存放后，工件表面的水性防护膜稳固，并且经高压水流冲洗后，防锈剂能被快速清除，无残留。

产品特性

（1）本品不仅防锈性好、防锈期长，并且具有高温稳定性好、易清除的优点，且对金属没有腐蚀性。

（2）本品不含氯化物、酚等有害物质，不会对皮肤造成灼伤，符合环保要求。

（3）本品稳定性好，高温下不易分解，室内储存期长。

配方 221　长效水基防锈剂（3）

原料配比

原料			配比（质量份）									
			1#	2#	3#	4#	5#	6#	7#	8#	9#	10#
防锈组分	六嗪溶剂		5	5	5	5	5	5	6	4	5	5
	1-氨基环丙烷羧酸盐酸盐		5	5	5	5	5	5	3	6	5	5
	碱性物质	三乙醇胺	6	6	6	6	6	—	—	3	3	3
		一乙醇胺	—	—	—	—	—	5	—	—	—	—
		二乙醇胺	—	—	—	—	—	—	4.5	3	2	2
成膜组分	蒸馏水		5	8	8.5	4	3.2	5	7	7	7	6
	γ-（2,3-环氧丙氧）丙基三甲氧基硅烷		4	—	—	4	4	4	—	—	2	3
	钛酸四丁酯		—	1	0.5	1	1	—	—	—	—	—
	锆酸四丁酯		—	—	—	—	0.8	—	—	—	—	—
	正硅酸乙酯		—	—	—	—	—	—	2	—	—	—
	硅酸四丁酯		—	—	—	—	—	—	—	2	—	—
	醇胺		1	1	1	1	1	1	1	1	1	1
蒸馏水			6	6	6	6	6	8.9	1.5	7.1	5.2	6.3
成膜组分			0.9	0.9	0.9	0.9	0.9	0.5	5	2	3	2.5
防锈组分			3	3	3	3	3	0.5	3	0.8	1.5	1
苯并三氮唑			0.05	0.05	0.05	0.05	0.05	0.05	0.3	0.05	0.1	0.1
螯合剂	EDTA- 2Na		0.01	0.01	0.01	0.01	0.01	—	0.11	0.04	0.1	0.05
	EDTA- 4Na		—	—	—	—	—	0.01	—	—	—	—
表面活性剂	十二烷基苯磺酸钠		0.04	0.04	0.04	0.04	0.04	0.04	0.1	0.01	0.1	0.05

制备方法　将水加热至 50～60℃，然后依次加入成膜组分和防锈组分进行溶解，再加入添加剂进行混合，得到所述水基防锈剂。

原料介绍

所述防锈组分的制备方法：往六嗪溶剂中添加 1-氨基环丙烷羧酸盐酸盐，并加热至 110～120℃，再加入碱性物质，同时降温至 70～90℃进行反应，得到所述防锈组分。

所述成膜组分的制备方法：取蒸馏水，用乙酸调节其 pH 值至 5～6，并加入主体原料进行水解反应，再添加醇胺进行反应，得到所述成膜组分。水解反应的温度控制为35～55℃。

产品应用　本品主要是一种长效水基防锈剂。

在黑色金属的防锈处理中的应用：水基防锈剂可以通过在水中稀释配制不同比例后得到不同防锈效果的工作液；然后可采用喷涂或浸涂方式（根据工件形状和现场条件来选择）将工作液涂装在黑色金属表面上。

产品特性

（1）本品以水作为溶剂，可有效解决后道清洗问题，同时提高了水基防锈剂的防锈性能、延展性和成膜性，降低人工喷涂的难度，延长了加工件的防锈周期。

（2）本品对黑色金属防锈效果优异，随着添加浓度的升高，对铸铁屑效果更明显。

（3）该水基防锈剂支持原液使用，也支持稀释液使用，使用工艺简单且适用于黑色金属制品、产品的工序间及短期存储防锈。涂装在黑色金属表面的工作液能有效抑制锈蚀的发生和隔绝水分子、氧气的接触，从而达到良好的防锈效果。

（4）该水基防锈剂为无色液体，涂装在金属制品表面上无明显膜层，相对于防锈油来说，本品可以做到后道加工前的免清洗。

配方 222　长效水基金属防锈剂

原料配比

原料	配比（质量份）		
	1#	2#	3#
脂肪醇聚乙烯醚	3	5	3
乙二胺四乙酸（螯合剂）	0.5	0.5	0.5
甲基膦酸二甲酯（螯合剂）	0.5	0.5	0.5
乙酸锌	1.5	2	1.5
聚磷酸钠	2	3	2
四硼酸钠	2	1	1
三乙醇胺	8	10	10
氨基磺酸	13	10	15
六亚甲基四胺	3	2	2
水	66.5	66	64.5

制备方法

（1）将乙二胺四乙酸、六亚甲基四胺、甲基膦酸二甲酯以及水放入反应釜中，并加热至80～90℃，充分反应，搅拌均匀1～2h，得到混合物一。

（2）向混合物一中添加氨基磺酸、三乙醇胺以及脂肪醇聚乙烯醚，搅拌30～40min，得到混合物二。

（3）往混合物二中添加乙酸锌、聚磷酸钠以及四硼酸钠，在不断搅拌的条件下，降至室温即得到长效水基防锈剂。

原料介绍

所述脂肪醇聚乙烯醚为亲油剂表面活性剂，同时作为该配方溶液组分中的渗透剂，加速其它有机溶剂的溶解。所述脂肪醇聚乙烯醚聚合度在6～8之间，聚合度越高亲水性越好，与水分子形成更多的氢键；而聚合度在 1～5 时，其产物一般不溶于水，只溶于油性物质。所述六亚甲基四胺属于乌洛托品，一种金属缓蚀材料，也有防腐杀菌作用。乙二胺四乙酸、甲基膦酸二甲酯作为优良的螯合剂，使 Ca^{2+}、Mg^{2+}、Fe^{2+}、Fe^{3+}等金属离子快速沉积在工件表面。乙酸锌中的锌离子被还原，覆盖在工件表面与三乙醇胺以及被螯合的金属离子共同形成防锈成膜的主要成分。各个组分共同作用在表面形成难溶型的盐类保护膜以及物理吸附膜。

产品应用 本品主要是一种长效水基金属防锈剂。使用时配成 5.0%～10.0%的浓度比例。浸泡时间一般在 30min 左右。

产品特性

（1）本配方操作简单，处理成本低，成膜速度快。

（2）无毒环保，防锈薄膜致密，防锈时间长。

配方 223 折弯机表面用防锈剂

原料配比

原料	配比（质量份）		
	1#	2#	3#
硬脂酸钙	25	50	75
丁酯	30	45	60
钼酸钠	25	50	75
油酸	15	35	60
磺酸钠	30	50	75
硫酸钡	20	45	75
四硼酸钾	55	70	80
环己酮	15	25	40
醋酸钠	10	30	50
白乳胶	15	40	55

制备方法 将上述物料全部加入搅拌桶内，加热到 100℃，搅拌均匀，然后冷却，即可制成产品。

产品应用 本品主要是一种折弯机表面用防锈剂。

产品特性 本品防锈时间较长，使用后能够防止材料表面再次形成锈斑；废弃防锈剂方便处理排放，符合环保要求，对设备无污染，无腐蚀，有效降低生产成本，使用安全可靠。

配方 224 折弯机齿轮防锈剂

原料配比

原料	配比（质量份）
四氯化碳	120

续表

原料	配比（质量份）
氯化钙	60
氯化镁	10
硫酸钠	8
硫酸镁	6
硫酸铜	20
氯化钠	12
氯化钾	25
十二烷基磺酸钠	10
硅酸钠	6
苯甲酸钠	4
邻苯二甲酸二丁酯	8
甘油	60

制备方法　将上述组分充分搅拌均匀，静置后即可使用。

产品应用　本品主要是一种折弯机齿轮防锈剂。

产品特性　本品喷洒在金属表面后，在湿度较大的地方，也能保持板材较长时间不锈，并且干燥效果好。

配方 225　蒸压加气混凝土板材钢筋防锈剂

［原料配比］

原料		配比（质量份）		
		1#	2#	3#
胶乳		20	25	30
石英砂		7	8	7.5
混合溶液		4	4.5	5
熟石灰		1	2	1.5
氧化铁红		0.5	0.8	1
水		2	3	2.5
混合溶液	氢氧化钠	0.1	0.1	0.2
	增黏剂	0.1	0.2	0.1
	水	4	4.5	5

制备方法

（1）将胶乳投入反应器中，并用搅拌器将其打匀。

（2）在打匀后的胶乳中加入熟石灰进行搅拌并沉淀，得到熟石灰胶乳浆；采用搅拌机先以 1000～2000r/min 的转速顺时针搅拌 5～10min 后沉淀 5min，再以 500～1000r/min 的转速逆时针搅拌 5～10min。

（3）将氢氧化钠、增黏剂和水混匀后生成的混合溶液加入熟石灰胶乳浆中进行搅拌并沉淀，得到防锈初浆；氢氧化钠、增黏剂和水混合后采用搅拌机以 100～200r/min 的转速搅拌 5～10min，便得到混合溶液：并对加入混合溶液的熟石灰胶乳浆采用搅拌机先以 500～1000r/min 的转速顺时针搅拌 10～20min 后沉淀 10min，再以 500～1000r/min 的转速逆时针搅拌 5～10min。

（4）在防锈初浆中加入氧化铁红，搅拌后得到铁红色的防锈初浆；采用搅拌机以 200～400r/min 的转速搅拌 5～15min。

（5）在铁红色的防锈初浆中加入石英砂后，采用搅拌机以 500～1000r/min 的转速搅拌，并在搅拌 20～30min 后加入水，加水后搅拌机以 2000～4000r/min 的转速继续搅拌 5～15min，最后得到蒸压加气混凝土板材钢筋防锈剂。

原料介绍

所述胶乳为密度为 $1kg/m^3$、黏度为 500mPa·s 的羟基丁苯胶乳。

所述熟石灰为密度为 $2.5kg/m^3$、熔点为 5320℃、pH 值为 12.6 的熟石灰。

所述氧化铁红为密度为 $52.3kg/m^3$、细度为 8μm、熔点为 1650℃的合成氧化铁红。

所述增黏剂为分子量为 1600 的油性增黏剂。

产品应用　本品主要是一种蒸压加气混凝土板材钢筋防锈剂。

产品特性

（1）本品具有耐高温、耐酸碱性，并且无毒环保，本品防锈剂长时间与水泥、石灰、硅砂等接触也不会发生化学反应，从而使用本品的防锈处理之后的钢筋不易生锈，能很好地确保蒸压加气混凝土板的使用寿命和使用安全性。

（2）本品中胶乳与氢氧化钠、增黏剂和水混合而成的混合溶液相结合，能很好地提高防锈剂的黏着力，使防锈剂对钢筋的保护性更好。

（3）本品中熟石灰与氧化铁红相结合，能有效地提高防锈剂的耐高温、耐酸碱能力，从而提高了本品的防腐性。

（4）本品制作成本低廉，制备方法过程简单，推广性强。

配方 226　中性水性防锈剂

原料配比

原料		配比（质量份）			
		1#	2#	3#	4#
十二烯基丁二酸胺盐	十二烯基丁二酸胺	10	5	—	—
	十二烯基丁二酸油胺	10	—	10	8
	十二烯基丁二酸二环己胺	—	5	10	8
二壬基萘磺酸胺盐	二壬基萘磺酸胺	10	20	5	—
	二壬基萘磺酸二环己胺	—	—	5	7
	二壬基萘磺酸油胺	—	—	—	7
醇醚类溶剂	乙二醇单丁醚	30	—	20	20
	乙二醇单苯醚	—	30	—	—

续表

原料			配比（质量份）			
			1#	2#	3#	4#
醇醚类溶剂	二乙二醇单丁醚		—	—	10	—
	丙二醇单甲醚		—	—	—	10
苯并三氮唑			0.5	0.5	0.5	0.5
水			39.5	39.5	39.5	39.5
十二烯基丁二酸油胺	十二烯基丁二酸		284	284	—	—
	脂肪胺	油胺	260	—	—	—
		二环己胺	—	180	—	—

制备方法　将配方量的十二烯基丁二酸胺、十二烯基丁二酸油胺、十二烯基丁二酸二环己胺、二壬基萘磺酸胺、二壬基萘磺酸二环己胺、二壬基萘磺酸油胺以及醇醚类溶剂在常温下充分搅拌（搅拌时间＞1h），然后加入配方量的水，继续搅拌 2h 以上，最后加入配方量的苯并三氮唑再搅拌 30min 即可。

原料介绍

所述十二烯基丁二酸胺盐采用如下方法制备而成：将十二烯丁二酸与脂肪胺按摩尔比 1∶（1～1.05）混合，将混合后的物料置于 90～110℃下反应 3～4h，反应后得到十二烯基丁二酸胺盐，所述十二烯基丁二酸胺盐的酸值＜10mg/g，游离胺＜10mg/g。酸值越低，说明十二烯基丁二酸反应越充分。游离胺含量低，说明溶于水中后溶液呈中性。

产品应用　本品主要是一种中性水性防锈剂。可以单独作为长期防锈剂使用，也可以根据防锈时间要求，加水稀释使用。

产品特性　本品将十二烯基丁二酸与二壬基萘磺酸钡或二壬基萘磺酸钙防锈油体系应用到水性防锈剂中（十二烯基丁二酸通过与油溶性的脂肪胺进行反应，不仅能使两种油溶性物质很好地溶于水中，而且还降低了溶液中的游离胺），而且还能够克服将上述防锈油体系应用到水性防锈剂时存在的游离胺高，以及乳化剂与防锈剂吸附在金属表面，易吸附空气中水分，导致防锈效果变差的问题；另外，本品呈中性，不仅环保性更好、减少对操作工人的刺激，而且防锈时间更长。

配方 227　铸件用防锈剂（1）

［原料配比］

原料	配比（质量份）		
	1#	2#	3#
硫酸亚锡	10	55	95
癸二酸	18	45	80
铬酸酐	25	55	85
四氯化碳	15	35	60
异丁醇	20	45	75
硫酸钡	20	45	75
四硼酸钾	35	70	90

续表

原料	配比（质量份）		
	1#	2#	3#
明胶	35	70	80
聚丙烯酸酯	10	45	75
三氯乙醛	15	45	75

制备方法　将上述物料全部加入搅拌桶内，加热到 100℃，搅拌均匀，然后冷却，即可制成产品。

产品应用　本品主要是一种铸件用防锈剂。

产品特性　本品防锈时间较长，使用后能够防止材料表面再次形成锈斑；便于废弃防锈剂方便处理排放，符合环保要求，对设备无污染，无腐蚀，有效降低生产成本，使用安全可靠。

配方 228　铸件用防锈剂（2）

［原料配比］

原料	配比（质量份）		
	1#	2#	3#
磷酸	100	100	100
硝酸	10	20	5
盐酸	10	15	5
柠檬酸	50	80	45
亚硫酸钠	10	20	5
硫酸锌	40	50	35
聚乙烯蜡	5	10	2
溶剂	40	50	35

制备方法　将磷酸、硝酸、盐酸、柠檬酸、亚硫酸钠、硫酸锌、聚乙烯蜡和溶剂混合后，形成所述防锈剂；混合后在加热条件下进行搅拌，加热温度为 45～55℃。

原料介绍

所述溶剂为乙醇或乙二醇。

所述聚乙烯蜡的重均分子量为 6000～9000。

产品应用　本品主要是一种铸件用防锈剂。

产品特性　本品具备优良的防锈能力，制备方法简单、原料易得。

配方 229　铸造件防锈剂

［原料配比］

原料		配比（质量份）		
		1#	2#	3#
基础油	矿物油	30	40	50

续表

原料		配比（质量份）		
		1#	2#	3#
石油磺酸钡		15	25	30
十二烯基丁二酸		12	14	16
壳聚糖		3	5	8
二元酸酯		7	10	13
成膜剂	聚异丁烯	2	6	9
抗氧化剂	含噻二唑衍生物	13	15	17
邻苯二甲酸单月桂醇酯钠盐		12	16	20
环烷酸锌		3	10	19
金属钝化剂	苯并三氮唑	3	6	9

制备方法　将各组分原料混合均匀即可。

产品应用　本品主要是一种铸造件防锈剂。

产品特性　本品可有效改善铸造件表面的锈蚀情况，涂抹之后腐蚀情况显著减轻，有利于设备的养护，延长其使用寿命。

2 防锈液

配方1 变压器铁芯防锈液

[原料配比]

原料	配比（质量份）	
	1#	2#
有机硅油	80	60
三乙醇胺	30	20
纳米氧化锌	6	5
碳酸钙	12	11
磷酸二氢铵	5	4
氯化镁	2	1
柠檬酸	2.5	2
甘油三酯	10	6
壳聚糖	3	3
纳米二氧化硅	5	—

制备方法　将各组分原料混合均匀即可。

产品特性　本品防锈性能好，且能在变压器的铁芯上形成保护层，防止铁芯由于绝缘老化而损坏。

配方2 变压器用绝缘防锈液

[原料配比]

原料	配比（质量份）		
	1#	2#	3#
甲基硅油	26	26	26
乙二醇	17	17	17
油酸	17	17	17
顺丁烯二酸酐	1.8	1.8	1.8
癸二酸	1.2	—	—

续表

原料		配比（质量份）		
		1#	2#	3#
十一碳二元酸		—	1.2	2
丙烯酰胺		0.6	0.6	0.6
谷氨酸		0.6	0.6	0.6
高分子成膜剂		7	7	7
高分子成膜剂	丙烯酸	1～2	1～2	1～2
	丙烯酸丁酯	1.5～2	1.5～2	1.5～2
	环氧氯丙烷	1～1.5	1～1.5	1～1.5

制备方法　将各组分原料混合均匀即可。

产品应用　本品主要是一种变压器用绝缘防锈液。

产品特性　本品能够实现在生产过程中对变压器内的硅钢片进行有效的防腐防锈作业，其能够有效延长工厂使用过程中防锈液的防锈时间，提高防锈效果，降低生产过程中的物料损耗，提高生产效率，减少生产环节。

配方 3　彩涂板用临时防锈液

［原料配比］

原料			配比（质量份）						
			1#	2#	3#	4#	5#	6#	7#
水性有机硅乳液	含环氧基的硅烷偶联剂	γ-（2,3-环氧丙氧）丙基三甲氧基硅烷	20	20	—	40	40	20	20
		γ-（2,3-环氧丙氧）丙基三乙氧基硅烷	—	—	35	—	—	—	—
	含长链烷基的硅烷偶联剂	十二烷基三甲氧基硅烷	2	—	—	—	—	—	—
		十八烷基三甲氧基硅烷	—	3	—	—	—	3	—
		正己基三乙氧基硅烷	—	—	4	—	—	—	—
		正己基三甲氧基硅烷	—	—	—	5	5	—	—
	含氨基的硅烷偶联剂	γ-氨丙基三甲氧基硅烷	10	—	—	—	—	—	—
		γ-氨丙基三乙氧基硅烷	—	15	—	—	—	—	15
		N-*β*-氨乙基-γ-氨丙基三乙氧基硅烷	—	—	10	—	—	—	—
		苯胺基甲基三乙氧基硅烷	—	—	—	15	15	—	—
	去离子水		80	80	70	90	90	95	80
酸催化剂	质量分数为 85%磷酸		12	—	—	—	—	—	—
	质量分数为 68%硝酸		—	3.8	2.5	—	—	1.5	4
	草酸		—	—	—	15	15	—	—

续表

原料		配比（质量份）						
		1#	2#	3#	4#	5#	6#	7#
铈盐	硝酸铈	1	—	—	2.5	—	—	—
	醋酸铈	—	1.5	—	—	—	1.5	1.5
	硫酸铈	—	—	2.5	—	—	—	—
硅酸盐	硅酸钠	10	12	—	10	10	12	12
	硅酸钾	—	—	10	—	—	—	—
苯甲酸盐	苯甲酸钠	1	—	1.2	1.8	1.8	—	—
	苯甲酸铵	—	0.8	—	—	—	0.8	0.8
乙二胺四乙酸盐	乙二胺四乙酸钾	1.5	—	—	—	—	—	—
	乙二胺四乙酸钠	—	1.8	1.6	2	2	1.8	1.8
	去离子水	50	55	50	55	57.5	55	55
水性有机硅乳液		35	40	48	55	55	40	40

制备方法

（1）水性有机硅乳液的制备：

① 取含环氧基的硅烷偶联剂、含长链烷基的硅烷偶联剂和含氨基的硅烷偶联剂，混合搅拌均匀，得到混合物。

② 取 6 份去离子水和酸催化剂加入反应器，升温至 40～60℃，在搅拌状态下将步骤①所得混合物全部滴加至反应器中，滴加时间 2～5h，滴加完毕后，保温反应 1～3h，得到水性有机硅乳液。

（2）彩涂板用临时防锈液的制备：将铈盐、硅酸盐、苯甲酸盐和乙二胺四乙酸盐加入到去离子水中搅拌溶解，然后将溶解后的混合液滴加到处于搅拌状态的水性有机硅乳液中，混匀，即得。

原料介绍

所述的含环氧基的硅烷偶联剂的结构为 $R^0—Si(OR^1)_3$，其中 R^0 为γ-（2,3-环氧丙氧）丙基，R^1 为甲基、乙基、丙基或异丙基。

所述的含长链烷基的硅烷偶联剂的结构为 $R^2—Si(OR^1)_3$，其中 R^2 为主链碳原子数为 6～20 的烷基，R^1 为甲基、乙基、丙基或异丙基。

所述的含氨基的硅烷偶联剂的结构为 $R^3—Si(OR^1)_3$，其中 R^3 为γ-氨丙基、N-β-氨乙基-γ-氨丙基或苯胺基甲基，R^1 为甲基、乙基、丙基或异丙基。

所述的含环氧基的硅烷偶联剂为γ-（2,3-环氧丙氧）丙基三甲氧基硅烷和/或γ-（2,3-环氧丙氧）丙基三乙氧基硅烷。

产品应用　本品主要是一种彩涂板用临时防锈液。

具体应用于彩涂板时，可以用于冷轧钢板、热镀锌板、电镀锌板及镀铝锌板等基材表面，可以采用辊涂、刮涂、浸涂等涂装方式；涂装膜厚控制在 1200～3000mg/m^2，用于冷轧钢板时，涂装膜厚为 1500～3000mg/m^2；涂装后需要在板温度达到 80～120℃范围内时，烘烤 1～5min。

产品特性

（1）本品既具有常规工序中化学转化层的耐蚀性能，又具有与面漆结合力优异的性能，可以用一道工序替代常规工序中化学转化层和底漆层两道工序，节约成本的同时提高了彩涂板的生产效率，并且该临时防锈液作用于冷轧钢板上面时，形成的转化膜具有一定的自修复能力，当冷轧基材表面涂层被划伤后，该转化层对于划伤部位具有一定的保护作用，防止划伤部位的冷轧钢板直接暴露于空气中，从而扩宽了以冷轧钢板为基材的彩涂板的使用范围。

（2）本品对冷轧钢板基材进行表面处理后，冷轧基材具有良好的耐蚀性与涂装性，满足彩涂板后续加工使用要求。

配方 4　除锈防锈液

［原料配比］

原料	配比（质量份）					
	1#	2#	3#	4#	5#	6#
长油度醇酸树脂	5	6	7	7	8	9
柠檬酸	2	3	3	5	6	6
十二烷基硫酸钠	2	3	4	6	7	8
酒石酸	2	2.5	3	3	4	4
乙二胺四乙酸二钠	1	1.5	2	2	2	2
聚天冬氨酸	2	3	4	5	5	6
氧化淀粉	0.4	0.5	0.8	1	1	1.2
三甲基十六烷基溴化铵	5	6	7	8	9	10
脂肪醇聚氧乙烯醚硫酸钠	10	11	12	13	14	15
太古油	1	1.5	1.5	2	2	2
羧甲基纤维素	1	1.5	2	3	3	3
介孔二氧化硅	2	3	4	5	7	8
乙二醇	10	12	14	16	18	20
丙二醇丁醚	15	16	17	18	19	20
水	60	65	70	75	80	90

制备方法　先将水加热到 50～70℃，再加入酒石酸、十二烷基硫酸钠、柠檬酸、氧化淀粉、三甲基十六烷基溴化铵、羧甲基纤维素、介孔二氧化硅、乙二胺四乙酸二钠，搅拌 30～60min；然后，再加入长油度醇酸树脂、聚天冬氨酸、脂肪醇聚氧乙烯醚硫酸钠、太古油、乙二醇和丙二醇丁醚，搅拌 30～60min，冷却制得除锈防锈液。

原料介绍　柠檬酸、酒石酸、十二烷基硫酸钠和脂肪醇聚氧乙烯醚硫酸钠主要用于除锈、去污清洗，而且对金属离子有较好的螯合作用，可以有效地防止除锈过程中形成的残渣沉积在金属表面形成二次锈蚀，污染环境；聚天冬氨酸兼具较强的阻垢性和分散性；同时聚天冬氨酸与氧化淀粉及三甲基十六烷基溴化铵配合起到金属缓蚀剂的作用，在金属基材表面形成保护膜，防止金属表面在除锈防锈过程中被腐蚀；长油度醇酸树脂可以促使在金属表面形成的保护膜具有较好的光泽和耐候性；氧化淀粉还具有较好的抗冻融性，可以保证在较低的温度下使用该除锈防锈液，扩大了所述除锈防锈液使用的温度范围；三甲基十六烷基溴化铵、太古油等还具有优良的渗透、柔化、乳化、抗静电、杀菌等性能；丙二醇丁醚有较悦人的气味，是一种环保型的高级溶剂。

产品应用　本品主要是一种除锈防锈液。

产品特性　本品具有除锈、去污、磷化、钝化等多种功能，而且通过使用缓蚀剂、螯合剂和磷化盐等共同作用在金属表面形成保护膜，起到隔绝空气、防氧化的作用；生产工艺简单，清除容易，成本低，常温下反应，除锈时间短，防锈时间长，对金属无腐蚀性，不含有毒有害物，对环境无污染，适合大规模生产。

配方 5　锄头防锈液

原料配比

原料	配比（质量份）
磷酸二氢钠	7
硅酸钠	5.8
硅灰石粉	16
钼酸钠	4.5
水杨酸钠	3.5
邻苯二甲酸二丁酯	7
十二烷基磺酸钠	4
硬脂酸锌	8.5
醋酸乙酯	32

制备方法

（1）称取硅酸钠、硅灰石粉、钼酸钠，加入适量醋酸乙酯，球磨 3～4h，混合均匀。

（2）将上述步骤（1）混合料倒入醋酸乙酯中，然后再依次加入磷酸二氢钠、水杨酸钠、邻苯二甲酸二丁酯、十二烷基磺酸钠、硬脂酸锌，升温至 60～70℃，搅拌使完全溶解，冷却即得。

原料介绍

所述的硅灰石粉为 100～200 目粉剂。

产品应用　本品主要是一种锄头防锈液。

产品特性　本品各组分环保，无毒，且制备方法简单，成本低，对锄头具有很好的防锈保护作用，延长了农具锄头的使用寿命。

配方 6　电磁纯铁防锈处理工艺及防锈液

原料配比

原料		配比（质量份）				
		1#	2#	3#	4#	5#
碱性有机化合物	乙二胺	8	—	5	—	4
	二乙胺	—	5	5	11	4

续表

原料		配比（质量份）				
		1#	2#	3#	4#	5#
碱性无机化合物	碳酸氢钠	5	7	—	—	3
	碳酸钠	—	—	—	—	4
	碳酸钾	3	3	7	8	5
水		加至 100	加至 100	加至 100	加至 100	加至 100

制备方法　将各组分原料混合均匀即可。

产品应用　本品主要是一种电磁纯铁防锈处理工艺及防锈液。

电磁纯铁防锈处理工艺，电磁纯铁工件经热水漂洗后，进行防锈处理，然后通过热水漂洗、自来水漂洗、一级纯净水热水漂洗和二级纯净水热水漂洗后烘干即可。所述防锈处理是在室温条件下，将电磁纯铁工件放入防锈液中浸泡 10～60s。所述热水漂洗的温度为 40～80℃，时间为 5～10s。所述一级纯净水热水漂洗和二级纯净水热水漂洗的温度为 90～100℃，时间为 0.5～1min。

产品特性

（1）本品防锈效果好，溶液组分简单，工艺操作便捷，原料环保，生产成本低，不含 Cr^{6+}、PO_4^{3+}、NO_2^- 等对环境有害物。

（2）用该工艺及防锈液进行防锈处理的零部件，存放 24h 后，未有生锈现象发生。同时，对电磁纯铁采用同一种防锈液，统一了防锈工序及原料配比，大大提高了生产效率，减少了生产成本。

配方 7　用于组合式金属零件的置换型防锈液

原料配比

原料	配比（质量份）
石油磺酸钡	4
羊毛脂镁皂	5
苯并三氮唑	0.2
N46 全损耗系统用油	10.8
煤油	80

制备方法　将各组分原料混合均匀即可。

产品应用　本品主要用于钢、铁、铜合金、铝合金、镀锌层及其组合件的防锈，尤其是对组合式零部件的防锈有明显效果和功效。

使用方法，包括以下步骤：

（1）将 4%的石油磺酸钡、5%的羊毛脂镁皂、0.2%的苯并三氮唑和 10.8%的 N46 全损耗系统用油完全混合在一起，倒入防锈水槽内。

（2）将 80%的煤油倒入防锈水槽内，进行稀释。

（3）将零件在装满防锈剂的防锈水槽内浸泡 1～2min 后取出。

（4）将浸泡后的零件码放整齐，如果是夏季防锈期一般为 1～2 周，冬季可为 3～5 周，正常情况下一般在4～10月份防锈，此期间高温、多雨，易发生金属锈蚀，在冬季的时候则停止防锈。

产品特性　置换型防锈剂具有中和、置换金属工件表面汗液和水分的作用，能使金属表面形成一层保护油膜，抑制周围环境的水分和腐蚀介质对工件表面的侵蚀，置换型防锈油多用于工序间作一般表面粗糙度值较低、精密度较好的零件防锈用。使用时，应按零件涂覆难易、要求防锈期长短，将置换型防锈油用煤油稀释。小尺寸零件可用浸涂法，大尺寸零件可用刷涂法。

配方8　钢铁除锈防锈液

原料配比

原料		配比（质量份）		
		1#	2#	3#
二烯丙基胺		1	2	1.5
松香酸聚氧乙烯酯		2	3	2.5
磷酸		1	2	1.5
氯化镁		1	2	1.5
硫脲		2	3	2.5
十二烷基磺酸钠		1	2	1.5
一缩二乙二醇二苯甲酸酯		6	9	7
平平加		1.5	2.5	2
EDTA二钠		1	2	1.5
助剂		4	5	4.5
水		300	300	300
助剂	烷基酚聚氧乙烯醚	5	5	5
	纳米二氧化钛	0.1	0.1	0.1
	儿茶酚	1	1	1
	吗啉	2	2	2
	阿拉伯胶	2	2	2
	硅酸钠	1	1	1
	尿素	3	3	3
	过硫酸铵	1	1	1
	水	20	20	20

制备方法

（1）将水加热至45℃，加入松香酸聚氧乙烯酯、平平加和十二烷基磺酸钠。

（2）继续加热到88℃，加入一缩二乙二醇二苯甲酸酯、二烯丙基胺，搅拌14min。

（3）依次加入剩余成分，继续搅拌18min，即得产品。

原料介绍

所述助剂的制备方法为：将过硫酸铵溶于水后，再加入剩余物料，搅拌10～15min，加热至70～80℃，搅拌反应1～2h，即得。

产品应用　本品主要是一种钢铁除锈防锈液。

所述防锈液适用于12～35℃低温条件，并能在0.5～3min内快速成膜。

产品特性　将本品刷涂在新加工且没有油污的钢板基体表面，置于室内20天未见明显锈痕，其使用高分子聚合物和螯合剂，能在金属表面形成一层薄膜，隔绝空气，防氧化，薄膜易清除，水洗即掉；其制造工艺成本低,适合于12～35℃低温条件使用,可在0.5～3min内快速成膜，防锈性能好,对环境污染小。

配方9　钢铁防锈液

[原料配比]

原料	配比（质量份）	
	1#	2#
硫化铜	18	20
氢氧化钾	20	22
二氧化氯	8	10
氯化钾	10	12
五氧化二磷	10	12
亚硫酸钠	6	8
氢氧化钡	8	10
乙二胺四乙酸	5	8
过硫酸铵	3	4
碳酸二甲酯	5	7
过氧乙酸	5	7
十六烷基三甲基溴化铵	6	3
聚乙二醇	3	5
正丁醇	2	4
三甲基铝	3	5
去离子水	120	150

制备方法　将各组分原料混合均匀即可。

产品应用　本品主要是一种以刷涂方法对金属表面进行防锈处理的钢铁防锈液。

产品特性　本品具有适应面广的优点，大大提高防锈质量，减轻劳动强度，避免铁锈粉尘对操作工人的健康损害与空气污染，降低生产成本，提高经济效益。

配方10　钢铁工件涂装前用除锈防锈液

[原料配比]

原料		配比（质量份）				
		1#	2#	3#	4#	5#
水性环氧树脂	CYDW-100水性环氧树脂	16	17	17.5	18	19

续表

原料		配比（质量份）				
		1#	2#	3#	4#	5#
助剂一	水性环氧固化剂 CYDHD-220	22.4	23.8	24.5	25.2	26.6
水杨酸		6	6.2	6.4	6.6	7
磷酸锌		1	1.2	1.4	1.6	2
氧化锌		1	1.2	1.4	1.6	2
助剂二		5	6	6	6	6
水		200	200	200	200	200
助剂二	苯甲酸钠	3	3.5	4	4	5
	乌洛托品	2	2.2	2.4	2.6	3
	EDTA 二钠盐	1	1.2	1.4	1.6	2
	水	54	55	56	57	60

制备方法　将水性环氧树脂和助剂一混合搅拌均匀，然后转移到球磨机中，加入水、磷酸锌和氧化锌，球磨 1～2h，细度达到 30μm 时，将球磨机内物质转入高速分散机中，加入水杨酸和助剂二，高速搅拌分散均匀，即得到除锈防锈液。

原料介绍

所述助剂二制备方法：将 EDTA 二钠盐加入水中，加热至 50℃，搅拌 16～20min，加入苯甲酸钠、乌洛托品，继续搅拌 5～10min，即得到助剂二。

水杨酸作为锈转化剂，可以与钢铁表面的锈发生化学反应，使铁锈转化为具有一定保护作用的络合物，起到除锈作用。水性环氧树脂对钢铁基材具有极高的附着力，耐腐蚀性和耐化学药品性能优异；不含有机溶剂，不会造成空气污染，环保性能优异；以水为分散介质，无气味，安全性高，可在室温和潮湿环境下使用。磷酸锌、氧化锌可水解形成多种离子，如 PO_4^{3-}、PO_3^{3-}、Zn^{2+}等与钢铁表面的 Fe^{2+}、Fe^{3+}等经过化学反应形成复杂的络合物，抑制钢铁的腐蚀，从而起到防锈作用。助剂二中的苯甲酸钠和乌洛托品组成复合型缓蚀剂，可有效抑制钢铁表面锈蚀，起到防锈作用。助剂二中的 EDTA 二钠盐可与钢铁表面的 Fe^{2+}、 Fe^{3+}形成稳定的络合物，与磷酸锌、氧化锌一起使用时具有良好的协同效应，抑制钢铁腐蚀，达到更好的防锈效果。

产品应用　本品主要是一种钢铁工件涂装前用除锈防锈液。

产品特性　该除锈防锈液可将钢铁工件表面的锈层直接进行转化，使其形成具有保护作用的络合物，在水性环氧树脂的作用下最终在钢铁工件表面形成一层保护层。该保护层与钢铁基材之间的附着力强，防锈性能优良。该除锈防锈液可直接刷涂于钢铁工件表面，使除锈、防锈一次完成，省去了比较烦琐的除锈、磷化、钝化等多步工序。施工工艺操作简单，对铁锈的作用快，环保性能优异。使用该除锈防锈液后可直接进行涂装，无须再进行清洗。

配方 11　高效防锈液

[原料配比]

原料	配比（质量份）					
	1#	2#	3#	4#	5#	6#
磷酸三钠	1	4	2	3	3	2

续表

原料	配比（质量份）					
	1#	2#	3#	4#	5#	6#
三聚磷酸钠	2	6	3	5	3	4
石油磺酸盐	2	8	3	7	6	5
苯甲酸钠	10	20	12	18	16	15
植橄胶	2	6	3	5	5	4
棕榈酸钙	10	20	12	18	16	15
橡胶油	25	40	30	38	33	32
硅酸钠	8	16	10	15	14	24
聚乙二醇	10	20	12	18	16	15
甘油三酯	5	12	7	11	10	8
壳聚糖	8	16	10	15	13	12
去离子水	30	50	35	48	43	40

制备方法

（1）将磷酸三钠、三聚磷酸钠、石油磺酸盐、苯甲酸钠、植橄胶混合后加入1/2去离子水，之后倒入搅拌机中进行搅拌，搅拌机转速为3000r/min，搅拌时间为20min，得到混合液A。

（2）在混合液A中加入棕榈酸钙、橡胶油、硅酸钠、聚乙二醇、甘油三酯、壳聚糖以及1/2去离子水，混合后加入反应罐中加热反应，反应罐温度为60℃，加热时间为25min，之后冷却至常温，得到混合液B。

（3）将混合液B静置2h后放入冰柜中冷藏，冷藏时间为4h，即得到防锈液。

产品应用　本品主要是一种高效防锈液。

产品特性　本品制备工艺简单，制得的防锈液能够有效防止金属表面生锈，且无环境污染，防锈效果好；将防锈液喷涂在普通市售钢材表面后，钢材可以在湿度为80%、温度为50℃下180天不生锈，具有良好的防锈功能，而且不会腐蚀钢材表面。

配方12　含钼酸钠的防锈液

［原料配比］

原料	配比（质量份）
钼酸钠	10～15
植物油	8～10
硅酸钠	8～10
硝酸钠	5～7
表面活性剂	1～2
增稠剂	1～2
水	加至100

制备方法

（1）将水放入带有温度计、搅拌器的四口烧瓶中，水浴锅内控制温度为25～30℃，缓慢地加入钼酸钠，搅拌10min，300～1000r/min，至完全溶解。

（2）保持温度不变，该反应釜中加入硝酸钠，搅拌5min后，再加入硅酸钠，继续搅拌30min。

（3）控制温度为60～70℃，将植物油和复配好的增稠剂放入四口烧瓶中，搅拌20min，至分散均匀。

（4）保持温度不变，将复配好的表面活性剂缓慢滴加到四口烧瓶中，将混合液持续恒温搅拌40min。

（5）搅拌完成后关闭恒温装置，减慢转速，常温搅拌20min。

原料介绍

所述表面活性剂为十二烷基苯磺酸钠和脂肪醇聚氧乙烯醚的复配剂，十二烷基苯磺酸钠与脂肪醇聚氧乙烯醚的复配比例为1∶1。

所述增稠剂为羟甲基纤维素钠和聚乙二醇的复配剂，羟甲基纤维素钠与聚乙二醇的复配比例为1∶1。

产品应用　本品主要是一种含钼酸钠的防锈液。

产品特性　本品不仅防锈更彻底，而且使防锈成本大大降低，表面活性剂分子是由极性基团和非极性基团两部分组成的，前者亲水可溶于水，后者亲油可溶于油，通过表面活性剂能够使无机的防锈剂和有机的植物油与增稠剂之间更好的黏合，使增稠剂的使用效果大大增强，便于涂抹在金属表面形成一定的保护膜，增强了除锈效果。

配方13　环保水基气相长效防锈液组合物

原料配比

原料		配比（质量份）					
		1#	2#	3#	4#	5#	6#
油酸衍生物防锈剂	油酸	24	24	26	26	24	26
	顺丁烯二酸酐	9	9	10	10	9	10
	二乙醇胺	14.96	14.96	15.84	15.84	14.96	15.84
	氢氧化钾	0.6	0.6	0.8	0.8	0.6	0.8
	二乙醇胺	14.96	14.96	15.84	15.84	14.96	15.84
	二乙醇胺	4.08	4.08	4.32	4.32	4.08	4.32
	去离子水或脱盐水（电导率≤20μS/cm）	32.4	32.4	27.2	27.2	32.4	27.2
油酸衍生物防锈剂		20	30	20	30	25	28
三嗪类防锈剂	2,4,6-三(氨基己酸基)-1,3,5-三嗪类防锈剂,F101	10	5	—	—	8	6
	2,4,6-三(氨基己酸基)-1,3,5-三嗪类防锈剂，726	—	—	5	7	—	—
有机羧酸盐类防锈剂	VG-G201	10	5	—	—	8	7
	Y-80S	—	—	5	8	—	—
六亚甲基四胺		7	10	10	7	8	7

续表

原料		配比（质量份）					
		1#	2#	3#	4#	5#	6#
苯三唑类缓蚀剂	F102	5	10	—	—	—	—
	714	—	—	5	8	—	—
	苯并三氮唑	—	—	—	—	2	3
苯甲酸单乙醇胺		7	10	8	7	8.5	7.5
金属络合剂	乙二胺四乙酸二钠	3	2	—	—	—	2
	乙二胺四乙酸四钠	—	—	2	3	2.5	—
消泡剂		0.01	0.05	0.03	0.04	0.02	0.01
水		38	28	45	30	38	39.5
pH 调节剂		适量	适量	适量	适量	适量	适量

制备方法

（1）将占总水量 80%的水加热到 50～60℃。

（2）按所述配比依次加入有机羧酸盐类防锈剂、油酸衍生物防锈剂、六亚甲基四胺、苯甲酸单乙醇胺、三嗪类防锈剂、苯三唑类缓蚀剂，保持溶液在 50～60℃，使原料全部溶解。

（3）加入总水量 20%的水，保持溶液在 50～60℃搅拌 2h。

（4）按所述配比加入金属络合剂、消泡剂，继续搅拌 30min，降温至室温。

（5）用 pH 调节剂调节 5%的防锈液组合物的稀释液 pH 值为 9.0±0.5。

原料介绍

所述的三嗪类防锈剂为 2,4,6-三（氨基己酸基）-1,3,5-三嗪类防锈剂，为 VG-F101（沈阳玺金化工科技有限公司）或 NEUF 726（诺泰生物科技有限公司）；有机羧酸盐类防锈剂为 VG-G201（沈阳玺金化工科技有限公司）或 NEUF Y-80S（诺泰生物科技有限公司）；消泡剂为有机硅改性聚醚消泡剂，为 VG-X10（沈阳玺金化工科技有限公司）。

所述的环保水基气相长效防锈液组合物还包括苯三唑类缓蚀剂，所述苯三唑类缓蚀剂为次甲基苯三唑，质量分数为 5%～10%。次甲基苯三唑为 VG-F102（沈阳玺金化工科技有限公司）或 NEUF 714（诺泰生物科技有限公司）。

所述 pH 调节剂为醇胺调节剂，为单乙醇胺。

所述油酸衍生物防锈剂的制备方法如下：

（1）按所述的配比，向反应器中加入油酸，通入氮气，搅拌升温至 140～150℃。

（2）缓慢分 6 次加入顺丁烯二酸酐，搅拌升温至 180～190℃，保温反应 5h。

（3）降温至 140～150℃，缓慢分批依次加入占二乙醇胺总量 44%的二乙醇胺、碱性化合物、占二乙醇胺总量 44%的二乙醇胺，控制反应温度为 140～160℃，反应 4h。

（4）加入占二乙醇胺总量 12%的二乙醇胺搅拌 0.5h。

（5）降温至 100℃以下，按配比加入水，得到合成物。

产品应用　本品主要是一种用于钢球的环保水基气相长效防锈液组合物。

使用方法：将所述环保水基气相长效防锈液组合物用水配成 5%～20%的稀释液使用。钢珠成品采用“湿法”包装和密封，即先将钢球放入包装袋或包装桶等容器，再向容器中注入 5%～20%的防锈稀释液，使钢球完全润湿或浸没，然后密封包装；或将钢球和 5%～20%的防锈稀释液一同注入容器中密封包装，从而代替传统的涂油或真空等包装形式，进行成品的包装、运输和长期储存。

将本品用水配成10%～20%的稀释液使用。通常5%～10%稀释液防锈期长达2～3年，10%～20%稀释液防锈期长达3～5年。

产品特性

（1）本品以水为载体，主要含油酸衍生物防锈剂合成物，不含亚硝酸盐等对人体和环境有毒有害成分，安全环保。

（2）本品主要利用有机防锈剂的化学吸附和气相性能，不仅有效避免了化学键合反应过程及所形成的高分子膜或无机氧化物膜对钢球精度的影响（尤其＞G10级别的钢球），而且易于清洗。

（3）本品具有优异的接触防锈能力、气相防锈能力、润滑能力、润湿能力和化学吸附能力。使用时按防锈期要求用水按5%～20%直接稀释使用。钢珠成品采用“湿法”包装和密封，进行成品的包装、运输和长期储存，既不影响钢球表面质量和精度（尤其＞G10级别的钢球），又便于清洗和水处理，节约成本，既满足钢球封存包装的长期防锈要求，又满足序间短期防锈要求。

配方14 环保型工序间水基防锈液

原料配比

原料		配比（质量份）		
		1#	2#	3#
水性防锈剂组分一	单乙醇胺与对叔丁基苯甲酸的反应物	12	14	15
水性防锈剂组分二	三乙醇胺与硼酸的反应物	18	16	17
水基稠化剂	乙二醇	18	16	17
铜合金缓蚀剂	苯并三氮唑	1	0.5	1
防腐剂	苯甲酸钠	2	3	2
pH值稳定剂	AMP-95（2-氨基-2-甲基-1-丙醇）	2	3	3
去离子水		47	47.5	45

制备方法

（1）制备水性防锈剂组分一：在调合罐A中，按量加入单乙醇胺，升温至80℃，搅拌下按量加入对叔丁基苯甲酸、对硝基苯甲酸、三嗪类多羧酸化合物、十二烯基丁二酸、柠檬酸、均三苯甲酸中的一种或几种，恒温80℃搅拌60min，停止加热，反应生成水性防锈剂组分一。

（2）制备水性防锈剂组分二：在调合罐B中，按量加入三乙醇胺、硼酸、去离子水，常温搅拌40min，物料反应溶解至透明后生成水性防锈剂组分二；三乙醇胺与硼酸的质量比为2∶1。

（3）混合配制：将B罐中的物料用泵加入到调合罐A中，然后继续向A罐加入水基稠化剂、铜合金缓蚀剂、防腐剂和pH值稳定剂，搅拌20min，待A罐物料混合至透明后，停止搅拌，得到混合物。

（4）质量检测：对步骤（3）中所制备的混合物进行取样检测，检测合格后装桶存储，得到成品水基防锈液。

原料介绍

所述水性防锈剂组分一是单乙醇胺与对叔丁基苯甲酸、对硝基苯甲酸、三嗪类多羧酸化合物、十二烯基丁二酸、柠檬酸、均三苯甲酸中的一种或几种的化学反应物。

所述水性防锈剂组分二是三乙醇胺与硼酸的化学反应物。

所述水基稠化剂是乙二醇、丙二醇、异丙醇、丙三醇、异构硬脂醇或季戊四醇。

所述铜合金缓蚀剂是苯并三氮唑。

所述防腐剂是苯甲酸钠。

所述 pH 值稳定剂是 AMP-95 （2-氨基-2-甲基-1-丙醇）。

通过将单乙醇胺和羧酸在高温搅拌下反应生成羧酸醇胺水性防锈剂，具有十分优越的防锈性能，完全可以代替微乳型防锈液中的石油磺酸钡、二壬基萘磺酸钡等油溶性防锈剂，并使水基防锈液成为一种均相的透明防锈液，不用矿物油，不含重金属，大幅度提高了水基防锈液的水基稳定性和生物稳定性，延长了水基防锈液的使用寿命，降低了水基防锈液的成本；本品针对水基防锈液成膜性能差影响防锈性能的缺点，加入了较大分量的水基增稠剂，提高了水基防锈液的附着性，在水基防锈液涂于金属零件表面水分挥发后仍能保留一层防锈液膜，大大延长了金属表面的防锈期；本品通过加入 pH 值稳定剂 AMP-95，使水基防锈液的 pH 值稳定在 9.0～9.5 范围，大大加强了水基防锈液的 pH 值稳定性，不用添加杀菌剂，改善了金属零件防锈工序的操作环境，延长了水基防锈液的使用寿命。

产品应用　本品主要是一种环保型工序间水基防锈液。

产品特性　本品不含矿物油、植物油，不含钡、铅等重金属；不含亚硝酸盐、杀菌剂等有毒物质，是一种均相稳定的水基透明液，具有产品储存期长，运输安全、方便，对环境友好的优点，免去了金属加工过程中清洗程序，提高了加工效率，改善了操作环境；本品通过加入水基稠化剂，增强了水基防锈液的附着性能，提高了防锈效果。

配方 15　环保型乳化防锈液

原料配比

原料		配比（质量份）		
		1#	2#	3#
络合剂	自来水	2	2	2
	碳酸钠	1	2	1
	乙二胺四乙酸	2	1	2
石油磺酸钠		70	72	72
液体石蜡		16	14	14
环烷酸钠		3	4	3
苯并三氮唑		6	5	6

制备方法

（1）络合剂制备，按比例将自来水、碳酸钠混合溶解，再加入乙二胺四乙酸搅拌均匀，备用。

（2）将石油磺酸钠和液体石蜡搅拌均匀，依序加入环烷酸钠、苯并三氮唑和络合剂搅拌均匀，得到防锈液。

（3）制备防锈液后化验并装桶保存。

原料介绍

所述石油磺酸钠的无机盐含量为 0.35%～0.4%。

所述液体石蜡的分子量为 300～500。

所述苯并三氮唑的 pH 值为 5.3～6.3。

所述碳酸钠的粒径为 170～180μm，其堆积密度大于 0.9g/mL。

产品应用　本品主要是一种环保型乳化防锈液。

产品特性　本品在金属表面形成具有强附着力的膜层，具有长期防锈作用的同时，可在膜层表面喷涂或覆膜，喷涂或覆膜与膜层结合良好，适用于较广的应用环境，可为金属表面多样化加工提供保障。

配方 16　环保型水基防锈液

原料配比

原料		配比（质量份）									
		1#	2#	3#	4#	5#	6#	7#	8#	9#	10#
防锈剂	2,4,6-三-(6-氨基己酸基)-1,3,5-三嗪	5	10	15	10	—	—	—	10	10	10
	脂肪酸乙二醇酰胺	—	—	—	—	10	—	—	—	—	—
	硅酸锂	—	—	—	—	—	10	—	—	—	—
	伯胺乙二醇硼酸酯	—	—	—	—	—	—	10	—	—	—
特种胺	2-氨基-1-丁醇	5	—	—	—	—	—	—	—	—	—
	2-氨基-2-乙基-1,3-丙二醇	—	10	—	—	—	—	10	15	10	10
	多乙烯多胺	—	—	10	10	—	—	—	—	—	—
	甲基二乙醇胺	—	—	—	—	10	10	—	—	—	—
水性成膜剂	三丙二醇单丁醚	3	—	—	—	—	—	—	—	—	—
	二丙二醇单甲醚	—	3	—	—	—	—	3	5	4	—
	丙二醇苯醚	—	—	3	—	—	—	—	—	—	—
	乙二醇酯	—	—	—	3	—	3	—	—	—	—
	乙二醇酯醚	—	—	—	—	3	—	—	—	—	—
	乙二醇丁醚	—	—	—	—	—	—	—	—	—	3
渗透剂	硅氧烷聚氧乙烯醚	2	—	—	—	—	—	—	—	—	1
	乙二醇苯醚	—	1	—	—	—	—	—	5	0.5	—
	二丙二醇丁醚	—	—	2	1	—	2	1	—	—	—
	琥珀酸盐	—	—	—	—	1	—	—	—	—	—
消泡剂	聚丙烯酸酯	0.5	0.5	0.5	0.5	0.5	—	—	1	0.01	0.5
	二甲基硅油	—	—	—	—	—	0.5	0.5	—	—	—
水	去离子水	84.5	75.5	69.5	75.5	75.5	74.5	75.5	64	78.49	75.5

制备方法

（1）将特种胺、防锈剂在50～80℃下混合均匀，得到混合物A。

（2）将渗透剂和去离子水加入混合物A中混合均匀，得到混合物B。

（3）将水性成膜剂、消泡剂加入混合物B中混合均匀，常温反应1～1.5h，即可得到所述环保型水基防锈液。

产品应用　本品主要是一种环保型水基防锈液。

产品特性

（1）本品不含传统防锈剂中的有毒组分，对环境污染小，同时具有优异的耐盐雾腐蚀、抗湿热、低泡沫特性。本品通过特定组分的防锈剂和特种胺在适宜的反应温度下反应，并添加多种助剂构建出一种低成本、综合性能优异的环保型水基防锈液。

（2）防锈剂与特种胺的质量比为（1～1.5）∶1时，制备得到的环保型水基防锈液的耐盐雾腐蚀、抗湿热、抗腐蚀性能更加突出，消泡试验时间更短。防锈剂可显著地提高防锈液的防锈性能，延长抗湿热时间以及提高耐盐雾腐蚀性，且防锈液的泡沫少，涂覆防锈液的金属表面平滑，成膜轻薄、防锈效果好，易于清洗。

（3）本品体系中添加相同质量的聚丙烯酸酯或二甲基硅油，聚丙烯酸酯表现出更强的消泡能力，防锈液消泡试验时间更短。

（4）本品具有优异的耐盐雾腐蚀、抗湿热、低泡沫特性，无重金属残留等污染环境物质，符合环保法规的要求。

（5）本品可直接应用于金属、仪器设备零部件等材料的防护。

（6）本品制备方法简便，无需特殊工艺，可实现工业化生产。

配方17　金属表面防锈液

原料配比

原料	配比（质量份）		
	1#	2#	3#
苯甲酸钠	7	13	19
硅酸钠	1	2	3
十二烷基苯磺酸钠	0.5	1.7	3
亚硝酸钠	5	10	16
乙二胺四乙酸	0.5	2	3.5
对苯二酚	0.3	1.2	2
次亚磷酸钠	2	4.5	7
柠檬酸	0.5	1.3	2
尿素	0.3	0.9	1.5
凯松	0.3	1.1	1.8
高分子复合增效活性剂	0.8	2.1	3.5
去离子水	90	165	240

制备方法

（1）按所述配比分别称取除凯松和高分子复合增效活性剂以外的各种原料，并将称得的各种原料分别盛装在对应容器中，然后分别向盛装对应原料的容器中加去离子水并加热溶解，搅拌均匀，进而分别制成对应原料的水溶液，即苯甲酸钠水溶液、硅酸钠水溶液、十二烷基苯磺酸钠水溶液、亚硝酸钠水溶液、乙二胺四乙酸水溶液、对苯二酚水溶液、次亚磷酸钠水溶液、柠檬酸水溶液、尿素水溶液，向盛装对应原料的容器中加去离子水的量以相应原料全部溶解成溶液状态为度，且各原料对应的溶解加热温度范围分别为：苯甲酸钠 35～50℃、硅酸钠 30～45℃、十二烷基苯磺酸钠 81～89℃、亚硝酸钠 46～59℃、乙二胺四乙酸 50～80℃、对苯二酚 70～90℃、次亚磷酸钠 20～30℃、柠檬酸 26～34℃、尿素 20～30℃。

（2）将步骤（1）中制得的苯甲酸钠水溶液、硅酸钠水溶液、十二烷基苯磺酸钠水溶液、亚硝酸钠水溶液、乙二胺四乙酸水溶液、对苯二酚水溶液与柠檬酸水溶液冷却至室温，按所述配比称取凯松与高分子复合增效活性剂，并按照苯甲酸钠水溶液、硅酸钠水溶液、十二烷基苯磺酸钠水溶液、亚硝酸钠水溶液、乙二胺四乙酸水溶液、对苯二酚水溶液、次亚磷酸钠水溶液、柠檬酸水溶液、尿素水溶液、凯松与高分子复合增效活性剂的顺序，以后一项与前一项逐项混合配制的次序，依次混合搅拌均匀，并按所述配比加足去离子水，搅拌均匀，即制得金属表面防锈液。

原料介绍

苯甲酸钠：它的水溶液呈弱碱性，是酸性防腐剂，在酸性条件下能转化为有活性的苯甲酸，随着介质酸度的增高，其杀菌、抑菌效力增强，在碱性介质中则失去杀菌、抑菌作用，其防腐功能在 pH 值为 2.5～4.0 时最佳，同时苯甲酸钠还用作杀菌剂，且苯甲酸钠具有络合作用，能增强渗透性。

硅酸钠：溶于水呈弱碱性，黏结性强、强度较高，耐酸性、耐热性好，可用作工业清洗剂、金属防腐剂等，且可形成氧化膜，具有防氧化功能。

十二烷基苯磺酸钠：对碱、稀酸、硬水化学性质稳定，是阴离子表面活性剂，具有良好的表面活性，亲水性较强，能有效降低油-水界面的张力，达到乳化作用，还用作金属脱脂剂，且易在金属表面形成吸附膜，具有防氧化和抗腐蚀作用。

亚硝酸钠：其水溶液呈弱碱性，可用作钢材缓蚀剂，具有防锈作用。

乙二胺四乙酸：它是一种能与 Mg^{2+}、Ca^{2+}、Mn^{2+}、Fe^{2+}等二价金属离子结合的螯合剂，具有络合作用，能与金属表面作用生产络合物膜，进而防止氧气、水等分子与金属表面相接触，因而具有较强的防锈效果。

对苯二酚：能对金属表面起到缓蚀作用，且具有抗氧化作用。

次亚磷酸钠：能用于制备防腐剂等，可用作抗氧化剂、分散剂等。

柠檬酸：能用作缓蚀剂、络合剂、抗氧化剂、金属清洗剂等，能用以配制缓冲溶液，能提高表面活性剂的性能，是一种优良的螯合剂。

尿素：其水溶液呈弱碱性，能用作缓蚀剂、渗透促进剂与助溶剂。

凯松：其活性成分为异噻唑啉酮类化合物，不含任何重金属，能有效地抑制和灭除菌类及各种微生物，其与各种乳化剂、表面活性剂相溶性好，具有优异的配伍性能。

高分子复合增效活性剂：由多种高分子物质配制而成，含有表面活性剂乳化物，对金属表面有缓蚀、防氧化和抗腐蚀等作用，具有良好的复配能力，且具有较强的除锈、防锈等功能，并能大大提高金属表面处理效果，而且性能稳定可靠。

去离子水：通过离子交换树脂除去水中的离子态杂质而得到的近于纯净的水。

产品应用　本品主要是一种金属表面防锈液。

产品特性　本品涂于金属表面后，该金属表面防锈液能在金属表面形成致密的保护膜，而且形成的保护膜能牢固地吸附在金属表面上，不易从金属表面脱落，且形成的致密保护膜能防止水、氧气等分子直接与金属表面相接触，进而起到防锈作用，这样就能使金属表面长时间不发生锈蚀，因而该金属表面防锈液的防锈效果好。

配方 18　金属防锈液

［原料配比］

原料	配比（质量份）	
	1#	2#
烷基苯磺酸钠	15	25
十二烯基丁二酸钠	20	30
硼酸铵	5	10
癸二酸	3	5
丙三醇	20	30
油酸丁二酸	2	6
乙酸乙酯	10	15
异丙醇	10	20
聚丙烯酰胺	15	25
茶多酚抗氧化剂	5	8
硅酸钠	20	30
聚二甲基硅氧烷	3	5
乙酸纤维素	20	30
磷酸盐	5	10
去离子水	150	200

制备方法　将各组分原料混合均匀即可。

产品应用　本品主要是一种金属防锈液。

产品特性　本品具有优异的防锈性能，在金属工件的表面形成一层稳定的保护膜，可以长期防止金属生锈。

配方 19　金属喷涂除锈防锈液

［原料配比］

原料	配比（质量份）			
	1#	2#	3#	4#
磷酸	10	15	5	10
硫脲	2	1.5	0.8	1.2
三聚磷酸钠	2	3	3	2
苯甲酸钠	4	5	5	3.5
乙二胺四乙酸	1	1.2	1	1
三乙醇胺	2	3	3	2
氯化钠	0.5	0.8	0.5	0.5
次亚磷酸钠	4	5	5	4

制备方法 将各原料组分混合后搅拌均匀，即得到金属喷涂除锈防锈液。

原料介绍 所述的磷酸为工业级磷酸，所述氯化钠为工业盐。

产品应用 本品主要是一种金属喷涂除锈防锈液。

产品特性 本品可长期防止金属产品在淡水、海水、盐水及其它含硫化物、卤素的高腐蚀溶液中发生锈蚀，具有很高的防腐性能和极强的附着力，可延长防锈期至三年以上，广泛用于船舶海运，以及在需要低成本防锈的淡水、海水作业中；本品为水溶性防锈溶液，不产生挥发性有毒物质，不含甲醛、苯、重金属等有害物质，有利于环境保护和操作者的身心健康；干燥后变为透明光亮膜层，可以用作最终的防腐涂层，也可作为防锈底漆使用；封闭膜层具有优异的光亮性、平整性、防变色性等特点。

配方 20 金属水基除锈防锈液

［原料配比］

原料	配比（质量份）					
	1#	2#	3#	4#	5#	6#
柠檬酸	2	3	3	5	6	6
十二烷基硫酸钠	2	3	4	6	7	8
酒石酸	2	2.5	3	3	4	4
柠檬酸钠	1	2	3	3	4	5
聚天冬氨酸	2	3	4	5	5	6
氧化淀粉	0.4	0.5	0.8	1	1	1.2
三甲基十六烷基溴化铵	5	6	7	8	9	10
脂肪醇聚氧乙烯醚硫酸钠	10	11	12	13	14	15
OP-10	1	1.5	1.5	2	2	2
壳聚糖	1	1.5	2	3	3	3
介孔二氧化硅	2	3	4	5	7	8
PEG200	10	12	14	16	18	20
丙二醇丁醚	15	16	17	18	19	20
水	60	65	70	75	80	90

制备方法 先将水加热到 50～70℃，再加入酒石酸、十二烷基硫酸钠、聚天冬氨酸、氧化淀粉、三甲基十六烷基溴化铵、柠檬酸钠，搅拌 30～60min；然后，再加入柠檬酸、脂肪醇聚氧乙烯醚硫酸钠、OP-10、壳聚糖、介孔二氧化硅、PEG200 和丙二醇丁醚，搅拌 30～60min，冷却制得金属水基除锈防锈液。

原料介绍

柠檬酸、酒石酸、十二烷基硫酸钠、脂肪醇聚氧乙烯醚硫酸钠主要用于除锈、去污清洗，而且对金属离子有较好的螯合作用，可以有效地防止除锈过程中形成的残渣沉积在金属表面形成二次锈蚀，污染环境。

聚天冬氨酸兼具较强的阻垢性和分散性；同时聚天冬氨酸与氧化淀粉及三甲基十六烷基溴化铵配合起到金属缓蚀剂的作用，在金属基材表面形成保护膜，防止金属表面在除锈防锈过程中被腐蚀。

氧化淀粉还具有较好的抗冻融性，可以保证在较低的温度下使用该金属水基除锈防锈液，扩大了所述金属水基除锈防锈液使用的温度范围。

三甲基十六烷基溴化铵、OP-10等还具有优良的渗透、柔化、乳化、抗静电、杀菌等性能。

丙二醇丁醚有较悦人的气味，是一种环保型的高级溶剂。

柠檬酸钠调节该金属水基除锈防锈液的pH值，同时还具有乳化性和分散性。

产品应用　本品主要是一种金属水基除锈防锈液。

产品特性　本品具有除锈、去污、磷化、钝化等多种功能，而且通过使用缓蚀剂、螯合剂等共同作用在金属表面形成保护膜，起到隔绝空气、防氧化的作用；生产工艺简单、清除容易，成本低、常温下反应，除锈时间短、防锈时间长，对金属无腐蚀性，不含有毒有害物，对环境无污染，适合大规模生产。

配方 21　抗叠印型水基防锈液组合物

［原料配比］

原料		配比（质量份）					
		1#	2#	3#	4#	5#	6#
防锈添加剂	二乙醇胺硼酸酯	5	—	—	—	4	—
	单乙醇胺硼酸酯	—	8	10	—	4	—
	三乙醇胺硼酸酯	—	4	—	8	—	15
	甲基二乙醇胺硼酸酯	—	—	10	—	—	5
	异壬酸	3	—	—	—	3	—
	正辛酸	—	3	—	—	—	—
	新癸酸	—	—	2	3	—	2
	癸二酸	—	—	—	4	2	—
	十四碳二元酸	5	—	—	—	—	—
	十二碳二元酸	—	—	5	—	—	2
	2,4,6-三(氨基己酸基)-1,3,5-三嗪	6	7	—	7	9	3
消泡剂	聚醚	—	—	0.3	—	—	—
	有机硅氧烷	0.1	—	—	0.15	—	0.2
	聚醚改性有机硅	—	0.2	—	—	0.25	—
杀菌剂	1,3,5-三-(2-羟乙基)-六氢三嗪	1	—	1	—	1.2	1.5
	N,*N'*-亚甲基二吗啉	—	1	—	1	—	—
	正丁基苯并异噻唑啉酮	—	—	1	—	—	1
	吡啶硫酮钠	1	—	—	1.2	—	—
	碘代丙炔基丁基氨基甲酸酯	—	1.5	—	—	1	—
抗硬水剂	乙二胺四乙酸四钠	5	4.5	—	—	4	—
	乙二胺四乙酸二钠	—	—	5	4.8	—	4

续表

原料		配比（质量份）					
		1#	2#	3#	4#	5#	6#
醇胺	三乙醇胺	20	15	16	—	12	10
	单乙醇胺	—	—	—	10	—	—
	二甘醇胺	5	—	—	5	—	—
	一异丙醇胺	—	5	—	—	—	5
	N-甲基二乙醇胺	—	—	4	—	5	—
	N,*N*-二甲基异丙醇胺	—	—	—	5	5	—
水	蒸馏水	48.9	50.8	45.7	50.85	49.55	51.3

制备方法

（1）将水加热后与醇胺、防锈添加剂和抗硬水剂混合，搅拌后获得混合液；所述水加热后的温度为50～60℃。所述搅拌在50～60℃的温度下进行，搅拌的时间为至少60min。

（2）将所述混合液降温后与杀菌剂和消泡剂混合，获得所述的抗叠印型水基防锈液组合物。所述混合液降温后的温度为40℃以下。

产品应用　本品主要是一种抗叠印型水基防锈液组合物。

产品特性　本品具有良好的抗叠印性能，能够较好地应用于叠放或堆放的金属零部件的防锈中。同时制备工艺简单，耗时短。

配方 22　冷成型热轧酸洗高强钢防锈液

原料配比

原料		配比（质量份）		
		1#	2#	3#
微乳液	丙二醇	1000（体积份）	1000（体积份）	1000（体积份）
	葡萄糖	32	42	15
	脂肪酸甲酯	51	38	25
磷酸混合液	月桂酸单酯	0.135	0.111	0.040
	棕榈酸单酯	0.230	0.220	0.150
	硬脂酸三酯	0.160	0.145	0.098
	0.5%～2%磷酸溶液	加至1L	加至1L	加至1L
磷酸混合液		1000（体积份）	1000（体积份）	—
微乳液		78（体积份）	—	210（体积份）
蔗糖脂肪酸酯		—	185（体积份）	—
二甲基二氯硅烷		13（体积份）	12（体积份）	4（体积份）

制备方法

（1）制备微乳液：向丙二醇中加入葡萄糖和脂肪酸甲酯，在温度为145～165℃、压力为0.6～0.9MPa条件下，搅拌2～3h，形成微乳液。

（2）配制磷酸混合液：向0.5%～2%的磷酸溶液中加入月桂酸单酯、棕榈酸单酯和硬脂酸三酯，以110～130r/min的速度搅拌20～40min，得到磷酸混合液。

（3）混合

① 将步骤（2）中的磷酸混合液升温至 45～55℃，在搅拌下滴加步骤（1）的微乳液，滴加完成后再搅拌 40～70min，搅拌速度为 40～60r/min，得到反应液。

② 将反应液降温至 35℃，搅拌下添加二甲基二氯硅烷，搅拌速度为 60～80r/min，搅拌 20～40min，停止后冷却至室温形成防锈液。

原料介绍

所述冷成型热轧酸洗高强钢防锈液的表面张力为 59.4～76.5mN/m。

产品应用　本品主要是一种冷成型热轧酸洗高强钢防锈液。

用于冷成型热轧酸洗高强钢的防锈方法，包括以下步骤：

（1）加热、轧制　将连铸板坯装入加热炉中加热，出炉温度为 1150～1250℃，然后进行热轧轧制，终轧温度控制在 750～960℃。

（2）酸洗　将冷却至室温的板坯进行紊流酸洗，酸洗速度 190～230m/min，酸洗浓度 6%～11%，酸洗温度 70～90℃，带钢张力 9.8～11.8MPa。

（3）喷射防锈液　向酸洗后的板坯喷射防锈液，喷射压力为 0.9～1.1MPa；设 3～5 排喷嘴，喷嘴的间距为 20～25mm。

（4）吹扫、卷取　板坯经蒸汽加热吹扫后卷取，其中，蒸汽吹扫温度为 115～130℃，边部吹扫流量为 9000～12000m^3/h。

本品在吹扫工序中，确保冷成型热轧酸洗高强钢表面不残留明显的防锈液。

产品特性

（1）本品浸润在工件的表面，在干燥过程中，成膜物质中的有机成分会形成一层保护膜，将抗氧化剂与抗腐蚀剂包裹在保护膜内的工件表面上，保护膜起到阻止氧接触工件表面达到防锈的目的。

（2）使用本品处理后的冷成型热轧酸洗高强钢，不仅具有良好的力学性能，而且还有良好的防锈效果，运行操作简单，生产处理成本较低，属于钢铁绿色环保生产工艺，具有良好的社会效益和环境效益。

（3）经过本品防锈液处理后，冷成型热轧酸洗高强钢在温度 49℃、相对湿度 98%条件下，72h 没有锈蚀发生。

配方 23　临时性防锈液

原料配比

原料		配比（质量份）			
		1#	2#	3#	4#
水		100	100	100	100
水溶性胶	聚乙二醇	12	13	—	—
	钛酸四丁酯	—	—	20	—
	有机硅	—	—	—	17
阻锈剂	叶酸	—	—	20	—
	丙烯酸	—	—	—	18
	三乙醇胺	12	15	—	—
YJ303 混凝土界面剂		55	60	65	61
防冻剂		—	10	15	13

制备方法 投料顺序如下：水、水溶性胶、阻锈剂、混凝土界面剂和防冻剂。水和水溶性胶搅拌时间≥120s，再进行后续投料。加入阻锈剂后搅拌时间≥120s 再进行后续投料。加入混凝土界面剂后搅拌时间≥180s 再进行防冻剂投料，加入防冻剂后搅拌时间≥240s。

原料介绍

所述有机硅为经氢氧化钠溶液改性的有机硅；具体为纳米有机硅在浓度为 0.05～100mmol/L 的弱碱性氢氧化钠溶液中 100～150℃下加热并搅拌 1～20h，在有机硅表面生成亲水基团——羟基。

所述防冻剂中氯离子质量分数为 0～0.1%。

产品应用 本品主要是一种临时性防锈液。

产品特性

（1）本品无臭、无味、无毒，有良好的黏结性能，属半透明或透明溶液。

（2）本品涂覆到金属表面后，只需用水进行简单冲洗，防锈液便可轻易脱落，不影响后续金属使用，操作简单，节约成本，对环境更加友好。

配方 24 螺纹钢防锈液

[原料配比]

原料		配比（质量份）				
		1#	2#	3#	4#	5#
水性丙烯酸乳液	苯丙乳液	150	—	—	—	—
	水性苯丙乳液	—	—	—	—	130
	水性纯丙乳液	—	50	—	30	—
	水性硅丙乳液	—	—	100	—	—
	水性醇酸树脂	30	50	40	80	20
烷基芳香烃磺酸盐	二壬基苯磺酸钙	20	—	—	—	10
	二壬基苯磺酸钡	—	15	—	—	—
	十八烷基甲苯磺酸钙	—	—	20	—	—
	十八烷基甲苯磺酸钡	—	—	—	30	—
丁醚类	乙二醇丁醚	5	—	8	—	5
	二丙二醇丁醚	—	10	—	—	—
	二乙二醇丁醚	—	—	—	20	—
氨基硅烷	3-氨丙基三乙氧基硅烷	5	8	10	4	—
	N-2-氨乙基-3-氨丙基三甲氧基硅烷	—	—	—	—	5
二甲基乙醇胺		1	1.2	1	1.5	0.8
醇酸树脂催干剂		2	3	2	5	2
去离子水		787	862.8	819	829.5	757.2

制备方法

（1）将去离子水分为三份，第一份为去离子水总质量的 8%～20%，第二份为去离子水总质量的 8%～20%，其余的为第三份；第一份去离子水用于溶解水性醇酸树脂，提供弱碱性环境；第二份去离子水用于溶解芳香烃磺酸盐和水性丙烯酸乳液，得到溶解有烷基芳香烃磺酸盐的稳定的丙烯酸乳化液；浓度过高或过低都可能导致水性醇酸树脂和水性丙烯酸乳液破乳析出。

（2）搅拌水性醇酸树脂同时加入二甲基乙醇胺，加完后继续搅拌 5min 左右，后加入第一份去离子水，搅拌均匀，得到溶液 A。

（3）控制反应釜温度为 40～60℃，将丁醚类投入反应釜中，然后将烷基芳香烃磺酸盐缓慢加入反应釜内，边加入边搅拌，加完后继续搅拌 5min 左右，再将水性丙烯酸乳液缓慢加入反应釜内，搅拌均匀后加入第二份去离子水，最后搅拌均匀，得到溶液 B。这里设置反应釜为 40～60℃主要是为了促进烷基芳香烃磺酸盐的溶解，低于此温度烷基芳香烃磺酸盐不易溶解；高于此温度，在有丁醚的环境中，水性丙烯酸乳液易破乳析出。

（4）在搅拌下，向反应釜内的溶液 B 中依次缓慢加入溶液 A、氨基硅烷、醇酸树脂催干剂和第三份去离子水，搅拌均匀后即得热轧螺纹钢高效环保防锈液。

防锈液的 pH 值利用二甲基乙醇胺或去离子水进行调节，如果 pH 值小于 8，加入二甲基乙醇胺提高 pH 值；如果 pH 值大于 10，加入去离子水降低 pH 值。

原料介绍

所述水性丙烯酸乳液的固含量为 40%。

氨基硅烷在一定温度下能与碳钢表面形成钝化层，起到防腐蚀作用，水性丙烯酸乳液和醇酸树脂形成复合膜与嵌入其中的烷基芳香烃磺酸盐一起形成物理阻挡层，阻碍腐蚀性介质腐蚀金属，钝化层和物理阻挡层的协同防护作用使得处理后的螺纹钢具有良好的防锈性能。

产品应用　本品主要是一种螺纹钢防锈液。

螺纹钢表面处理方法，利用前面所述的螺纹钢防锈液进行处理，处理方式为浸泡或喷淋，所述防锈液 pH 值为 8～10；如果为喷淋，则喷淋时间为 30～120s，喷淋压力为 0.05～0.15MPa；如果为浸泡，则浸泡时间为 60～180s；处理前螺纹钢温度为 130～200℃，防锈液温度控制在 20～80℃之间；处理后螺纹钢在室内敞开静置保存 24h 以上。

产品特性

（1）该防锈液节能环保、工艺简单、成本低、效果好，适合于螺纹钢的短、中期防锈，表面处理后的螺纹钢的膜层耐蚀性能好，同时不影响螺纹钢与混凝土的黏结性能。

（2）本品为水基防锈液，处理过程无废水、废渣产生，安全环保。

（3）本品工艺简单，无需除油、除锈、表调和封闭，处理过程只需要控制 pH 值。成膜过程可以利用热轧螺纹钢热轧后的余热加速化学转化形成化学膜，干燥漆膜，整个过程无需加热，能耗低。

配方 25　纳米级分散长效水基防锈液

［原料配比］

原料		配比（质量份）			
		1#	2#	3#	4#
微米级防锈粉体材料	吗啉二元胺-吗啉低聚物（Keysun VCI）	20	20	25	25
	柠檬酸	5	5	5	5
	乌洛托品	5	5	5	5
	苯甲酸单乙醇胺	5	5	5	5

续表

原料		配比（质量份）			
		1#	2#	3#	4#
微米级防锈粉体材料	三嗪母环化合物的氨基酸酯（N726）	5	5	5	5
	有机羧酸盐（Y-80S）	10	10	10	10
	次甲基苯三唑（N714）	5	5	5	5
聚合物型乳化剂	聚丙烯酰胺	—	2	—	—
	聚乙烯醇	5	3	—	—
	环氧乙烷环氧丁烷共聚物	—	—	5	—
	木质素磺酸盐	—	—	—	5
去离子水		40	40	35	35
微米级防锈粉体材料		40	50	55	60

制备方法

（1）将防锈粉体材料按照配方计量混合，用球磨机干态碾磨成微米级粉体。

（2）将聚合物型乳化剂添加到去离子水中乳化并备用。

（3）将步骤（1）得到的微米级粉体加入到步骤（2）的乳化液中。

（4）在砂磨机中进行湿态碾磨，形成稳定的纳米级分散长效水基防锈液。

原料介绍

所述聚合物型乳化剂采用亲水/亲油两亲性共聚物，可以同时提高防锈液使用过程中的成膜性和防锈性能，具体可选非离子型、阴离子型或阳离子型乳化剂。其中，所述非离子型乳化剂选自烷基酚聚氧乙烯醚甲醛缩合物、芳烷基酚聚氧乙烯醚甲醛缩合物、联苯酚聚氧乙烯醚甲醛缩合物、聚乙烯醇（完全水解的聚乙烯醇 98%～99%、部分水解的水解度为 88%～89%）、聚氧乙烯聚氧丙烯嵌段共聚物中的一种或两种以上的混合物。阴离子型乳化剂选自聚丙烯酸、聚丙烯酸钠、聚丙烯酰胺、烷基酚聚氧乙烯醚甲醛缩合物硫酸盐、烷基萘磺酸甲醛缩合物、酚甲醛缩合物磺酸盐、缩甲基纤维素及其衍生物、木质素磺酸盐中的一种或两种以上的混合物。阳离子型亲水/亲油两亲性共聚物选自聚合物型胺盐类、季铵盐类、杂环类和啰盐类中的一种或两种以上的混合物。

产品应用　本品主要是一种纳米级分散长效水基防锈液。

产品特性　本品具有优异的防锈、缓蚀性能，防锈期长，最长可达 24 个月。由于是纳米级分散体系，形成的防锈层致密，覆盖性和渗透性好，且易于用水除去。采用亲水/亲油两亲性嵌段聚合物作为乳化剂，既有乳化效果，又有包覆缓释作用，同时提高防锈液使用过程中的成膜性和防锈性能。本品安全性好，不含亚硝酸钠等致癌物质，对人体和环境无毒无害。通用性好，适用于黑色金属和有色金属材质加工过程工序间防锈。产品操作简单，可喷、可刷、可浸，对后续工序不会产生不利影响。

配方 26　汽车零部件内腔防锈液

原料配比

原料	配比（质量份）		
	1#	2#	3#
妥尔油酸二乙醇酰胺	60	70	80

续表

原料	配比（质量份）		
	1#	2#	3#
椰子油脂肪酸二乙醇酰胺	20	30	40
月桂醇聚氧乙烯醚硫酸钠	6	8	10
椰油酰胺丙基甜菜碱	12	16	20
硫酸钠	10	15	20
全氟丁基磺酰氟	10	13	15
三乙醇胺	2	10	18
柠檬酸	1	3	5
石油磺酸钠	5	10	15
脂肪醇聚氧乙烯醚	2	3	4
对硝基苯甲酸	2	3	4
四硼酸钠	1	1	2
二甲基马来酸酐	2	2	3
去离子水	适量	适量	适量

制备方法

（1）将去离子水加热到70～85℃，然后将妥尔油酸二乙醇酰胺、椰子油脂肪酸二乙醇酰胺、月桂醇聚氧乙烯醚硫酸钠、椰油酰胺丙基甜菜碱、硫酸钠、脂肪醇聚氧乙烯醚依次加入，混合均匀，获得A溶液。

（2）将上述A溶液升温至90～95℃后，依次加入剩余原料，混合均匀后，冷却至室温，即获得本品。

产品应用　本品主要是一种汽车零部件内腔防锈液。

产品特性　本品可以改善汽车零件加工设备的冷却效果，方便根据需要使用，便于更好地针对汽车零件加工设备进行冷却。

配方 27　适用于钢铁表面有机复合成膜的水性防锈液

［原料配比］

原料		配比（质量份）		
		1#	2#	3#
含硼共聚物	三异丙醇胺环硼酸酯	2.5	1.5	—
	硼酸乙酯	—	1	2
	硼酸三苯酯	—	—	1
含有环形结构的有机酸	三元聚羧酸	1.7	—	1.5
	苯甲酸	—	1	0.5
含有多羧基的化合物	癸二酸二丁酯	1	—	—
	癸二酸二辛酯	—	1	—
	癸二酸二异辛酯	—	—	1

续表

原料		配比（质量份）		
		1#	2#	3#
成膜助剂	葡萄糖酸钠	0.15	—	—
	乙二胺四乙酸二钠	—	0.1	—
	柠檬酸钠	—	—	0.2
催化剂	碳酸铷	0.05	—	—
	硫酸铷	—	0.1	—
	硝酸铷	—	—	0.075
纯水		加至 1000	加至 1000	加至 1000
pH 稳定剂		适量	适量	适量

制备方法　将各组分搅拌溶于水，调节溶液 pH 值为 8.5～9.5，加纯水至 1000 份，得到所述成膜溶液。

原料介绍

所述 pH 稳定剂包括三乙醇胺。

产品应用　本品主要是一种适用于钢铁表面有机复合成膜的水性防锈液。

使用方法：将钢铁置于水性防锈液中进行处理，在钢铁表面形成多重有机复合保护膜，干燥后，在钢铁表面得到多重有机复合防锈膜。处理方式为浸渍或喷淋，处理温度为常温，处理时间为浸渍 60～180s、喷淋 10～30s。钢铁使用水性防锈液处理前将钢铁表面进行脱漆、除油、除锈等前处理，露出基材，并用水冲洗干净。

产品特性　本品具有优良的致密性，可有效阻止钢铁表面再次发生氧化反应生成锈蚀，封闭环境下防锈时间可达 3～6 个月；多重防锈膜层间结合力强，不会轻易破损；同时保证基材与有机聚合物涂层（如油漆、粉末等）结合强度高、防护性能优异。

配方 28　水基除锈防锈液

原料配比

原料	配比（质量份）					
	1#	2#	3#	4#	5#	6#
柠檬酸	2	3	3	5	6	6
十二烷基硫酸钠	2	3	4	6	7	8
酒石酸	2	2.5	3	3	4	4
乙二胺四乙酸二钠	1	1.5	2	2	2	2
聚天冬氨酸	2	3	4	5	5	6
氧化淀粉	0.4	0.5	0.8	1	1	1.2
三甲基十六烷基溴化铵	5	6	7	8	9	10
脂肪醇聚氧乙烯醚硫酸钠	10	11	12	13	14	15
OP-10	1	1.5	1.5	2	2	2

续表

原料	配比（质量份）					
	1#	2#	3#	4#	5#	6#
羧甲基纤维素	1	1.5	2	3	3	3
介孔二氧化硅	2	3	4	5	7	8
乙二醇	10	12	14	16	18	20
丙二醇丁醚	15	16	17	18	19	20
水	60	65	70	75	80	90

制备方法　先将水加热到50～70℃，再加入酒石酸、十二烷基硫酸钠、聚天冬氨酸、氧化淀粉、三甲基十六烷基溴化铵、乙二胺四乙酸二钠，搅拌30～60min；然后，再加入柠檬酸、脂肪醇聚氧乙烯醚硫酸钠、OP-10、羧甲基纤维素、介孔二氧化硅、乙二醇和丙二醇丁醚，搅拌30～60min，冷却制得水基除锈防锈液。

原料介绍

柠檬酸、酒石酸、十二烷基硫酸钠和脂肪醇聚氧乙烯醚硫酸钠主要用于除锈、去污清洗，而且对金属离子有较好的螯合作用，可以有效地防止除锈过程中形成的残渣沉积在金属表面形成二次锈蚀，污染环境。

聚天冬氨酸兼具较强的阻垢性和分散性；同时聚天冬氨酸与氧化淀粉及三甲基十六烷基溴化铵配合起到金属缓蚀剂的作用，在金属基材表面形成保护膜，防止金属表面在除锈防锈过程中被腐蚀。

氧化淀粉还具有较好的抗冻融性，可以保证在较低的温度下使用该水基除锈防锈液，扩大了所述水基除锈防锈液使用的温度范围。

三甲基十六烷基溴化铵、OP-10等还具有优良的渗透、柔化、乳化、抗静电、杀菌等性能。

丙二醇丁醚有较悦人的气味，是一种环保型的高级溶剂。

产品应用　本品主要是一种水基除锈防锈液。

产品特性

（1）本品具有除锈、去污、磷化、钝化等多种功能，而且在常温下反应，除锈时间短、防锈时间长，对金属无腐蚀性。

（2）本品通过使用缓蚀剂、螯合剂等共同作用在金属表面形成保护膜，起到隔绝空气、防氧化的作用；生产工艺简单，清除容易，成本低，常温下反应，除锈时间短，防锈时间长，对金属无腐蚀性，不含有毒有害物，对环境无污染，适合大规模生产。

配方29　水基防锈液

原料配比

原料		配比（质量份）				
		1#	2#	3#	4#	5#
基础油	润滑油基础油，HV175	5	7.5	—	—	—
	全损耗系统用油，L-AN15	—	—	2	10	—
	全损耗系统用油，L-AN32	—	—	4	—	3
	全损耗系统用油，L-AN5	—	—	—	—	5

续表

原料		配比（质量份）				
		1#	2#	3#	4#	5#
防锈剂	丁二酸	5	—	—	—	—
	癸二酸	—	8	6	2	—
	十二双酸	3	—	—	—	3
	三元羧酸	—	—	—	6	3
	一异丙醇胺	10	—	—	—	—
	单乙醇胺	—	—	5	—	—
	改性脂肪酸单乙醇胺	—	5	—	—	—
	三乙醇胺	—	10	5	9	8
	二异丙醇胺	—	—	—	—	4
	2-氨基-2-甲基-1-丙醇胺	—	—	—	5	—
	合成磺酸钠	—	—	—	—	1.5
	石油磺酸钠	3	—	—	2	—
	石油磺酸钡	—	5	3	—	1
乳化剂	妥尔油酸二乙酰胺	3	—	—	2.7	1.5
	辛基酚聚氧乙烯醚，TX-10	2	—	—	—	—
	脂肪醇聚氧乙烯醚，AEO-3	1.5	—	—	—	—
	脂肪醇聚氧乙烯醚，MOA-5	—	3	—	—	—
	脂肪醇聚氧乙烯醚，MOA-7	—	—	—	2.5	—
	脂肪醇聚氧乙烯醚，Emulgen M	—	3	—	—	—
	聚异丁烯丁二酰亚胺	—	1	—	—	1.5
	聚异丁烯丁二酸酰胺	—	—	4.5	—	—
	脂肪醇聚氧乙烯醚，AEO-7	—	—	0.5	—	—
	失水山梨糖醇油酸酯，S-80	—	—	1	—	—
	壬基酚聚氧乙烯醚，NP-10	—	—	—	1.2	—
	山梨糖醇油酸酯聚氧乙烯醚，T-80	—	—	—	—	3
缓蚀剂	苯并三氮唑	1.5	—	—	—	0.5
	胺混合物，Armohib 28	1	—	—	1.5	—
	三元羧酸衍生物，L190 Plus-C	—	2	—	1	1
	噻二唑衍生物，Dailuber-300	—	—	2.5	—	1
其它助剂	非硅抗泡剂，Antifoam HW	—	0.05	—	—	—
	乳化硅油	—	—	0.01	—	—
	丙三醇聚氧丙烯聚氧乙烯醚，泡敌	—	—	—	0.03	0.02
水		65	48.55	66.49	57.07	62.98

制备方法　将基础油泵送入调合釜，开动搅拌器和加热开关，待油品加热至30～40℃时，依次加入所需量的水、防锈剂、乳化剂、缓蚀剂和其它助剂，在30～40℃继续保温搅拌2～10h即得到淡黄色透明均一液体。

原料介绍

有机酸与醇胺反应得到的有机羧酸醇胺盐和烷基醇酰胺作为主防锈剂，二者分子中的氮原子和氧原子都有孤对电子，可与铁等有 d 空轨道的金属表面作用生成络合物膜，阻止氧、水等分子与金属表面接触，起到防锈、缓蚀的作用。

选择具有较好自乳化性能的乳化剂，无需添加净洗剂即可获得较好的清洗性，实际应用中直接用清水冲洗后可直接进行下道加工工序，且不影响涂装效果。

产品应用　本品主要是一种水基防锈液。将水基防锈液按 10%比例加水稀释后，可采用喷涂、刷涂或浸渍等方式用于金属部件工序间及涂装前的防锈。

产品特性

（1）该水基防锈液不仅具有优良的工序间防锈作用，而且易清洗、表面无残留，清水冲洗后即可直接进入涂装工序，涂层均匀，附着性好，无针孔、鼓泡、龟裂等不良现象。

（2）本品无毒环保，制备工艺简单、耗时短，具有优异的防锈性、清洗性和经济性。

（3）本品在使用过程中，工序间防锈期可达 30 天以上，防锈性能良好；清水冲洗后工件表面无残留，涂装后涂层附着性好且均匀致密。

配方 30　水基铝专用防锈液

原料配比

原料		配比（质量份）		
		1#	2#	3#
分散剂	脂肪醇聚氧乙烯醚	3	—	—
	有机聚氨酯	—	5	—
	多元氨基醇醚	—	—	5
碱性剂	三乙醇胺	2	—	—
	异丙醇胺	—	8	—
	单乙醇胺	2	—	—
	二甘醇胺	—	—	10
脂肪酸	妥尔油	4	—	—
	异壬酸	—	5	—
	新癸酸	—	—	4
成膜剂	聚酯	—	3	—
	油酸酯	5	—	10
铝缓蚀剂	磷酸酯	—	2	—
	膦酸酯	—	—	5
	硅烷酮	5	—	—
消泡剂	有机硅聚醚	0.2	0.1	0.2
去离子水		78.8	76.9	75.8

制备方法

（1）在反应釜中依次加入 25～45 份去离子水、分散剂，搅拌 10～15min，至溶液澄清透明，获得第一混合液。

（2）将碱性剂和脂肪酸加入到第一混合液中，反应釜加热到 70～80℃，搅拌 20～30min，至溶液澄清透明，停止加热，获得第二混合液。

（3）向第二混合液中加入剩余去离子水，再将反应釜中液体降温至 40～50℃，依次加入成膜剂和铝缓蚀剂，在 40～50℃下，搅拌 30～40min，至溶液澄清透明，获得第三混合液。

（4）待第三混合液的温度为 35～40℃时，将消泡剂加入第三混合液中，搅拌 15～20min，至溶液澄清透明，获得水基铝专用防锈液。

原料介绍

铝缓蚀剂可起到碱腐蚀抑制性能，防止铝件在高温下长久浸泡于防锈液中出现变色及发黑现象。

碱性剂不但能够调节防锈液的 pH 值，还能够与脂肪酸混合后生成具有一定防锈性的脂肪酸盐类物质，通过铝缓蚀剂和脂肪酸盐类物质的协同作用，可降低本品的用量，进而降低使用成本。

脂肪酸盐类物质也可使铝工件表面具有一定的疏水性，进而使本品水基铝专用防锈液附着在工件表面后用水冲洗即可完全去除表面残留物。

分散剂可协助铝缓蚀剂的铺展，在保证防锈液的成膜连续性的同时，还能够使本品在工件表面的成膜较薄，便于工件的后续工序生产。

成膜剂在铝件表面成膜，可阻碍铝与水蒸气、二氧化碳接触，提高铝防白毛性能。

产品应用　本品主要是一种水基铝专用防锈液。

产品特性　本品除了对铝材质具备优异的碱腐蚀抑制性能外，还可保证后续存储过程中不产生白毛腐蚀现象，而且不含亚硝酸盐、铬酸盐、重金属等有害物质，安全环保。

配方 31　水溶性低电导率防锈液

［原料配比］

原料		配比（质量份）		
		1#	2#	3#
有机胺	丁基二乙醇胺	3	—	—
	辛基二乙醇胺	—	3.5	—
	AMP-95	—	—	4
非离子表面活性剂	蓖麻油聚氧乙烯醚	30	—	—
	脂肪醇聚氧乙烯醚	—	40	—
	聚异丁烯丁二酸酐	—	—	45
有机羧酸		3	4.5	4
苯三唑	苯并三氮唑	0.5	1	1.5
二巯基苯并噻唑衍生物	二巯基苯并噻唑的胺盐	0.5	1	1.5
稳定剂	甘油	0.5	—	—
	乙二醇	—	2	—
	二乙二醇单丁醚	—	—	2.5
水		加至 100	加至 100	加至 100
有机羧酸	工业级的二元羧酸	1	1	1
	三元羧酸	3	3	3

制备方法　在常压下将有机胺、有机羧酸加入调配釜中，搅拌升温至60～80℃，反应至均匀透明。再加入计量好的水，继续搅拌维持温度至 40～60℃，依次加入非离子表面活性剂、苯三唑、二巯基苯并噻唑衍生物、稳定剂，搅拌30～50min，直至产品混合均匀，放料、过滤。

产品应用　本品是一种用于黑色金属材质在机械加工和储存中的防锈液。

产品特性

（1）本品具有优异的缓蚀和抗腐蚀效果；有效保护黑色金属表面免受腐蚀和氧化；适合多种材质如黄铜、紫铜、青铜等；添加量少，1.5%～5%范围内均有良好的效果。

（2）浓缩液稳定性好，可长期储存。

（3）不含亚硝酸盐、磷等。

（4）改善了传统防锈液由于离子浓度高导致的一系列技术问题。

配方 32　水溶性防锈液

原料配比

原料	配比（质量份）				
	1#	2#	3#	4#	5#
邻苯二甲酰氨基乙酸醇胺盐	12	20	14	18	18
乙酰柠檬酸三乙酯	10	18	12	16	14
四丁基乙酸铵	7	14	8	12	10
聚氧乙烯聚氧丙烯季戊四醇醚	0.5	1	0.6	0.8	0.8
脂肪酸甘油酯	0.4	1	0.8	0.6	0.7
水	70	90	75	85	80

制备方法　将邻苯二甲酰氨基乙酸醇胺盐、乙酰柠檬酸三乙酯、四丁基乙酸铵、消泡剂、表面活性剂加入水中，加热搅拌均匀，制得水溶性防锈液。加热温度为70～80℃。搅拌速度为150～250r/min，搅拌时间为1～3h。

原料介绍

所述的消泡剂为聚氧乙烯聚氧丙烯季戊四醇醚和/或聚二甲基硅氧烷。

所述的表面活性剂为脂肪酸甘油酯和/或硬脂酸。

本品以邻苯二甲酰氨基乙酸醇胺盐、乙酰柠檬酸三乙酯、四丁基乙酸铵相互配合组成防锈液，邻苯二甲酰氨基乙酸醇胺盐含有极性和疏水基团，可以吸附金属表面形成保护膜，防止水分侵蚀表面，起到防锈的效果，而乙酰柠檬酸三乙酯、四丁基乙酸铵为邻苯二甲酰氨基乙酸醇胺盐的协效剂，可以提高保护膜的成膜厚度、致密性及疏水性能，提高防锈效果；本品中加入适量的消泡剂、表面活性剂，减少气泡，增加防锈液与金属的吸附和润湿效果；以水为分散介质，经加热搅拌工艺制得水溶性防锈液，防腐蚀效率高、绿色环保。

产品应用　本品主要是一种水溶性防锈液。

产品特性　本品制备工艺简便，成本低。

配方 33 中性环保除锈防锈液

[原料配比]

原料	配比（质量份）		
	1#	2#	3#
表面活性剂有机酯	10	10	12
除油剂异构醇醚	1	1	1
去污剂聚氧乙烯醚磷酸酯	2	3	3
渗透剂异构醇醚酰胺	1	1	2
防锈剂乙二胺油酸酯	1	1.5	2
除盐水	82	加至 100	加至 100

制备方法　将各组分原料混合均匀即可。

产品应用　本品主要是一种中性环保除锈防锈液。

产品特性　本品不含氯离子，采用最新型有机除锈、防锈化工原料，不会对碳钢表面产生腐蚀，解决了碳钢表面酸洗腐蚀及沉积物现象，除锈防锈液为日用化工原料，不含酸及无机物，无毒，有利环保。

配方 34 水性防锈液

[原料配比]

原料	配比（质量份）
聚乙烯醇溶液	70～90
壳聚糖酶解液	30～40
有机酸	6～10
有机胺	6～10
乳化剂	1～10
缓蚀剂	1～5
消泡剂	0.5～1
硅胶	20～30
石蜡	20～40

制备方法

（1）将聚乙烯醇溶液和壳聚糖酶解液置入混料设备中搅拌混料 15～25min，得混合物 A。

（2）在混合物 A 中依次加入有机酸、有机胺、乳化剂、缓蚀剂、消泡剂，继续搅拌 40～60min，得混合物 B。

（3）在混合物 B 中加入硅胶和石蜡，升温至 80～90℃，搅拌 40～60min，混合充分，即得水性防锈液。

原料介绍

所述聚乙烯醇溶液为聚乙烯醇和水按质量比 1：（10～12）混合配制而成。

所述有机酸为亚麻酸、亚油酸、苹果酸或柠檬酸中的任意一种或两种以上的混合物。

所述有机胺为三乙醇胺、二乙醇胺、3-丙醇胺、二异丙醇胺、三异丙醇胺或苯胺中的任意一种或两种以上的混合物。

所述乳化剂为聚氧乙烯脂肪酸酯、脂肪醇聚氧乙烯醚、烷基酚聚氧乙烯醚、脂肪酸酰胺中的一种。

所述缓蚀剂为苯并三氮唑、噻二唑衍生物、胺混合物、三元羧酸衍生物中的一种。

所述消泡剂为聚醚类消泡剂或乳化硅油中的一种。

产品应用　本品主要是一种水性防锈液。

产品特性

（1）本品水性防锈液中添加了石蜡，可以在周围环境温度过高时，吸收热量，避免气相防锈剂挥发过快，延长了气相防锈剂的使用寿命。添加干燥剂硅胶，可以吸收周围环境中的水分，减小空气中的水分对需要保护产品的腐蚀。本品配方简单，添加剂种类少且无毒环保，制备工艺简单、耗时短，具有优异的防锈性、清洗性和经济性。

（2）本品添加了有机酸和有机胺，有机酸和有机胺可发生化学反应，生成对应的盐，从而提供良好的防锈效果，另外，有机酸和有机胺可在加热过程中进一步反应，生成肽胺，从而对产品起到良好的增稠效果，有利于产品在金属基材表面黏附，避免产品流失，从而提高产品的防锈持效性。

配方 35　水性金属防锈液

原料配比

原料		配比（质量份）						
		1#	2#	3#	4#	5#	6#	7#
聚乙烯醇溶液	聚乙烯醇	1	1	1	1	1	1	1
	水	10	10	10	10	10	10	10
壳聚糖酶解液	脱乙酰度为 90%的壳聚糖	1	1	—	1	1	1	1
	水	15	15	—	15	15	15	15
	壳聚糖酶	0.05	0.05	—	0.05	0.05	0.05	0.05
聚乙烯醇溶液		100	100	100	100	100	100	100
壳聚糖酶解液		40	40	—	40	40	40	40
对苯二甲醛		10	—	10	10	10	10	10
戊二醛		—	10	—	—	—	—	—
聚酰胺改性氢化蓖麻油		10	10	10	10	10	10	10
铬盐	硝酸铬	0.3	0.3	0.3	0.3	—	0.3	0.3
有机酸	亚麻酸	10	10	10	10	10	10	—
有机胺	三乙醇胺	10	10	10	10	10	—	10
乳化剂	乳化剂 OP-10	5	5	5	5	5	5	5

制备方法

（1）将聚乙烯醇和水按质量比为（1∶8）～（1∶10）混合倒入1号烧杯中，用玻璃棒搅拌混合10～15min后，于室温条件下静置溶胀3～5h，再将1号烧杯移入数显测速恒温磁力搅拌器中，温度为90～95℃、转速为300～500r/min条件下，恒温搅拌溶解45～60min，得聚乙烯醇溶液。

（2）将脱乙酰度为85%～90%的壳聚糖和水按质量比为（1∶10）～（1∶15）混合倒入2号烧杯中，用玻璃棒搅拌混合5～10min后，于室温条件下静置溶胀6～8h，再将2号烧杯移入数显测速恒温磁力搅拌器中，温度为85～90℃条件下，恒温搅拌溶解1～2h后，自然冷却至室温，再向2号烧杯中加入壳聚糖质量3%～5%的壳聚糖酶，温度为35～40℃条件下，恒温搅拌酶解20～30min，加热升温至90～95℃，保温灭酶5～10min，出料，得壳聚糖酶解液。

（3）依次取聚乙烯醇溶液、壳聚糖酶解液、对苯二甲醛、戊二醛、聚酰胺改性氢化蓖麻油、铬盐、有机酸、有机胺、乳化剂，先将聚乙烯醇溶液和壳聚糖酶解液混合倒入反应釜中，温度为55～65℃、转速为600～800r/min条件下，恒温搅拌混合3～5h，再向反应釜中依次加入有机酸、有机胺、乳化剂、聚酰胺改性氢化蓖麻油和铬盐，继续于温度为55～65℃、转速为800～1000r/min条件下，恒温搅拌混合45～60min，再加入对苯二甲醛，随后于温度为75～80℃、转速为1000～1200r/min条件下，加热搅拌反应2～4h，出料，冷却，即得水性金属防锈液。

原料介绍

有机酸和有机胺可发生化学反应，生成对应的盐，从而提供良好的防锈效果，另外，有机酸和有机胺可在加热过程中进一步反应，生成肽胺，从而对产品起到良好的增稠效果，有利于产品在金属基材表面黏附，避免产品流失，从而提高产品的防锈持效性。

铬盐，在水中可电离出铬离子，铬离子作为催化剂，催化乳化体系形成微交联网络，从而形成泡沫状的凝胶体系，再配合聚乙烯醇和酶解壳聚糖在对苯二甲醛作用下形成凝胶网络，可有效在金属基材表面形成覆盖型凝胶，泡沫状凝胶的存在保障了产品良好的乳化润湿作用，从而可有效在金属基材表面铺展，而聚乙烯醇和酶解壳聚糖形成的凝胶网络具有良好的力学性能，可有效避免凝胶失效，避免产品流失，提高防锈持效性。

对苯二甲醛作为交联剂，它的加入可在凝胶网络结构中引入苯环，通过分子中的π键，更容易在金属表面吸附，从而使产品对金属基材的黏附性能进一步提升，避免产品的流失而导致防锈性能下降。

聚酰胺改性氢化蓖麻油可提供产品良好的流变性能，另一方面，聚酰胺改性氢化蓖麻油分子结构中同时具有亲水部分和疏水部分，亲水部分可很好地和水相容，而疏水部分则可以在金属基材表面形成隔水层，防止金属基材与水接触，从而切断了腐蚀所发生的必要条件，从而提高产品的防锈效果。

产品应用　本品主要是一种水性金属防锈液。

产品特性　本品具有防锈持效性长、黏附性佳、防锈效果优异的特点。

配方36　水质气相防锈液

原料配比

原料	配比（质量份）
混合组分	1
去离子水	1

续表

原料		配比（质量份）
混合组分	磷酸	200～300
	盐酸	10～30
	柠檬酸钠	50～100
	亚硫酸钠	20～30
	乌洛托品	5～20
	十二烷基苯磺酸钠	20～50
	硫酸锌	50～100
VCI 气相缓蚀粉末		适量

制备方法

（1）将磷酸、盐酸、柠檬酸钠置入高速离心混合机内，控制混合机温度为40～50℃，混合20～30min，得到混合液A。

（2）往混合液A内加入亚硫酸钠和硫酸锌，45～55℃下混合20～30min，得到混合液B。

（3）将混合液B转移至高速反应釜中，加入乌洛托品和十二烷基苯磺酸钠，控制温度为65～75℃，充分反应50～60min，得到混合液C。

（4）往混合液C内加入VCI气相缓蚀粉末，控制温度为75～85℃，充分反应40～50℃，得水质气相防锈液。

原料介绍

所述磷酸的浓度为75%，所述盐酸的浓度为36.5%。

产品应用　本品主要是一种水质气相防锈液。

产品特性

（1）本品水质气相防锈液将VCI气相缓蚀粉末溶于水中，达到快速气相防锈的效果，由多种无毒、环保的气相防锈剂复配而成，防锈期长达半年以上，对多种金属表面防锈有着良好的效果，使用方便，对人体、环境无害。

（2）本品水质气相防锈液的制备方法简单，生产过程中无污染排放，采用特殊的高速反应釜进行制备，大大提高了生产效率，适合大面积推广。

配方 37　碳烯环保型除垢除锈防腐防锈液

［原料配比］

原料		配比（质量份）					
		1#	2#	3#	4#	5#	6#
碳烯		1	2	10	4	5	5
促进剂	反丁烯二酸	1	0.5	0.1	0.6	0.5	0.8
分散剂		1	0.05	0.01	0.07	0.5	0.5
去离子水		加至100	加至100	加至100	加至100	加至100	加至100
分散剂	C_1醇	1	2	10	7	8	2

续表

原料		配比（质量份）					
		1#	2#	3#	4#	5#	6#
分散剂	C_2醇	90	86	75	80	75	86
	C_3醇	5	8	10	8	10	8
	C_4醇	4	4	5	5	7	4

制备方法

（1）碳烯的制备：称取一定量的碳素和去离子水，然后在非聚氯乙烯工程塑料器皿或玻璃器皿中进行搅拌，同时向器皿中的液体输入三波段交替超声能量，20kHz 1～10min、45kHz 1～10min、80kHz 1～10min，连续交替进行碳素分散处理 8h，得到碳烯液。

（2）称取促进剂、分散剂和去离子水进行混合后得到添加剂混合液，然后用移液管移取添加剂混合液加入碳烯液中参与搅拌混合，同时混合液体加温至 45℃保持连续搅拌 1h。

（3）将上述原料混合液自然冷却至室温，即得碳烯环保型除垢除锈防腐防锈液。

原料介绍

所述碳烯为水溶性碳烯溶胶体，具有很强的负电性、快速溶解垢渍和网捕钙镁等金属离子功能，同时，又是金属氧化物的氧化还原剂，具备除垢锈和防垢锈的特殊作用。

产品应用　本品主要是一种用于对金属材料和金属制品的表面进行处理的环保型除垢除锈防腐防锈液。

使用方法：首次使用时，添加量为循环水质量的 2%～5%，根据水垢厚度调整用量；再次使用时，添加比例为循环水质量的 1%～3%。

清洗方法：

（1）排放管道污水，水是乌黑色时需排放干净（若水质较清可只排放一部分）。

（2）加水并按量添加本产品，开机循环，累计运行 20h 以上，自动完成除垢、除锈、净化污水的清洗工作。

（3）排净管道清洗污水。

（4）加满水并添加本产品 0.5%～1%，清洗工作全部结束。开机正常运行时，本产品自动渗透到管壁表层形成保护膜，起到阻垢防锈作用。

产品特性

（1）本产品可对金属表面的锈垢、污渍和锈层进行彻底有效的清除，并自然形成附着牢固的保护层，无须再做防垢防锈防腐蚀处理；使用方法简便，适用于大、中、小型各类循环水金属装置的除锈垢和防锈垢，如中央空调系统、工业冷却系统、热交换系统、热水锅炉系统及其它各种换热器等用水设备系统。也可用于各类金属构件的除锈垢和防锈垢或金属表面的清洗、防护处理。

（2）本品溶液内不含任何强酸、强碱，无毒，无腐蚀，性能稳定，不燃不爆，使用安全可靠，而且没有烟雾和气味挥发，也无废液排放，对环境和人员无任何损害；处理的金属表面形成黑色光亮的保护表层，不仅美观，而且其有效防护期可达半年以上；与传统化学处理剂相比，本产品处理成本可大幅度降低，工作量减少一半以上。

（3）本品碳烯环保型除垢除锈防腐防锈液，具有高效快速的渗透和缓蚀功能，可以在短时间内清洗和除去金属壁上的水垢和锈渍，同时保护基体金属，使其获得一层缓蚀膜镀层，提高材料的防腐蚀能力，且使用方便。

（4）本产品用于以水作冷却介质的各式机器装备冷却系统除锈垢时，不需停车，可以在线进行。可广泛用于各种工业设备水冷却系统及工业水冷换热器系统除垢除锈防腐蚀，亦可用于家庭燃气热水器及卫生器具的除锈垢和防锈垢用途。

配方 38　铁制品电镀镍防锈液

［原料配比］

原料		配比（质量份）							
		1#	2#	3#	4#	5#	6#	7#	8#
强酸	盐酸	10	15	20	—	—	—	10	—
	硫酸	—	—	—	10	15	20	—	20
硼酸		15	20	25	15	20	25	15	25
柠檬酸盐	柠檬酸钠	20	40	60	20	40	60	—	—
	柠檬酸钾	—	—	—	—	—	—	20	60
去离子水		加至 1000	加至 1000	加至 1000	加至 1000	加至 1000	加至 1000	加至 1000	加至 1000

制备方法

（1）硼酸用 70～80℃去离子水溶解，制得溶液 1。

（2）强酸滴加到去离子水中，搅拌，并加入柠檬酸盐，得溶液 2。

（3）溶液 1 滴加到溶液 2 中，去离子水定容即得。

原料介绍

所述的强酸为盐酸或硫酸。

所述的柠檬酸盐为柠檬酸钠或柠檬酸钾。

产品应用　本品主要是一种铁制品电镀镍防锈液。

产品特性

（1）本品可以快速解决铁制品镍层发黄现象，不腐蚀基体与镀层，可以在室温下使用，减少电能消耗，降低电镀成本。

（2）本品处理相关的零部件后，室温放置六个月内仍然没有返锈的情况发生，镀层表面平整、光亮如镜，提高镀件的使用可靠性和寿命。

配方 39　微乳型防锈液组合物

［原料配比］

原料		配比（质量份）					
		1#	2#	3#	4#	5#	6#
pH 调节剂	三乙醇胺	5	6	8	5	6	6
防锈剂	硼酸酯	15	15	14	15	14	14
基础油	加氢精制基础油	4	—	4	—	4	—
	溶剂精制基础油	—	4	—	4	—	4

续表

原料		配比（质量份）					
		1#	2#	3#	4#	5#	6#
表面活性剂	石油磺酸钠	3	3	3	3	2.5	3
	椰子油脂肪酸二乙醇酰胺	1	1	—	1.5	—	1
	妥尔油酸二乙醇酰胺	—	—	1.5	—	—	—
	聚异丁烯丁二酸酰胺	—	—	—	—	2	—
增稠剂	聚乙烯醇	0.9	0.9	0.9	0.9	0.9	0.9
自来水		71.1	70.1	67.6	70.6	70.6	71.1

制备方法　按照所述质量份，先把 30%的水、基础油和表面活性剂加入调合罐中，开动搅拌器和加热开关，边加热边搅拌，加热温度为 50～60℃，充分搅拌 30min 以上至全部溶解，加入余量水、防锈剂、pH 调节剂和增稠剂，搅拌 60min 以上至完全透明，得到的均匀液体即为所述微乳型防锈液组合物。

产品应用　本品主要是一种微乳型防锈液组合物。

产品特性　本品不需要用到稳定剂，而且具有优异的防锈效果。

配方 40　微乳转化型金属防锈液

原料配比

原料			配比（质量份）				
			1#	2#	3#	4#	5#
去离子水			100	100	100	100	100
吐温-20			8	8	8	8	8
碳酸钠			4	4	4	4	4
异丙醇			8	8	8	8	8
正丁醇			4	4	4	4	4
硅烷偶联剂 KH-550			3	3	3	3	3
硅酸钠			3	3	3	3	3
聚乙二醇			3	3	3	3	3
葡萄糖			0.3	0.3	0.3	0.3	0.3
草酸			5	5	5	5	5
乙醇			3	3	3	3	3
3-((羟甲基)甲基胺)乙烷磺酸			3	3	3	3	3
硅烷修饰磺化聚磷腈			0.1	1	0.7	0.3	—
磺化聚磷腈			—	—	—	—	0.3
硅烷修饰磺化聚磷腈	白色聚磷腈粉末	六氯环三磷腈	0.4	0.4	0.4	0.4	0.4
		4,4′-二羟基二苯砜	0.91	0.91	0.91	0.91	0.91
		乙腈	150（体积份）	150（体积份）	150（体积份）	150（体积份）	150（体积份）

续表

<table>
<tr><th colspan="3" rowspan="2">原料</th><th colspan="5">配比（质量份）</th></tr>
<tr><th>1#</th><th>2#</th><th>3#</th><th>4#</th><th>5#</th></tr>
<tr><td rowspan="6">硅烷修饰磺化聚磷腈</td><td>白色聚磷腈粉末</td><td>三乙胺</td><td>1.1（体积份）</td><td>1.1（体积份）</td><td>1.1（体积份）</td><td>1.1（体积份）</td><td>1.1（体积份）</td></tr>
<tr><td rowspan="2">磺化聚磷腈粉末</td><td>白色聚磷腈粉末</td><td>0.5</td><td>0.5</td><td>0.5</td><td>0.5</td><td>0.5</td></tr>
<tr><td>98%的浓硫酸</td><td>10（体积份）</td><td>10（体积份）</td><td>10（体积份）</td><td>10（体积份）</td><td>10（体积份）</td></tr>
<tr><td colspan="2">磺化聚磷腈粉末</td><td>1</td><td>1</td><td>1</td><td>1</td><td>—</td></tr>
<tr><td colspan="2">硅烷偶联剂 KH-560</td><td>0.3</td><td>0.3</td><td>0.3</td><td>0.3</td><td>—</td></tr>
<tr><td colspan="2">二甲基亚砜</td><td>10（体积份）</td><td>10（体积份）</td><td>10（体积份）</td><td>10（体积份）</td><td>—</td></tr>
</table>

制备方法　将所述的原料组分加入搅拌机中，在 50℃下搅拌均匀后得到。所述搅拌机的搅拌速率为 1300～2000r/min，搅拌时间为 70～90min。

原料介绍

所述硅烷修饰磺化聚磷腈的制备方法为：

（1）在 250mL 圆底烧瓶中，将 0.4g 六氯环三磷腈和 0.91g 4,4′-二羟基二苯砜溶解于 150mL 乙腈中，然后加入 1.1mL 三乙胺，置于 50℃超声水浴中反应 4h，反应结束后，离心除去溶剂，用去离子水和丙酮分别洗涤产物 3 次，最后在 40℃下真空干燥 24h 得到白色聚磷腈粉末。

（2）在 50mL 三口烧瓶中加入 0.5g 上述白色聚磷腈粉末，再加入 10mL 质量分数 98%的浓硫酸，置于 60℃水浴锅中，在机械搅拌下反应 10h，反应结束后，将产物缓缓倒入冷水中，并不断搅拌，离心除去未反应的硫酸，然后用去离子水洗涤产物 5 次，最后在 50℃下真空干燥 48h 即得到磺化聚磷腈粉末。

（3）在 50mL 三口烧瓶中加入 1g 上述磺化聚磷腈粉末、硅烷偶联剂 KH-560 0.3g 以及 10mL 二甲基亚砜，50℃反应 4h 后，降至室温并将产物缓缓倒入冷水中，并不断搅拌，然后用去离子水洗涤产物 5 次，最后在 50℃下真空干燥 48h 即得到硅烷修饰磺化聚磷腈。

产品应用　本品主要是一种微乳转化型金属防锈液。

产品特性　本品具有润滑及防锈功能好、铁锈转化速度快且彻底、防腐性能优良的特点，绿色环保安全。

配方 41　五金耐盐雾防锈液

［原料配比］

原料	配比（质量份）	
	1#	2#
碳酸二甲酯	34	36
六甲基磷酰三胺	22	23
聚碳酸酯	15	10
硼酸锌	14	12
硼聚硅酸酯	8	10

续表

原料	配比（质量份）	
	1#	2#
邻苯二甲酸二辛酯	5	5
己内酰胺封闭型芳香族多异氰酸酯	6	5
腐植酸钾	4	4
分散剂	5	4
助溶剂	4	5
增稠剂	0.7	0.7
稀释剂	35	45

制备方法　将各组分原料混合均匀即可。

原料介绍

所述分散剂为十二烷基硫酸钠、1,6-己二醇双丙烯酸酯、甲基戊醇和三乙基己基磷酸中的一种或几种混合。

所述助溶剂为乙酰胺、苯甲酸钠和对氨基苯甲酸中的一种。

所述增稠剂为海藻酸丙二醇酯和羟丙基二淀粉磷酸酯中的一种。

所述稀释剂为苯乙烯、乙酸乙酯中的一种。

产品应用　本品主要是一种五金耐盐雾防锈液。

产品特性　本品耐盐雾能力强，能在铜、铁、不锈钢等金属表面形成一层致密的保护薄膜，有效地预防外界物质腐蚀金属，不影响导电烧焊，保护膜容易清洗。

3 防锈油

配方1 EPS钢板耐高温变色防锈油

[原料配比]

原料		配比（质量份）				
		1#	2#	3#	4#	5#
复合防锈剂	二壬萘磺酸	10	10	15	15	8
	十六烯基丁二酸	2	2	2	2	1
	环己胺	2	2	3	3	1
成膜剂	羊毛脂	1	0.5	1	0.5	2
	山梨糖醇月桂酸酯（斯盘-20）	0.5	2	1	0.5	3
金属减活剂	甲基苯并三氮唑衍生物（Irgamet39）	0.5	0.2	0.5	0.1	0.5
抗老化剂	2,6-二叔丁基苯酚（T501）	0.2	0.1	0.1	0.5	0.2
	烷基二苯胺（Irganox L57）	0.2	0.5	0.1	0.5	0.5
矿物油	HVIWH75/HVIH150	加至100	加至100	加至100	加至100	加至100

制备方法

（1）将质量分数30%的矿物油与复合防锈剂混合，在搅拌下加热到100～110℃，控制水分在0.1%以下，冷却得到溶液A。

（2）将余量的矿物油与成膜剂、金属减活剂、抗老化剂混合，在搅拌下加热到50～60℃，溶解均匀得溶液B。

（3）将上述溶液A与溶液B混合均匀，经过滤去除杂质，获得成品。

原料介绍

复合防锈剂是一种高效的金属缓蚀防腐剂，置换金属表面的水汽和腐蚀介质，吸附在金属表面阻隔氧、水汽等，抑制腐蚀介质对金属的锈蚀，具有优异的抗湿热叠合性能，而且在高温加工时不产生残留物质，对金属组成和性状没有影响。成膜剂羊毛脂与山梨糖醇月桂酸酯（斯盘-20）成膜性好，在钢板表面附着力好，膜致密不易流失，并在钢板表面起到辅助润滑作用。甲基苯并三氮唑衍生物（Irgamet39）作为油溶性金属减活剂，吸附在金属表面以络合物形态降低金属活性，防止生锈。所述的抗老化剂2,6-二叔丁基苯酚（T501）与烷基二苯胺（Irganox L57）添加在油品中，延缓油品老化，防止酸败变质影响防锈性，两者结合使用后，保证了在室温和高温下的效果。所述精制矿物油加氢精制后降低芳烃含量和减少硫、氮等杂质，具有低气味和低挥发性的优点，配制的产品稳定性好，涂在金属表面形成油膜，高温加工时不易氧化变色。

产品应用 本品主要是一种EPS钢板用耐高温变色防锈油。

产品特性 使用本品，钢板即使在高温高湿条件下也不易生锈，钢板涂油后防锈周期达6个月。而且EPS钢板在后道等离子高温切割时，抗高温变色性好，在切割边缘没有发黄变色现象，不影响钢板表面处理和外观质量，易被清洗去除，满足家电、汽车对新型钢板材料的要求，有利于新材料的推广应用和新工艺的技术进步。

配方 2 QPQ 专用速干软膜防锈油

原料配比

原料		配比（质量份）		
		1#	2#	3#
第一油溶性缓蚀剂		15	12	9
第一油溶性缓蚀剂	石油磺酸钡	15	—	1
	十二烯基丁二酸	—	12	—
	二壬基萘磺酸钡	—	—	1
	环烷酸锌	—	—	1
第二油溶性缓蚀剂		10	8	6
第二油溶性缓蚀剂	石油磺酸钡	10	—	1
	十二烯基丁二酸	—	8	—
	二壬基萘磺酸钡	—	—	1
	环烷酸锌	—	—	1
成膜剂		6	8	10
成膜剂	羊毛脂铝皂	6	1	1
	磺化羊毛脂钙皂	—	1	—
	邻苯二甲酸二丁酯	—	—	1
基础油	25#变压器油	12	—	—
	10#机械油	—	12	—
	工业煤油	—	—	15
溶剂油		57	60	60
溶剂油	环烷烃	57	—	8
	烷烃	—	60	—
	芳香烃	—	—	1

制备方法

（1）将成膜剂、溶剂油、基础油、第一油溶性缓蚀剂加入反应釜中，在100～110℃的温度下搅拌混合均匀并保温1～2h。

（2）降温至80～90℃，加入第二油溶性缓蚀剂，搅拌混合均匀并保温0.5～1h。

（3）经过滤介质过滤后即为最终油品。所述的过滤为过2500目。

产品应用 本品主要是一种QPQ专用速干软膜防锈油。

产品特性

（1）本品中，采用了由烷烃、环烷烃和少量的芳香烃组成的溶剂油组分，为无色无味透明液体，且其余成分中均不含有相关成分，使得其中硫含量小于1mg/kg，符合环保溶剂的要求。

（2）本品中，采用了油溶性缓蚀剂、成膜剂、基础油和溶剂油之间的相互混合加工，使其最终油品抗盐雾腐蚀在735h内均未产生明显的腐蚀现象。

配方3　STS脱水防锈油

[原料配比]

原料	配比（质量份）	
	1#	2#
石油磺酸钡	55	57
液体石蜡	16	14
十二烯基丁二酸	14	14
煤油	10	8
硫代硫酸银	5	5

制备方法

（1）将石油磺酸钡、液体石蜡加入反应釜中，温度控制在120℃。

（2）加入十二烯基丁二酸，降温至80℃，搅拌。

（3）加入煤油、硫代硫酸银，常温搅拌，制得STS脱水防锈油。

原料介绍

所述石油磺酸钡的钡含量不小于7%，其平均分子量为900～1200。

所述液体石蜡的分子量为300～500。

所述煤油的初馏点为140～158℃，终馏点为192～200℃。

所述煤油的密度为0.78～0.88kg/m^3，20℃。

所述煤油的黏度为1.21～1.32mm^2/s，40℃。

产品应用　本品主要是一种STS脱水防锈油。

产品特性　本品与金属表面黏附性好，分子间结合牢固，当膜层出现形变压力时，其内部应力适应变化，防锈膜层具有一定强度，能长时间防止腐蚀情况发生；组分中加入硫代硫酸银作为溶剂油，提高整体组分的聚合力，同时作为一种杀菌抑制剂，能消灭微生物细菌，降低腐坏的发生，为金属表层提供安全防护。石油磺酸钡的静态腐蚀试验情况较好，对钢、黄铜、紫铜、铝合金、锌等多种金属无腐蚀作用，加热后油溶性好，能吸附于金属表面形成保护膜，防止对金属的腐蚀和锈蚀，对黑色和有色金属有良好的防锈性能。

配方4　泵阀用环保防锈油

[原料配比]

原料	配比（质量份）
基础油	80～100
石油磺酸钙	5～10

续表

<table>
<tr><th colspan="2">原料</th><th>配比（质量份）</th></tr>
<tr><td colspan="2">聚乙烯醇</td><td>6～8</td></tr>
<tr><td colspan="2">纳米硅藻土</td><td>1～3</td></tr>
<tr><td colspan="2">甘油三酸酯</td><td>1.2～1.5</td></tr>
<tr><td colspan="2">改性羊毛脂</td><td>8～10</td></tr>
<tr><td colspan="2">分散剂</td><td>0.2～0.4</td></tr>
<tr><td colspan="2">硬脂酸酰胺</td><td>1.6～1.8</td></tr>
<tr><td colspan="2">丙二醇甲醚醋酸酯</td><td>1.4～1.6</td></tr>
<tr><td rowspan="5">改性羊毛脂</td><td>羊毛脂</td><td>40</td></tr>
<tr><td>虫胶树脂</td><td>4</td></tr>
<tr><td>茶树籽油</td><td>2</td></tr>
<tr><td>山梨糖醇聚氧乙烯单月桂酸酯</td><td>1</td></tr>
<tr><td>甘油</td><td>4</td></tr>
</table>

制备方法　将各组分原料混合均匀即可。

原料介绍

改性羊毛脂，能够改善防锈油的组织性能，提高防锈油的抗氧化性，提高防锈油的抗污能力和防锈持久性，改性羊毛脂与纳米硅藻土的协同作用，能够进一步提升防锈油的使用寿命，降低泵阀部件的后期维护费用。

所述改性羊毛脂的制备方法为：将羊毛脂、虫胶树脂、茶树籽油、山梨糖醇聚氧乙烯单月桂酸酯、甘油均匀混合到一起，加热到60℃，以350r/min搅拌30min，然后加热至80℃，以800r/min转速搅拌40min，然后自然冷却至室温即可。

所述分散剂为硬脂酸单甘油酯。

所述纳米硅藻土粒径为26nm。

产品应用　本品主要是一种泵阀用环保防锈油。

使用方法：使用前，将泵阀表面擦拭干净，先采用质量分数为2.4%的碳酸钠溶液涂刷1～2遍，然后自然晾干，再放置到温度为50℃、空气相对湿度为30%的环境下2h，然后采用500W超声处理2min，继续放置30min，用环保防锈油对泵阀进行均匀涂刷，即可。

产品特性

（1）本品能够极大地提高防锈油形成的吸附膜的吸附力，提高防锈时间。每三年重新使用一次本品泵阀用环保防锈油，相较于采用普通防锈油的泵阀使用寿命能够提高2～3倍。

（2）本品处理过程简单、成本低，通过本品中各成分之间协同作用，能够使得防锈油在泵阀部件表面形成均匀稳定的吸附膜，成膜致密、均匀、坚硬、厚度适中，与本体结合牢固，增强了防锈性能。

（3）本品适用于长期处于盐雾环境、湿热环境或要求长期防锈场合下的泵阀，同时环保健康，对环境和人体不会造成污染，防锈期可持续4年以上。

配方 5　不含磺酸盐的环保型防锈油

[原料配比]

原料		配比（质量份）		
		1#	2#	3#
基础油	费托合成油	80	80	85
酰胺化合物	十二烯基丁二酸二乙醇酰胺	13	—	6
	妥尔油酸二乙醇酰胺	—	10	—
	月桂酸二乙醇酰胺	—	—	3
杂环化合物	四氢苯三唑	2	—	—
	苯并三氮唑	—	5	2
助剂	邻苯二甲酸二辛酯	5	—	—
	二乙二醇丙醚	—	5	—
	邻苯二甲酸二丁酯	—	—	4

制备方法　在反应釜内加入基础油，加热至 50℃，在恒温低速搅拌下，依次加入酰胺化合物、杂环化合物和助剂，恒温搅拌 30min。

原料介绍

所述基础油为费托合成油，馏程为 180～220℃。

产品应用　本品主要是一种不含磺酸盐的环保型防锈油。

产品特性　本品不含重金属磺酸盐，在生产、制造、使用过程中对环境不会产生污染，油膜坚固，防锈性能好；附着力强，与金属紧密结合，防腐防锈。金属表面成膜致密、均匀、坚硬、厚度适中，与本体结合牢固，不含结晶水，因此，具有较高的强度，较好的抗氧化性，使用寿命长，容易制备，使用方便，运输储存方便，不污染环境，对人体无毒无害，防锈性能稳定、可靠，具有优异的抗湿热及抗盐雾防锈性能。

配方 6　不含硫的新型防锈油

[原料配比]

原料	配比（质量份）
基础油	75～85
防锈剂	2～6
脱水剂	1～5
乳化剂	5～10
抗氧化剂	0.5～3
消泡剂	0.1～0.3
防爆剂	0.5～1

制备方法

（1）将基础油加入蒸馏釜中进行搅拌，并加热至 60～80℃，随后向反应釜中加入脱水剂，边搅拌边加热进行脱水，制得第一油料；蒸馏釜中进行脱水操作时的温度控制为 110～120℃，且搅拌转速为 100～150r/min。

（2）将第一油料加入反应釜中，使反应釜中的温度上升至 65～75℃，然后向反应釜中添加防锈剂和抗氧化剂，连续搅拌使防锈剂和抗氧化剂充分溶解，得到混合油料；防锈剂和抗氧化剂的搅拌混合时间为 20～30min，且搅拌转速为 500～600r/min。

（3）待反应釜中的温度降低至 40～50℃，向混合油料中添加乳化剂、消泡剂和防爆剂，搅拌均匀后使混合油料冷却至室温，从而得到防锈油粗成品；乳化剂、消泡剂和防爆剂的搅拌混合时间为 35～40min，且搅拌转速为 800～900r/min。

（4）对防锈油粗成品进行检验，检验指标合格后，对防锈油粗成品进行过滤灌装，即可得到成品防锈油。

原料介绍

所述基础油为矿物油和合成油，且矿物油采用环烷基矿物油，矿物油和合成油的质量比为 9∶1。

所述防锈剂为石油磺酸钙、羊毛脂镁皂和烯基丁二酸。

所述脱水剂为异丁醇、单丁醚、乙醇或石油醚中的一种。

所述乳化剂采用二乙醇酰胺。

所述抗氧化剂为屏蔽酚型抗氧化剂或芳胺型抗氧化剂中的一种。

所述消泡剂采用聚二甲基硅醚消泡剂。

所述防爆剂为环烷酸铅。

抗氧化剂可以延缓或抑制聚合物氧化过程的进行，从而阻止聚合物的老化并延长其使用寿命，保证防锈油可以长期使用。

脱水剂可以降低物料中的水分或除去化合物分子中的结晶水，能够有效提升基础油的纯度，且脱水剂采用石油醚，石油醚是一种轻质石油产品，为无色透明液体，不溶于水，溶于无水乙醇、苯、氯仿、油类等多种有机溶剂。

乳化剂可以降低混合体系中各组分的界面张力，进而能够提升防锈油的生产质量。

消泡剂可以降低水、溶液、悬浮液等的表面张力，防止泡沫形成。

防爆剂含有特殊表面活性成分，具有极强的渗透和湿润能力，可以增加防锈油的润滑效果。

产品应用　本品主要是一种不含硫的新型防锈油。

产品特性　本品具备使用方便、不含硫等有害物质、无刺激性气味、黏度小、渗透性和清洗性好、长期使用后无乳化现象、不会出现沉淀物析出、进而能够有效提升环保安全性和防锈性能的优点，解决了防锈油中含有硫、钡、芳烃等有害物质，防锈油具有较大的刺激性气味，会对人体造成损害，且防锈油使用时容易出现乳化现象，在放置过程中析出沉淀物，从而导致防锈油使用效果较差的问题。

配方 7　不含重金属的防锈油

［原料配比］

原料		配比（质量份）									
		1#	2#	3#	4#	5#	6#	7#	8#	9#	10#
有机硅改性植物油	有机硅改性菜籽油	59.89	55.4	65.89	71.2	63	65	51	56	50.5	64.99
	有机硅改性大豆油	15	10	10	5	10	5	5	5	—	—
	有机硅改性棕榈油	—	5	—	5	—	—	10	—	—	15

续表

原料		配比（质量份）									
		1#	2#	3#	4#	5#	6#	7#	8#	9#	10#
第一防锈剂	石油磺酸钙	—	—	5	—	—	5	—	10	15	—
	十二烯丁二酸胺	5	3	5	1	3	5	2	3	5	5
	环烷酸锌	8	—	—	5	—	—	—	8	8	—
第二防锈剂	改性噻二唑	—	5	—	—	8	—	10	—	—	—
成膜剂	羊毛脂	—	—	5	—	—	10	15	—	—	5
	羊毛脂脂肪酸季戊四醇酯	5	—	5	—	8	—	—	—	15	—
	聚乙烯醇缩丁醛成膜树脂	—	15	—	10	—	5	—	8	—	5
抗氧化剂	2,6-二叔丁基-4-甲基苯酚	5	—	1	—	—	0.5	—	2	—	3
	二苯胺	—	5	—	0.1	3	—	1	—	4	—
防腐剂	1,3,5-三-(2-羟乙基)六氢三嗪	0.1	—	3	—	2	—	5	—	1	—
	1,2-苯并异噻唑-3-酮	—	0.1	—	2	—	3	—	5	—	1
消泡剂	有机硅	0.01	0.5	0.10	0.2	2	1	0.5	1	0.5	0.01
香精	柠檬香精	2	1	0.01	0.5	1	0.5	0.5	2	1	1

制备方法

（1）将第一防锈剂、第二防锈剂、成膜剂、抗氧化剂、防腐剂加入有机硅改性植物油中，在 90～110℃温度下，以 300～500r/min 的速度搅拌 20～30min，制得均匀的混合物。

（2）在步骤（1）得到的均匀混合物中加入消泡剂和香精，再用超声振荡 10～20min。即得到不含重金属的防锈油。

原料介绍

所述的改性植物油作为基础油，具体的是有机硅改性植物油，可以是菜籽油、大豆油、棉籽油、棕榈油中的任意一种或两种以上混合物经过有机硅改性得到。有机硅改性植物油的制备过程还至少包括酯交换反应、环氧化反应和开环反应。

所述的有机硅改性植物油的制备方法包括如下步骤：

（1）将 100 份植物油加入反应器中，随后逐渐加入 20～30 份 6%～8%的氢氧化钾甲醇溶液，然后于 60～70℃的温度下进行酯交换反应 1～3h，反应结束后洗涤至中性，除水干燥，得到脂肪酸甲酯。

（2）在 60～70℃的温度下，向 100 份步骤（1）得到的脂肪酸甲酯中加入 100～150 份乙酸和强酸性阳离子交换树脂催化剂的混合物，再逐渐加入过氧化氢溶液，其中 H_2O_2 与乙酸的摩尔比为（1～1.5）：1，保温 4h 进行环氧化反应，反应结束后洗涤至中性，除水干燥，得到环氧植物油。

（3）在 50～60℃的温度下，向 100 份步骤（2）得到的环氧植物油中滴加 30～50 份乙酸，滴完后保温 1～3h 进行开环反应，反应结束后洗涤至中性，除水干燥，得到植物油醇。

（4）在冰水浴和氮气保护的条件下，向三甲基氯化硅的乙醚溶液中滴加植物油醇和三乙胺，然后在 30～60℃的温度下反应 2h，反应结束后洗涤至中性，蒸发除去溶剂并真空干燥后得到有机硅改性植物油；三甲基氯化硅与植物油醇的摩尔比为 1：1。

改性噻二唑作为第二防锈剂，按照以下工艺进行制备：将十八烷基酸与二氯亚砜混合，搅拌均匀后回流反应100～200min，减压蒸馏后加入天冬氨酸的碱性溶液，调节pH值为8～9，室温搅拌反应120～200min，冷却后调节pH为酸性，分液、洗涤得到物料A；将2-巯基-5-甲基-1,3,4-噻二唑与硫酸水溶液混合，在35～40℃下加入物料A，在45～55℃下反应100～200min，冷却后加入水，过滤，将滤饼用氢氧化钠水溶液溶解后调节pH值为2～3，过滤、洗涤、干燥后重结晶得到物料B；将物料B加入二甲苯中，在60～70℃下加入三乙醇胺，在100～105℃下搅拌反应2～4h，反应结束后冷却、蒸发、干燥得到所述改性噻二唑。

产品应用　本品主要是一种绿色环保的不含重金属的改性植物防锈油。

产品特性

（1）本品经过酯交换反应、环氧化反应、开环反应和有机硅改性后的植物油中的不饱和成分含量明显降低，从而使得抗氧化能力得到显著提升，进而提高防锈油的稳定性和使用寿命。

（2）本品经过有机硅改性的植物油在摩擦表面形成的油膜，能一直稳定地起到润滑作用，保持稳定的摩擦力和摩擦系数，具有较好的润滑效果。

（3）本品具有成分中不含重金属，无重金属污染；采用改性植物油代替矿物油作为基础油，可生物降解，绿色环保；改性后的植物油不易氧化，防锈油稳定性好，寿命长；使用相互协同作用的双组分防锈剂，防锈性能好的特点。

配方8　超薄型金属防锈油

原料配比

原料	配比（质量份）	
	1#	2#
石油磺酸钙	10	15
石油磺酸钡	10	15
石油磺酸钠	10	15
C_9石油树脂成膜剂	5	8
十六烯基丁二酸三乙醇胺	5	8
邻苯二甲酸三乙醇胺	5	8
白油	55	31

制备方法　在反应釜投入白油，升温至40～60℃，按比例再投入石油磺酸钙、石油磺酸钡、石油磺酸钠、C_9石油树脂成膜剂、十六烯基丁二酸三乙醇胺、邻苯二甲酸三乙醇胺等原料，搅拌升温至70～95℃之间，混合反应2～4h至油品透明。出料—检测—包装—入库。

产品应用　本品主要是一种适用于汽车工业、航空航天等机械制造业不锈钢、铸铁、铝合金、铜合金等材质机械加工过程的机械工件工序间和封存防锈的超薄型金属防锈油产品。

产品特性

（1）用量节省，因为是超薄涂抹即可满足防锈要求，用量只有传统防锈油的1/3。

（2）防锈性能优良，可同时满足机械加工的工序间防锈要求和成品工件的封存防锈要求。

（3）在机械加工的后续清洗工艺，刷过本产品的工件易于被清洗干净。

配方 9　超低音轴承专用防锈油

[原料配比]

原料	配比（质量份）		
	1#	2#	3#
基础油脂	50	75	75
混合防锈剂	15	12	23
高分子成膜剂	15	15	15
抗氧化剂	3	3	3
VCI 防锈颗粒混合剂	7	5	—
表面活性剂	3	3	3
芳香剂	4	2	4
抗磨剂	9	6	—

制备方法

（1）取基础油脂与混合防锈剂加入搅拌装置内部，将整体加热至 15～25℃并搅拌 3～6min，获得初步混合液。

（2）在获得的初步混合液中加入高分子成膜剂和抗氧化剂，在 15～20℃的环境下保持 200～300r/min 的速度搅拌 5～10min，得到预处理液。

（3）将预处理液降温至 20～30℃，并往预处理液内部加入 VCI 防锈颗粒混合剂和表面活性剂并保持 20～30℃，同时以 100～200r/min 的搅拌速度搅拌 5～10min，得到二次处理液。

（4）将二次处理液保持在 20～30℃，并往二次处理液内添加芳香剂、抗磨剂，保持 200～300r/min 的搅拌速度搅拌 5～10min，得到粗制添加剂。

（5）将得到的粗制添加剂加入过滤装置内进行过滤，过滤掉粗制添加剂内部的杂质，从而获得成品。

原料介绍

所述混合防锈剂为苯并三氮唑、*N*-油酰肌氨酸、十七烯基咪唑啉烯基丁二酸盐、十二烯基丁二酸和氧化石油脂中的至少两种的混合物。

所述高分子成膜剂包括石油树脂、酚醛树脂和醇酸树脂中的至少一种。

所述抗氧化剂包括 2,4-二甲基-6-叔丁基苯酚、二仲丁基对苯二胺和二苯胺中的一种或几种。

所述 VCI 防锈颗粒混合剂为 VCI 挥发添加剂、VCI 合成酯保护剂以及 VCI 防锈颗粒混合制成。

所述表面活性剂为非离子型表面活性剂，且表面活性剂为烷基酚聚氧乙烯醚、脂肪酸聚氧乙烯酯和长链脂肪醇聚氧乙烯醚中的一种或几种。

所述芳香剂为薰衣草精油。

所述抗磨剂为硼酸盐和硼酸酯或者有机磷化物中的一种。

产品应用　本品主要是一种超低音轴承专用防锈油。

产品特性

（1）本品具有极佳的防锈效果，同时表面成型效果极佳，可以长时间使用，保证整体较长的使用寿命，且整体不具有刺激性气味，整体具有良好的耐磨效果；从而保证整体良好的防锈效果，保证超低音轴承的正常使用，增加了整体实用性。

（2）本品保护表面不受水分、化学品、空气及其它腐蚀品侵害，增加了整体的使用寿命，具有很高的表面活性，良好的增溶、洗涤、抗静电、钙皂分散等性能，刺激性小，还有优异的润湿和洗涤功能，且改善聚结性能，从而增加了整体良好的成型效果，同时保证整体不会对周围的工人产生较大的影响，方便整体进行使用，且能延长使用寿命，提升动力，保证整体较长的使用寿命。

配方 10 冲压清洗防锈油

原料配比

原料	配比（质量份）	
	1#	2#
成膜剂	1.2	1
溶剂油	83	80
防锈添加剂	6.5	7
硫化极压剂	0.8	1
抗氧化剂	0.6	0.8
无磷缓蚀剂	0.3	0.4

制备方法

（1）按质量份计，将 0.8～1.5 份成膜剂加入到 75～85 份溶剂油中，在搅拌的状态下升温至 70～85℃。

（2）按质量份计，依次加入 6～10 份防锈添加剂、0.5～2.5 份硫化极压剂、0.5～2.5 份抗氧化剂和 0.1～0.5 份无磷缓蚀剂，搅拌 3～5h，混合均匀，冷却，过滤，即得到冲压清洗防锈油。

原料介绍

所述溶剂油的密度为 0.83g/cm^3，倾点为－10℃，在 40℃的黏度为 1.7mm^2/s。

所述硫化极压剂购自席瑞特种化工（上海）有限公司，在 40℃的黏度为 50mm^2/s，硫的质量分数为 10.5%～17.5%，最大无卡咬负荷 PB 值为 82kg，烧结负荷 PD 值为 600kg。

所述防锈添加剂选用低碱值石油磺酸钙或石油磺酸钡、羊毛脂镁皂。

所述抗氧化剂选用多元受阻酚型抗氧化剂 1010，多元受阻酚型抗氧化剂 1010 的化学名为四[β-（3,5-二叔丁基-4-羟基苯基）丙酸]季戊四醇酯。所述多元受阻酚型抗氧化剂 1010 的熔点为 110.0～125.0℃。

所述成膜剂选用复合酯，所述复合酯由多元醇和二元羧酸反应得到，多元醇和二元羧酸的质量比为 4∶5，所述复合酯在 40℃的黏度为 2000mm^2/s。

所述无磷缓蚀剂由以下质量分数的原料混合制备得到：乙二胺 25%，四硼酸钠 3%，苯甲酸酯 35%，氢氧化钠 0.3%，苯并三氮唑 1.5%，去离子水 35.2%。

产品应用　本品主要是一种冲压清洗防锈油。

产品特性

（1）本品具有优良的电泳涂料兼容性，既能满足汽车主机厂冲压需求，又能有效避免后道工序电泳出现缩孔的风险；本品原料易得，生产简便，能够有效节约成本，实现大规模生产。

（2）本品通过将防锈添加剂和无磷缓蚀剂复合使用，有效延长了防锈时间，且使用无磷缓蚀剂能够减少磷类产品对水体产生的影响。

配方 11　冲压润滑防锈油

［原料配比］

原料		配比（质量份）						
		1#	2#	3#	4#	5#	6#	7#
聚合酯	亚油酸和蓖麻油酸的聚合物与三羟甲基丙烷合成的酯	5	—	—	—	—	—	—
	C_{12}的烷基多元酸与季戊四醇合成的酯	—	10	—	—	—	—	—
	C_{20}的烷基多元酸与新戊二醇合成的酯	—	—	10	—	—	—	—
	C_{18}的烷基多元酸与聚乙二醇合成的酯	—	—	—	10	—	—	—
	亚油酸和蓖麻油酸的聚合物与聚乙二醇合成的酯	—	—	—	—	5	7	—
	C_{16}的烷基多元酸与季戊四醇合成的酯	—	—	—	—	—	—	7
硫化油脂极压剂		10	5	5	2	7	6	10
防锈剂	氧化蜡钙盐、合成磺酸钙和羧酸钙的复合物	5	5	5	5	5	3	3
触变剂	片层状含蒙脱石的硅酸盐矿物质	—	—	—	—	0.2	0.5	0.5
基础油	40℃时运动黏度为50mm²/s的精制矿物油	80	—	—	—	82.8	—	—
	40℃时运动黏度为30mm²/s的精制矿物油	—	80	—	—	—	—	—
	40℃时运动黏度为10mm²/s的精制矿物油	—	—	80	83	—	—	—
	40℃时运动黏度为100mm²/s的精制矿物油	—	—	—	—	—	83.5	—
	40℃时运动黏度为70mm²/s的精制矿物油	—	—	—	—	—	—	79.5

制备方法　将所述聚合酯、硫化油脂极压剂、防锈剂、触变剂和基础油放入容器中，加热至60～80℃，搅拌混合均匀即得所述冲压润滑防锈油。

原料介绍

所述硫化油脂极压剂的硫含量≤15%，油脂凝点≤10℃。

所述基础油为40℃时运动黏度为10～100mm²/s的精制矿物油。

产品应用　本品主要是一种冲压润滑防锈油。

产品特性　本品具有优异的防锈、润滑、环保等综合性能。将其涂覆在金属表面上能够形成连续的油膜，尤其适用于汽车钢板及高强钢冲压成型，加工成型后零件的防锈期达到3个月以上，防锈效果持久，且在加工成型的过程中，该防锈油的润滑性能不易受连续冲压加工时模具温度变化的影响，性能稳定。

配方 12　电机配件防锈油

［原料配比］

原料	配比（质量份）		
	1#	2#	3#
乙二醇单己醚	11	14	16

续表

原料	配比（质量份）		
	1#	2#	3#
过氧化苯甲酰	10	13	16
氧化铝	9	12	14
环烷酸铅	8	11	13
油酸钾	10	13	15
过氧化苯甲酰	13	12	17
白节油	7	11	13
环烷酸锌	4	6	8
环氧大豆油	6	9	11
基础油	16	19	22
脂肪酸	5	7	9
二乙二醇	6	9	12
凡士林	7	10	12
松香	10	13	16
聚甲基丙烯酸酯	7	10	13
石油磺酸钙	6	9	11
石墨烯	6	9	12

制备方法　将所述比例基础油放入加热锅中，加热至融合流动状态，加入对应比例的乙二醇单己醚、过氧化苯甲酰、氧化铝、环烷酸铅、油酸钾、过氧化苯甲酰、白节油、环烷酸锌、环氧大豆油、脂肪酸、二乙二醇、凡士林、松香、聚甲基丙烯酸酯、石油磺酸钙、石墨烯，充分搅拌均匀，加热到50～60℃，并保持20～30min，自然降温冷却，即得。

产品应用　本品主要用于各类五金零件、电机配件，能在铁、铜、不锈钢表面形成一层长效保护膜。

产品特性　本品能够保持金属原有的光泽和质感，能够增加亮度，形成的长效保护膜不黏手、不沾灰，使金属免受环境中的水汽、氧气、酸、碱、盐和碳化物等物质的影响，保持较好的物理性能和化学性能，防锈油本身不污染环境、无毒，对环境是完全没有污染的，在使用过程中，几乎没有挥发，不产生对人体有伤害的气体，制备方便，原料便宜，能够大规模推广使用。

配方 13　多功能防锈油

[原料配比]

原料		配比（质量份）			
		1#	2#	3#	4#
基础油	D60	56.5	54.5	53.5	51.5
矿物油	150N	25	27	28	30
防锈剂A	石油磺酸钡	6	7	8	10
	石油磺酸钠	4	2	3	—

续表

原料		配比（质量份）			
		1#	2#	3#	4#
防锈剂B	环烷酸锌	2	2	—	—
	十二烯基丁二酸酯	3	4	4	5
成膜剂	氧化石蜡	1	1.5	2	2.5
油溶剂	斯盘-80	2.5	2	1.5	1

制备方法

（1）将所述防锈剂A和所述成膜剂溶解于所述矿物油中，加热控制温度在90～100℃，搅拌（300～500r/min）20～30min溶解完全，制得混合物。

（2）将上述混合物冷却至30～40℃后，再将油溶剂、防锈剂B和基础油加入所述混合物中，搅拌（300～500r/min）20～30min，制得多功能防锈油。

原料介绍

所述防锈剂A为石油磺酸钡、石油磺酸钙、石油磺酸钠、二壬基萘磺酸钡中的任一种或至少两种的混合物。

所述防锈剂B为十二烯基丁二酸、十二烯基丁二酸酯、十七烯基咪唑啉烯基丁二酸盐、环烷酸锌中的任一种或至少两种的混合物。

所述成膜剂为氧化石蜡、羊毛脂、凡士林、氧化石油脂中的任一种或至少两种的混合物。

所述油溶剂为斯盘-80、蓖麻油酸、植物油酸、棕榈酸、硬脂酸中的任一种或者至少两种的混合物。

所述基础油为碳氢基础油。所述碳氢基础油为D40溶剂油、D60溶剂油、D80溶剂油、120#溶剂油中的任一种或至少两种的混合物。

所述矿物油为100N、150N、100SN、150SN中的任一种或至少两种的混合物。

产品应用　本品主要是一种多功能防锈油。

产品特性

（1）本品兼具油膜型防锈油优异的防锈性能和脱水型防锈油的水置换性，可以降低涂覆防锈油时对工件表面的工艺要求。本品中成膜剂的使用可以提高多功能防锈油的成膜性能，提高多功能防锈油的涂布效果和流平性。

（2）本品中，基础油、矿物油、成膜剂、油溶剂、防锈剂A和防锈剂B采用特定的添加顺序，是本品制得多功能防锈油的关键，通过将防锈剂A和防锈剂B分两步加入，两者产生协同作用，从而可以制得具有适宜的黏度、油膜厚度、防锈性、防腐性、分离安定性、水置换性等综合性能的多功能防锈油。

配方14　阀门防锈油

原料配比

原料	配比（质量份）		
	1#	2#	3#
二甲基硅油	5	8	10

续表

原料		配比（质量份）		
		1#	2#	3#
松香甘油酯		3	4	5
芳烃改性萜烯树脂		2	2	3
改性陶瓷胶粉		2	4	5
氢化蓖麻油		1	2	3
分子筛原粉-泊洛沙姆复合物		0.5	1.2	2
交联聚维酮		0.5	0.8	1
双季戊四醇		0.5	0.8	1
双丙酮丙烯酰胺		0.3	0.4	0.5
亚氯酸盐		0.05	0.5	0.1
基础油		100	125	150
改性陶瓷胶粉	陶瓷纤维	10	13	15
	聚氨酯乳液	2	3	4
	有机硅树脂	3	4	5
	松香	0.5	0.8	1
分子筛原粉-泊洛沙姆复合物	水	30	45	60
	分子筛原粉	3	4	5
	纳米钛白粉	0.1	0.2	0.3
	泊洛沙姆	2	2.5	3
	N-乙烯基吡咯烷酮	0.05	0.08	0.1

制备方法

（1）向松香甘油酯中加入芳烃改性萜烯树脂和双季戊四醇，并升温至 85～90℃保温混合 15min，再加入交联聚维酮和双丙酮丙烯酰胺，继续升温至 115～120℃保温混合 15min，然后自然冷却至室温，即得物料Ⅰ。

（2）向二甲基硅油中加入分子筛原粉-泊洛沙姆复合物和亚氯酸盐，升温至 125～130℃保温混合 30min，自然冷却至室温，即得物料Ⅱ。

（3）向基础油中加入物料Ⅰ、物料Ⅱ、改性陶瓷胶粉和氢化蓖麻油，充分混合后于 35～40℃环境中密封静置 1h，再将所得混合物送入球磨机中，球磨至出料粒度达到 0.03～0.05mm，即得防锈油。

原料介绍

所述改性陶瓷胶粉是由陶瓷纤维、聚氨酯乳液、有机硅树脂改性制备而成，其改性方法为：向陶瓷纤维中加入松香和有机硅树脂，充分混合后利用频率 2250MHz、功率 800W 的微波回流处理 10～20min，再加入聚氨酯乳液，混合均匀，继续微波回流处理 5～10min，并转入 5～10℃环境中密封静置 30min，用 600～800r/min 速度的搅拌机进行搅拌，所得混合物送入冷冻干燥机中，干燥所得固体经超微粉碎机制成微粉，即得改性陶瓷胶粉。

所述分子筛原粉-泊洛沙姆复合物是由分子筛原粉和泊洛沙姆在复合助剂作用下复合制得的，具体制备方法为：向水中加入分子筛原粉和纳米钛白粉，充分分散后送入球磨机中，球磨至细度小于 10μm，并利用 2450MHz 频率、700W 功率的微波处理器微波回流处理 5min，再加入泊洛沙姆和 *N*-乙烯基吡咯烷酮，混合均匀后继续微波回流处理 5min，静置 30min 后再次微波回流处理 5min，所得混合液送入喷雾干燥机中，干燥所得颗粒经超微粉碎机制成微粉，即得分子筛原粉-泊洛沙姆复合物。

产品应用　本品主要是一种阀门防锈油。

产品特性　本品均匀附着于阀门等精密铸造件表面后形成厚度低至 0.2mm 的超薄防锈保护层，以有效隔绝空气中的氧气和水分，以及其它腐蚀性物质对铸造件表面造成的锈蚀；并且该防锈油适用范围广，适用于多种单一金属和合金精密铸造件的防锈处理；同时所形成的防锈保护层并非如涂层一样与铸造件表面紧密结合，而是能够被擦拭除去，防止防锈油的存在影响铸造件的后续再加工。

配方 15　防锈油（1）

原料配比

原料	配比（质量份）	
	1#	2#
叔丁基酚甲醛树脂	15	20
链烷蜡	2	3
脂肪酸胺盐	30	30
醇酸树脂	5	5
氧化石油脂钡皂	10	10
二壬基萘磺酸钡	5	8
石油磺酸钙	1	3
OP-8 乳化剂	2	3
汽油	20	30

制备方法　将各组分原料混合均匀即可。

产品应用　本品主要用于钢、铸铁及铜合金等材质的防锈。

产品特性　本品价格低廉、用量少，具有优异的防锈效果，涂层光亮透明、清洁美观且对产品质量无影响，可用于钢、铸铁及铜合金等材质的防锈；制备工艺简单，可大规模生产。

配方 16　防锈油（2）

原料配比

原料		配比（质量份）				
		1#	2#	3#	4#	5#
抗氧化剂	抗氧化剂 264	1	2	—	—	1.6
	抗氧化剂 T501	—	—	1.5	1.2	—
复合防锈剂	石油磺酸钡和壬基酚醚磷酸酯	20	10	15	14	18

续表

原料		配比（质量份）				
		1#	2#	3#	4#	5#
羊毛脂		2	4	3	1	5
苯并三氮唑		2.1	2.8	2.5	3	2
丁醇聚氧丙烯醚		1	1.7	1.5	2	1.1
脂肪酸锌		4	3.2	3.5	3	3.6
基础油	环烷基基础油	加至 100	—	加至 100	—	—
	石蜡基基础油	—	加至 100	—	—	加至 100
	溶剂油	—	—	—	加至 100	—

制备方法　将基础油加热至 75℃后加入复合防锈剂、防锈添加剂，边搅拌边加热至125℃，继续搅拌 25min 后降温至 75℃，加入其它组分后继续搅拌至混合均匀，降温至 35℃，过滤去除杂质后得到防锈油。

原料介绍

所述抗氧化剂为抗氧化剂 264 或抗氧化剂 T501。

所述复合防锈剂为石油磺酸钡和壬基酚醚磷酸酯的混合物。

所述防锈添加剂为苯并三氮唑。

所述表面活性剂为丁醇聚氧丙烯醚。

所述脂肪酸锌的制备步骤为：

（1）将樱桃籽的外壳脱除，水洗后−10℃下干燥 24h，用研钵粉碎制得樱桃籽粉，将樱桃籽粉、异丙醇加入索氏提取器中，85℃下回流提取 3h 得到提取液，将提取液在 4000r/min 转速下离心分离 15min 得到上清液，将上清液回收异丙醇后 100℃下干燥至恒重，得到樱桃籽油；樱桃籽粉与异丙醇的固液比为 1g 对应 50mL。

（2）将樱桃籽油在氮气氛围下加入氢氧化钠乙醇溶液中，65℃下反应至 pH 值为 7，停止加热后用氯化钠饱和溶液盐析，静置分层为上层液体和下层液体，弃去下层液体，将上层液体加入氯化锌乙醇溶液中，65℃下超声搅拌 35min 得到反应液，将反应液抽滤得到滤饼，将滤饼醇洗 3 次后水洗至无色，100℃下干燥至恒重，得到脂肪酸锌。樱桃籽油与氢氧化钠乙醇溶液的质量比为 1∶2，氢氧化钠乙醇溶液的质量分数为 8%，上层液体与氯化锌乙醇溶液的质量比为 1∶3，氯化锌乙醇溶液的质量分数为 8%。

所述基础油为环烷基基础油、石蜡基基础油或溶剂油。

产品应用　本品主要是一种防锈油。

产品特性

（1）樱桃籽是樱桃果实内的籽，通常作为食品垃圾丢弃，本品中的樱桃收集后以异丙醇为提取溶剂采用索氏提取法制得樱桃籽油，其含有大量的脂肪酸，然后将樱桃籽油通过超声波辅助皂化法制得脂肪酸锌，该脂肪酸锌具有较好的耐热稳定性和减摩润滑性能，因此能很好地改善防锈油的耐热稳定性和减摩润滑性能。

（2）本品使用的表面活性剂为丁醇聚氧丙烯醚，其具有较强的耐热稳定性，能与脂肪酸锌产生协同作用，从而进一步提高防锈油的耐热稳定性；此外，其还具有较强的耐寒稳定性，因而能很好地改善防锈油的耐寒稳定性。

配方 17　防锈油（3）

［原料配比］

原料		配比（质量份）		
		1#	2#	3#
石油磺酸钡		8	5	7
N-油酰肌氨酸十八胺盐		15	12	1
胺类		4	2	5
聚氧乙烯型非离子表面活性剂		4	3	2
多羟基醇		7	4	4
乙烯醋酸乙烯共聚物		6	3	5
聚 *α*-烯烃		5	4	3
经脱芳处理的 200#溶剂油		加至 100	加至 100	加至 100
胺类	月桂胺	4	4	4
	十八胺	1	1	1
聚氧乙烯型非离子表面活性剂	OP-4	2	2	2
	OP-9	1	1	1
	OP-20	1	1	1
乙烯醋酸乙烯共聚物	乙烯	1.25	1.25	1.25
	醋酸乙烯	1	1	1
聚 *α*-烯烃	PAO4	1	1	1
	PAO8	2	2	2

制备方法

（1）在第一预设温度下，按照各组分的质量配比，将经脱芳处理的 200#溶剂油、乙烯醋酸乙烯共聚物、*N*-油酰肌氨酸十八胺盐、胺类、聚氧乙烯型非离子表面活性剂和聚 *α*-烯烃进行混合，并搅拌第一预设时间，以得出分散相；所述第一预设温度为 90～110℃，所述第一预设时间为 0.5～1.5h。

（2）按照各组分的质量配比，将所述分散相降温至第二预设温度，并向降温后的分散相内加入石油磺酸钡、多羟基醇，搅拌第二预设时间，以得到防锈油。所述第二预设温度为 40～50℃，所述第二预设时间为 1～2h。

原料介绍

所述胺类选自二环已胺、月桂胺和十八胺中的至少一种。

所述胺类包括：质量比为（3.9～4.1）∶1 的月桂胺和十八胺。

所述聚氧乙烯型非离子表面活性剂选自 OP-4、OP-7、OP-9、OP-10、OP-13、OP-15 和 OP-20 中的至少一种。

所述多羟基醇选自丙三醇、丙二醇、丙醇、甲醇、乙醇中的一种或多种。

所述聚 *α*-烯烃选自 PAO2C、PAO4、PAO6 和 PAO8 中的至少一种。

经脱芳处理的 200#溶剂油可通过如下方法制备：在 200#溶剂油中加入硫酸，使 200#溶剂油中的芳烃和硫酸发生磺化反应，以生成低分子量的磺酸盐。

产品应用　本品主要是一种防锈油。

产品特性　本品既可将金属表面的水膜置换于基础油中，也可保证防锈油最外部油膜的连续性、抗湿热性、低温附着性和干燥性等。

配方 18　防锈油（4）

［原料配比］

原料		配比（质量份）
矿物油	32#石蜡基油	20
高纯度溶剂	深度加氢 D80 溶剂油	64.5
复合防锈剂	二壬基石油磺酸钡	10
	二聚酸	2
	油酸酰胺	3
抗氧化剂	酚类抗氧化剂	0.5

制备方法

（1）向矿物油中加入复合防锈剂，搅拌，保持温度在 80～100℃。

（2）向步骤（1）的混合液中加入抗氧化剂，搅拌，然后降温至 50℃以下。

（3）再向步骤（2）的混合液中加入高纯度溶剂，搅拌 1～2h，灌装。

原料介绍

所述矿物油为 5#白油、15#环烷基油、22#环烷基油、32#环烷基油、32#石蜡基油、100#加氢油或 320#加氢油中的一种或多种。

所述高纯度溶剂为 D65、D80、D100 或异构烷烃中的一种或多种。

所述复合防锈剂包括石油磺酸钡、二壬基石油磺酸钡、二壬基石油磺酸钙、二聚酸、油酸酰胺或羊毛脂皂中的两种及两种以上混合物。

所述抗氧化剂为酚类抗氧化剂、胺类抗氧化剂或多效抗氧化剂中的一种或多种。

产品应用　本品主要用于各种黑色及有色金属的长期防锈保护。

产品特性

（1）本品能够对各种黑色及有色金属提供长期防锈保护，油膜更薄，闪点高，使用安全，具有更强的水置换和指纹中和能力，易清洗，特别适用于各类黑色金属的中长期防锈。

（2）本品采用不含钡等重金属的原料配制而成，使用过程无气味、无危险性，不会对环境产生污染，属于环保型产品；溶剂闪点高，为工作环境提供好的安全性，适用于各种黑色及有色金属的长期防锈保护，具有优异的润滑防锈效果，室内防锈时间可达到 24 个月以上，并且有脱水效果和指纹中和能力。

配方 19　防锈油（5）

［原料配比］

原料	配比（质量份）			
	1#	2#	3#	4#
D80 溶剂油	45～55	46～55	46～53	75.95

续表

原料	配比（质量份）			
	1#	2#	3#	4#
D40 溶剂油	20～40	22～36	25～34	46.5
防锈剂	5～15	5～14	6～14	13.95
T705 防锈剂	0.1～1	0.2～1	0.2～0.8	0.78
脱水剂	0.5～2.5	0.6～2.3	1～2.3	3.1
5#白矿油	4～13	5～13	6～10	14.73

制备方法　分别将 D80 溶剂油、D40 溶剂油、防锈剂、T705 防锈剂、脱水剂、5#白矿油加入反应釜中，同时均速反应 60min 取样化验。

产品应用　本品主要是一种防锈油。

产品特性　本品用于黑色金属材料在潮湿环境下的防锈处理，满足材料在使用水性金属加工液加工后不经脱水即可进行防锈处理。

配方 20　防锈油（6）

［原料配比］

原料		配比（质量份）									
		1#	2#	3#	4#	5#	6#	7#	8#	9#	10#
十二烯基丁二酸		5	6	7	8	9	10	5	10	5	10
石油磺酸钡		50	52	54	56	58	60	50	60	50	60
三乙醇胺		15	18	21	24	27	30	15	30	15	30
机油		150	160	170	180	190	200	150	200	150	200
棕榈酸		45	48	51	54	57	60	45	60	45	60
4-甲基苯并三氮唑		10	12	14	16	18	20	10	20	10	20
十二烷基苯磺酸钠		30	34	38	42	46	50	30	50	30	50
缓冲溶液		45	48	51	54	57	60	45	60	45	60
水		600	640	680	720	760	700	600	700	600	700
抗菌剂		—	—	—	—	—	—	10	30	—	—
粒径为 0.01～10μm 的银粉		—	—	—	—	—	—	—	—	0.01	0.1
抗菌剂	羧甲基壳聚糖	—	—	—	—	—	—	1	1	—	—
	去离子水	—	—	—	—	—	—	250（体积份）	250（体积份）	—	—
	浓度为 1mmol/L 的硼氢化钠溶液	—	—	—	—	—	—	250（体积份）	250（体积份）	—	—

制备方法

（1）将十二烯基丁二酸与石油磺酸钡同时添加至机油中，然后搅拌 1.5～2h，加入三乙醇胺并加热至 50～80℃，搅拌溶解 1～2h。

（2）向步骤（1）的乳化体系中加入棕榈酸，加热至 40～50℃，搅拌 0.5～1h，然后加入十二烷基苯磺酸钠，搅拌均匀。

（3）向步骤（2）的乳化体系中加入水和缓冲溶液、抗菌剂、粒径为 0.01～10μm 的银粉，搅拌 0.5～1h，加入 4-甲基苯并三氮唑，再搅拌 1～2h，得到防锈油。

原料介绍

所述抗菌剂的制备方法如下：将 1g 羧甲基壳聚糖加入到 250mL 去离子水中，搅拌均匀，加入 250mL 的硝酸银溶液，搅拌加热到 50～60℃，反应 1h 后冷却至 20～25℃，滴加浓度为 1mmol/L 的硼氢化钠溶液，搅拌反应 0.5h，即得。

所述缓冲溶液采用碳酸钠以及碳酸氢钠的混合液，且 pH 值控制在 10～11.5 之间。

产品应用　本品主要是一种防锈油。

产品特性　本品具有防锈性能好、使用成本低的优点。

配方 21　防锈油（7）

原料配比

原料		配比（质量份）				
		1#	2#	3#	4#	5#
基础油	60N 基础油	85	—	—	15	15
	100SN 基础油	—	93.5	—	12	—
	150SN 基础油	—	—	80	60	70
抗氧化剂	2,6-二叔丁基对甲酚	0.7	—	0.7	0.5	0.3
	二辛基二苯胺	—	0.3	0.3	0.1	0.2
金属钝化剂	苯并三氮唑	0.3	—	0.5	0.5	—
	N,*N*-二丁基氨甲基亚甲基苯三唑	—	0.1	0.5	0.1	0.5
离子液体添加剂	离子液体Ⅰ	0.1	0.5	0.3	—	—
	离子液体Ⅱ	0.2	—	0.7	0.6	0.7
	离子液体Ⅲ	0.2	—	—	—	—
磺酸钙防锈剂	低碱值 C_{22}～C_{24} 烷基苯磺酸钙	12	—	13	9	11
	中性二壬基萘磺酸钙	—	5.1	2	1.2	1
成膜剂	凡士林	0.2	—	—	1	—
	羊毛脂	1	0.5	—	—	0.3
	羊毛脂镁皂	0.3	—	2	—	1

制备方法　向基础油中依次加入抗氧化剂、金属钝化剂、离子液体添加剂、磺酸钙防锈剂以及成膜剂，在 60～80℃条件下搅拌 3～5h，至所得混合物料均匀透明，冷却后得到防锈油。所述混合在带搅拌器的不锈钢调合釜内进行。

原料介绍

所述离子液体添加剂为具有式Ⅰ、式Ⅱ和式Ⅲ所示结构化合物中的一种或几种：

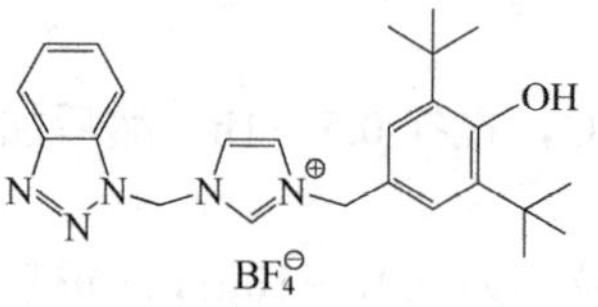

式Ⅰ

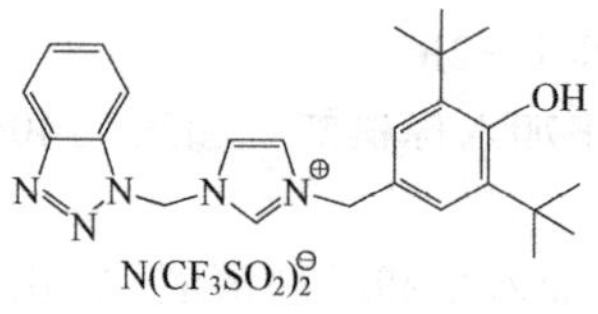

式Ⅱ

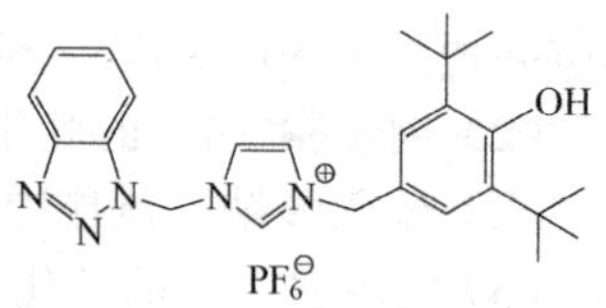

式Ⅲ

离子液体添加剂兼具抗氧化和抗腐蚀性，与抗氧化剂具有很好的正协同作用，能够提高防锈油的抗氧化性能，防止防锈油使用过程中出现结胶；同时所述离子液体添加剂与金属钝化剂以及磺酸钙防锈剂也具有较好的正协同作用，可有效改善防锈油的防锈以及防腐蚀效果。

产品应用　本品主要是一种防锈油。

在金属制件表面防锈中的应用：对金属制件的具体材质没有特殊限定，具体可以为铁、锰、铬或铜，也可以为铁、锰、铬和铜中至少两种金属形成的合金，还可以为钢材。本品对金属制件的具体种类没有特殊限定，具体可以为轴承、齿轮或钢片。

将所述防锈油涂覆在金属制件表面，在金属制件表面形成防锈层。本品中所述涂覆优选包括喷涂、浸涂或刷涂，根据实际需要选择即可。所述喷涂是利用高压喷气将所述防锈油喷涂于金属制件表面，之后干燥形成防锈层，该方法适合大面积的金属制件表面防锈；所述浸涂是将金属制件浸入所述防锈油中，在金属制件表面形成涂层，取出沥干或烘干形成防锈层，该方法适合大批量的金属制件表面防锈；所述刷涂是利用刷子将所述防锈油涂于金属制品表面，之后干燥形成防锈层，该方法适合所有需要防锈的金属制品。

产品特性

本品提供的防锈油不含钡元素，环保无害，且具有优异的抗氧化性、抗盐雾和湿热条件抗腐蚀性，使用过程中无氧化结胶物生成，可满足金属制件在高热、高湿以及高盐苛刻环境下的长效防锈要求。

配方 22　溶剂稀释型防锈油

［原料配比］

原料		配比（质量份）										
		1#	2#	3#	4#	5#	6#	7#	8#	9#	10#	11#
基础油	IP60	21	49	—	40	—	40	—	—	40	—	—
	IP80	—	—	40	—	—	—	40	—	—	40	—
	IP95	—	—	—	—	40	—	—	40	—	—	40
	D80	49	21	40	40	40	—	—	—	—	—	—
	D60	—	—	—	—	—	—	—	—	40	40	40
	D110	—	—	—	—	—	40	40	40	—	—	—
防锈剂	石油磺酸钡	6	6	4	4	4	4	4	4	4	4	4
	环烷酸锌	4	4	—	—	—	—	—	—	—	—	—
	二壬基萘磺酸钡	—	—	3	3	3	3	3	3	3	3	3
成膜剂	羊毛脂	1	1	—	—	—	—	—	—	—	—	—
	凡士林	—	—	1	1	1	1	1	1	1	1	1
抗氧化剂	2,6-二叔丁基对甲酚	0.5	0.5	—	—	—	—	—	—	—	—	—
	叔丁基对苯二酚	—	—	0.5	0.5	0.5	0.5	0.5	0.5	0.5	0.5	0.5

制备方法 将所述基础油加热至45～55℃，加入防锈剂、成膜剂和抗氧化剂，搅拌至固体溶解后，得到所述防锈油。

原料介绍

所述基础油由异构烷烃溶剂油和脱芳烃溶剂油组成。

所述异构烷烃溶剂油选自IP60、IP80和IP95中的一种或多种。

所述脱芳烃溶剂油选自D60、D80和D110中的一种或多种。

产品应用 本品主要是一种防锈油。

产品特性

（1）该基础油具有在涂覆成油膜的状态下易挥发，而在大量聚集的状态下不易挥发的特点。含有该基础油的防锈油既具有在涂覆后易干燥的优点，又具有在喷涂、循环过程中不易挥发、使用稳定性良好的优点。

（2）通过将异构烷烃溶剂油IP60、IP80和IP95中的一种或多种与脱芳烃溶剂油D60、D80和D110中的一种或多种复合后得到的基础油，在不同状态下具有不同的挥发特性：在涂覆成油膜的状态下易挥发，而在大量聚集的状态下不易挥发。

（3）将该基础油应用于溶剂稀释型防锈油中，既能保证防锈油在涂覆后易于干燥，又能减少防锈油在喷涂、循环等过程中的挥发，提高防锈油的使用稳定性，减少防锈油在使用过程中出现的黏度增大、挥发性变差、使用性能不稳定的现象。

配方23 防锈油组合物（1）

原料配比

原料		配比（质量份）			
		1#	2#	3#	4#
硫化腰果酚	腰果酚	62	62	62	62
	硫黄粉	12.8	12.8	12.8	12.8
苯基硫代膦酸二硫化腰果酚酯	硫化腰果酚	25	25	25	25
	三乙胺	8	8	8	8
	甲苯	50	50	50	50
	苯基硫代膦酰二氯	5	5	5	5
苯基硫代膦酸二硫化腰果酚酯		2.8	2.8	3	2.8
抗氧化剂	辛基二苯胺	2.7	2	1.7	2.7
	N-苯基一萘胺	0.8	1.5	1.8	0.8
防锈剂	烯基丁二酸盐	1.5	1.5	1.5	1.2
	碱性萘磺酸钡	1.7	1.7	1.7	2
抗泡剂	甲基硅油	15μg/g	15μg/g	15μg/g	15μg/g
润滑基础油	多元醇酯基础油	加至100	加至100	加至100	加至100

制备方法 将上述各组分混合。所述混合温度在40～90℃之间，混合时间在1～6h之间。

原料介绍

所述多元醇酯基础油可以选用三羟甲基丙烷油酸酯、三羟甲基丙烷硬脂酸酯、季戊四醇油酸酯和季戊四醇硬脂酸酯中的一种或多种。

产品应用　本品主要是一种极压抗磨性能优良的防锈油组合物。

产品特性

（1）本品具有优异的防锈性能、降解性能和极压抗磨性能，承载能力强，配伍性好。

（2）本品中的硫代膦酸酯化合物具有突出的承载能力以及优良的抗磨、减摩性能，可以作为极压抗磨剂应用在润滑油、润滑脂中。本品制备方法简单、操作方便，原料绿色、易得，产物收率高、纯度高。

配方 24　防锈油组合物（2）

原料配比

原料		配比（质量份）	
		1#	2#
具有 20～30 个碳原子的饱和直链脂肪酸丁酯	二十烷酸丁酯	5	5
	二十四烷酸丁酯	5	10
具有至少 10 个碳原子的丁二酸	十八烯基丁二酸（直链）	1	—
	十二烯基丁二酸（异构化）	—	2
烷基萘磺酸盐	二壬基萘磺酸钙	10	10
环烷基基础油	环烷基基础油	20	20
挥发性基础油	D60	59	53

制备方法　将各组分原料混合均匀即可。

原料介绍

所述脂肪酸丁酯为单一的脂肪酸丁酯或两种以上脂肪酸丁酯的混合物。其中二十烷酸丁酯的熔点为36.6～36.8℃，二十四烷酸丁酯的熔点为50.6～50.8℃。

所述饱和直链脂肪酸丁酯采用如下方法制备而成，具体包括如下步骤：

（1）向反应釜中依次加入饱和直链脂肪酸和正丁醇，搅拌下再往反应物料中加入催化剂；搅拌下加热至沸腾，保持沸腾回流状态，不断从油水分离器中将水分离出去，直到没有水分生成，停止加热，酯化反应终止。

（2）往酯化反应后的混合液中加入碳酸钠水溶液，得到混合溶液，将混合溶液温度维持在 80～95℃，搅拌均匀后，静置分层，除去其中的水层，得到水洗后的混合液；碳酸钠水溶液的质量分数为 1%～10%。

（3）往水洗后的混合液中加入纯水，温度维持在 80～95℃，搅拌均匀后，静置分层，除去其中的水层，得到水洗后的混合液；重复水洗操作，直到水洗后混合液的 pH 值为 6～7 为止。

（4）将水洗后的混合液减压蒸馏，得到目标产物饱和直链脂肪酸丁酯。

所述脂肪酸丁酯的酸值不大于 5mg/g。

所述丁二酸为烯基丁二酸或烷基丁二酸。

所述烷基萘磺酸盐为单磺酸盐，选用烷基萘磺酸钡或烷基萘磺酸钙。

所述挥发性溶剂油为闪点 40～100℃的直链或异构化溶剂油或碳氢溶剂。

产品应用　本品主要是一种防锈油组合物。

产品特性　该防锈油中的成膜物质在基础油或挥发性溶剂油中具有良好溶解性，并且在金属工件表面形成的油膜具有良好的耐盐雾性能。

配方 25　钢材防锈油

[原料配比]

原料	配比（质量份）		
	1#	2#	3#
导热油	30	35	40
聚酯乳液	15	16	17
肉豆蔻酸异丙酯	8	9	10
季戊四醇油酸酯	5	6	7
脂肪酸	6	8	9
苯甲酸钠	1	1.6	2
磷酸氢二铵	2	3.4	3
油酸三乙醇胺	1	2	4

制备方法　将各组分原料混合均匀即可。

产品应用　本品主要是一种钢材防锈油。

产品特性　本品防锈效果好，避免了钢材因潮湿生锈的问题，且防锈周期长，抗腐蚀效果显著，成本低廉，效率高。

配方 26　高强度耐腐蚀的防锈油

[原料配比]

原料	配比（质量份）
基础油聚 α-烯烃	65
羊毛脂	10～15
十二烯基丁二酸酯	3～4
2,6-二叔丁基对甲酚	1～3
3-氟-4-甲氧基苄氯	3～5
聚乙二醇 400	1～3
脂肪酸季戊四醇酯	1～3
烯基壬二酸	2～3
分子量为 15 万～25 万的壳聚糖	1～3
石油磺酸钡	1～2
油酸三乙醇胺	2～3
邻苯二甲酸二辛酯	4～5
二烷基二硫代磷酸锌	1～3

制备方法

（1）称取基础油聚 α-烯烃，放入锥形瓶中，随后通入氮气将空气排出，在锥形瓶内充满氮气的环境下将锥形瓶进行水浴加热，并加热至 90℃，加热 65～75min。

（2）然后往锥形瓶中加入羊毛脂，继续用水浴加热升温至 90℃，加热 60～70min，在此温度下往锥形瓶中加入十二烯基丁二酸酯和聚乙二醇 400，保温 20min，然后放置于室温冷却降温至 40℃。

（3）分别称重 2,6-二叔丁基对甲酚、3-氟-4-甲氧基苄氯、脂肪酸季戊四醇酯、烯基壬二酸、石油磺酸钡、油酸三乙醇胺、邻苯二甲酸二辛酯和二烷基二硫代磷酸锌，并将上述原料加入到锥形瓶中，放置于室温下冷却并均匀搅拌后，在 200～300W 下超声波分散处理 10～15min。

（4）称重分子量为 15 万～25 万的壳聚糖，并将其加入到锥形瓶中，120～125℃下油浴加热 10～15min，随后停止加热并冷却至 70～75℃，保温搅拌 30min 后静置冷却至室温，然后经脱气和过滤得到成品。

产品应用　本品主要是一种高强度耐腐蚀的防锈油。

使用方法：先将金属工件整体完全放入去离子水中，并在 200～300W 的超声波下水洗 10～13min，将金属工件烘干后浸泡在本品高强度耐腐蚀的防锈油中 1～3min，并通过用手抖动让金属工件均匀浸泡，然后放置于离心机中，在室温下将其甩干。

产品特性

（1）本品使用方便，成本低廉，效果好，操作简单，紧固件行业可大量使用。

（2）本品稳定性良好，腐蚀试验与盐水浸渍试验都合格，湿热试验能够达到 50 天以上，防锈周期能达到 30 天以上。

配方 27　高强钢板防锈油（1）

原料配比

原料		配比（质量份）									
		1#	2#	3#	4#	5#	6#	7#	8#	9#	10#
聚合酯	100℃时，黏度为 150mm²/s	1	—	—	—	—	—	—	—	—	—
	100℃时，黏度为 200mm²/s	—	5	—	—	—	10	1	—	—	—
	100℃时，黏度为 250mm²/s	—	—	10	—	—	—	—	—	—	—
	分子量为 7000，100℃时，黏度为 500mm²/s	—	—	—	3	—	—	—	—	7	—
	100℃时，黏度为 300mm²/s	—	—	—	—	8	—	—	—	—	—
	100℃时，黏度为 350mm²/s	—	—	—	—	—	—	—	2	—	5.5
合成酯	C_{12} 脂肪酸与季戊四醇合成的酯	20	—	—	—	—	—	—	—	—	—
	C_{12} 脂肪酸与丙二醇合成的酯	—	15	—	—	—	—	—	—	—	—
	C_{12} 脂肪酸与新戊二醇合成的酯	—	—	—	—	—	3	8	5	—	—
	C_{16} 脂肪酸与新戊二醇合成的酯	—	—	5	—	3	2	12	—	—	12
	C_{18} 脂肪酸与新戊二醇合成的酯	—	—	—	5	—	—	—	10	10	—
	C_{18} 脂肪酸与丙二醇合成的酯	—	—	—	5	14	—	—	—	—	—

续表

原料		配比（质量份）									
		1#	2#	3#	4#	5#	6#	7#	8#	9#	10#
防锈添加剂	C_{12}脂肪酸与脂肪胺的复合物	2	—	—	—	—	—	—	—	—	—
	C_{14}脂肪酸与脂肪胺的复合物	—	5	—	—	—	—	2	—	—	—
	C_{20}脂肪酸与脂肪胺的复合物	—	—	5	—	—	—	—	—	—	—
	C_{18}脂肪酸与脂肪胺的复合物	—	—	—	10	7	5	—	10	6.5	8
抗氧化剂	T501	—	—	—	—	—	0.5	0.1	0.2	0.3	0.4
石油轻馏分烃类	馏程为250～400℃的窄馏分石油烷烃	77	75	—	—	—	—	—	72.8	76.2	74.1
	40℃时运动黏度10mm²/s的窄馏分石油烷烃	—	—	80	—	—	—	—	—	—	—
	40℃时运动黏度22mm²/s的窄馏分石油烷烃	—	—	—	77	—	—	—	—	—	—
	40℃时运动黏度15mm²/s的窄馏分石油烷烃	—	—	—	—	68	79.5	—	—	—	—
	40℃时运动黏度20mm²/s的窄馏分石油烷烃	—	—	—	—	—	—	76.9	—	—	—

制备方法　将聚合酯、合成酯、防锈添加剂、抗氧化剂和石油轻馏分烃类放入容器中，加热至60～80℃，搅拌混合均匀即得所述高强钢板防锈油。

原料介绍

所述合成酯为C_{12}～C_{18}脂肪酸与多元醇合成的酯，所述多元醇为季戊四醇、新戊二醇或者丙二醇中的任意一种或几种的组合。

所述合成酯由脂肪酸羧基与醇羟基按质量比为1∶（0.9～1.1）在160～220℃下加热脱水反应合成。

所述聚合酯的分子量为5000～50000，100℃时，其黏度为150～500mm²/s。

所述聚合酯可选用路勃润公司的GY-25（100℃黏度为250mm²/s）或GY-56（100℃黏度为320mm²/s）。

所述防锈添加剂为C_{12}～C_{20}脂肪酸与脂肪胺的复合物。

所述脂肪胺为链长度在C_8～C_{22}范围内的一大类有机胺化合物，分为伯胺、仲胺和叔胺及多胺四大类。可以选用其中的任意一种与C_{12}～C_{20}脂肪酸构成上述复合物。可将C_{12}～C_{20}的脂肪单胺或双胺，按脂肪酸与单胺或双胺质量比为1∶1进行加热复合，控制温度60～90℃，反应时间30～60min，反应后形成具有优异防锈性、溶解性的防锈添加剂。

聚合酯具有良好的润滑性和合适的黏度，其可减弱该高强钢板防锈油涂覆在金属表面上的流挂性，使得高强钢板防锈油可以在金属表面上形成一层连续的高强钢板防锈油膜，可以很好地将金属表面与空气、水分阻隔开，从而延缓金属的腐蚀。

采用C_{12}～C_{20}脂肪酸与脂肪胺的复合物作为防锈添加剂，可以利用该复合物优异的成膜防锈和水置换性能，以提高该高强钢板防锈油的整体成膜连续均匀性以及防锈性能。

石油轻馏分烃类作为该高强钢板防锈油的基础油，其有助于提高各组分的溶解度，并辅助成膜，使得高强钢板防锈油涂覆在金属表面上可以形成一层连续均匀的油膜。

抗氧化剂油溶性好，储存稳定性好，可以起到很好的抗氧化作用，有利于延缓高强钢板防锈油的氧化酸败、老化，从而可延长高强钢板防锈油的保质期。

产品应用　本品主要是一种高强钢板防锈油。

产品特性　本品涂覆在金属表面上可形成一层连续的润滑油膜，有利于降低金属在运输、加工成型时因金属表面的相互接触摩擦和外力作用而产生的磨蚀消耗，其与聚合酯、防锈添加剂、石油轻馏分烃类复合使用，具有优异的防锈、润滑等综合性能。在使用过程中，该高强钢板防锈油部分经常温挥发后，剩余的酯类的黏稠度增加，在金属表面上的流挂性减弱，从而可以更好地覆盖在金属表面上，形成均匀连续的油膜，起到更好地保护金属的作用；而且，在对涂覆有本品的金属进行热加工成型时，本品可以经加热燃烧全部挥发，不残留无机灰分，不会影响到金属的表面形貌。

配方 28　高强钢板防锈油（2）

［原料配比］

原料		配比（质量份）		
		1#	2#	3#
基础油	聚 500SN 基础油	30	—	—
	聚 100SN 基础油	—	60	—
	聚 150SN 基础油	—	—	50
聚乙二醇单烷基醚不饱和羧酸酯		3	7	6
多聚油酸	二聚油酸	2	—	3
	三聚油酸	—	5	—
防锈添加剂	环烷酸锌	5	—	—
	十二烯基丁二酸	—	10	—
	十二烯基丁二酸单酯	—	—	8
金属钝化剂	苯并三氮唑	0.3	3	1
抗氧化剂	2,6-二叔丁基对甲酚	0.1	1.8	1.5

制备方法

（1）取 20%～40%总质量的基础油与 20%～40%总质量的抗氧化剂混合，通入氮气，加热搅拌，得到混合物 A。所述加热搅拌，温度为 60～80℃，时间为 10～30min。

（2）取 20%～30%总质量的基础油，通入氮气，加热搅拌条件下依次加入多聚油酸、聚乙二醇单烷基醚不饱和羧酸酯、70%～90%总质量的金属钝化剂和剩余的抗氧化剂，继续加热搅拌，得到混合物 B。所述加热搅拌，温度为 40～60℃；所述继续加热搅拌，温度为 40～60℃，时间为 10～30min。

（3）取剩余的基础油，通入氮气，加热搅拌条件下依次加入防锈添加剂和剩余的金属钝化剂，继续加热搅拌，得到混合物 C。所述加热搅拌，温度为 70～80℃；所述继续加热搅拌，温度为 60～70℃，时间为 10～30min。

（4）将混合物 A 降温，加入到混合物 B 中，再向其中加入混合物 C，加热恒温搅拌；所述降温，降温至 40～60℃，降温速率为 5～10℃/min；所述加热恒温搅拌，温度为 60～70℃。

（5）将步骤（4）所得混合体系在搅拌条件下冷却至室温，超声处理，密封保存得到高强钢板防锈油；超声处理的主要目的为去除搅拌过程中混入的气泡，对防锈油体系的均匀分散并未起到显著作用。所述超声处理时间为 10～120min，根据气泡去除情况确定。

原料介绍

多聚油酸（二聚油酸、三聚油酸）与聚乙二醇单烷基醚不饱和羧酸酯配合，仅凭非常单一的组分就提供了非常优越的润滑性；聚乙二醇单烷基醚不饱和羧酸酯使得防锈油能够在高强钢板上具有更好的延展性，使得防锈油更易形成油膜，且油膜均匀不易断。

产品应用　本品主要是一种高强钢板防锈油。

产品特性　本品组分少，制备方法简单，通过对防锈油配方和制备方法的双重优化，从制备方法角度调整了防锈油涂膜成膜性问题，并且避免了传统方法带来的生产成本增加等问题。

配方 29　高效防锈油复合剂组合物

原料配比

原料	配比（质量份）					
	1#	2#	3#	4#	5#	6#
石油磺酸钡	30	30	35	35	30	30
二壬基萘磺酸钡	34	30	30	30	30	35
十二烯基丁二酸	20	20	20	23	20	18
苯并三氮唑	5	5	1	1	4	1
2,6-二叔丁基对甲酚	1	0.5	1	1	1	1
羊毛脂镁皂	10	14.5	13	10	15	15

制备方法　称取配方量的各物料，反应釜搅拌着加入以上物料，升温至70～80℃；常压下搅拌3～4h，检验合格后冷却至室温过滤装桶。搅拌的转速可以为80r/min；产物以20%剂量与150N基础油常温搅拌均匀，混合物呈透明状，无浑浊即认为检验合格。

原料介绍

所述石油磺酸钡中磺酸钡含量≥45%。

成膜剂为羊毛脂镁皂或羊毛脂钙皂中的任意一种，水分含量应小于等于0.03%。

所述十二烯基丁二酸酸值范围为200～300mg/g。

产品应用　本品主要用于黑色金属和有色金属的封存防锈。

产品特性　本防锈油能溶于多种矿物油，对各种矿物油感受性良好，同时，对各种矿物油防锈能力均有大幅提升，本品制备方式简单，适用范围较广，且均能达到一定的封存防锈目的，并具有优异的抗盐雾及湿热试验效果。

配方 30　高效气相防锈油复合剂

原料配比

原料	配比（质量份）		
	1#	2#	3#
辛酸	8.8	11	11
三正丁胺	11.2	14	14

续表

原料	配比（质量份）		
	1#	2#	3#
氧化石油脂	5	7	8
中性合成磺酸钙	8	6	5
山梨糖醇单油酸酯	50	60	55
石油磺酸钠	8	7	7
苯并三氮唑	1.5	2.5	1.2
二环己胺	2.2	3.8	1.8
邻苯二甲酸二丁酯	6.3	10.5	6.3
NY120 溶剂油	6.3	10.5	6.3
N10 全损耗系统用油	12	5	10

制备方法

（1）辛酸三正丁胺的制备：称取三正丁胺，加入到反应釜中，在强烈搅拌下加入辛酸，升温至 60～70℃搅拌反应 30min，得成品辛酸三正丁胺，备用。

（2）苯并三氮唑二环己胺的制备：将苯并三氮唑溶于邻苯二甲酸二丁酯中，将二环己胺溶于 NY120 溶剂油中，将两者冷却至 20～30℃后，混合在一起搅拌反应，即有白色沉淀析出，过滤后，在 60℃下干燥得粗品；粗品用苯结晶后，得白色结晶成品苯并三氮唑二环己胺，备用。

（3）开启搅拌，依次向调合釜中加入步骤（1）中制备的辛酸三正丁胺、氧化石油脂、中性合成磺酸钙、山梨糖醇单油酸酯、石油磺酸钠、步骤（2）中制备的苯并三氮唑二环己胺、N10 全损耗系统用油，加入完毕后，升温至 60～70℃，常压下搅拌 1.5～2h，转速控制在 90～120r/min，检验合格，过滤装桶。

原料介绍

所述氧化石油脂的皂化值为 90～120mg/g。

所述中性合成磺酸钙的钙含量≥2.00%，具体型号为 T102。

所述山梨糖醇单油酸酯的酸值为 6～7mgKOH/g，皂化值为 145～185mg/g，羟值为 190～220mg/g，具体型号为 S-80。

所述石油磺酸钠的钠含量为 45%～55%，具体型号为 T702。

辛酸三正丁胺具有黑色金属和有色金属气相防锈作用。氧化石油脂具有优异的接触防锈添加剂功能。中性合成磺酸钙具有优异的清净性能和接触防锈作用。山梨糖醇单油酸酯具有优异的助溶性能。石油磺酸钠具有较好的抗盐雾性能，在防锈油配方中可以对其它防锈添加剂有助溶和分散作用，对黑色金属和有色金属都具有较好的防锈效果。苯并三氮唑二环己胺具有黑色金属和有色金属气相防锈作用。

产品应用　本品主要是一种高效气相防锈油复合剂。

产品特性

（1）本品溶于各种矿物油，同时具有气相和油相防锈性，防锈期两年以上。

（2）将本品加入液压油、全损耗系统用油、柴油和各种设备内腔用油中，可赋予该油气相防锈性，可有效地防止内腔接触和非接触部件的锈蚀。

配方 31　高性能软质膜防锈油

原料配比

原料		配比（质量份）	
		1#	2#
矿物基础油	石蜡基基础油（40℃运动黏度 5.6mm²/s）	22.1	—
	石蜡基基础油（40℃运动黏度 10.6mm²/s）	—	23.3
	石蜡基基础油（40℃运动黏度 32mm²/s）	—	30
	环烷基基础油（40℃运动黏度 49mm²/s）	60	—
	环烷基基础油（40℃运动黏度 102mm²/s）	—	27
磺酸盐	石油磺酸钡	8	8
	石油磺酸钙	4	3.5
	中性二壬基萘磺酸钡	—	4
脂肪酸	十二烯基丁二酸	1.2	0.5
	十二烯基丁二酸半酯	—	0.5
成膜剂	氧化石蜡酯	2	2
表面活性剂	Hypermer A70	1.2	—
	Emulsogen 5781	—	0.45
脂肪醇	ISALCHEM145	1	0.5
抗氧化剂	2,6-二叔丁基-4-甲基苯酚	0.5	0.15
	N-苯基-*α*-萘胺	—	0.1

制备方法

（1）在清洁的反应釜内加入基础油，并将其加热到 40～60℃。

（2）投入抗氧化剂，保持搅拌 20～40min，至溶解完全。

（3）加入成膜剂，保持搅拌 20～40min，至溶解完全。

（4）依次加入磺酸盐、表面活性剂、脂肪酸、脂肪醇，保持温度为 40～60℃，保持搅拌 30～40min，即得成品。

原料介绍

所述磺酸盐为石油磺酸钡（T701）、石油磺酸钠（T702）、石油磺酸钙（T101、T102、T103）、二壬基萘磺酸钡（T705）、中性二壬基萘磺酸钡（T705A）、重烷基苯磺酸钡中的一种、两种或两种以上。

所述表面活性剂为 Hypermer A70、Hypermer B246、 Hypermer B261[Hypermer 系列产品均为禾大化学品（上海）有限公司商品牌号]，或选用 Emulsogen 5781[科莱恩化工（中国）有限公司商品]。

所述脂肪酸为十二烯基丁二酸（T746）或十二烯基丁二酸半酯。

所述脂肪醇为 ISALCHEM 145[沙索（中国）化学有限公司商品]。

产品应用　本品主要是一种高性能软质膜防锈油。

产品特性　本品为高性能软质膜防锈油，通过自身防锈添加剂、表面活性剂体系和空气中的水分之间的交互作用，使工件表面的防锈油附着层主动构建半固态、软质膜，进而实现提高防锈性能的目的。

配方 32　冠形盖切边防锈油

[原料配比]

原料		配比（质量份）		
		1#	2#	3#
银氨溶液	硝酸银	10	15	20
	去离子水	20	30	40
	3%氨水	5	7	9
混合溶液 A	壳聚糖	1	1	1
	银氨溶液	4	4	4
混合溶液 B	0.1%葡萄糖水溶液	1	1	1
	混合溶液 A	5	5	5
复合乳化剂	OP-10	1	1	1
	吐温-80	2	2	2
混合溶液 B		20	30	40
2%明胶溶液		10	20	30
食用蜡		10	13	16
复合乳化剂		6	6	7
亚麻油		14	18	22
二甲基硅油		16	20	24
非离子表面活性剂	蔗糖酯	0.3	0.4	0.5
脱水剂	无水乙醇	5	6	8

制备方法

（1）将硝酸银溶解于去离子水中，加入氨水，得银氨溶液，将壳聚糖和银氨溶液混合，在温度为 50～60℃下搅拌 30～50min，得混合溶液 A，将 0.1%葡萄糖水溶液和混合溶液 A 混合，在温度为 90～110℃下搅拌反应 1～2h，冷却至室温后，得混合溶液 B。

（2）将混合溶液 B、2%明胶溶液、食用蜡、复合乳化剂、亚麻油、二甲基硅油、非离子表面活性剂、脱水剂磁力搅拌处理，得防锈油。所述的磁力搅拌处理为在室温下转速为 1000～1200r/min 磁力搅拌 30～50min，滴加复合乳化剂，继续搅拌 10～20min，得乳液，滴加亚麻油和二甲基硅油，搅拌 10～30min，依次加入非离子表面活性剂和脱水剂，搅拌 1～2h。

产品应用　本品主要是一种冠形盖切边防锈油。

产品特性　本品成膜性好，制备的防锈油不易在水中流失或受机械力脱落。

配方 33 轨道防锈油

原料配比

原料		配比（质量份）			
		1#	2#	3#	4#
基础油		70	70	72	78
防锈剂	硬脂酸铝	5	10	5	5
	石油磺酸钙	10	5	10	10
增塑剂	邻苯二甲酸二丁酯	8	8	8	—
抗氧化剂	对苯二酚	2	2	2	2
成膜剂	氧化石蜡	2	2	—	2
助剂	脂肪酸甲酯	3	3	3	3

制备方法　分别取基础油、防锈剂、助剂加入反应釜中，加热搅拌后，依次加入增塑剂、抗氧化剂、成膜剂，继续搅拌至混合均匀，进行真空过滤，得到防锈油产品。所述加热温度为100～120℃，搅拌速度为200～300r/min，前后搅拌时间均为40～60min。

原料介绍

所述基础油为低黏度普通机油。脂肪酸甲酯具有助溶、分散以及抗湿热等特性。

产品应用　本品主要是一种轨道防锈油。

产品特性

（1）本品采用的成膜技术，附着力强，不易掉落。

（2）本品高温时黏附力强、不流淌，且低温不开裂。

（3）本品充分利用废机油作为基础油，具有成本低、环境友好等特点。

配方 34 环保水置换型防锈油

原料配比

原料		配比（质量份）			
		1#	2#	3#	4#
基础油	D100	84	—	—	—
	D80	—	86	—	—
	D60	—	—	48	50
	D70	—	—	37	34
防锈剂	磺酸胺	8	8	10	12
脱水剂	油酸	5	—	3	—
	脂肪酸聚乙烯醚	—	2	—	3
辅助剂	碱式硬脂酸铝	3	4	2	2

续表

原料		配比（质量份）			
		1#	2#	3#	4#
磺酸胺	石油磺酸钠	1（mol）	1（mol）	1（mol）	1（mol）
	十四烷基胺	1.5（mol）	—	—	—
	十六烷基胺	—	1.7（mol）	—	—
	十七烷基胺	—	—	2（mol）	—
	十八烷基胺	—	—	—	2（mol）

制备方法　将基础油投入调合釜加热至35～50℃并搅拌，再依次加入防锈剂、辅助剂和脱水剂，在恒温35～45℃条件下搅拌1～2h，即得所述环保水置换型防锈油。

原料介绍

所述防锈剂为磺酸胺。磺酸胺按照以下方法合成：

（1）将石油磺酸钠和烷基胺按摩尔比（1∶1.5）～（1∶2）加入反应釜，抽出反应釜中的空气至气压小于等于100Pa，充入氮气至气压为3～3.5MPa。

（2）加热至110～120℃后恒温搅拌120～140min，抽出氮气至气压小于300Pa，加热至130～140℃，恒温搅拌60～80min，减压蒸馏出过量烷基胺；冷却后即可制到所述磺酸胺。

所述的基础油可以选用本技术领域常用的白矿物油或溶剂，为溶剂油中的D60、D70、D80和D100中的至少一种。

产品应用　本品主要是一种环保水置换型防锈油。

产品特性　本品具有优异的防锈性及水置换性，采用了自制的防锈剂，不仅防锈效果好，而且可以替代同类高端产品，为客户大幅降低了采购成本。

配方35　环保无钡型薄层防锈油

原料配比

原料		配比（质量份）			
		1#	2#	3#	4#
防锈剂	石油磺酸钠	5	7	6	6
	十二烯基丁二酸	1	1	1	1.5
	癸二酸	1	1	0.5	2
基础油		50	55	57	61
抗氧化剂	苯并三氮唑	1	1	0.5	0.5
成膜剂	天然松香	1	1	1.5	1
溶剂	二甲基亚砜	4	4	2.5	5
助溶剂	正丁醇	37	30	31	23

制备方法

（1）将石油磺酸钠与十二烯基丁二酸进行混合，加热至35～40℃，搅拌至完全互溶透明状态，得红棕色复配物 A，自然冷却至室温。

（2）向基础油中加入复配物 A，室温下搅拌至混合均匀，得橙红色透明混合物 B。

（3）将癸二酸、抗氧化剂、成膜剂加入溶剂中，室温下搅拌至完全溶解，得黄色溶液 C。

（4）向混合物 B 中加入溶液 C 后，迅速在搅拌下逐渐加入助溶剂，得澄清透明的环保无钡型薄层防锈油。

因为石油磺酸钠和十二烯基丁二酸都很黏稠，因此，在混合过程中搅拌速度越快越好，搅拌越快，混合得越快。

原料介绍

所述基础油为碳原子数为 9～16 的矿物油。

产品应用　本品主要是一种环保无钡型薄层防锈油，可用于轴承、机械零件的薄层防锈处理。

产品特性

（1）本品黏度低，油膜厚度达到薄层甚至超薄层，干燥时间短，且抗盐雾效果优良，易于清洗，环保节约。

（2）本品不含重金属磺酸盐，在生产、制造、使用过程中对环境不会产生污染，性能稳定，油膜薄而坚固，易清洗，具有优异的抗湿热及抗盐雾防锈性能。

配方 36　环保型防锈油组合物

原料配比

原料	配比（质量份）		
	1#	2#	3#
150SN 基础油	54	66	60
麻黄碱	3	7	5
聚甲基丙烯酸酯	5	9	7
氧化钨酸铵	6	12	9
环氧大豆油	2	7	5
十四醇油酸酯	3	8	6
石油磺酸钙	6	17	12
叔丁基对二苯酚	5	8	7
月桂酸二乙醇酰胺	5	11	8
丁基羟基茴香醚	2	4	3
水	43	54	49
二烷基二硫代磷酸锌	2	5	3
过氧化二异丙苯	3	6	4
成膜助剂	23	27	25

制备方法　将各组分原料混合均匀即可。

产品应用　本品主要是一种环保型防锈油组合物。

产品特性

（1）本品油膜保持性好，具有较好的低温流动性，低温不凝裂，可以满足-10℃及以下环境的使用要求，特别适合低温条件下轴承封存用，对轴承润滑脂无不良影响。

（2）本品具有一定的润滑性，可以形成稳定的油膜，对金属的防锈效果达到两年以上。

配方 37　环保型皇冠盖防锈油

［原料配比］

原料		配比（质量份）			
		1#	2#	3#	4#
基础油	加氢异构化基础油	8.0	8.5	8	—
	60N 牌号的基础油	—	—	—	8
植物油	橄榄油	1.1	0.8	—	—
	花生油	—	—	1.1	—
	大豆油	—	—	—	1.1
油酸异丙酯		0.9	0.68	0.9	0.9
抗氧化剂 T501		10	10	10	10

制备方法

（1）将植物油加入到基础油中，35～45℃条件下搅拌 25～35min。

（2）将抗氧化剂加入到油酸异丙酯中，加热至 30～40℃使其完全溶解。

（3）将（2）加入有抗氧化剂的油酸异丙酯加入到（1）所得混合液中，35～45℃条件下搅拌 50～70min，即得成品防锈油。

原料介绍

所述的基础油应满足以下要求：基础油的密度范围为 0.76～0.80g/cm^3，其馏程为 234～168℃，碳数为 13～15 的全异构化饱和烷烃。

产品应用　本品主要是一种环保型皇冠盖防锈油。

产品特性　本品绿色环保，安全健康，无异味，制备和使用过程中不会损害人体健康，防锈周期可以达到 6～8 个月，所使用的原料安全无毒，使用后的废液不会造成环境污染；防锈油的黏度小，便于涂布，涂布后多余的防锈油能快速挥干，不影响后续的生产步骤。

配方 38　环保型球墨铸铁防锈油

［原料配比］

原料		配比（质量份）								
		1#	2#	3#	4#	5#	6#	7#	8#	9#
缓蚀剂	苯并三氮唑	1	—	0.3	0.5	—	1	1	1	1
	十二烷基苯并三氮唑	—	0.2	—	—	0.4	—	—	—	—

续表

原料		配比（质量份）								
		1#	2#	3#	4#	5#	6#	7#	8#	9#
防锈剂	羊毛脂镁皂	0.5	2	—	2	1	0.5	0.5	0.5	0.5
	磺化羊毛脂钙皂	0.5	—	2	1	1	3	0.5	0.5	0.5
	环烷酸锌	9	1	1.5	1	1.5	9	9	9	9
	低碱值磺酸钙	—	—	—	—	—	3	—	—	—
	N-油酰肌氨酸十八胺盐	2	2	2	2.5	2.5	2	2	2	2
	十二烯基丁二酸	1	1	—	1	1	1	1	1	1
	十六烯基丁二酸	—	—	1	—	—	—	—	—	—
	中性二壬基萘磺酸钙	10	3	10	10	10	8	10	10	10
	石油磺酸钠	3	3	3	3	3	3	3	3	3
成膜剂	聚异丁烯树脂	—	0.5	—	—	—	—	—	—	—
	叔丁基酚醛树脂	—	1.5	0.5		1	—	—	—	2
	VCI 颗粒	3	—	1	2	1	3	3	3	1
抗氧化剂	2,6-二叔丁基对甲酚	—	0.1	—	0.4	0.3	—	—	—	—
	2,6-二叔丁基对苯二酚	—	—	0.2	—	—	—	—	—	—
	对苯二酚	1	—	—	—	—	1	1	1	1
分散剂	高碱值合成磺酸钙	—	—	—	—	—	—	5	1	—
	硼化聚异丁烯单丁二酰亚胺	3	—	5	1	—	3	1	1	3
	聚异丁烯双丁二酰亚胺	—	1.5	—	—	—	—	—	—	—
	长链线型烷基苯高碱值合成磺酸钙	5	5	—	5	5	5	5	5	5
基础油	60N 环烷基基础油	50	34.5	—	33	33	50	50	50	50
	70N 环烷基基础油	—	—	33	—	—	—	—	—	—
环保溶剂油	异构烷烃溶剂油	50	37.2	40.2	39.2	38.7	50	50	50	50

制备方法

（1）将成膜剂加入基础油中，经加热后溶解得混合物 A。

（2）将混合物 A 降温并维持温度在 40～80℃，加入缓蚀剂、防锈剂、分散剂、抗氧化剂，搅拌溶解至反应完全，得混合物 B。

（3）将混合物 B 降温至 5～40℃，加入环保溶剂油，搅拌后过滤制得所述环保型球墨铸铁防锈油。

原料介绍

羊毛脂金属皂具有良好附着性和优异的抗潮湿性能，羊毛脂金属皂与磺酸盐复合使用后，由于协同效应，可得到优异的防锈性。

缓蚀剂作为一类含氮杂环化合物，分子结构比较紧凑，分子中杂原子的孤对电子与金属作用发生化学吸附，在金属表面形成致密的钝化膜，该钝化膜能够起到隔离金属和阻止酸性产物腐蚀金属的作用。

分散剂可使防锈油在应用过程中有效分散，并具有一定的成膜性，同时可使后续的清洗工艺容易进行，减少清洗剂的消耗，提高清洗效果；其中，硼化聚异丁烯单丁二酰亚胺和高碱值合成磺酸钙同时使用可起到协同作用，使防锈油性能更优。

抗氧化剂能与油中自动氧化过程中生成的活性自由基和过氧化物发生反应，形成稳定的化合物，从而消耗油中生成的自由基，阻止防锈油的自身氧化。

基础油中的饱和烃组分对双羧酸型和羧酸半酯型防锈剂的防锈性能均存在抑制作用。

产品应用　本品主要是一种环保型球墨铸铁防锈油。

产品特性

（1）本品对球墨铸铁件的抗盐雾性能、抗湿热性能及水置换性能均达到含钡防锈油的防锈效果，能满足长期海运防锈要求，有利于海洋运输；性能稳定，长期放置不易形成沉淀。

（2）本品渗透能力及水置换性能强，可以快速地渗透到球墨铸铁件的各个部位，置换出晶间水分并形成化学性质稳定的吸附膜，有效保护工件内部不被腐蚀。

配方 39　环保型乳化防锈油

原料配比

原料		配比（质量份）						
		1#	2#	3#	4#	5#	6#	7#
无钡磺酸盐	石油磺酸钙	8	20	15	—	—	15	15
	石油磺酸钠	—	—	—	15	—	—	—
	二壬基萘磺酸钙	—	—	—	—	15	—	—
N-油酰肌氨酸十八胺盐		1	2	2	2	2	2	3
羊毛脂镁皂		3	8	5	5	5	5	5
三乙醇胺油酸皂		5	9	6	6	6	10	10
脂肪醇聚氧乙烯醚		2	3	2	2	2	5	2
三乙醇胺		1	2	1	1	1	2	2
石蜡基基础油		加至 100	加至 100	加至 100	加至 100	加至 100	加至 100	加至 100

制备方法　将各组分原料混合均匀即可。

产品应用　本品主要是一种环保型乳化防锈油。

产品特性　本品不含钡、铅等重金属，对环境友好；通过将各原料复配，能够有效提高乳化防锈油的防锈性能，特别是抗盐雾腐蚀性能。

配方 40　环保型脱水防锈油

原料配比

原料	配比（质量份）			
	1#	2#	3#	4#
矿物油	85	20	81	85

续表

原料	配比（质量份）			
	1#	2#	3#	4#
石油磺酸钙	6.5	2	1.5	6.5
硬脂酸铝	7.5	7.5	3.5	7.5
辛酸二环己胺	10	10	6	10
聚天冬氨酸	4.5	6.3	5	—
钨酸钠	5	4.2	4	—
油酸三乙醇胺	12.5	18.3	12	—
邻苯二甲酸二丁酯	15	15	15.5	—
丙酮	22	24	25	22
二叔丁基对甲酚	12.5	11	15	—

制备方法

（1）将矿物油加入反应釜中，加热至 60～80℃，在搅拌状态下依次加入石油磺酸钙、硬脂酸铝、油酸三乙醇胺、邻苯二甲酸二丁酯和辛酸二环己胺，转速 1000～1200r/min，上述原料共混 1～2h。

（2）向反应釜中加入聚天冬氨酸和钨酸钠，反应 2～3h，加入丙酮，升温至 65～85℃，搅拌反应 3～4h。

（3）向步骤（2）所得中间产物中加入二叔丁基对甲酚，搅拌反应 2～3h，过滤，得脱水防锈油。

产品应用　本品主要是一种环保型脱水防锈油。

产品特性

（1）该防锈油组成成分绿色环保，具有脱水快、防锈效果好、使用寿命长、提高产品质量的优点。

（2）本品不采用含钡的缓蚀剂，以聚天冬氨酸和钨酸钠协同作用，兼具除垢及缓蚀的效果，综合性能优异，具有高的耐盐雾性、耐湿热性、耐老化性等，可清洗性能、脱水性能好，提高了对金属的保护作用。

配方 41　环保型易脱脂轴承防锈油

[原料配比]

原料		配比（质量份）			
		1#	2#	3#	4#
基础油	25 号变压器油	885	—	—	901
	LAN-10 全损耗系统用油	—	875	—	—
	LAN-32 全损耗系统用油	—	—	880	—
二壬基萘磺酸钙		40	50	40	60
石油磺酸钙		40	50	60	30

续表

原料		配比（质量份）			
		1#	2#	3#	4#
斯盘	斯盘-80	10	10	5	2
合成酯	羊毛脂脂肪酸季戊四醇酯	20	—	10	5
	十二烯基丁二酸半酯	—	10	—	—
甲基苯并三氮唑		5	5	5	2

制备方法

（1）将基础油与二壬基萘磺酸钙、石油磺酸钙混合并在100～110℃下保温1～2h，得预混合物。

（2）将步骤（1）中的预混合物降温至80～90℃，加入合成酯、斯盘、甲基苯并三氮唑，在80～90℃保温2～3h，即得。冷却至室温后进行过滤。所述过滤为使用孔径为1μm的滤袋进行过滤。

原料介绍

所述基础油的运动黏度为9～36mm²/s。该运动黏度是在40℃测定的。

磺酸钙是无钡防锈剂，使用安全、环保。

二壬基萘磺酸钙与石油磺酸钙复配，避免了单一磺酸钙在金属表面不能形成致密的吸附膜、分子间空隙较大的问题，从根本上避免了水分子侵入到金属表面。

合成酯除了具有助溶作用外，还可以提高油膜强度。

甲基苯并三氮唑的油溶性好，可以提高防锈油储存稳定性及脱脂性。

合成酯和甲基苯并三氮唑配合，使得本品环保型易脱脂轴承防锈油更加容易脱脂。

产品应用　本品主要是一种环保型易脱脂轴承防锈油。

产品特性

（1）本品油膜薄且易于清洗，轴承零件通过常规有机溶剂清洗即可快速去除油膜，以便进行电镀等后续工序处理。本品能满足轴承零件中短期防锈要求，脱脂性能好，容易去除，且不含芳烃类、重金属类等有害物质，使用安全、环保，而且具有良好的储存稳定性。

（2）本品防锈油油膜薄，稳定性好，长期存放油体无沉淀分层；脱脂性能好，通过常规有机溶剂清洗即可快速去除油膜，适用于需要进行电镀的轴承及其零件的防锈，可满足半年至一年的防锈期要求。

配方 42　成膜稳定防锈油

［原料配比］

原料	配比（质量份）	
	1#	2#
75SN 基础油	72	70
石油磺酸钡	8	6
PE9010 防腐剂	4	5
十二烯基丁二酸	6	5
邻苯二甲酸二丁酯	1	2
苯并三氮唑	9	8

制备方法

（1）向反应釜中加入 75SN 基础油，升温至 120℃脱水搅拌。

（2）向反应釜中加入石油磺酸钡，温度控制在 90～100℃，搅拌。

（3）向反应釜中加入 PE9010 防腐剂、十二烯基丁二酸，温度控制在 80～85℃，搅拌。

（4）邻苯二甲酸二丁酯、苯并三氮唑按比例预溶解后，加入反应釜，温度控制在 70～75℃，搅拌，制备得到基础油制成膜稳定防锈油。

原料介绍

所述 75SN 基础油的运动黏度为 17.68～18.2mm^2/s，40℃；其密度为 843～845kg/m^3，20℃。

所述石油磺酸钡中钡含量不小于 7%，平均分子量为 900～1200。

所述 PE9010 防腐剂的密度为 1.102～1.109g/cm^3，20℃。

所述邻苯二甲酸二丁酯的密度为 1.042～1.048g/cm^3，20℃。

所述苯并三氮唑的 pH 值为 5.3～6.3，其熔点不低于 96℃。

产品应用　本品主要是一种基础油制成膜稳定防锈油。

产品特性　本品具有优秀的防腐性和防锈性，在金属表面成膜稳定，黏附金属板具有强度和硬度，不会轻易脱落或氧化，耐候性能稳定，适用于后续进行喷涂或覆膜工艺，表面涂覆性能较好。

配方 43　极压防锈油

原料配比

原料		配比（质量份）		
		1#	2#	3#
黏指剂	聚异丁烯	8	—	—
	苯乙烯-异戊二烯聚合物	—	0.1	—
	聚甲基丙烯酸酯	—	—	15
摩擦剂	硬脂酸丁酯	6	—	—
	油酸乙二醇酯	—	—	0.1
	油酸	—	13	—
抗氧化剂	二叔丁基对甲酚	5	—	—
	对叔丁基苯酚	—	0.2	—
	硫代磷酸锌盐	—	—	8
防锈剂	磺酸钡盐	9	—	—
	烯烃丁二酸	—	0.5	—
	羊毛脂镁皂	—	—	15
极压剂	磷酸三甲酚酯	4	10	0.1
基础油	溶剂精制润滑油、加氢基础油、合成双酯、多元醇酯与Ⅳ类基础油 PAO	加至 100	—	—
	加氢基础油、多元醇酯与Ⅳ类基础油 PAO	—	加至 100	—
	合成双酯、多元醇酯与Ⅳ类基础油 PAO	—	—	加至 100

制备方法　将基础油泵入釜中，加热至 75℃，然后依次加入黏指剂、摩擦剂与防锈剂，65℃保温 3h，待油温降至 50℃时再加入抗氧化剂与极压剂，恒温混合 2h，过滤可得到成品。

原料介绍

所述基础油选自溶剂精制润滑油、加氢基础油、合成双酯、多元醇酯与Ⅳ类基础油 PAO 中的一种或者多种。

产品应用　本品主要用于沿海港口区域恶劣环境下的机械、行车、货物卷扬机以及商务用电梯缆绳等领域的极压防锈油。

产品特性　本品充分利用各组分之间优良的极压抗磨性能、防锈性能、抗氧化性能和黏附性能等协同作用的效果，不仅能满足防锈需求，使涂油钢丝绳具有较强的抗空气腐蚀性，而且还能快速在表面形成抗压膜，减少摩擦，增加寿命。

配方 44　金属防潮防锈油

原料配比

原料		配比（质量份）		
		1#	2#	3#
过氧化苯甲酰		11	14	18
氧化铝	粒径为 180 目	8	—	—
	粒径为 200 目	—	10	—
	粒径为 220 目	—	—	13
铁酸钙		6	10	12
氧化石蜡		13	16	19
四氧化三铅		11	14	16
油酸钾		8	10	12
磷酸氢二铵		11	14	18
环氧酸锌		14	17	21
苯二甲酸二丁酯		18	21	25
石油磺酸钙		8	11	13
白节油		11	15	18
云母粉	粒径为 180 目	6	—	—
	粒径为 200 目	—	8	—
	粒径为 220 目	—	—	11
膨润土	粒径为 180 目	9	—	—
	粒径为 200 目	—	11	—
	粒径为 220 目	—	—	13
沥青		13	15	18
柠檬酸钠		5	8	10
聚酯乳液		18	21	25
蓖麻油酸钡		8	12	85
乙二醇		8	12	16

制备方法

（1）将过氧化苯甲酰、氧化铝、铁酸钙、氧化石蜡、四氧化三铅、油酸钾、磷酸氢二铵加入搅拌混合机中，混合 20～30min，搅拌转速为 300～400r/min，得到原料 A。

（2）将（1）得到的原料 A 同环氧酸锌、苯二甲酸二丁酯、石油磺酸钙、白节油、云母粉、膨润土、沥青、柠檬酸钠一同加入搅拌混合机中，混合 30～40min，得到原料 B，搅拌转速为 600～700r/min。

（3）将（2）得到的原料 B 同聚酯乳液、蓖麻油酸钡、乙二醇一同搅拌混合 35～45min，得到金属防潮防锈油，搅拌转速为 700～800r/min。

产品应用　本品主要是一种金属防潮防锈油。

产品特性　本品兼具防潮防锈的效果，实际效果好，能长时间地保持机械零件干燥、光亮，延长机械零件的使用寿命，原材料便宜易得，成品价格低。

配方 45　金属软膜防锈油

原料配比

<table>
<tr><th colspan="2" rowspan="2">原料</th><th colspan="3">配比（质量份）</th></tr>
<tr><th>1#</th><th>2#</th><th>3#</th></tr>
<tr><td colspan="2">煤油</td><td>70</td><td>80</td><td>75</td></tr>
<tr><td colspan="2">变压器油</td><td>10</td><td>20</td><td>15</td></tr>
<tr><td colspan="2">环烷酸锌</td><td>3</td><td>5</td><td>4</td></tr>
<tr><td colspan="2">邻苯二甲酸二辛酯</td><td>1</td><td>2</td><td>1.5</td></tr>
<tr><td colspan="2">N-油酰肌氨酸十八胺盐</td><td>2</td><td>3</td><td>2.5</td></tr>
<tr><td colspan="2">1-羟基苯并三氮唑</td><td>1</td><td>2</td><td>1</td></tr>
<tr><td colspan="2">四甲基氢氧化铵</td><td>0.6</td><td>1</td><td>0.8</td></tr>
<tr><td colspan="2">环氧棉籽油酸丁酯</td><td>2</td><td>3</td><td>2</td></tr>
<tr><td colspan="2">己二酸丙二醇聚酯</td><td>1</td><td>2</td><td>1.5</td></tr>
<tr><td colspan="2">烯丙基硫脲</td><td>1</td><td>2</td><td>1</td></tr>
<tr><td colspan="2">石油磺酸钙</td><td>3</td><td>4</td><td>3.5</td></tr>
<tr><td colspan="2">十二烯基丁二酸半酯</td><td>3</td><td>5</td><td>4</td></tr>
<tr><td colspan="2">妥尔油</td><td>1</td><td>2</td><td>4.5</td></tr>
<tr><td colspan="2">抗剥离机械油</td><td>5</td><td>6</td><td>5.5</td></tr>
<tr><td rowspan="10">抗剥离机械油</td><td>聚乙二醇单甲醚</td><td>2</td><td>2</td><td>2</td></tr>
<tr><td>2,6-二叔丁基-4-甲基苯酚</td><td>0.1</td><td>0.1</td><td>0.1</td></tr>
<tr><td>松香</td><td>4</td><td>4</td><td>4</td></tr>
<tr><td>聚氨酯丙烯酸酯</td><td>1</td><td>1</td><td>1</td></tr>
<tr><td>硝酸镧</td><td>3</td><td>3</td><td>3</td></tr>
<tr><td>机械油</td><td>90</td><td>90</td><td>90</td></tr>
<tr><td>磷酸二氢锌</td><td>6</td><td>6</td><td>6</td></tr>
<tr><td>28%氨水</td><td>40</td><td>40</td><td>40</td></tr>
<tr><td>去离子水</td><td>20</td><td>20</td><td>20</td></tr>
<tr><td>硅烷偶联剂</td><td>0.1</td><td>0.1</td><td>0.1</td></tr>
</table>

制备方法　将各组分原料混合均匀即可。

原料介绍

所述煤油为航空煤油。

所述环烷酸锌含锌量为 5%～7%。

产品应用　本品主要是一种金属软膜防锈油。

产品特性　本品具有良好的吸水性能和汗液置换性能，能快速置换工件上残留的水分，表面油膜质软，不易变色、不易软化，抗静态腐蚀性强，同时有很好的耐候性，抗紫外光老化性强，涂膜稳定，不易氧化，对各种金属工件都有很好的保护作用，通用性强。

配方 46　紧固件防锈用水溶性环保防锈油

［原料配比］

原料		配比（质量份）		
		1#	2#	3#
水稀释型防锈油		1	1	1
水		20	18	22
水稀释型防锈油	脂肪醇聚氧乙烯醚	22.5	25	30
	水溶性磷酸酯	12.5	10	15
	硬脂酸酰胺	8	5	10
	苯并三氮唑	3.5	2	5
	膦羧酸	3.5	3	4
	钼酸钠	6	3	8
	椰子油脂肪酸二乙醇酰胺	7.5	5	10
	二乙二醇	3	1	5
	氢氧化钠	2.5	1	4
	聚丙烯酰胺	2.5	2	3
	二烷基二硫代氨基甲酸锌	7.5	5	10
	磷酸三甲酚酯	17.5	15	20

制备方法　将各组分原料混合均匀即可。

产品应用　本品主要是一种紧固件防锈用水溶性环保防锈油。

产品特性　本品可以有效地附着在紧固件表面，并形成一层均匀的防锈保护层，同时具备良好的防锈保护性能。

配方 47　静电喷涂防锈油

［原料配比］

原料		配比（质量份）									
		1#	2#	3#	4#	5#	6#	7#	8#	9#	10#
氧化石油蜡盐	氧化石油蜡钙盐	15	10	—	10	—	—	—	—	10	5
	氧化石油蜡钙盐和钠盐的混合物	—	—	5	—	—	—	5	5	—	—

续表

原料		配比（质量份）									
		1#	2#	3#	4#	5#	6#	7#	8#	9#	10#
氧化石油蜡盐	氧化石油蜡钙盐和铵盐的混合物	—	—	—	—	5	—	—	—	—	—
	氧化石油蜡钙盐、钠盐和铵盐的混合物	—	—	—	—	—	5	—	—	—	—
合成磺酸铵盐		2	1	—	—	—	—	—	—	1	—
加氢精制矿物油	在40℃时黏度为5mm²/s	90	—	45	50	—	39	38	—	—	39
	在40℃时黏度为32mm²/s	—	35	—	—	88	40	50	—	42	50
	在40℃时黏度为68mm²/s	—	—	45	37.5	—	10	—	75	—	—
烷基水杨酸盐	烷基水杨酸钙盐	—	—	—	—	—	—	—	0.5	—	—
	烷基水杨酸铵盐	—	—	—	—	—	—	—	—	2	—
	烷基水杨酸钙盐	—	—	—	—	—	—	—	—	—	3
复合酯		—	—	—	—	—	—	—	15	6	1
抗氧化剂		—	—	—	—	—	—	—	1	1	

制备方法　在反应釜中加入所述氧化石油蜡盐和/或合成磺酸铵盐、烷基水杨酸盐、复合酯、抗氧化剂和加氢精制矿物油，并在加热条件下搅拌30～35min，得到所述防锈油。

原料介绍

所述氧化石油蜡盐为氧化石油蜡的钙盐、钠盐或铵盐中的至少一种，其碱值为100～500mg/g。

所述加氢精制矿物油为在40℃时黏度为5～68mm²/s的精制矿物油。

所述烷基水杨酸盐为烷基水杨酸的钙盐、铵盐的其中一种或其混合物。

所述复合酯为三羟甲基丙烷、季戊四醇或新戊二醇与油酸、蓖麻油酸或C_{12}～C_{20}的烷基丁二酸合成的复合酯。

产品应用　本品主要是一种静电喷涂防锈油。

产品特性

（1）本品采用环保原料，不含有重金属等对环境有毒或有害的原料，对环境和人体友好；同时，该产品具有合适的碱值，具有一定的导电作用，具有合理的电阻值，使用温度在20～60℃下电阻值仅为0.1～20MΩ，适用于在一定的高压下进行静电雾化喷涂，不会产生击穿短路或雾化不良，实用安全性高。

（2）本品各组分及其含量之间相互配合，共同作用，可优化产品的流动相体系，使得产品具有良好的低温流动性，尤其适用于北方寒冷气候的金属表面防护，可进一步保证其防锈性能，适用范围更广。本产品复配后的产品碱值在100～500mg/g之间，各组分之间相互配合，可降低其凝固点，使得产品在低温条件下仍具有良好的流动性，易于涂覆成膜。

配方48　具有花香的防锈油

[原料配比]

原料	配比（质量份）		
	1#	2#	3#
甲苯环已酮	10	15	13

续表

原料	配比（质量份）		
	1#	2#	3#
环烷酸	25	60	20
水溶性磷酸酯	10	15	12
硬脂酸酰胺	5	10	7
钼酸钠	3	8	5
二乙二醇	1	5	3
石油磺酸钠	1	4	2
二烷基二硫代氨基甲酸锌	5	10	8
油酰基肌氨酸及其胺盐	3	5	4
酰胺咪唑啉	5	10	7
苯并三氮唑	6	8	7
烷基磷酸酯	2	4	3
吊兰油脂肪酸二乙醇酰胺	30	40	35
玫瑰花油脂肪酸二乙醇酰胺	10	20	15

制备方法

（1）将原料在1000～2000r/min搅拌机中于50～100℃下混合均匀，且搅拌步骤分为三步。

（2）搅拌第一步：将原料在1000r/min搅拌机中于50℃下搅拌均匀，然后静置0.5h。

（3）搅拌第二步：将原料在1500r/min搅拌机中于80℃下搅拌均匀，然后静置20min。

（4）搅拌第三步：将原料在2000r/min搅拌机中于100℃下搅拌均匀即可。

产品应用　本品主要是一种具有花香的防锈油。

产品特性　本品具有清新的花香味，在使用过程中不会产生刺鼻的气味，同时，具有抗磨性、优异的板面清净性和防锈性，能够抑制细菌与微生物对油膜的破坏而造成的金属面腐蚀。

配方 49　具有协同作用的环保型防锈油

原料配比

原料		配比（质量份）									
		1#	2#	3#	4#	5#	6#	7#	8#	9#	10#
无钡磺酸盐	石油磺酸钙	3	6	9	12	15	10	21	24	27	12
胺盐	*N*-油酰肌氨酸十八胺盐	3	3	3	3	3	3	3	3	3	3
羊毛脂皂	羊毛脂镁皂	5	5	5	5	5	5	5	5	5	5
基础油	石蜡基基础油	5	5	5	5	5	5	5	5	5	5
	脱芳烃溶剂油	84	81	78	75	72	69	66	63	60	75

制备方法　将各组分原料混合均匀即可。

产品应用　本品主要是一种具有协同作用的环保型防锈油。

产品特性　本品采用不含钡、铅等重金属的油溶性防锈剂，对环境友好；防锈剂为无钡磺酸盐、胺盐和羊毛脂皂的组合物，能够有效提高防锈油的抗盐雾腐蚀性能；基础油不含芳烃等有害物质，干燥时间短。

配方 50　绝缘型静电喷涂防锈油

原料配比

原料		配比（质量份）				
		1#	2#	3#	4#	5#
绝缘型变压器油	尼纳斯变压器油	94.78	94.98	94.97	94.85	95.12
油溶性雾化性能改进剂	脂肪醇聚氧乙烯醚	1	0.6	0.5	0.6	0.6
	烷基酚聚氧乙烯醚	—	0.6	0.6	0.6	0.4
抗磨润滑剂	T-306 磷酸三甲酚酯	1	0.5	0.7	—	—
	二烷基二硫代磷酸氧钼	—	0.5	0.3	1.2	1.2
消泡剂	有机硅类抗泡剂	0.02	0.02	0.01	—	—
	2#非硅复合抗泡剂	—	—	—	0.02	0.02
	T-901 甲基硅油	—	—	0.02	—	—
	3#水溶性抗泡剂	—	—	—	—	0.01
防腐剂	尼泊金酯	0.3	—	0.2	0.15	—
	对羟基苯甲酸丁酯	—	0.35	0.3	0.2	0.35
杀菌剂	二硫代氨基甲酸盐	0.2	0.25	0.2	0.15	0.15
	二甲基二硫代氨基甲酸盐	—	—	—	0.13	0.15
防锈剂	T-706 苯并三氮唑	1.2	0.7	0.6	0.5	—
	T-702 石油磺酸钠	—	—	—	—	0.5
	T-704 环烷酸锌	—	0.5	0.5	0.5	0.3
抗氧化剂	T-501 2,6-二叔丁基对甲酚	1.5	—	0.6	—	—
	T531 *N*-苯基-*α*-萘胺	—	1	0.5	1.1	—
	T-512 酚酯型抗氧化剂	—	—	—	—	1.2

制备方法

（1）按照质量份称取各反应物质。

（2）将尼纳斯变压器油作为基础原料加入到反应釜内，加热至液体温度为60～70℃。

（3）将抗磨润滑剂加入到步骤（2）的反应釜内得混合液体，将所得混合液体温度保持在40～50℃，在该温度下以50r/min的转速低速搅拌10～15min。

（4）将油溶性雾化性能改进剂加入到步骤（3）的反应釜内得混合液体，将所得混合液体温度保持在40～50℃，在该温度下以50r/min的转速低速搅拌10～15min。

（5）将防锈剂和抗氧化剂加入到步骤（4）的反应釜内得混合液体，将所得混合液体温度保持在40～50℃，在该温度下以50r/min的转速低速搅拌20～25min。

（6）将防腐剂加入到步骤（5）的反应釜内得混合液体，将所得混合液体温度保持在40～50℃，在该温度下以50r/min的转速低速搅拌15～20min。

（7）将杀菌剂加入到步骤（6）的反应釜内得混合液体，将所得混合液体温度保持在40～50℃，在该温度下以50r/min的转速低速搅拌15～20min。

（8）将步骤（7）的混合液体温度保持在40～50℃，将一定剂量的消泡剂分多次加入反应釜内，在该温度下搅拌25～30min，然后经过过滤包装，即得到绝缘型静电喷涂防锈油。

原料介绍

所述的基础油为尼纳斯变压器油，该变压器油的40℃运动黏度为7～14mm²/s，开口闪点在160～200℃，穿电压达到70～100kV/2.5mm，界面张力为43.6mN/m，水含量为14.2mg/kg，介质损耗因素（90℃）可达到0.001以下，酸值可控制在0.01mg/kg以下。

产品应用　本品主要是一种绝缘型静电喷涂防锈油。

产品特性

（1）该变压器油的安全性能极高，选择运动黏度较低的变压器油作为基础油，既能满足静电涂油机的使用要求，又能减小缓蚀剂分子热运动的阻力，从而使防锈油容易吸附在金属界面上，能够更好地起到防护金属腐蚀的作用。

（2）本品具有较高的耐击穿电压、优良的雾化性能、优良的耐高低温性能、均匀的涂油性能、防锈性能和脱脂性能。

配方51　抗盐雾防锈油

［原料配比］

<table>
<tr><th colspan="3" rowspan="2">原料</th><th colspan="4">配比（质量份）</th></tr>
<tr><th>1#</th><th>2#</th><th>3#</th><th>4#</th></tr>
<tr><td rowspan="10">防锈油添加剂</td><td rowspan="2">润滑油馏分油1</td><td>L-AN32（N32全损耗系统用油）</td><td>240</td><td>240</td><td>—</td><td>—</td></tr>
<tr><td>DB-10变压器油</td><td>—</td><td>—</td><td>240</td><td>240</td></tr>
<tr><td>合成重烷基磺酸钡</td><td>T701</td><td>90</td><td>90</td><td>90</td><td>90</td></tr>
<tr><td colspan="2">二壬基萘磺酸钡T705</td><td>120</td><td>120</td><td>120</td><td>120</td></tr>
<tr><td>烯基琥珀酸</td><td>十二烯基丁二酸</td><td>30</td><td>30</td><td>30</td><td>30</td></tr>
<tr><td colspan="2">失水山梨糖醇油酸酯</td><td>12</td><td>12</td><td>12</td><td>12</td></tr>
<tr><td colspan="2">甲基苯并三氮唑</td><td>1.2</td><td>1.2</td><td>—</td><td>—</td></tr>
<tr><td colspan="2">苯并三氮唑</td><td>—</td><td>—</td><td>1.2</td><td>1.2</td></tr>
<tr><td colspan="2">高分子成膜剂</td><td>100</td><td>100</td><td>100</td><td>100</td></tr>
<tr><td>抗氧化剂</td><td>2,6-二叔丁基-4-甲基苯酚（BHT）</td><td>6</td><td>6</td><td>6</td><td>6</td></tr>
<tr><td colspan="2" rowspan="2">润滑油馏分油2</td><td>溶剂汽油（NY120）</td><td>200</td><td>—</td><td>200</td><td>—</td></tr>
<tr><td>精制环保型溶剂油（D70）</td><td>—</td><td>200</td><td>—</td><td>200</td></tr>
<tr><td colspan="3">防锈油添加剂</td><td>50</td><td>50</td><td>50</td><td>50</td></tr>
</table>

制备方法

（1）向润滑油馏分油 1 中依次加入重烷基磺酸钡、二壬基萘磺酸钡、十二烯基丁二酸、失水山梨糖醇油酸酯、甲基苯并三氮唑或苯并三氮唑、高分子成膜剂和抗氧化剂，搅拌均匀，即可得到抗盐雾防锈油添加剂。

（2）将润滑油馏分油 2 与防锈油添加剂混合均匀得到产品。

原料介绍

所述合成重烷基苯磺酸钡是由人工合成的重烷基苯经磺化后再成盐而制得。选用商品名是斯盘-80 的失水山梨糖醇油酸酯。

所述高分子成膜剂包括石油树脂、酚醛树脂和醇酸树脂中的至少一种。

产品应用　本品主要是一种抗盐雾防锈油。

产品特性

（1）本品清亮、透明，稳定性好，防锈油的抗盐雾性能随复合添加剂在配方中比例的提高而加强，不需再另加其它添加剂，使用方便，有利于简化防锈油的配制工艺，降低生产成本，有利于推广使用。

（2）本品抗盐雾性能较优且具有较强的稳定性。

配方 52　抗盐雾型薄膜防锈油

原料配比

原料	配比（质量份）		
	1#	2#	3#
加氢矿物油	17	22	23
羊毛脂镁皂	5.5	8.4	9
二壬基萘磺酸钡	11.6	14.5	15
苯并三氮唑	2	4	5
2,6-二叔丁基对甲酚	1.6	3.7	5
碳氢溶剂	57.3	42.9	38.5
稳定剂	3.5	2.5	2
分散剂	1.5	2	2.5

制备方法

（1）将加氢矿物油与羊毛脂镁皂一同倒入不锈钢调合釜内，然后将调合釜内温度调节至 115～125℃，进行加热搅拌，搅拌转速为 400～600r/min，搅拌时间为 55～65min，从而得到初始混合物。

（2）将调合釜的温度调节至 60～70℃，在调节过程中依次加入二壬基萘磺酸钡、苯并三氮唑、2,6-二叔丁基对甲酚和分散剂，进行搅拌，搅拌转速为 100～150r/min，搅拌时间为 40～50min，从而得到次混合物。

（3）将调合釜的温度调节至 40～50℃，在调节过程中，加入碳氢溶剂与稳定剂，进行搅拌，搅拌转速为 400～600r/min，搅拌时间为 25～40min，从而得到成品防锈油。

（4）对（3）中得到的成品防锈油进行冷却处理，待其降至室温后，进行检测，检测合格后，包装入库即可。防锈油需要进行充氮包装。

原料介绍

所述稳定剂为硬脂酸钙、羧甲基纤维素钠、氯化钙或氯化铵中的一种或多种任意比例混合的混合物。

所述分散剂为脂肪醇聚氧乙烯醚、多元醇单脂肪酸酯、烷基醇酰胺中的一种或多种任意比例混合的混合物。

产品应用　本品主要是一种抗盐雾型薄膜防锈油。

产品特性　本品对金属件不油腻、不黏手、不黏灰，且对金属件无污染，同时能够防止对人体产生影响，该防锈油具有较长的防锈期限。

配方 53　抗氧化轴承用防锈油

［原料配比］

原料	配比（质量份）				
	1#	2#	3#	4#	5#
双烯基丁二酰亚胺	45	48	42	50	40
石油磺酸钙	5	7	3	10	1
双聚异丁烯二酰亚胺	10	12	8	15	5
亚磷酸氢二烷基酯	20	22	18	25	15
聚烯基琥珀酰亚胺	25	27	23	30	20
氯化石蜡	10	12	8	15	5
氧化菜籽油	5	7	3	10	1
苯并三氮唑	3	4	2	5	1

制备方法　取上述原料，在熔融状态下，混匀，即得。

产品应用　本品主要是一种抗氧化轴承用防锈油。

产品特性　本品具有很好的润滑性和防锈效果，耐湿热和耐盐雾性好，能长时间地对金属制品进行保护，对处于含盐、含二氧化碳等气体中的金属也有一定的防护功能。

配方 54　快干型薄层防锈油

［原料配比］

原料	配比（质量份）
基础油	94～97
石油磺酸钡	1～3
十二烯基丁二酸	1
凡士林	1～2

制备方法 将各组分原料混合均匀即可。

产品应用 本品主要是一种快干型薄层防锈油。

产品特性 本品具有良好的防锈性和快干性。

配方 55 快速水置换防锈油

[原料配比]

原料		配比（质量份）							
		1#	2#	3#	4#	5#	6#	7#	8#
氧化蜡膏		5.8	19.8	10.3	14.1	12.5	12.5	12.5	12.5
硬脂酸		1	3.7	1.5	2.5	2	2	2	2
丙烯酸树脂	甲基丙烯酸甲酯	2.5	—	—	5.2	—	—	—	—
	丙烯酸异辛酯	—	6.5	—	—	—	—	—	—
	丙烯酸丁酯	—	—	3	—	—	4.5	2.25	3
	丙烯酸乙酯	—	—	—	—	4.5	—	2.25	1.5
脂肪酸脂肪胺复合物	油酸与硬脂胺复合物	2.5	—	3	—	3.5	3.5	3.5	3.5
	巴斯夫的 SASOLO 与 AMINO 复合物	—	4.5	—	3.5	—	—	—	—
羊毛酸与多元醇合成酯	EPN	1.5	—	—	3.5	3	3	3	3
	LC50	—	4.5	—	—	—	—	—	—
	LY50	—	—	2.5	—	—	—	—	—
合成碳氢烷烃	Nacosol D60	86.7	61	79.7	71.2	74.5	74.5	74.5	74.5

制备方法

（1）称取各组分备用。

（2）将氧化蜡膏以及硬脂酸置于氧化塔内，控制温度为 140～175℃，空气流量为 2～5L/min，反应 5～8h 后，得第一混合物，降温备用。

（3）将所述第一混合物、丙烯酸树脂、脂肪酸脂肪胺复合物、羊毛酸与多元醇合成酯以及合成碳氢烷烃放入容器中，加热至 60～80℃，搅拌混合均匀，即得。

原料介绍

所述氧化蜡膏来源于进口 AI 公司的 Counter 6060，其熔点≤45℃，酸值≤50mg/g。

所述脂肪酸脂肪胺复合物由 C_{16}～C_{18} 的脂肪酸或二元酸与 C_{16}～C_{18} 胺或二胺，按羧基与单胺 1∶1 进行加热复合，温度 60～90℃，时间 30～60min，形成具有优异防锈性、溶解性的添加剂；其熔点≤50℃，酸值≤20mg/g。

所述羊毛酸与多元醇合成酯可以选自禾大的 EPN 或佐野的 LC50 或 LY50 中的一种。

所述合成碳氢烷烃为 C_{16}～C_{18} 或馏程 180～250℃的烷烃，购自国产的 Nacosol D60。

产品应用 本品主要用于活塞环、轴承、发动机等精密部件防锈。

产品特性

（1）本品具有优异的水置换性和水分离性，满足表面沾水的机械零部件涂油使用，快速剥离置换水，水分离性好；其可以直接置换金属表面、针孔和缝隙处的水分或湿气，以软而透明的薄膜形式覆盖在金属表面上。

（2）该防锈油为无灰型油品，不含金属盐，涂油零部件可直接装配使用，满足发动机、热处理等使用要求；另外，油膜对于金属表面黏附性较好，但对覆盖面的垃圾黏附性差，可同时兼顾薄油膜与优异防锈效果，涂油零件长期叠合放置，不产生油斑锈蚀，防锈周期长。

配方 56　硫化石墨烯增效的抗氧防锈油

［原料配比］

原料		配比（质量份）					
		1#	2#	3#	4#	5#	6#
硫化石墨烯添加剂混合物	Hummers 法制备的氧化石墨烯	1	1	1	1	1	1
	二甲基亚砜（DMSO）	100（体积份）	100（体积份）	100（体积份）	100（体积份）	100（体积份）	100（体积份）
	异辛醇	1	1	1	1	1	1
	五硫化二磷	2	2	2	2	2	2
	45#变压器油	30	30	30	30	30	30
	油酸三乙醇胺	3	5	4	3	3	5
硫化石墨烯添加剂混合物		1	5	3	5	5	5
混合油	15#主轴油	100	70	60	100	—	100
	10#主轴油		30	40	—	20	—
	22#主轴油	—	—	—	—	80	—
金属减活剂	苯三唑衍生物型金属减活剂 T551	0.1	0.5	—	—	—	0.1
	多功能苯三唑衍生物型金属减活剂 T581	—	—	0.5	0.2	0.2	—
抗氧化剂	2,6-二叔丁基对甲酚 T501	0.5	0.1	—	0.2	—	0.1
	混合叔丁基苯酚 T502	—	—	0.5	—	0.1	0.1
防锈剂		3	3	1	2	2	3
防锈剂	石油磺酸钡 T701	1	1	1	2	1	1
	环烷酸锌 T704	2	2	2	1	2	2

制备方法　将硫化石墨烯添加剂混合物按配比加入到混合油中，再依次分别加入金属减活剂、抗氧化剂、防锈剂，在 50～70℃下搅拌 1～2h，即得。

原料介绍

硫化石墨烯添加剂混合物制备方法如下。

（1）依次向带有搅拌装置的超声波反应器中投入 1g Hummers 法制备的氧化石墨烯和 100mL DMSO，常温下超声波搅拌 2h，形成 10mg/mL 的氧化石墨烯分散液 100mL。

（2）向步骤（1）反应器内投入 1g 异辛醇，搅拌下升温至 90～95℃，在超声波搅拌条件下，以 0.2g/5min 的频率投入五硫化二磷 2g，再在 90～95℃下继续超声波搅拌 1～1.5h，离心过滤掉固体杂质。

（3）向滤液中加入 45#变压器油 30g，油酸三乙醇胺 3～5g，100～120℃下减压蒸馏 30～50min，得含有硫化石墨烯的添加剂混合物。

所述的变压器油是指天然石油中经过蒸馏、精炼而获得的一种矿物油。

所述混合油为选自 10#、15#、22#主轴油中的一种或多种。

所述的金属减活剂又称金属脱活剂，是指阻止金属对燃料油、润滑油等油品的自动氧化起促进作用的添加剂，常用的有苯三唑衍生物和噻二唑衍生物等。例如 T551 为苯三唑衍生物型金属减活剂，T561 为噻二唑衍生物型金属减活剂，T581 为新型多功能苯三唑衍生物型金属减活剂，各型号产品均为市售产品。

产品应用　本品主要是一种硫化石墨烯增效的抗氧防锈油。可应用于对于极压和防锈有更高要求的设备工件场合。

产品特性　本品有效解决了石墨烯或改性石墨烯作为添加剂，在抗氧防锈油中分散性差且易出现团聚、聚集、沉淀、防锈膜从金属表面脱落等问题，大大提高了石墨烯在金属表面的吸附性，进一步全面提升了抗氧防锈油的抗摩擦和润滑性能，以及抗氧化和防锈的效果。

配方 57　螺栓的防锈油脂

原料配比

原料		配比（质量份）
锂基润滑脂		10
46 号抗磨液		7
硅油		10
硬脂酸		2
三油酸牛脂二胺		2
乙二醇脂肪酸酯		1
石油磺酸钠①		2
丁二酸酯		1
硼酸胺		1
石油磺酸钠②		5
保护剂		2.5
保护剂	聚羟乙基硅氧烷乳液	8
	石油磺酸钙	3
	天然胶乳	5
	石墨乳	3
	有机膨润土	2
	氢化蓖麻油	4
	十二烷基聚氧乙烯醚	2
	环氧富锌树脂	19
	苯甲醇	4
	尿素	2
	棕榈酸异丙酯	3
	亚油酸钠	1

制备方法

（1）将锂基润滑脂、46 号抗磨液放在研钵中，加入硅油，研磨均匀形成糊状物。

（2）将石油磺酸钠①加热至 120～160℃，恒温 30～55min，然后控温在 70～90℃，加入硬脂酸、硼酸胺、石油磺酸钠②，保温反应 30～40min。

（3）将步骤（1）与步骤（2）混合，加入保护剂，以 1200～1500r/min 的速度搅拌 30～40min，然后加入剩余成分，加热至 65～70℃，继续搅拌 0.5～1h，然后冷却至室温即得本品防锈油脂。

原料介绍

所述的保护剂的制备方法：首先将石墨乳与有机膨润土混合后加入氢化蓖麻油，搅拌研磨 60～80min，形成分散体；然后将环氧富锌树脂、苯甲醇、尿素、天然胶乳混合，加热至 85～110℃搅拌反应 2～3h，再降温至 60～70℃，加入剩余成分，以 300～500r/min 的速度搅拌 20～30min；最后冷却至室温，加入分散体，充分搅拌均匀即得保护剂。

产品应用　本品主要是一种螺栓的防锈油脂。

产品特性

（1）本品配方合理，多种防锈成分增强了防锈效果，添加石油磺酸钠、乙二醇脂肪酸酯等成膜剂，配合保护剂，具有良好的防水润滑效果，能够在金属表面形成牢固的疏水膜，防止水和氧的侵蚀导致生锈；本品用于轨道螺栓的防锈，安全长效，工艺简单，便于操作。

（2）本品外观为光滑均匀的油膏，可以室温涂覆或加热涂覆。耐盐雾实验：在温度为 35℃，经过 150h，45#钢无腐蚀；耐湿热实验：在温度为 50℃，经过 700h，45#钢无腐蚀。

配方 58　镁合金用防锈油

原料配比

原料		配比（质量份）				
		1#	2#	3#	4#	5#
石蜡基矿物油	石蜡基 150SN 矿物油	40	—	—	—	—
	石蜡基 75SN 矿物油	—	60	60	50	30
	MVI 150 基础油	—	—	—	—	20
酯类合成基础油	癸二酸二丁酯	40	—	—	—	—
	季戊四醇棕榈仁酯	—	29.5	—	—	—
	多元醇酯类合成基础油（季戊四醇油酸酯）	—	—	20	40	30
苯并三氮唑衍生物		3	3	1	1	2
2,6-二叔丁基对甲酚		2	0.5	2	1	2
噻二唑衍生物		—	2	2		2
失水多元醇油酸酯	斯盘-80	—	—	5	2	4
复合防锈添加剂		15	5	10	6	10
复合防锈添加剂	低碱值合成磺酸钙	3	2.2	6	3	3
	12-烯基丁二酸酯	0.2	0.2	0.3	0.2	0.2
	17-咪唑啉烯基丁二酸盐	0.8	0.4	1.6	0.9	0.8

制备方法

（1）在部分石蜡基矿物油中，添加酯类合成基础油、苯并三氮唑衍生物和/或噻二唑衍生物、

2,6-二叔丁基对甲酚、复合防锈添加剂和失水多元醇油酸酯，分散制得胶体溶液；所述分散的温度为 40～80℃，时间为 80～140min。所述分散采用机械分散搅拌，转速为 1600～5000r/min。机械分散搅拌的转速视所要求防锈剂在油中分散的程度来决定，一般在 1600～5000r/min 之间进行调整。

（2）将所述胶体溶液经混合器分散在余下的石蜡基矿物油中，即得所述镁合金用防锈油。所述分散的温度为 60～100℃，时间为 40～70min。

产品应用　本品主要是一种用于处理镁合金材料的防锈油。

产品特性

（1）本品在镁合金加工、存放、运输等过程中具有优良的防锈保护作用，避免了镁合金由于腐蚀、锈蚀等因素造成的性能变化，效果持续时间长。

（2）本品呈弱碱性，避免了在镁合金表面发生化学反应，不会对基材本体造成损失及出现相关的环保问题。

（3）本品不易挥发、闪点高，黏度合适，适用于浸渍、喷淋、涂刷等工业化操作流程，使用操作安全简便。

配方 59　纳米防锈油脂

原料配比

原料		配比（质量份）		
		1#	2#	3#
基础油	汽油	50	40	50
	溶剂煤油	30	30	30
防锈剂	十二烯基丁二酸	1	2	—
	羊毛脂镁皂	3	2	3.5
	磺酸盐	5	4	4.5
成膜剂	丙烯酸树脂	1	2	2
	石油树脂	2	1.5	1
	古马隆树脂	1	0.5	—
抗氧化剂	苯并三氮唑	3	2	2
助溶剂	工业乙醇	3	2	2.5

制备方法

（1）将基础油加入到反应釜中搅拌加热到 100～120℃，得到混合物一。

（2）将成膜剂和助溶剂混合后加入到混合物一中，保持温度到 90～100℃，使用搅拌机搅拌 2～3h，得到混合物二；搅拌机的搅拌速度为 400～600r/min。

（3）将防锈剂和抗氧化剂混合得到混合物三，将混合物三加入到降温至 40～60℃的混合物二中，使用搅拌机搅拌 1～2h；搅拌机的搅拌速度为 400～800r/min。

（4）冷却至室温，过滤得到防锈油。

产品应用　本品主要是一种纳米防锈油脂。

使用时，使用者先清洗处理金属，使金属表面无污物和水分；使用者戴好橡胶手套，将小的金属放入防锈油中浸泡 1～2min，大的金属则采用喷涂或刷涂的方式，使金属表面均涂上防锈油且油膜均匀；操作完，将金属晾干后保存。

产品特性

（1）本品形成的纳米级防锈膜，大大减少了防锈油脂的用量，降低了成本。

（2）本品形成较薄的防锈膜，不影响金属表面的美观。

（3）本品涂抹工作较为轻松，降低了工作量，对于金属制品的尺寸也没有影响。

（4）本品环保健康，对环境影响较小。

配方 60　耐 EPDM 橡胶溶胀汽车制动器用水性防锈油

原料配比

原料	配比（质量份）
环烷基基础油（T22）	45
大豆油	4
棉籽油	5
石油磺酸钠	17
高碱值石油磺酸钙（Calcinate C-300R）	2.5
乙烯 α-烯烃共聚物	2.5
氧化蜡醇酯（AQUALOX2328Q）	5
异丙醇胺	4
蓖麻油酸	5
EO/PO 嵌段聚醚（Pluronic RPE2520）	1
脂肪醇聚氧乙烯（5～20）醚（Emulsogen M）	1.5
苯并三氮唑	0.2
纯水	7.3

制备方法　将各组分原料混合均匀即可。

原料介绍

所述的苯并三氮唑可用咪唑啉衍生物、液态三氮唑衍生物、苯甲酸钠、1,2,4-氮唑或烷基磷酸酯替换。

产品应用　本品主要是一种汽车制动器用水性防锈油。

产品特性

（1）本品具有优异的成膜性能和防锈性能。本产品 20%稀释液、盐雾试验≥196h，耐湿热试验≥960h。其防锈性能完全可与传统油性防锈油相媲美。

（2）本品不含钡，不使用危及人和环境的重金属等有毒有害物质。

配方 61　耐腐蚀硬膜防锈油

原料配比

原料		配比（质量份）
海藻酸钠液	海藻酸钠	1
	水	100

续表

原料		配比（质量份）
预处理混合液	氧化石墨烯	1
	海藻酸钠液	20
改性添加剂	碳酸氢钙	8
	30%氢氧化钠溶液	8
	预处理混合液	30
基础油	N32 机械油	100
石油树脂	C_9 石油树脂	30
叔丁基酚甲醛树脂		40
稀释剂	200 号溶剂汽油	30
无水乙醇		20
复配防锈剂		20
抗氧化剂	丁基羟基茴香醚	5
干性油	桐油	10
有机硅树脂	聚甲基有机硅树脂	10
改性添加剂		30
邻苯二甲酸二正辛酯		5
复配防锈剂	磺酸钙盐	30
	羊毛脂镁皂	8
	N-油酰肌氨酸十八胺	8

制备方法

（1）将海藻酸钠与水置于 1 号烧杯中，用玻璃棒搅拌 10～20min，混合静置溶胀 3～5h 后，将 1 号烧杯置于数显测速恒温磁力搅拌器中，于温度为 80～85℃、转速为 300～500r/min 条件下，加热搅拌溶解 40～60min，即得海藻酸钠液。

（2）将氧化石墨烯与海藻酸钠液置于 2 号烧杯中，并将 2 号烧杯置于超声分散仪中，于超声频率为 55～75kHz 条件下，混合超声 40～60min，接着向 2 号烧杯中滴加 20%～30%的氨水调节 pH 值至 9.6～9.9，得预处理混合液。将碳酸氢钙与预处理混合液置于三口烧瓶中，于转速为 300～500/min 条件下，搅拌混合 40～60min，接着向三口烧瓶中加入质量分数为 20%～30%的氢氧化钠溶液，于转速为 400～600r/min 条件下，搅拌混合 40～60min，得混合浆液，再将混合浆液过滤，即得改性添加剂。

（3）将基础油、石油树脂、叔丁基酚甲醛树脂、稀释剂和无水乙醇置于反应釜中，于温度为 60～70℃、转速为 300～500r/min 条件下，加热搅拌混合 40～60min 后，降温至 50～55℃，接着向反应釜中加入复配防锈剂、抗氧化剂、干性油、有机硅树脂、改性添加剂和邻苯二甲酸二正辛酯，于温度为 50～55℃、转速为 300～500r/min 条件下，加热搅拌混合 40～60min，即得耐腐蚀硬膜防锈油。

原料介绍

所述改性添加剂的制备过程为：将氧化石墨烯与海藻酸钠液混合超声，接着滴加氨水调节 pH 值至 9.6～9.9，得预处理混合液，将碳酸氢钙与预处理混合液搅拌混合，接着加入氢氧化钠溶液，搅拌混合，过滤，即得改性添加剂。

产品应用　本品主要是一种耐腐蚀硬膜防锈油。

产品特性　本品在使用过程中，当外界的氧气进入体系时，氧气可促使干性油交联，使得体系的交联密度增加、力学性能得到提升，同时，有效阻隔了氧气，使得体系的耐腐蚀性能得到提升。

配方 62　耐光照型防锈油组合物

原料配比

原料		配比（质量份）										
		1#	2#	3#	4#	5#	6#	7#	8#	9#	10#	11#
成膜助剂	偏苯三酸三异壬醇酯	—	1	—	1.5	—	—	—	—	—	—	—
	偏苯三酸三-2-己基癸醇酯	—	—	—	—	—	—	—	—	—	1	1
主缓蚀剂	低碱值石油磺酸钙	0.5	—	—	—	—	—	—	3	1.5	1	—
	中性石油磺酸钙	3.5	—	—	5	5	3.5	—	—	3	4.5	5
	高碱值二壬基萘磺酸钙	—	—	3.5	—	0.5	—	0.5	2.5	0.5	0.5	—
	中性二壬基萘磺酸钙	—	5	2.5	0.5	—	2.5	5	—	2	—	2
	环烷酸锌	—	—	0.5	—	—	—	0.5	—	—	—	—
成膜剂	羊毛脂镁皂	—	0.5	0.5	—	1	1		1	0.5	—	—
	氧化石蜡钙皂	—	—	—	0.5	—	—	—	—	—	1	
	山梨糖醇单油酸酯	1	0.3	0.3	0.5	—	—	—	—	—	—	—
助缓蚀剂	异戊二醇双十二烯基丁二酸酯	0.5	—	—	0.5	—	0.5	—	0.1	0.5	0.7	0.1
	亚磷酸二月桂醇酯	—	0.1	—	—	—	—	0.1	—	—	—	—
	十二烯基丁二酸	—	0.5	—	—	0.5	—	0.3	—	0.5	0.3	—
增溶补强剂	油酰基肌氨酸十八胺	0.3	0.2	—	0.2	—	—	—	0.3	0.5	0.2	0.2
	异丁烯丁二酰亚胺	0.1	—	0.1	—	—	0.5	0.1	—	—	0.1	0.2
光稳定主剂	三（2,4-二叔丁基苯基）亚磷酸酯	—	0.3	—	—	—	—	—	—	—	—	—
	三（壬基酚）亚磷酸酯	—	—	—	0.3	—	0.3	—	—	—	—	—
	双十八烷基季戊四醇双亚磷酸酯	—	—	0.3	—	—	—	—	—	—	—	—
	双（2,4-二叔丁基苯基）季戊四醇二亚磷酸酯	0.2	—	—	—	—	—	—	—	—	—	—
	双（2,6-二叔丁基-4-甲基苯基）季戊四醇二亚磷酸酯	—	—	—	—	0.3	—	—	—	—	—	—
	4,4′-亚甲基双（2,6-二叔丁基苯酚）	—	—	—	0.3	—	—	—	—	—	—	—
	四[D-(3,5-二叔丁基-4-羟基苯基)丙酸]季戊四醇酯	—	—	—	—	0.3	—	—	—	—	—	—
	1,3,5-三甲基-2,4,6-三（3,5-二叔丁基-4-羟基苄基）苯	—	—	—	—	—	—	—	—	0.3	—	—

续表

原料		配比（质量份）										
		1#	2#	3#	4#	5#	6#	7#	8#	9#	10#	11#
光稳定主剂	4-羟基-3,5-二叔丁基苯丙酸十三醇酯	—	—	—	—	—	—	—	—	—	0.3	—
	2,2′-亚甲基双(4-甲基-6-叔丁基苯酚)	—	—	—	—	—	—	0.3	—	—	—	—
	2,6-二叔丁基-4-甲基苯酚	—	—	0.3	—	—	—	—	0.2	—	—	—
光稳定助剂	二[4-(1,1,3,3-四甲基丁基苯)]胺	—	—	—	—	—	—	—	—	—	0.2	—
	N-丁基苯基辛基苯胺	—	—	—	—	—	—	—	—	0.2	—	—
	N-(十二烷基苯基)-α-萘胺	—	—	—	—	—	—	—	—	—	—	0.3
基础油		加至100	加至100	加至100	加至100	加至100	加至100	加至100	加至100	加至100	加至100	加至100

制备方法　将各组分原料混合均匀即可。

原料介绍

所述中性石油磺酸钙或二壬基萘磺酸钙，碱值（以 KOH 计）低于 10mg/g。

所述低碱值石油磺酸钙或二壬基萘磺酸钙，碱值为 10～30mg/g。

所述高碱值石油磺酸钙或二壬基萘磺酸钙，碱值为 250～350mg/g。

所述基础油为合成烃类基础油或矿物基基础油，经过加氢工艺或白土工艺精制处理，运动黏度为 2～100mm^2/s，闪点为 60～240℃。

产品应用　本品主要是一种耐光照型防锈油组合物。

产品特性　本品通过各组分之间的协同配合作用，使得该防锈油在满足良好防锈性能的同时，能够提供优异的光照安定性，通过防锈性能测试、油品光照变色测试、油品光照沉淀测试以及涂油钢片胶斑沉积测试，表明本品的防锈性能和光照安定性均优于现有技术，解决了防锈油在涂油工件表面产生着色沉积、胶斑问题。

配方 63　耐磨润滑防锈油

原料配比

原料		配比（质量份）					
		1#	2#	3#	4#	5#	6#
溶剂油	120#溶剂油	56.2	61	—	—	—	—
	石油醚	—	—	37	—	49.5	—
	200#溶剂油	—	—	—	59	—	68.6
油溶性树脂	叔丁基酚醛树脂	7	—	20	—	20	13
	萜烯树脂	—	10	15	—	—	—
	石油树脂	19	21	5	15	10	—
	古马隆树脂	—	—	—	15	3	—

续表

原料		配比（质量份）					
		1#	2#	3#	4#	5#	6#
防锈剂	石油磺酸钡	3.4	0.6	3	—	3.5	0.5
	石油磺酸钙	—	—	—	6.5	0.1	2.5
	石油磺酸钠	5.3	0.4	1.5	5	—	0.5
	二壬基萘磺酸钡	2.5	0.5	5.5	1.5	0.5	—
	十二烯基丁二酸	—	0.3	0.5	—	5.5	—
	2,6-二叔丁基对甲酚	0.1	0.2	0.3	1	0.2	0.4
	三乙醇胺	—	—	—	1	1	0.5
润滑剂	加氢裂解矿物润滑油	—	4.5	—	—	—	—
	液体石蜡	—	—	6	—	0.4	10
	油溶性羊毛脂	1.5	—	—	3.5	—	—
	聚四氟乙烯超细微粉（粒径为1～20μm）	2.5	—	—	1	3.3	—
乳化剂	斯盘-80	2	—	—	—	—	2.5
	三乙醇胺硼酸酯	—	—	0.2	—	—	—
	油酸聚氧乙烯酯	—	0.5	—	—	—	—
	十二醇油酸酯	—	—	—	0.5	—	—
	壬基酚聚氧乙烯醚	—	—	—	—	1	—
催干剂	异辛酸钴	0.5	1.0	6	—	—	—
	异辛酸锰	—	—	—	1	—	—
	环烷酸钴	—	—	—	—	2	—
	异辛酸铜	—	—	—	—	—	1.5

制备方法

（1）将溶剂油加热后，与油溶性树脂进行第一混合，得到树脂溶剂；加热的温度为100～130℃。

（2）将防锈剂、润滑剂和加工助剂进行第二混合后，与所述树脂溶剂进行第三混合，得到所述耐磨润滑防锈油。第二混合的温度为40～70℃。所述第一混合、第二混合和第三混合的转速为300～700r/min，时间为15～60min。

产品应用　本品主要是一种耐磨润滑防锈油。

产品特性　本品在金属表面形成致密保护膜，提升整体耐磨防锈性能。

配方64　耐盐雾型防锈油

[原料配比]

原料		配比（质量份）		
		1#	2#	3#
复合基础油	含氢硅油	4	6	5
	亚麻油	3	5	4
	轻质柴油	19	19	19

续表

原料		配比（质量份）		
		1#	2#	3#
助剂	十二烷基苯磺酸钠	1	1	1
	卵磷脂	4	6	5
添加剂	纳米二氧化硅	7	9	8
	碳纳米管	1	3	2
增效剂	腐殖酸钠	3	3	3
	氢氧化钠溶液	7	7	7
复合基础油		160	165	163
助剂		4	6	5
成膜助剂	苯甲醇	2	—	3
	乙二醇	—	5	—
高效缓释物		16	23	21
添加剂		6	9	7
增效剂		1	5	3

制备方法　将复合基础油与增效剂进行搅拌混合 20min，再加入助剂、高效缓释物、添加剂，继续搅拌 40min，最后加入成膜助剂搅拌 10min，即得耐盐雾型防锈油。

原料介绍

所述高效缓蚀物的制备方法为：

（1）将 *N*-甲基吡咯烷酮、聚甲基丙烯酸酯按质量比（10～12）∶3 放入反应器中，使用氮气保护，在 35～40℃下进行预热，再加入四乙基氢氧化铵溶液，升温至 70～80℃下进行反应。

（2）在反应结束后，旋转蒸发，收集剩余物，按质量份计，取 100～120 份二甲基亚砜、30～35 份剩余物、10～15 份甲基丙烯酰乙基磺基甜菜碱、2～5 份过硫酸钠，放入反应器中，使用氮气保护，升温至 105～110℃，接枝反应，出料，真空蒸发去除二甲基亚砜，收集剩余物，即得高效缓释物。

所述添加剂为将纳米二氧化硅、碳纳米管按质量比（7～9）∶（1～3）球磨混合而成。

产品应用　本品主要是一种耐盐雾型防锈油。

产品特性　本品以含氢硅油、亚麻油、轻质柴油作为基础油，可以有效提高防锈油的成膜性能及防腐效果，同时本品将聚甲基丙烯酸酯与四乙基氢氧化铵进行酰胺化反应，随后再与甲基丙烯酰乙基磺基甜菜碱在过硫酸钠引发的作用下，进行聚合反应，形成双亲聚合物，增加了与金属基材的结合位点，增加了以金属基材的结合力度，可以有效地与金属基体进行结合，疏水基团在外侧形成保护膜，同时聚合物的形成增加了耐盐雾性能，提高了耐腐蚀性，并且添加剂的加入可以有效地对金属离子进行吸附，避免对金属基材的腐蚀，而且添加剂与疏水基团进行结合，排布在外侧，进一步增加了防锈油的耐盐雾性能。

配方 65　气相防锈油（1）

［原料配比］

原料		配比（质量份）	
		1#	2#
基础油	10#白油	80	90

续表

原料		配比（质量份）	
		1#	2#
防锈剂Ⅰ	二壬基萘磺酸钡	5	—
	石油磺酸钠	—	5
	石油磺酸钡	5	5
	石油磺酸钙	—	5
防锈剂Ⅱ	2-氨基乙基十七烯基咪唑啉	3	—
	N-油酰肌氨酸十八胺盐	—	5
成膜剂	氧化石蜡	1	1
	凡士林	1	—
	石油树脂	—	1
气相防锈剂		5	5
助溶剂	斯盘-80	1	—
	邻苯二甲酸二辛酯	—	2
抗氧化剂	2,6-二叔丁基-4-甲基苯酚	1	0.5
气相防锈剂	月桂酸	10	12
	辛胺	6	6
	二环己胺	9	10
	10#白油	10	5

制备方法　将月桂酸、辛胺和二环己胺置于反应釜中充分搅拌 30～50min；将混合均匀的反应物料加热至 90℃±10℃保温，继续搅拌 30～50min；关闭加热，往反应釜中加入一定量的基础油，混合后将得到的气相防锈剂冷却至室温即可。

原料介绍

助溶剂能够有效提高整体配方的稳定性，由于辛胺和二环己胺与月桂酸反应成盐，成盐后的物质容易从基础油中析出，因此在配方中加了邻苯二甲酸二辛酯或斯盘-80 后能够有效提高各物质在基础油中的溶解性，有效防止物质从基础油中析出，进而提高配方的稳定性；防锈剂Ⅰ、防锈剂Ⅱ以及气相防锈剂共同作用实现产品持久的接触防锈与非接触防锈。

产品应用　本品主要用于黑色金属的防锈，包括机械设备及零件的密封保存或武器装备的长期防锈。

产品特性

（1）本品具有接触性防锈功能和非接触性防锈功能，对多种黑色金属具有良好的防锈性能，而且还可以有效降低气相防锈油的气味，提高操作人员使用时的舒适度。

（2）本品具有良好的防锈性能，能够处理设备盲孔等接触不到防锈油的地方，并且没有刺激性气味。而且具备持久的气相防锈功能。

配方 66　气相防锈油（2）

[原料配比]

原料		配比（质量份）			
		1#	2#	3#	4#
防锈剂	石油磺酸钠	4	4	—	3

续表

原料		配比（质量份）			
		1#	2#	3#	4#
防锈剂	羊毛脂镁皂	—	6	—	—
	氧化蜡	—	—	1	4
	石油磺酸钙	—	—	2	—
	二壬基萘磺酸钡	9	5	—	3
脂肪酸	油酸	3	—	—	—
	异壬酸	—	5	—	—
	新癸酸	—	—	4	—
	十二烯基丁二酸	—	—	—	5
成膜剂	萜烯树脂	8	—	—	—
	丁二烯树脂	—	6	—	—
	丙烯酸树脂	—	—	10	—
	聚氨酯	—	—	—	4
无胺气相防锈剂	苯三唑	6	—	—	—
	苯甲酸钠	—	10	—	—
	苯甲酸铵	—	—	12	—
	咪唑啉	—	—	2	9
溶剂油	25#变压器油	20	25	25	20
	3#白油	50	50	55	55

制备方法

（1）在反应釜中加入溶剂油，开动反应釜搅拌，并将溶剂油升温至 40～60℃。

（2）向步骤（1）的溶剂油中加入防锈剂，加热至 100～110℃，在 100～110℃的温度下搅拌 30～60min 后，降温至 70～80℃。

（3）向步骤（2）的混合液中加入脂肪酸，在 70～80℃的恒温下，对其搅拌 30～60min。

（4）向步骤（3）的混合液中加入成膜剂，在 70～80℃的恒温下，对其搅拌 30～60min。

（5）向步骤（4）的混合液中加入无胺气相防锈剂，降温至 50～60℃后搅拌 30～60min，冷却至室温，即获得气相防锈油。

产品应用　本品主要是用于加工钢零部件、铸件、锻件、传动零部件、加工设备、法兰和阀门等的气相防锈油。

产品特性　本品通过使用无胺气相防锈剂替代具有强烈刺激性气味的气相防锈剂，不但能避免刺激性气体的挥发，而且还能使气相防锈油的防锈性能更稳定，在各组分协同配合下，可获得具有油膜薄、成膜好、防锈性能稳定性强等优点的气相防锈油。

配方 67　乳化型防锈油

[原料配比]

原料	配比（质量份）				
	1#	2#	3#	4#	5#
石油磺酸钠	6	5	18	15	18

续表

原料		配比（质量份）				
		1#	2#	3#	4#	5#
三乙醇胺		5	6	6	6	8
三乙醇胺油酸皂		10	10	10	10	12
乳化剂		6	8	8	8	10
氢氧化钾		1	2	2	2	2
水		1	2	2	2	2
杀菌剂	三嗪类杀菌剂	1	2	2	—	—
	吗啉类杀菌剂	—	—	—	2	—
	噁唑啉类杀菌剂	—	—	—	—	2
基础油	环烷基基础油	加至 100	—	加至 100	—	加至 100
	石蜡基基础油	—	加至 100	—	加至 100	—

制备方法　将各组分原料混合均匀即可。

产品应用　本品主要是一种乳化型防锈油。

产品特性　本品各组分之间有机配合，具有良好的防锈性能，且长时间放置不分层，不漂油；采用的原料容易获得，用量少，使用成本较低。

配方 68　润滑防锈油（1）

[原料配比]

原料		配比（质量份）				
		1#	2#	3#	4#	5#
磷钨酸-苯并噻唑离子液体接枝共聚物	磷钨酸	35	30	40	38	32
	1mol/L 硝酸溶液	18	16	19	15	20
	引发剂硝酸铈铵	18	12	14	20	16
	苯并噻唑	45	30	40	35	50
	98%硫酸溶液	40	30	45	50	35
固载化离子液体催化剂	SiO_2介孔分子筛	20	28	30	25	22
	无水乙醇①	15	20	18	16	17
	磷钨酸-苯并噻唑离子液体接枝共聚物	15	18	17	16	18
	无水乙醇②	10	12	10	12	11
	浓盐酸	6.5	7.5	6	8	7
	蒸馏水	7	10	8	9	8
松香硼酸酯	松香	58	50	60	62	65
	二乙醇胺	65	75	70	60	80
	固载化离子液体催化剂	1.5	2	1.6	1.8	1.7
	硼酸	100	80	85	95	90

续表

原料		配比（质量份）				
		1#	2#	3#	4#	5#
妥尔油一乙醇胺	妥尔油	60	55	50	58	52
	液体 SO_3	7	10	5	8	6
	一乙醇胺	70	75	65	60	80
硬脂酸丁酯		10	14	18	12	16
白油		25	15	18	20	23
桐油		19	18	19	20	20
六偏磷酸钠		21	22	20	25	24
丙二醇苯醚		10	11	10.5	11.5	12
脂肪醇聚氧乙烯醚		9	10	11	8	12
十二烷基苯磺酸钠		6	8	6.5	7	7.5
抗氧化剂		9	8	12	10	11
杀菌剂		10	12	11	10	11

制备方法

（1）磷钨酸-苯并噻唑离子液体接枝共聚物制备：取磷钨酸 30～40 份和二次蒸馏水加入圆底烧瓶中并磁力搅拌，同时加热到 80～90℃使其完全溶解，将温度降到 35～40℃，加入 1mol/L 硝酸溶液 15～20 份，然后加入引发剂硝酸铈铵 12～30 份和苯并噻唑 30～50 份，在氮气氛围中反应 4h；用甲醇重复淋洗所得产物，然后再将产物和适量二次蒸馏水加入到烧瓶中并磁力搅拌，加热至 80～90℃使其完全溶解后，加入质量分数为 98%硫酸溶液 30～50 份恒温反应 20～24h，然后残余物用乙酸乙酯洗涤，在 40℃真空干燥 12h，得到磷钨酸-苯并噻唑离子液体接枝共聚物。

（2）固载化离子液体催化剂的制备：取 SiO_2 介孔分子筛 20～30 份和无水乙醇①15～20 份加入装有磁力搅拌器的圆底烧瓶中，搅拌并加热到 55～60℃，恒温；取磷钨酸-苯并噻唑离子液体接枝共聚物 15～18 份溶解于 10～12 份无水乙醇②后加入到圆底烧瓶中，缓慢滴加浓盐酸 6～8 份、蒸馏水 7～10 份，边滴加边搅拌均匀，滴加完毕后静置让其生成凝胶，再于 55～60℃老化 12～18h；得到的胶体在 110～120℃下真空干燥 4～6h，即得到固载化离子液体催化剂。

（3）松香硼酸酯的制备：取松香 50～65 份加入到装有磁力搅拌器的反应釜中，加热到 100～110℃使其熔化，取二乙醇胺 60～80 份慢慢滴加到反应釜中，然后再加入固载化离子液体催化剂 1.5～2 份，混合均匀后快速升温到 180～190℃反应 60～90min；再将温度降至 100～120℃后保温 10～20min，加入硼酸 80～100 份，硼酸分 3 次加入，控制反应时间为 90～120min，回收硼酸和固载化离子液体催化剂即得到松香硼酸酯。

（4）妥尔油一乙醇胺的制备：在反应釜中加入妥尔油 50～60 份，快速升温至 30～40℃，使温度维持在 30～40℃左右，并加以机械搅拌保持流动状；将重蒸后的液体 SO_3 5～10 份缓慢滴加于反应釜中，保持体系内无明显烟雾生成；继续搅拌反应 60～90min，然后升温到 60～80℃，然后加入一乙醇胺 60～80 份，通入氮气形成氮气保护，然后超声反应 60～90min，停止加热得到妥尔油一乙醇胺。

（5）物料混合反应：取（3）制备得到的松香硼酸酯、（4）制备得到的妥尔油一乙醇胺、硬脂酸丁酯 10～18 份加入到反应釜中，升温到 50～60℃搅拌混合 5～8min；再向反应釜中加入白油 15～25 份、桐油 18～20 份、六偏磷酸钠 20～25 份、丙二醇苯醚 10～12 份、脂肪醇聚氧乙烯醚 8～12 份、十二烷基苯磺酸钠 6～8 份混合搅拌 30～40min；将温度降至常温后加入抗氧化剂 8～12 份、杀菌剂 10～12 份混合搅拌 10～15min，过滤出料即可得到润滑防锈油。

原料介绍

所述的抗氧化剂为 4,4-亚甲基双（2,6-二叔丁基苯酚）和二辛基二苯胺的混合物。

所述的杀菌剂为 OIT 杀菌剂和 TBZ 杀菌剂的混合物。

松香与二乙醇胺反应制备成松香二乙醇胺酯，能够有效改善松香易氧化、酸值较高、热稳定性差的性质，提高润滑防锈油的稳定性。通过在硼酸酯分子中引入长碳链，以及引入氮原子，将硼酸与松香二乙醇胺酯进行酯化反应，由于分子的配位效应能够提高硼酸酯的水解稳定性。此外，N 元素能够抑制 P 元素过度腐蚀，能够使润滑防锈油膜强度增加，有效改善金属工件的抗摩擦性，延长金属工件的使用寿命。

固载化离子液体催化剂中磷钨酸与苯并噻唑离子液体复配使用，能够有效促进松香和二乙醇胺以及硼酸的反应，促进酯化的亲核取代反应，增强松香硼酸酯分子的位阻效应，从而能够有效防止水分子的进攻，减少金属工件与水分子接触的机会，提高松香硼酸酯的防锈性能。固载化离子液体催化剂能够解决浓硫酸等催化剂存在的催化效率不高、对设备腐蚀严重、容易造成三废污染等问题，同时固载化离子液体催化剂还能够多次重复使用而不失活，能够有效节约催化剂成本。固载离子液体催化剂在离子液体用量大幅度减少的情况下，所得到的酯化率比单独使用离子液体催化剂时要高很多，还能够有效缩短松香与二乙醇胺以及和硼酸的酯化反应时间。反应结束后离子液体还能够与松香硼酸酯自动分层，后处理简单，从而提高生产效率。

妥尔油一乙醇胺具有优良的润滑和防锈性能，能够有效提高运转设备的防锈性能，降低摩擦系数。

松香硼酸酯、妥尔油一乙醇胺和桐油、白油混合复配使用，松香硼酸酯在金属摩擦表面形成强吸附作用的层状结构化合物，能够有效阻止 O_2、H_2O 与金属表面的接触，同时桐油可使松香硼酸酯和妥尔油一乙醇胺在金属表面形成均匀致密的膜物质，阻止腐蚀反应的进行，有效提高金属物质的防锈性能。同时松香硼酸酯、妥尔油一乙醇胺和桐油还具有润滑的作用，可以减小金属的摩擦系数。

六偏磷酸钠、丙二醇苯醚、脂肪醇聚氧乙烯醚能够有效促进原料成分的相溶性，能够有效提高切削液与金属制品的附着性，从而提高防锈性能。

抗氧化剂和杀菌剂可以防止润滑防锈油腐败变质，提高储存稳定性。

产品应用　本品主要是一种润滑防锈油。

产品特性

（1）该润滑防锈油具有优异的润滑防锈性能，生物降解性好，污染少，性质稳定，使用方便。

（2）本品流动性好，耐腐蚀，储存性能好，能够在金属工件中形成紧密的保护涂层，有效延长金属工件的使用寿命。

配方 69　润滑防锈油（2）

原料配比

原料	配比（质量份）	
	1#	2#
石油磺酸钡	18	22

续表

原料	配比（质量份）	
	1#	2#
石油磺酸钙	12	17
石油磺酸钠	10	12
太古油	5	7
十二烯基丁二酸一乙醇胺	5	7
聚乙烯醇 10000	5	7
62#机油	45	27

制备方法　在反应釜投入 62#机油，升温至 40～60℃，按比例再投入石油磺酸钙、石油磺酸钡、石油磺酸钠、太古油、十二烯基丁二酸一乙醇胺、聚乙烯醇 10000 等原料，搅拌升温至 70～95℃之间，混合反应 2～4h 至油品透明，即为所述的润滑防锈油。

原料介绍

所述的十二烯基丁二酸一乙醇胺的制备方法，包括如下步骤：在 250L 反应釜中，先加入一定量十二烯基丁二酸和适量的一乙醇胺（十二烯基丁二酸∶一乙醇胺＝1∶2，摩尔比），开动搅拌，随后逐渐升温至 120～160℃，在此温度下反应 3～6h，产品室温下自然冷却，即得十二烯基丁二酸一乙醇胺。

产品应用　本品主要是一种适用于汽车工业、航空航天等机械制造业不锈钢、铸铁、铝合金、铜合金等材质机加工过程的机械工件的工序间和封存防锈的润滑防锈油产品。

产品特性　本品既有防锈作用，又有润滑作用，防锈性能优良，可同时满足机加工的工序间防锈要求和成品工件的封存防锈要求，还满足机加工过程润滑加工工艺。也可用于机械设备运作过程中润滑护理。

配方 70　润滑型静电喷涂防锈油组合物

［原料配比］

原料		配比（质量份）									
		1#	2#	3#	4#	5#	6#	7#	8#	9#	10#
基础油	HVI Ⅱ-4	51.5	—	—	—	—	—	—	—	—	15.4
	十二烷基苯	20	10	15	—	—	—	—	35	20	20
	HVI Ⅱ-2	—	57.5	—	—	—	56.9	—	30	38.6	30
	MVI 500	—	—	60	—	—	—	11	—	—	—
	HVI 75	—	—	—	63.5	—	—	—	—	10	—
	HVI 500	—	—	—	10	15	—	—	—	—	—
	HVI 150	—	—	—	—	56.5	10	60	—	—	—
磺酸盐防锈剂	石油磺酸钙	2	—	—	—	—	—	—	—	—	5
	合成磺酸钡	10	—	—	—	—	13	—	—	6	6
	二壬基萘磺酸钡	—	3	3	—	—	—	10	—	—	—

续表

原料		配比（质量份）									
		1#	2#	3#	4#	5#	6#	7#	8#	9#	10#
磺酸盐防锈剂	合成磺酸钙	—	10	—	—	5	—	3	8	2	—
	质量比 1∶1 的磺酸钙与羧酸钙混合物	—	—	8	—	—	2	—	—	5	—
	石油磺酸镁	—	—	—	5	—	—	—	—	—	—
	二壬基萘磺酸钙	—	—	—	3	—	—	—	—	—	—
	质量比 1∶1 的二壬基萘磺酸钙与羧酸钙混合物	—	—	—	—	7	—	—	7	—	—
	石油磺酸钡	—	—	—	—	—	—	—	—	—	8
润滑剂	双油酸季戊四醇油酸酯	5	—	—	—	—	2	—	—	—	—
	己二酸二辛酯	10	—	—	—	15	—	—	4	—	—
	棕榈酸异辛酯	—	12	—	—	—	5	2	6	6	8
	四油酸季戊四醇油酸酯	—	6	—	—	—	—	3	—	2	—
	邻苯二甲酸二辛酯	—	—	13	12	—	8	6	6	4	5
	油酸甲酯	—	—	—	5	—	—	—	—	2	—
辅助剂	2-十七烯基-*N*-氨乙基咪唑啉	0.5	—	—	—	—	—	0.5	—	—	—
	烯基丁二酸酯	1	—	—	—	—	1	0.5	1.5	1	1
	N,*N*-二烷基氨基亚甲基苯三唑	—	1	—	—	—	—	0.4	—	0.4	—
	2,6-二叔丁基对甲酚	—	0.5	—	0.5	—	0.1	—	0.5	0.5	0.1
	辛基丁基二苯胺抗氧化剂	—	—	0.5	—	—	1.5	2	1.5	1.5	—
	苯并三氮唑	—	—	0.5	—	1	—	—	—	—	—
	烯基丁二酸	—	—	—	1	—	0.5	0.5	0.5	1	0.5
	十二烷基单酚	—	—	—	—	0.5	—	1	—	—	—

制备方法

（1）将基础油加入带有搅拌的反应釜中，在 70～80℃恒温条件下搅拌至完全溶解，得到物料Ⅰ。

（2）在物料Ⅰ中依次加入磺酸盐防锈剂、辅助剂和润滑剂，在 60～70℃恒温条件下搅拌 3～4h，得到物料Ⅱ。

（3）物料Ⅱ冷却至 40℃以下进行袋式过滤，即得到润滑型静电喷涂防锈油组合物。

产品应用　本品主要是一种用于需要轧制润滑和防锈一体化场合的润滑型静电喷涂防锈油组合物。

产品特性　本品具有良好的防锈性能和润滑性能；克服了添加润滑剂导致体系不稳定、降低防锈性能的技术难题；可实现冷轧润滑和防锈的功能一体化。

配方 71 润滑油型高盐雾脱水防锈油

[原料配比]

原料		配比（质量份）	
		1#	2#
防锈剂 A		8.5	6
防锈剂 B		4	6.5
抗盐雾剂		3	5
增稠剂		3.5	3.5
成膜剂		2	3
抗氧化剂	2,6-二叔丁基对甲酚	0.2	0.2
基础油		78.8	75.8
防锈剂 A	烷基苯磺酸钡	2	—
	石油磺酸钙	1	—
	石油磺酸钡	—	6
防锈剂 B	合成磺酸钙	1	1
	环烷酸锌	—	1
	二壬基萘磺酸钡	1	—
抗盐雾剂	烯基丁二酸型防锈剂	3	15
	咪唑啉	—	1
增稠剂	聚异丁烯	1	3.5
	丁二酰亚胺	1	—
成膜剂	聚丙烯酸树脂	1	—
	萜烯树脂	2	—
	松香树脂	—	3
基础油	150SN	1	—
	15#白矿物油	1	—
	5#白矿物油	—	75.8

制备方法

（1）按照配比将基础油、防锈剂混合均匀。

（2）按照配比加入增稠剂、抗盐雾剂搅拌均匀。

（3）按照配比加入成膜剂、抗氧化剂，搅拌均匀，加热至 70～80℃，恒温 2h 得到润滑油型高盐雾脱水防锈油。

产品应用 本品主要是一种润滑油型高盐雾脱水防锈油。

使用方法：按生产工艺对金属零部件的防锈要求，由试验确定有效、可靠的工艺流程、操作规程、质量控制程序等。

（1）将清洗后的工件浸入装有润滑油型高盐雾脱水防锈油的油槽中，如工件形状复杂，需上下抖动几次。单个工件 2～3min 即可将水脱尽，若用吊篮装满工件则需 3～5min，注意工件只能悬吊，不能沉于槽底。

（2）定期排放油槽底部脱下的积水。

（3）脱水油槽底部应成锥形，下设放水阀，以便脱除的水分沉积在底部，适时将水排放出来。距脱水油槽底部一定高度应设置活动金属网或多孔的隔盘，以保证金属加工部件不与底部的水层接触。

（4）对于不需脱水的金属部件或制成品可采取喷、浸、涂的方法，用本品直接进行防锈处理。

（5）按防锈要求和工艺规定对防锈零件实施自然晾干、风干或烘干工序。

（6）将防锈处理的零件按规定置于适当场所，并按零件的生产工艺要求实施后续工序。

产品特性

（1）该防锈油同时兼顾耐盐雾性和脱水性，能满足大部分金属材料、零件、元器件的短、中期工序间和库存防锈要求。

（2）本品配方科学合理，能同时解决防锈油耐盐雾性差和金属表面残留水分两大技术问题，同时兼顾耐盐雾性和脱水性。

（3）本品能在常温下使用，节约能源，提高功效，使用方便，操作者能在安全舒适的环境下工作。

配方 72　食品级防锈油

原料配比

原料	配比（质量份）
食品级白矿油	60
食品级钙基润滑脂	10
石油磺酸钠	10
石油磺酸钙	8
食品级凡士林	5
食品级二甲基硅油	3
食品级液体石蜡	4

制备方法

（1）将食品级白矿油加入到反应釜中。

（2）将食品级钙基润滑脂和石油磺酸钠、石油磺酸钙加入到反应釜中，而后进行搅拌分散；搅拌的转速控制在 400～600r/min，时间控制在 30min。

（3）搅拌均匀形成均匀乳液后，向反应釜中加入食品级凡士林。

（4）向反应釜中加入食品级二甲基硅油。

（5）向反应釜中加入食品级液体石蜡。

（6）将反应釜中的物料进行均匀的搅拌，从而得到食品级防锈油。搅拌的转速控制在 200～400r/min，时间控制在 15min。

产品应用　本品主要是一种食品级防锈油。

产品特性

（1）施用方便：本产品黏度极低，不留淤油。施用后溶剂能迅速挥发，防止了施用后的滴淋，使整个过程干净卫生，不会留下污迹。

（2）防锈期长：在金属表面留下一层薄薄的防护性能极强的半干性油膜。该油膜具有良好的水置换能力，能够有效地抵御空气、水和其它物质的化学侵蚀性。防锈期长达半年以上。

（3）成本低廉：由于具有挥发性，油膜极薄，用量少，可涂敷50～60m^2/kg，单位成本低。

（4）安全环保：不含重金属等物质，可以直接地涂抹到与食品接触的金属工件上，安全性高。

配方 73　水置换型薄膜防锈油

原料配比

原料		配比（质量份）
机油		50
月桂烷		830
石油磺酸钙		20
N-油酰肌氨酸十八胺盐		50
十二烯基丁二酸		25
高效置换剂		25
高效置换剂	月桂烷	400
	十八胺	120
	庚酸	130
	SL191 溶剂	220
	Prifer 6813 溶剂（单酯）	120
	AR 型破乳剂	10

制备方法

（1）先将机油、石油磺酸钙、*N*-油酰肌氨酸十八胺盐、十二烯基丁二酸放入反应釜中，将反应釜加热、搅拌，控制温度在110～120℃，加热30min，使反应釜内的原料完全溶解，搅拌均匀。

（2）将物料温度冷却到 60℃，加入月桂烷和高效置换剂，搅拌 30min，直到混合均匀，即可制得水置换型薄膜防锈油，反应过程中保持反应釜温度恒定。

原料介绍

所述机油为15#机油、32#机油、46#机油、68#机油中的一种或几种的混合物。

所述高效置换剂的制备步骤如下：

（1）将月桂烷放入反应釜，加入 SL191 溶剂和 Prifer 6813 溶剂，搅拌 10min。

（2）再加入十八胺和庚酸，搅拌 30～60min。

（3）最后加入 AR 型破乳剂，搅拌 10min，即可制得高效置换剂。

采用脱杂质脱硫脱芳烃的月桂烷为溶剂，复配高效的防锈剂和水置换剂等，使这款防锈油不仅具有优良的防锈性，还具有良好的水置换性和高效的水置换速度。

月桂烷和高效环保的 SL191 及 Prifer 6813 溶剂，使产品具有了很强的清洁功能，对常见的加工油、冲压油、切削油等都有很好的清洗功能，能够在清洗的同时完成防锈，使用上更快捷方便。

产品应用　本品主要是一种水置换型薄膜防锈油。

产品特性

（1）本品具有气味低、不易燃、油膜薄、脱水性强、防锈期长等特点，同时具有优良的防锈性、高效的水置换性，安全环保。

（2）本品在原料的选取上，更注重安全、环保，对人体健康和对环境无危害，有效解决了防锈油存在的毒性大、气味大、闪点低、破坏环境等问题。

配方 74　速干长效防锈油

原料配比

原料		配比（质量份）		
		1#	2#	3#
煤油		50	60	55
石油醚		10	20	15
石油磺酸钡	粉末直径为 40 目	3	—	—
	粉末直径为 80 目	—	5	—
	粉末直径为 60 目	—	—	4
季戊四醇油酸酯		2	3	2.5
十四羟基硬脂酸钠		2	3	2.5
邻苯二甲酸二辛酯		4	5	4.5
抗氧化剂		1	2	1.5
二烷基二硫代磷酸锌	粉末直径为 40 目	1	—	—
	粉末直径为 80 目	—	3	—
	粉末直径为 60 目	—	—	2
苯并三氮唑		1	2	1.5
2-氨乙基十七烯基咪唑啉		1	2	1.5
二甲基硅油		1	2	1.5

制备方法

（1）取煤油和石油醚加入到调配釜中，然后通过加热装置升温到45℃，并将上述材料备用。

（2）依次取石油磺酸钡、季戊四醇油酸酯、十四羟基硬脂酸钠和邻苯二甲酸二辛酯加入调配釜中，与步骤（1）中制得的材料进行搅拌，搅拌 1h 后将调配釜温度冷却至 30℃，并将上述材料备用。

（3）依次取二烷基二硫代磷酸锌、抗氧化剂、苯并三氮唑、2-氨乙基十七烯基咪唑啉和二甲基硅油加入调配釜中，与步骤（2）中制得的材料进行充分混合搅拌，并将上述材料备用。

（4）取步骤（3）中制得的材料进行过滤，最后进行灌装，即可制得成品。

原料介绍

所述抗氧化剂为 2,6-二叔丁基对甲酚和 *N,N'*-二仲丁基对苯二胺中的一种或两种的组合。

所述石油醚的沸程为 90～120℃。

所述石油磺酸钡和二烷基二硫代磷酸锌由超微研磨机研磨制得，且石油磺酸钡和二烷基二硫代磷酸锌的粉末直径在 40～80 目之间。

产品应用　本品主要是一种速干长效防锈油。

产品特性　本品具备了快速干燥且长久有效使用等优点，解决了现有的防锈油干燥速度不快，不能在金属表面形成长久有效的保护，从而不能延长金属使用寿命的问题。本品能有效提高使用效果和期限，能够更好地保护金属，且能更广泛地应用于各个行业，有利于延长各类金属的使用寿命。

配方 75　酸洗板防锈油

原料配比

原料	配比（质量份）				
	1#	2#	3#	4#	5#
十八胺环氧乙烷加成物	2	8	4	6	5
油胺	6	12	8	10	9
氧化石油烃蜡甲酯钡盐	2	8	4	6	5
十六烯基丁二酸酯	1	4	2	3	2.5
抗氧化剂	0.2	0.8	0.4	0.6	0.5
加氢精制矿物油	70	90	75	85	80

制备方法

（1）将十八胺环氧乙烷加成物、油胺按比例混合均匀，得第一混合液，备用。

（2）将加氢精制矿物油以及十六烯基丁二酸酯搅拌 20～30min 后，边搅拌边加入所述第一混合液，并缓慢升温至 120～150℃，得第二混合液。

（3）待第二混合液搅拌反应 1～2h 后，缓慢降温至 50～70℃，依次加入氧化石油烃蜡甲酯钡盐、抗氧化剂，继续搅拌 30～50min，即得。

原料介绍

所述的抗氧化剂为 BHT、T501、264、626 中的一种或几种。

产品应用　本品主要是一种酸洗板防锈油。

产品特性　本品吸附在钢板表面形成油膜，油膜附着性强，防锈性能优异，同时具有一定的水溶清洗作用，易清洗去除，极大提升铝加工企业产品质量，降低生产成本。

配方 76　提高排水性能的钢管防锈油

原料配比

原料		配比（质量份）		
		1#	2#	3#
磺酸盐	石油磺酸钡	6	3	9

续表

原料		配比（质量份）		
		1#	2#	3#
磺酸盐	重烷基苯磺酸钡	6	9	3
	二壬基萘磺酸钡	3	3	3
	二壬基萘磺酸钙	2	1.8	1.5
	二壬基萘磺酸锌	1	1.2	1.5
羧酸衍生物	十七烯基咪唑啉丁二酸盐	1.7	—	1
	十二烷基咪唑啉丁二酸盐	—	1.7	—
	N-油酰基肌氨酸十二胺盐	—	—	0.5
	山梨糖醇单油酸酯	0.3	0.3	0.3
	十二烯基丁二酸半酯	0.5	0.7	0.6
加氢精制油	D80	64	64	64
	150SN	15	15	15

制备方法　将各组分原料混合均匀即可。

产品应用　本品主要是一种提高排水性能的钢管防锈油。

产品特性　本品在现有钢管防锈油中增加了合成磺酸锌、脂肪胺衍生物、胺盐和多元酸酯，在保证防锈性能不降低的情况下，大大提高了钢管表面水与油的吸附交换速度，能够使排水速度从原有的5min以上降低到1min以内，排水速度提高了数倍。

配方 77　铁基粉末冶金零件用环保防锈油

［原料配比］

原料		配比（质量份）											
		1#	2#	3#	4#	5#	6#	7#	8#	9#	10#	11#	12#
基础油		60	90	70	85	80	80	80	80	80	80	80	80
无钡磺酸盐		3	20	5	15	10	10	10	10	10	10	10	10
防锈剂		2	20	1	8	5	5	5	5	5	5	5	5
辅助剂		1	10	2	6	1.5	4.5	4.5	4.5	4.5	4.5	4.5	4.5
抗氧化剂	2,6-二叔丁基对甲酚	0.1	1	0.2	0.7	0.5	0.5	0.5	0.5	0.5	0.5	0.5	0.5
基础油	D80溶剂油	1	1	1	1	1	1	1	1	1	1	1	—
	10#变压器油	9	7	7	7	7	7	7	7	7	7	7	80
无钡磺酸盐	石油磺酸钠	6	6	10	9	9	—	9	9	9	9	9	9
	二壬基萘磺酸钙	1	1	3	2	2	2	—	2	2	2	2	2
	高碱值合成磺酸钙	1	1	3	1	1	1	1	—	1	1	1	1
防锈剂	十二烯基丁二酸半酯	1	1	1	2	1	1	1	1	—	1	1	1
	山梨糖醇酐油酸酯	2	2	2	5	3	3	3	3	3	—	3	3
	氧化石蜡丁酯	4	4	4	5	5	5	5	5	5	5	—	5
辅助剂	乙二醇丁醚	1	1	1	1	1	1	1	1	1	1	1	1
	脂肪醇聚氧乙烯醚	1	1	1	1	1	1	1	1	1	1	1	1

制备方法

（1）将基础油加入调合釜中，在 40～50℃下搅拌 20～40min，制得基础油混合物 A。

（2）将无钡磺酸盐加入调合釜中，升温至 110～120℃恒温搅拌 40～60min，制得无钡磺酸盐混合物 B。

（3）将防锈剂加入调合釜中，升温至 70～80℃恒温搅拌 20～40min，制得防锈剂混合物 C。

（4）将混合物 A、B、C 以及辅助剂、抗氧化剂加入调合釜中，在 40～50℃下搅拌 20～40min，过滤灌装，即得该环保防锈油。

产品应用　本品主要是一种铁基粉末冶金零件用环保防锈油。

产品特性　本品常温浸泡使用，即可快速渗透到金属孔隙内部，将孔隙内部及金属表面的水分排出，沥干后油膜薄、不沾灰尘、抗盐雾性好，满足产品海运出口的防锈要求，该产品不含钡等重金属，安全环保。

配方 78　铜材防锈油

原料配比

原料		配比（质量份）			
		1#	2#	3#	4#
溶剂油		82	88	86	87
溶剂油	D40	82	—	—	2（体积份）
	D60	—	88	—	1（体积份）
	芳烃溶剂油，D80	—	—	86	—
基础油		4	8	7	7
基础油	白油	4	—	—	—
	硅油	—	8	—	—
	3#白油	—	—	7	1
	5#白油	—	—	—	1
防锈成膜剂		3	6	5	5
防锈成膜剂	油酸二乙醇酰胺	3	—	—	2
	失水山梨糖醇油酸酯	—	6	—	1
	烷基酚氨基树脂	—	—	5	—
助溶剂		1	2	1.5	2
助溶剂	无水乙醇	1	—	—	2
	乙二醇丁醚		2	—	1
	乙二醇	—	—	1.5	—
缓蚀剂	1-苯基-5-巯基四氮唑	0.3	0.6	0.5	0.1
脱水剂	异丁醇	0.01	—	—	—
	单丁醚	—	0.05	—	—
	脂肪醇聚氧乙烯醚	—	—	0.03	0.01

制备方法

（1）将缓蚀剂加入助溶剂中，搅拌温度为35～45℃，搅拌时间为30～45min，搅拌速度为800～1000r/min，得到溶液A。

（2）将防锈成膜剂加入溶液A中，搅拌温度为80～90℃，搅拌时间为40～100min，搅拌速度为600～800r/min，得到复合胺缔合剂，即溶液B。

（3）将基础油和溶液B依次加入溶剂油中，搅拌温度为40～60℃，搅拌时间为35～60min，搅拌速度为600～800r/min，得到溶液C。

（4）将脱水剂加入溶液C中，搅拌温度为25～35℃，搅拌时间为20～30min，搅拌速度为500～800r/min，得到所述的铜材防锈油。

产品应用　本品主要是一种铜材防锈油。

应用方法：将所述铜材防锈油涂覆于铜材表面或将铜材浸泡在所述铜材防锈油中一定时间后取出即可。仅需在室温条件下，将待处理铜材在本品铜材防锈油中浸泡10s以上，使铜材与铜材防锈油充分接触，或用棉布等蘸取铜材防锈油在铜材表面涂抹，使铜材表面均一地覆盖一层铜材防锈油即可。

产品特性

（1）本品不含钡类防锈剂、不含邻苯二甲酸酯、不含芳烃等有毒害的化合物，环保，使用安全。

（2）本品通过各原料复配，可使各原料功效产生协同作用，增强铜材的防锈性能，而且更有利于金属表面的吸附，达到有效的缓蚀效果，从而有效延长金属防锈时间，改善金属防锈的实用效果。本品为可挥发性防锈油，油膜较薄，且抗氧化性能优异，具有良好的防锈效果。

配方79　脱水防锈油

［原料配比］

原料		配比（质量份）			
		1#	2#	3#	4#
氧化蜡丁酯		3	10	1	2
乳酸酯	乳酸乙酯	—	—	1	—
	乳酸丁酯	—	—	—	1
醇醚溶剂	乙二醇单丁醚	1	5	—	—
	二丙二醇单丁醚	—	—	—	2
醇类	正己醇	—	—	1	—
	正丁醇	—	5	—	—
油溶性磺酸盐	碱性二壬基萘磺酸钡	2	—	—	—
	中性二壬基萘磺酸钡	—	2	—	2
基础油	D60	94	78	97	93

制备方法　将氧化蜡丁酯加热为油状液体，在调合釜中加入配方量的基础油，再加入配方量的辅助剂和油溶性磺酸盐，在40～60℃下搅拌1h即可。

原料介绍

所述辅助剂为醇醚溶剂、醇类或乳酸酯中的至少一种。

所述氧化蜡丁酯的皂化值（以 KOH 计）≥50mg/g，滴熔点为 30～60℃。

所述基础油为馏程在 180～250℃的溶剂油。

产品应用　本品主要用作钢管制造过程、汽车零部件制造过程的脱水工序的防锈油。

产品特性　本品能够实现在短时间（10s）内的高效脱水，脱水率可高达 100%，同时还可以有效延缓大量水混入后导致脱水剂脱水性能快速下降的问题；基础油的馏程越低，体系的黏稠度越低，从而使体系的脱水效果更好，一方面利于水离开金属表面，另一方面利于水沉降在体系中。

配方 80　无钡软膜防锈油

[原料配比]

原料		配比（质量份）				
		1#	2#	3#	4#	5#
精制矿物油	HVIH 2	6	—	6	6	4
	MVI 500	8	—	—	—	—
	MVI 150	—	6	8	10	—
	MVI 150BS	—	6	—	—	—
	KN 4006	—	—	—	—	10
复合无钡防锈剂		20	20	20	10	25
成膜剂	羊毛脂	3	—	—	—	—
	氧化石油脂	—	2.5	—	—	—
	羊毛脂脂肪酸酯	—	—	—	2.5	—
	凡士林	—	—	2.5		2
抗氧化剂	2,6-二叔丁基对甲酚	0.5	0.3	0.3	0.3	0.3
	二烷基二硫代磷酸锌	—	0.3	—	—	—
	N-苯基-*α*-萘胺	—	—	0.3	0.3	0.3
铜缓蚀剂	苯并三氮唑	0.3	—	0.3	0.3	0.3
	甲基苯并三氮唑	—	0.3	—	—	—
邻苯二甲酸二丁酯		1	1.5	1	2	1
脱芳烃溶剂油	斯盘-80	1	1.5	1	2	1
	D80 溶剂油	60.2	—	—	—	—
	D60 溶剂油	—	61.6	—	—	56.1
	D70 溶剂油	—	—	60.6	66.6	
复合无钡防锈剂	石油磺酸钙	25	25	60	30	20
	二壬基萘磺酸钙	45	50	47	50	40
	双子咪唑啉缓蚀剂	5	7	8	10	10
	环烷酸锌	20	—	—	—	—
	十七烯基咪唑啉烯基丁二酸盐	5	5	—	—	—

续表

原料		配比（质量份）				
		1#	2#	3#	4#	5#
复合无钡防锈剂	十二烯基丁二酸	—	13	—	8	10
	二聚酸	—	—	10	—	—
	N-油酰基肌氨酸十八胺盐	—	—	3	—	—
	十七烯基羟乙基咪唑啉			2	—	3
	妥尔油基羟乙基咪唑啉	—	—	—	2	—
	石油磺酸钠	—	—	—	—	10
	N-油酰基肌氨酸	—	—	—	—	7

制备方法　将各组分原料混合均匀即可。

原料介绍

所述精制矿物油为40℃运动黏度在6～200mm²/s的环烷基油或石蜡基油。

产品应用　本品主要是一种耐盐雾耐湿热无钡环保型软膜防锈油，用于五金零部件、配件等的包装防锈。

产品特性　本品适用于黑色金属制品及含铜金属工件的中长期封存和包装防锈，且储存稳定性优异，长时间放置不产生沉淀，油膜薄、易清洗，可带油装配。

配方 81　无钡型冷轧钢板防锈油（1）

[原料配比]

原料		配比（质量份）				
		1#	2#	3#	4#	5#
磺酸钙	中碱值磺酸钙	10	10	—	—	—
	触变型磺酸钙	—	5	—	15	15
	高碱值磺酸钙	—	—	20	10	—
	改性磺酸钙	—	—	—	—	15
酯类	羊毛脂	0.1	1	—	—	1
	季戊四醇酯		1	—	—	2
	石油脂	—	—	1	—	—
	蜡酯	—	—	2	—	—
	氧化石油脂	—	—	—	4	2
有机酸类防锈剂	羊毛酸	0.1	2	—	—	—
	石油磺酸	—	—	2	—	—
	棕榈酸	—	—	1	2	5
	十二碳酸	—	—		2	—

续表

原料		配比（质量份）				
		1#	2#	3#	4#	5#
蜡质防锈剂	棕榈蜡	0.1	2	—	—	—
	蜂蜡	—	—	1	4	4
	地蜡	—	—	2	—	1
表面活性剂	斯盘-80	0.1	0.5	—	2	2
	改性壬基酚聚氧乙烯醚	—	0.5	1.5	—	1
皂类	石油磺酸的钠皂	0.1	1	1.5	1.5	1.5
	石油磺酸的钾皂	—	—	—	—	1.5
	支链石油磺酸的镁皂	—	—	—	0.5	—
抗氧化剂	酚类抗氧化剂	0.1	0.3	0.5	0.7	1
基础油	150SN 基础油	15	16	17.5	20	25
	60SN 基础油	65.4	60.7	50	38.3	23

制备方法

（1）向反应釜中投入 150SN 基础油、磺酸钙、表面活性剂和有机酸类防锈剂，升温至 100～120℃搅拌 120min。

（2）继续向反应釜中投入蜡质防锈剂及皂类，保持 100～120℃继续搅拌 30min，降温至 60～80℃加入酯类，降温至 40～60℃，投入抗氧化剂和 60SN 基础油，在 40～50℃条件下搅拌 30min 后过滤得到无钡型冷轧钢板防锈油。

产品应用　本品主要是一种无钡型冷轧钢板防锈油。

产品特性　本品属于无钡型环保产品，采用酯类物质和皂类物质与有机酸类防锈剂和蜡质防锈剂相结合，蜡质防锈剂与醇类发生酯化反应，使原料既有石蜡的耐盐雾性，又提高了石蜡的易清洗性，防锈油的整体防锈性能得到有效提升，且本品涂覆在钢板表面后易于后续工艺的清洗，用普通的碱性脱脂剂就可以清洗干净。

配方 82　无钡型冷轧钢板防锈油（2）

[原料配比]

原料		配比（质量份）				
		1#	2#	3#	4#	5#
月桂酸		0.1	0.2	0.4	0.5	0.6
二乙醇胺		0.1	0.2	0.4	0.5	0.6
氧化酯		1	1.5	2	3	4
基础油	150SN 基础油	84.7	78.5	73.6	64.4	56.8
磺酸钙	高碱值磺酸钙	10	12	15	22	25
表面活性剂	脂肪醇聚氧乙烯醚	1	2	2	2	3
防锈剂	聚乙烯蜡	2	3	4	5	6
皂类	石油磺酸钙皂	1	2	2	2	3
抗氧化剂	酚类抗氧化剂	0.1	0.6	0.6	0.6	1

制备方法

（1）将月桂酸和二乙醇胺在氮气保护下进行缩合反应，反应温度为70～80℃，生成月桂酰二乙醇胺，备用。

（2）将步骤（1）制备的月桂酰二乙醇胺与氧化酯投入反应釜中混合，搅拌混合物，搅拌速度为300r/min，搅拌时间为15～20min。

（3）向反应釜中投入基础油、磺酸钙、表面活性剂和防锈剂，升温至100～120℃搅拌20min，继续向反应釜中投入皂类，保持100～120℃继续搅拌30min，降温至40～60℃，投入抗氧化剂继续搅拌30min后过滤，得到无钡型冷轧钢板防锈油。

产品应用　本品主要是一种无钡型冷轧钢板防锈油。

产品特性　本品采用氧化酯和月桂酰二乙醇胺混合后，加入至基础油体系中，有效提高防锈油整体的耐盐雾时间，月桂酰二乙醇胺中的酰胺键能够在金属表面形成致密的吸附层，再利用氧化酯的黏附性能，使得基础油体系牢固地固定在金属表面，从而有效地阻止腐蚀介质侵入到金属表面，防锈效果超过钡类防锈油。

配方 83　锌铝镁板专用防锈油

原料配比

原料	配比（质量份）				
	1#	2#	3#	4#	5#
磺酸盐和羧酸盐混合物	6.5	13.5	8.5	11.5	10
磺酸盐和羧酸衍生物	1	3	1.5	2.5	2
羊毛酸与多元醇合成酯（LY10）	0.1	1	0.3	0.7	0.5
金属减活剂	0.1	1	0.3	0.7	0.5
脂肪酸酯	1.5	5	2	4	3
非离子表面活性剂	1	5	2	4	3
合成矿物油	89.8	71.5	85.4	76.6	81

制备方法

（1）将磺酸盐和羧酸盐混合物与磺酸盐和羧酸衍生物加入反应釜内，釜内温度控制在100～130℃范围内，空气流量为2～6L/min，反应时间为2～5h，得到第一混合物，冷却降温备用。

（2）将反应所得第一混合物、羊毛酸与多元醇合成酯、脂肪酸酯、合成矿物油加入反应釜中，加热至80～100℃，搅拌均匀，恒温1～3h，降温至50～60℃后恒温，得第二混合物。然后加入金属减活剂、非离子表面活性剂，搅拌均匀即可。

原料介绍

所述磺酸盐和羧酸盐混合物来源于进口KING公司的CA-1089，具有出色的抗斑渍性能和防锈性能。

金属减活剂为苯三唑及其衍生物、噻二唑及其衍生物、杂环化合物中的一种或几种。

所述羊毛酸与多元醇合成酯可以选SANO的LY10、LY50、LY60中的一种。

所述磺酸盐和羧酸衍生物为二壬基萘磺酸铵与羧酸衍生物组合物，当二者质量比为1∶1时，能与磺酸盐和羧酸盐混合物发生有效反应，形成的反应物防锈性能更加优异。

所述合成矿物油为国产5#和32#中的一种或两种。

所述非离子表面活性剂为EO数为6的脂肪胺，脂肪胺的碳数为18。

产品应用　本品主要是一种镀锌铝镁板专用防锈油。

产品特性　本品能够满足锌铝镁板在高温高湿天气涂油使用，能有效抑制镀锌铝镁板变色；兼具抗雾化性能好、防锈性能优异、润滑性能优异、后道易清洗等特点。涂油钢板长期放置，不产生变色、油斑、锈蚀，适用于镀锌铝镁板等新型板材防锈。

配方 84　新型防锈油（1）

原料配比

原料		配比（质量份）		
		1#	2#	3#
矿物油	石蜡矿物油	40.9	40.9	39.9
溶剂油	芳香烃溶剂油	52	50	51
PAG合成油	聚乙二醇醚	3	4	5
抗氧化剂	胺类抗氧化剂	0.1	0.1	0.1
防锈剂	石油磺酸盐	1.5	3	2
	二壬基萘磺酸盐	2	1.5	1.6
	二元酸	0.5	0.5	0.4

制备方法

（1）将矿物油、溶剂油、PAG合成油混合，60～80℃搅拌30min，得到第一混合液。

（2）在第一混合液中依次加入抗氧化剂和防锈剂进行混合，搅拌1～2h，得到澄清透明稳定的新型防锈油。

原料介绍

矿物油作为防锈油的载体，是金属表面吸附成膜的基础，同时具备一定的润滑性能。

溶剂油可提升添加剂在体系中的分散性，同时也可以提升防锈油的速干性。

PAG合成油有着比矿物油更好的极性，优先于矿物油吸附在金属表面，起到双层的成膜保护，更好地抑制锈蚀。

抗氧化剂提供防锈油的抗氧化性能，保证油品的储存时间，延长使用寿命。

油溶性防锈剂在金属表面形成保护膜，抑制金属工件的锈蚀。

产品应用　本品主要是一种延长抗盐雾时间从而提升防锈性能的新型防锈油。

产品特性　本品比传统的防锈油具有更长的抗盐雾时间，对于产品的长时间存放和长距离运输具有非常好的积极作用。

配方 85　新型防锈油（2）

原料配比

原料		配比（质量份）			
		1#	2#	3#	4#
基础油	机械油	70	—	80	—

续表

原料		配比（质量份）			
		1#	2#	3#	4#
基础油	煤油	—	75	—	—
	汽油	—	—	—	85
复合缓蚀剂		8	10	12	14
碱溶液	氢氧化钠	5	7	—	—
	碳酸钠	—	—	6	—
	氢氧化镁	—	—	—	7
石蜡		2	4	3	5
稀释剂		20	30	25	35
丁基纤维素		20	30	25	35
成膜剂	丙二醇丁醚	1	—	—	—
	丙二醇甲醚醋酸酯	—	3	—	—
	乙二醇	—	—	2	—
	己二醇	—	—	—	3
抗氧化剂	丁基羟基茴香醚	1	—	—	2
	二丁基羟基甲苯	—	1	—	—
	叔丁基对苯二酚	—	—	2	—
复合缓蚀剂	*N*,*N*-二甲基月桂胺	12	15	18	20
	十二烷基丁二酸	3	4	4	5
	聚氧乙烯烷基醚酸性磷酸酯	6	9	8	10

制备方法

（1）制备复合缓蚀剂：选取定量*N*,*N*-二甲基月桂胺、十二烷基丁二酸和聚氧乙烯烷基醚酸性磷酸酯加入容器中，加热温度至90～100℃，搅拌8～10min，制得复合缓蚀剂。

（2）原料混合：将基础油倒入反应釜中，加热搅拌至温度升高至70～80℃时，加入石蜡，继续升温至110～130℃，搅拌处理10～15min。

（3）辅助添加剂的加入：依次将碱溶液、稀释剂、丁基纤维素、抗氧化剂以及经步骤（1）制备得到的复合缓蚀剂加入反应釜中，进行混合。

（4）搅拌溶解：经步骤（3）处理后的反应釜升温至140～150℃，充分搅拌使得混合物料完全溶解，反应1h。

（5）冷却降温：经步骤（4）处理后的反应釜在室温下冷却至60～70℃时，缓慢加入成膜剂，充分搅拌均匀，得到防锈油。

（6）包装和存放：将经步骤（5）得到的新型防锈油倒入包装机中，经灌装密封处理，得到防锈油产品，后置于阴凉处进行存储。

产品应用　本品主要是一种新型防锈油。

产品特性　本品具备低黏度的特性，易于涂敷且油膜厚度适中，节约防锈油，经济适用性好，防锈油在成膜过程中形成一个平整、光滑和均匀的油膜，覆盖性好且成膜均匀自然。

配方 86 形成湿膜的溶剂防锈油

［原料配比］

原料		配比（质量份）		
		1#	2#	3#
大豆多肽		8	9	10
水		50	60	80
乙醇		25	8	10
防锈剂		4	5	8
润滑油基础油	润滑油基础油 150SN	60	—	—
	润滑油基础油 150BS	—	70	—
	润滑油基础油 500SN	—	—	80
防锈剂	石油磺酸钡	1	—	8
	石油磺酸钙	1	—	—
	石油磺酸钠	—	5	—

制备方法

（1）将大豆多肽和水按比例混合溶胀，再经加热搅拌溶解，随后加入乙醇、防锈剂和润滑油基础油，高压均质后，于 25℃条件下加入增黏剂，以调节黏度至 650～850mPa・s。

（2）将产品置于温度为 2～6℃条件下，冷藏。

原料介绍

所述增黏剂由片状增黏剂和类球形增黏剂颗粒组成。

所述片状增黏剂为有机膨润土。

所述类球形增黏剂颗粒为纳米二氧化硅，纳米二氧化硅表面包覆有硅烷偶联剂。

产品应用　本品主要是一种形成湿膜的溶剂防锈油。

产品特性

（1）本品利用了大豆多肽作为有效成分之一，其可以在水的作用下分散溶解，并在水性体系下，因为氢键的形成而形成弱凝胶；又由于大豆多肽的主要组成为氨基酸，其分子结构中既含有亲水的部分，也含有疏水的部分，因此，该弱凝胶自身具有良好的双亲性，从而可与体系中各组分稳定相溶。

（2）本品具有良好的防腐蚀效果，同时容易去除，无残留。

配方 87 用于 VVT 零部件防锈的高闪点免清洗防锈油

［原料配比］

原料		配比（质量份）
碳氢溶剂	脱芳烃溶剂油 Exxsol™ D80	45
	异构烷烃 Isopar™ M	45.4

续表

原料		配比（质量份）
有机溶剂	3-甲氧基-3-甲基-1-丁醇	3
抗氧化剂	*N*,*N*-二苯基对苯二胺	1
金属防锈剂	油溶性苯甲酰胺油酸咪唑啉季铵盐	3
	苯并三氮唑	0.5
表面活性剂	氟表面活性剂 FC-4434	0.1
	失水山梨糖醇脂肪酸酯（S-80）	2

制备方法

（1）取碳氢溶剂、金属防锈剂和抗氧化剂，于 50℃±5℃温度下，进行混合搅拌，直至均一透明。

（2）取有机溶剂和表面活性剂，加入（1）最终所得的透明产物中，随同搅拌，直至均一透明，即得到防锈油成品。

产品应用　本品主要是一种用于 VVT 零部件防锈的高闪点免清洗防锈油。

产品特性　本品具备闪点高、低残留的性能特点，一方面减少了因大量使用防锈油带来的安全危险，另一方面低残留的性能特点也能达到免清洗的目的，符合防锈油在汽车发动机 VVT 金属零部件方向应用的要求，实现和加快了防锈油在汽车发动机 VVT 金属零部件市场的推广应用。

配方 88　余热发黑膜专用半流体防锈油

［原料配比］

原料		配比（质量份）						
		1#	2#	3#	4#	5#	6#	7#
成膜剂	松散蜡	4	2	1	4	2	0.5	0.5
	油酸锂	1	2	4	3	2	4	1
成膜助剂	季戊四醇四油酸酯	2	1.8	1	0.5	1	0.5	0.5
	聚丙烯酸十四醇酯	0	0.2	0.2	—	—	—	—
	聚丙烯酸十八醇酯	—	—	—	0.8	0.4	0.8	0.8
防锈剂	复合磺酸钙盐	3	3	5	4	8	4	8
	磷酸酰胺	0.5	0.5	2	1	1	0.5	0.5
基础油		加至 100	加至 100	加至 100	加至 100	加至 100	加至 100	加至 100

制备方法　将各组分原料混合均匀即可。

原料介绍

所述基础油的黏度为 8～25mm²/s 且闪点为 160～210℃。

所述防锈剂为复合磺酸钙盐及磷酸酰胺防锈剂，其中复合磺酸钙盐为 C_{22}～C_{24} 的烷基磺酸与油酸混合酸的钙盐，烷基磺酸与油酸的摩尔比为 10∶1，复合磺酸钙盐用量为 3～8 份，磷酸酰胺用量为 0.5～2 份。

产品应用 本品主要是一种余热发黑膜专用半流体防锈油。

产品特性 本品在工件表面形成的防锈膜层不易流淌，防锈周期长；与硬软膜防锈油相比，不含溶剂，危险性低，无 VOC 污染；与防锈脂相比，在成脂膜前具有一定流动性，便于倾倒加油补油操作，生产操作更为方便，膜层更薄，消耗量更低，性能更加优越。

配方 89 长期脱水防锈油

［原料配比］

原料		配比（质量份）		
		1#	2#	3#
成膜助剂	十二烯基丁二酸	8	7	9
	虫胶树脂	1.5	1	2
	双硬脂酸铝	3	4	5
	丙二醇甲醚醋酸酯	3.5	3	4
	乙二醇单乙醚	0.15	0.1	0.2
	霍霍巴油	0.2	0.15	0.25
防锈添加剂	羊毛脂镁皂	2	1	3
	二壬基萘磺酸钡	4	3	5
	油酸三乙醇胺	4	3	5
	石蜡	2	1	3
脱水添加剂	石油醚	3	2	4
抗氧化剂	苯二酚	1.5	1	2
成膜助剂		8	6	10
防锈添加剂		10	8	12
矿物油		80	75	85
矿物油	机械油	40	75	—
	液压油	40	—	85

制备方法

（1）配制成膜助剂：将双硬脂酸铝加热到 75～85℃，加入丙二醇甲醚醋酸酯，充分搅拌后降低温度为 62～68℃，加入乙二醇单乙醚，500～600r/min 搅拌分散 5min，得预混料；将十二烯基丁二酸与虫胶树脂在 80～100℃下混合，搅拌均匀后加入到预混料中，充分搅拌后，加入霍霍巴油，冷却至常温，即得所述成膜助剂。

（2）配制防锈添加剂：以矿物油为溶剂，按质量份称取羊毛脂镁皂、二壬基萘磺酸钡、油酸三乙醇胺、石蜡，加热混合搅拌至全部溶解后继续加热 30～40min，冷却备用。

（3）将成膜助剂、防锈添加剂、脱水添加剂、抗氧化剂和矿物油放入搅拌釜内，加热至 40～50℃，搅拌 40～60min，至各组分充分分散溶解，取出后过滤杂质得成品。

产品应用 本品主要是一种长期脱水防锈油。

产品特性 本品添加脱水添加剂，具有脱水效果，简化金属板材浸油处理前期工艺；添加抗氧化剂，避免金属板材表面氧化，增加防锈油对金属板材的保护效果；可长期高效保持防锈效果；整体工艺步骤简单，生产加工制作方便。成品使用效果好，长期有效。

配方 90　长寿命黏性油膜防锈油

[原料配比]

原料	配比（质量份）				
	1#	2#	3#	4#	5#
基础油	52	53	54	50	57
D60#溶剂油	25.5	26.5	27.5	24.5	28.5
凡士林	15	14	12	20	15
高效防锈剂	4.0	3.9	4.1	3.8	4.3
缓蚀剂	0.4	0.5	0.4	0.2	0.5
防腐蚀抑制剂	1.1	1.2	1	1	1.2

制备方法　按质量比依次将基础油、D60#溶剂油加入到调合釜中，将温度升高至 50～60℃，随后将凡士林用矿物油加热溶解，按配比加入到调合釜中，最后将高效防锈剂、缓蚀剂、防腐蚀抑制剂按配比依次加入到调合釜中，搅拌 80～120min，即得成品。

原料介绍

所述高效防锈剂为磺酸钠、三乙醇胺、二环己胺、十二烯基丁二酸中的两种或三种的混合物。

所述缓蚀剂为苯并三氮唑、亚硝酸盐、含氮硫等表面活性有机缓蚀剂中的两种或三种的混合物。

所述防腐蚀抑制剂为*N*-油酸肌氨酸十八胺盐和十七烯基咪唑啉烯基丁二酸盐的混合物。

所述基础油为高度加氢 250N，其 40℃运动黏度为 40～50mm^2/s。

所述 D60#溶剂油的初馏点不低于 185℃，闪点不低于 65℃。

所述凡士林的熔点为 38～54℃，密度为 0.815～0.880g/cm^3。

产品应用　本品主要是一种长寿命黏性油膜防锈油。

产品特性　本品在被保护金属表面形成一层黏性油膜，浸润性能强，防锈期超长。防锈粒子可以到达一般防锈产品难以到达的空隙和裂缝内，在产品表面形成一层保护膜，可以大幅提高防锈油的防锈性能和延长零部件的防锈期，可以同时提供腐蚀抑制和屏障保护功能。

配方 91　长寿命轴承防锈油

[原料配比]

原料		配比（质量份）			
		1#	2#	3#	4#
基础油	聚 α-烯烃	50	75	60	40
	精制矿物油	200	175	170	130

续表

原料		配比（质量份）			
		1#	2#	3#	4#
中性磺酸钡		150	100	110	120
烷基苯磺酸钡		20	40	50	50
高碱值磺酸钙		30	50	30	40
氧化石蜡丁酯		30	30	40	30
乳化剂	聚异丁烯丁二酸酐	10	10	15	10
抗氧化剂	2,6-二叔丁基苯酚衍生物	0.2	0.2	0.3	0.3
	丁基辛基二苯胺	0.2	0.2	0.3	0.3
溶剂油		510	580	525	580

制备方法

（1）将基础油加入调合釜中加热至 100～110℃，再向基础油中添加中性磺酸钡、烷基苯磺酸钡和高碱值磺酸钙，在添加过程中对基础油进行搅拌，然后对调合釜中的混合液控温搅拌 1～1.5h。

（2）对调合釜进行降温，使步骤（1）所得的混合液温度降至 80～90℃，再向混合液中添加氧化石蜡丁酯、乳化剂和抗氧化剂，然后对调合釜中的混合液控温搅拌 1～2h。

（3）使步骤（2）所得的混合液温度降至室温，再向混合液中添加溶剂油，搅拌均匀后使用孔径为 1～1.5μm 的滤袋滤出杂质，即获得防锈油成品，制备完成。

原料介绍

中性磺酸钡、烷基苯磺酸钡和高碱值磺酸钙三种成分配合作为防锈添加剂，磺酸钡和磺酸钙在共同使用时，能够配合提高防锈油抗盐雾性能；而中性磺酸钡和烷基苯磺酸钡在共同使用时，能够在轴承的金属表面相互补充，形成致密吸附层，提高防锈油的抗重叠和抗潮湿性能；为了保证三种成分配合时的总体效果，选取了分子量不低于 1100 且磺酸钡含量不低于 50%的中性磺酸钡，以及总碱值不低于 300 的高碱值磺酸钙，使三种成分能够充分配合发挥其特性，保证防锈油对轴承进行有效防锈。

产品应用　本品主要是一种长寿命轴承防锈油。

产品特性　本品体系更加稳定并具有更强的抗氧化性，经过室内储存半年无沉淀、分层现象，防锈性能也更加突出，涂抹至轴承内表面后，能够在较长时间内不发生氧化等成分变化现象，减少了在轴承长时间储存中需要更换防锈油的次数，能够更好地满足轴承长时间储存的要求。

配方 92　轴承零件长效防锈油组合物

［原料配比］

原料		配比（质量份）						
		1#	2#	3#	4#	5#	6#	7#
改性成膜剂	丙烯酸树脂成膜剂	40	50	45	45	45	45	45
	改性剂酚醛环氧乙烯基酯树脂	4	4	4	4	4	4	4

续表

原料		配比（质量份）						
		1#	2#	3#	4#	5#	6#	7#
改性成膜剂	聚氧丙烯醚	0.4	0.6	0.5	0.5	0.5	0.5	0.5
	去离子水	55.6	45.4	50.5	50.5	50.5	50.5	50.5
基础油		60	80	65	70	75	80	70
芳烃油		20	40	25	30	35	40	30
苯并三氮唑		0.6	0.8	0.65	0.7	0.75	0.8	0.7
聚氧乙烯醚		0.4	0.6	0.45	0.5	0.55	0.6	0.5
烷基苯磺酸钠		0.4	0.6	0.45	0.5	0.55	0.6	0.5
改性成膜剂		5	7	5.5	6	6.5	7	6
消泡剂		0.6	0.8	0.65	0.7	0.75	0.8	0.7
防霉剂		0.6	0.8	0.65	0.7	0.75	0.8	0.7
钛酸酯偶联剂		0.8	1	0.85	0.9	0.95	1	0.9
消泡剂	乳化硅油	1	1	1	1	1	1	1
	脂肪酸甘油酯	1	1.5	1.1	1.2	1.4	1.5	1.3
防霉剂	8-羟基喹啉铜	1.2	1.2	1.2	1.2	1.2	1.2	1.2
	苯酚	1	1	1	1	1	1	1

制备方法

（1）制备改性成膜剂：首先将改性剂和去离子水放入反应釜中，进行高压加热，在 2～3MPa 下，加热到 120～130℃，然后进行搅拌混合 10～15min，得到混合液 A。在混合液 A 中加入丙烯酸树脂成膜剂，继续进行搅拌混合，搅拌 20～30min 得到混合液 B。在混合液 B 中加入聚氧丙烯醚，持续搅拌，混合均匀后即可得到改性成膜剂。

（2）将基础油、芳烃油、苯并三氮唑、聚氧乙烯醚和烷基苯磺酸钠放入反应釜中进行加热，加热至温度为 90～100℃，然后进行搅拌混合，使得搅拌速度为 100～150r/min，搅拌 20～30min，得到混合液 C。向混合液 C 中加入改性成膜剂，继续搅拌，使得搅拌速度为 150～200r/min，搅拌 20～25min，即可得到混合液 D。向混合液 D 中加入消泡剂、防霉剂和钛酸酯偶联剂，继续搅拌，使得搅拌转速为 100～150r/min，搅拌 25～30min 即可得到防锈油组合物。

产品应用　本品主要是一种轴承零件长效防锈油组合物。

产品特性　本品配方科学合理，对轴承零件具有有效的防锈性能，可以在轴承零件表面形成一层保护膜，使得轴承零件得到长效保护，通过酚醛环氧乙烯基酯树脂对丙烯酸树脂成膜剂进行改性，可有效地提高在轴承零件表面形成的保护膜的热稳定性和抗盐雾性，从而利于轴承零件的保存。

配方 93　轴承用防锈油

［原料配比］

原料	配比（质量份）				
	1#	2#	3#	4#	5#
双烯基丁二酰亚胺	45	48	42	50	40

续表

原料	配比（质量份）				
	1#	2#	3#	4#	5#
石油磺酸钙	5	7	3	10	1
磷酸三甲酚酯	10	12	8	15	5
单油酸三乙醇胺酯	20	22	18	25	15
烷基二苯胺	25	27	23	30	20
氯化石蜡	10	12	8	15	5
氧化菜籽油	5	7	3	10	1
苯并三氮唑	3	4	2	5	1

制备方法　取上述原料，在熔融状态下，混匀，即得。

产品应用　本品主要是一种轴承用防锈油。

产品特性　本品具有很好的润滑性和防锈效果，耐湿热和耐盐雾性好，能长时间地对金属制品进行保护，从而保护金属以免锈蚀，对处于含盐、含二氧化碳等气体中的金属也有一定的防护功能。

配方 94　轴承用溶剂稀释型防锈油

原料配比

原料		配比（质量份）			
		1#	2#	3#	4#
基础油	25#变压器油	250	—	—	250
	L-AN 10#全损耗系统用油	—	320	—	—
	L-AN 32#全损耗系统用油	—	—	350	—
防锈剂	二壬基萘磺酸钡	90	80	70	—
	中性磺酸钡	40	50	50	120
成膜剂	聚异丁烯	20	—	—	—
	氧化石蜡	—	—	10	—
	聚合亚麻油	20	30	20	20
斯盘	斯盘-80	20	20	30	10
溶剂油	D70 溶剂油	560	500	470	600

制备方法　将基础油加热至 100～110℃时加入防锈剂，混合溶解；然后冷却至 80～90℃加入成膜剂和斯盘，混合 1～2h，之后冷却至室温加入溶剂油，混匀即得。混匀后使用孔径为 1μm 的滤袋滤出杂质。之后装桶。混合溶解指于 100～110℃搅拌 1～2h 至防锈剂完全溶解。

原料介绍

所述基础油 40℃的运动黏度为 9～36mm^2/s。

所述溶剂油为脱芳烃溶剂油；所述脱芳烃溶剂油为 D70 溶剂油、D80 溶剂油中的任意一种或两种。

产品应用　本品主要是一种轴承用溶剂稀释型防锈油。

产品特性　本品黏度低，油膜薄且渗透性强，能满足轴承及零件喷淋涂油、快速浸涂的要求；成膜效果好，油膜强度高，抗潮湿和盐雾性能好，能满足沿海地区轴承生产厂家防锈需求；具有良好的抗重叠性，适合轴承及零件叠放的包装工艺。

参考文献

CN201810897987.X
CN202011104067.1
CN201911409969.3
CN201711224562.4
CN202310258096.0
CN201811518852.4
CN201711374726.1
CN201710512692.1
CN201810920869.6
CN202011096569.4
CN201810064325.4
CN201810166221.4
CN201810166208.9
CN202111545094.7
CN201910994968.3
CN202010945206.7
CN202110709840.5
CN201810128047.4
CN201710220501.4
CN201910341125.3
CN201710265690.7
CN201710258374.7
CN202211158767.8
CN202010521878.5
CN201710220474.0
CN201911221436.2
CN201710622638.2
CN201810064860.X
CN201910150748.2
CN201810930752.6
CN201710722394.5
CN201711150701.3
CN201811268616.1
CN202111627869.5
CN201710258757.4
CN201711183545.0
CN201711057113.5
CN202010095706.6
CN201710341161.0
CN201810248517.0
CN202011361723.6
CN201710721308.9
CN201811520632.5
CN202111155168.6
CN201710931445.5
CN202110770227.4
CN201910122398.9
CN202011084874.1
CN201711475864.9
CN201811326573.8
CN202110567301.2
CN201810246667.8
CN202310408809.7
CN201811409454.9
CN201810621245.4
CN201810065411.7
CN201710636485.7
CN201710264078.8
CN201710554079.6
CN202211207547.X
CN202110149471.9
CN201710220758.X
CN201710220766.4
CN201710485942.7
CN201910956001.6
CN201711406885.5
CN201810568204.3
CN201711287919.3
CN201910135389.3
CN201710491050.8
CN201711175487.7
CN201710053956.1
CN201811515040.4
CN201810227595.2
CN201810982849.1
CN202110924168.1
CN201710569092.9
CN201710258758.9
CN201910449847.0
CN201810669983.6
CN201911047423.8
CN201810411025.9
CN202211299061.3
CN201811607038.X
CN202210774951.9
CN201810065419.3
CN201810064297.6
CN201811557224.7
CN201810064856.3
CN202210846918.2
CN201810064844.0
CN201810065418.9
CN202211680508.1
CN201810547728.4
CN201710485614.7
CN201810065403.2
CN201810065401.3
CN201810064840.2
CN201711114218.X
CN202210425049.6
CN201710202527.6
CN202111278694.1
CN201711192966.X
CN201710625829.4
CN202010821040.8
CN202110035839.9
CN201711366947.4
CN201810064839.X
CN201810516261.7
CN201810064838.5
CN202010422555.0
CN201810065413.6
CN201810065405.1
CN202110219038.8
CN201910498349.5
CN201910698134.8
CN201810065394.7
CN201910503983.3
CN201810613572.5
CN201810562571.2
CN202110485095.0
CN201810897984.6
CN202010453883.7
CN201810065395.1
CN201911383309.2
CN201810759653.6
CN201810242017.6
CN201710858294.5
CN202210161743.1
CN201710459757.0
CN201810982847.2
CN201710614612.3
CN201811518887.8
CN201811265295.X
CN201710485945.0

CN201810877036.6
CN201710486459.0
CN201810237369.2
CN201910605484.5
CN201911052067.9
CN201811307177.0
CN201910353650.7
CN201810645055.6
CN201710220475.5
CN201710220377.1
CN201710220743.3
CN202310352949.7
CN201811199852.2
CN202210516848.4
CN201710220742.9
CN201811405316.3
CN201910487588.0
CN201811520631.0
CN201811397431.0
CN201710370426.X
CN201710220379.0
CN201711306717.9
CN202110710585.6
CN201810293266.8
CN202010742318.2
CN201810446048.3
CN201910934270.2
CN202210496697.0
CN201910854909.6
CN201810293667.3
CN201810385750.3
CN201810797445.5
CN202110575981.2
CN201910201084.8
CN201810064281.5
CN201710692045.3
CN201710610521.2
CN201810064837.0
CN201710266753.0
CN201710266197.7
CN201811268650.9
CN201710958112.1
CN201810970391.8
CN202210680055.6
CN201811634527.4
CN201710057843.9
CN202010289187.7
CN201810064834.7
CN202011512139.6
CN201811346494.3
CN202211673842.4
CN202210525504.X
CN202010800346.5
CN201811599813.1
CN201710548034.8
CN201811307169.6
CN202011110356.2
CN201710510079.6
CN202210814592.5
CN201710294909.6
CN201910461418.5
CN202110981969.1
CN201811195115.5
CN201810226439.4
CN201910438844.7
CN201810064835.1
CN201810073118.5
CN201710727703.8
CN201910076119.X
CN201910984891.1
CN201810897022.0
CN201811268661.7
CN201810064831.3
CN201910613390.2
CN202010281165.6
CN201711266861.4
CN201911067735.5
CN202111382957.3
CN202211371288.4
CN201811590149.4
CN201710864425.0
CN202010095740.3
CN201811175466.X
CN202111498724.X
CN202011573478.5
CN201710260834.X
CN202011621968.8
CN201710491051.2
CN201811427392.4
CN201711382970.2
CN201910634526.8
CN202210623088.7
CN201810562550.0
CN201810932529.5
CN201810013242.2
CN201811267905.X
CN201710931798.5
CN201810073139.7
CN202011312591.8
CN201710722451.X
CN201710220504.8
CN202310363471.8
CN201710410591.3
CN201710621398.4
CN201810808841.3
CN202010542333.2
CN202211212328.0
CN201710868791.3
CN201810970378.2
CN201711427386.4
CN202111145095.2
CN202010402065.4
CN201710562017.X
CN201811267904.5
CN202210924103.1
CN201910508301.8
CN201811098020.1
CN202310276078.5
CN202211235452.9
CN201810064833.2
CN201710258371.3
CN201710829918.0
CN201711368050.5
CN202010945097.9
CN201810064824.3
CN201710506280.7
CN201811267908.3
CN201811448954.3
CN201810064825.8
CN201610946185.4
CN201710192715.5
CN202011570078.9
CN201610928719.0
CN201710709035.6
CN202111537715.7
CN201610474004.2
CN201711029977.6
CN201710989757.1
CN202110945353.9
CN201710266695.1
CN201811299879.9

CN201711322295.4
CN202211695723.9
CN202111594812.X
CN202111683451.6
CN201810697654.2
CN201810646449.3
CN201810053327.3
CN201610928801.3
CN202111258094.9
CN201810275289.6
CN201810418594.6
CN201910168164.8
CN201711318960.2
CN201710610485.X
CN202010498656.6
CN201610928804.7
CN201710911055.1
CN202110462080.2
CN202111524757.7
CN201810278929.9
CN201811486214.9
CN201911383319.6
CN201810651899.1
CN201911209212.X
CN201910000480.4
CN201711109067.9
CN201711222400.7
CN201710553319.0
CN201711301054.1
CN201811346493.9
CN201810053092.8
CN202310278559.X
CN202110275157.5
CN202110291163.X
CN202111594841.6
CN201911271891.3
CN201810877028.1
CN202011505677.2
CN201911209635.1
CN201710670215.8
CN201710564593.8
CN202011272006.6
CN201810525707.2
CN201911302399.8
CN201811370050.3
CN201810515491.1
CN201810927208.6
CN201810564155.6
CN201611139467.X
CN201811636435.X
CN201810494310.1
CN201910058941.3
CN201910072286.7
CN201911082782.7
CN202210269812.0
CN202310073144.9
CN201911009014.9
CN202210355053.X
CN201710949764.9
CN201810924132.1
CN201911303851.2
CN202110297830.5
CN202011471664.8
CN201910969023.6
CN202211470694.6
CN201810798595.8
CN201910842399.0
CN201910228249.0
CN202010148919.0
CN201810665690.0
CN202110675823.4
CN201810709806.6
CN202010719951.X
CN201910772542.3
CN201711436478.9
CN201711488650.5
CN202111594632.1
CN201810650090.7
CN201811209530.1
CN201810825297.3
CN201910597312.8
CN201811222525.4
CN201811346963.1
CN201710535500.9
CN201810475058.X
CN202110360716.2
CN201910491842.4
CN202111401053.0
CN201710384947.0
CN201810885952.4
CN201911302379.0
CN202010859820.1
CN202211584378.1
CN201811439788.0
CN201811346955.7
CN202110386093.6
CN201910473004.4
CN202210902973.9
CN201810379708.0
CN201810755878.4
CN202210013047.6
CN202111562941.0
CN201810805170.5
CN201810851385.0
CN201911275984.3
CN202010339786.5
CN201810116779.1
CN201810453582.7
CN202110501922.0
CN202010809637.0
CN201811433660.3
CN201810329156.2
CN201810924273.3
CN201811349697.8
CN202111235387.5
CN201910781149.0
CN201810856603.X
CN202211198862.0
CN201711306245.7
CN202110585091.X
CN202110816142.5
CN202110275168.3
CN202010706855.1
CN202110268646.8
CN202111532954.3
CN202210864848.3
CN202211720451.3
CN202010647726.X
CN201810831112.X
CN201910932064.8
CN201910861129.4
CN201810665663.3
CN201810665739.2
CN202110219040.5
CN201811585822.5
CN201710384945.1
CN201810665738.8
CN201711480236.X